AF537873

BMW Boxer
100 Jahre Faszination
Die Renaissance

Die fotorealistische Schnittzeichnung von 1962 zeigt den 980 cm³ großen und je nach Modell 60 bis 70 PS starken Boxermotor in der modernisierten Ausführung ab Herbst 1980 mit Plattenluftfilter und Airbox aus schwarzem Kunststoff.

SCHNEIDER MEDIA

BMW Boxer
100 Jahre Faszination

Band 3: die Renaissance
Alle Modelle mit Zweiarmschwinge 1969 bis 1985
R 75/5 bis R 90/S, R 100 RS bis R 65
Rennsport Straße, Gelände, Paris-Dakar

Hans J. Schneider
unter der Mitwirkung von
Stefan Knittel
Axel Koenigsbeck

SCHNEIDER MEDIA

Wie die klassischen Boxermodelle der Vor- und Nachkriegszeit 1923 bis 1969 ist auch die puristische R 90/6, die von 1973 bis 1976 im BMW-Werk Berlin-Spandau vom Band lief, eine unverwechselbare und zeitlos schöne Erscheinung. Die Modelle der /6-Reihe waren die letzten Typen mit den abgerundeten Zylinderkopfdeckeln. Erst 1991 griff BMW mit der R 100 R wieder auf dieses legendäre Designmerkmal zurück.

Vor- und Nachsatzseiten: Schnittmodell Motor R 100 von 1982 mit Plattenluftfilter. Röntgenzeichnung Motor R 60/6 von 1973 mit 40 PS.

Impressum

Dank
Autor und Verlag bedanken sich herzlich für die tatkräftige Unterstützung dieses Buch-Projekts und die Bereitstellung des historischen Bildmaterials bei **Ruth Standfuß** vom **Historischen BMW-Archiv** und bei **Stefan Knittel** für weiterführende Hinweise. Dank auch an **Fred Jakobs**.und **Tim Diehl-Thiele.**

Schutzumschlag- und Covergestaltung:
Dr. Valentin Schneider

Copyright 2023 by
SCHNEIDER MEDIA FRANCE SAS
1. Auflage, Originalausgabe
Alle Rechte der Vervielfältigung und Verbreitung einschließlich Wiedergabe durch elektronische Medien sowie Fotokopie vorbehalten. Erfassung und Nutzung auf elektronischen Datenträgern und in Netzwerken sowie in Internet-Portalen auch seitens des BMW Group Archivs untersagt.

Herstellung
Gestaltung Inhalt: Hans-Jürgen Schneider
Bildbearbeitung, digitale Produktion: Vincent Schneider
Lektorat: Stefan Knittel, Dr. Valentin Schneider

Verlag
SCHNEIDER MEDIA FRANCE SAS

Vertrieb
Delius Klasing Verlag GmbH, Siekerwall 21,
D-33602 Bielefeld; Tel. 0521/5590,
Fax: 0521/559113; E-Mail: info@delius-klasing.de

ISBN D, A, CH: 978-3-667-12788-4

Printed in the European Union

ISBN 978-3-667-12788-4
Dépôt légal – 1re édition : 2023, septembre
© Schneider Media France SAS, 2023
572, rue des Préaux, 61210 Giel-Courteilles
Achevé d'imprimer en septembre 2023
dans l'Union Européenne.

Bildnachweis
Die überwiegende Zahl der Fotos und Zeichnungen wurde uns freundlicherweise vom BMW Group Archiv zur Verfügung gestellt. Andere Quellen sind direkt an den Fotos vermerkt und werden hier noch einmal zusammengefaßt.

BMW Group Archiv; die meisten Fotos tragen keinen Hinweis oder „BMW AG", „BMW Plakat", „BMW Pressefoto", „BMW Werbemotiv", „BMW Werkfoto", „Fotograf unbekannt"; namentlich erwähnte Fotografen/Fotografinnen, bzw. Zeichner **(fett = überwiegend vertreten):** Alguersuari, N.N.; Armstrong, Bruce; **Attenberger, Karl;** Barth Manfred; Bastel, N.N.; Bayermann, N.N.; Claus, Helmut; Fischer u. Urbschat; Darchinger J.; Editions Gemop. R.C. Paris; Fellstrom, J.O.; Foto Fehse; Gustavson, N.N.; Halbfeld, Alfred; Kerschbaumer, N.N.; Kirchbauer, Max; **Kröschel, Robert;** Meyer, A.; **Moesch, Michael;** Niedermeier, Erich; Pfadt, N.N.; Pininfarina; Polzin, H. GmbH; **Prohaska, Liselotte;** Rauch, Friedrich; Rauch, Volker; Rehwagen, Werner; Schäfer, Norbert/Technical Art; Schlenzig, Herbert; Universität Stuttgart; Werner, Siegfried;
(425 Fotos, Zeichnungen, Werbemotive, Dokumente auf den Seiten 1 bis 240).

Besonders gekennzeichnete Fotos (Urheber, Zahl, Seiten):
Australian Police (1 S. 148.)
Auto Zeitung/Motor Magazin aus Archiv H. J. Schneider (1 S. 109, 2 S. 132)
Eggersdorfer, Archiv: (1 S. 105)
Koenigsbeck, Axel, Archiv (1 S. 86, 1 S. 90, 1 S. 91, 4 S. 92, 2 S. 102, 1 S. 103)
Motorrad/Motorpresse aus Archiv H. J. Schneider (2 S. 26, 1 S. 61, 1 S. 107, 1 S. 123, 1 S. 152, 1 S. 162, 1 S. 178, 2 S. 180, 2 S. 181, 1 S. 182, 1 S. 185)
PS/Motorpresse aus Archiv H. J. Schneider (1 S. 155)
Schneider, Hans J. Archiv (2 S. 12, 3 S. 17, 2 S. 15, 1 S. 178, 2 S. 179, 2 S. 228)
Schneider, Hans J., Foto (1 S. 83, 1 S. 136, 2 S. 137, 1 S. 141, 1 S. 147, 2 S. 152, 1 S. 168, 3 S. 175, 1 S. 179, 1 S. 180, 1 S. 184, 1 S. 186, 1 S. 187, 1 S. 188, 2 S. 191, 2 S. 193, 1 S. 199, 1 S. 200)
Sports News & Photo Agency Luxembourg aus Archiv Hans J. Schneider (1 S. 230, 3 S. 231) (gesamt: 71)

Inhalt

Neues Selbstbewußtsein mit der R 75/5

Der Erfolg war dem ersten BMW-Motorrad keineswegs in die Wiege gelegt. 1923, fünf Jahre nach Ende des Ersten Weltkriegs, ächzte Deutschland unter den Nachwehen der *„Urkatastrophe des 20. Jahrhunderts"* (George F. Kennan). Milliardenschwere Reparationsleistungen waren zu erbringen, französische Truppen besetzten das Ruhrgebiet, Bayern verhob sich mit einem Separationsversuch, ein gewisser Adolf Hitler besetzte zusammen mit fanatischen Nationalsozialisten den Bürgerbräukeller in München und stürmte einen Tag später, am 9. November 1923, die Feldherrnhalle. Der Angriff scheiterte in einem Blutbad. Geld war nichts mehr wert: In Deutschland betrug der Preis für ein Kilogramm Brot rund 233 Milliarden Reichsmark. Kurz darauf beendete die Rentenmark die Inflation, und BMW konnte es wagen, in Berlin die R 32 vorzustellen, angetrieben vom zuvor entwickelten Boxermotor. 2200 RM nach der neuen Währung kostete die Maschine, damals ein stolzer Preis. Die Neuheit hatte sich zudem gegen eine übermächtige internationale Kokurrenz durchzusetzen. Trotzdem gefiel das Konzept der (betuchten) Kundschaft, es wurde zu einem Erfolg, der bis heute anhält. Im Herbst 2023 feiert das Boxermotorrad aus Bayern, das seit 1969 in Berlin produziert wird, das Jubiläum „100 Jahre" – mit modernster Technik, aber immer noch den alten Prinzipien treu.

Neuer Stern am BMW-Himmel: die R 75/5 von 1969

Nach dem Zweiten Weltkrieg bekam BMW nur langsam wieder Boden unter die Füße. Nach einem kurzen Aufschwung folgten Jahre des Niedergangs und der Verzweiflung. Die Leute wandten sich vom Motorrad ab und kauften Autos. 1969 dann die Erlösung: Die Welt entdeckte das Motorrad als Freizeit- und Sportgerät, BMW brachte die /5-Reihe mit dem Topmodell R 75/5 auf den Markt und war plötzlich wieder obenauf. Stolpersteine, Querfugen und Schlaglöcher, wie sie sich Ende der 1970er und Mitte der 1980er Jahre BMW und teilweise der gesamten Motorradindustrie in den Weg stellten, konnten den Bayern-Boxer, der nun aus Berlin kam, nicht aufhalten. Das auf BMW eingeschworene Publikum blieb der grundsoliden Maschine, die ihre seit 1923 immer wieder verbesserte Boxermotor- und Antriebstechnik unverhüllt zur Schau stellte, sich aber auch ab und zu mit ausgefeilten Designelementen Extravagantes leistete, unerschütterlich treu.

Und es war ja auch dieses konsequente, über viele Jahrzehnte hinweg gepflegte Festhalten am Konzept des Zweizylinder-Boxermotors mit gerade nach hinten führendem, wartungsfreiem Antrieb im meist schwarz lackierten Rohr- (zeitweise Blech-)rahmen, das diese starke Konzept- und Markenbindung schuf, überhöht durch unzählige Rennsiege und Weltrekorde bis weit in die 1970er Jahre hinein. Während andere Marken in Deutschland und Europa kamen und gingen, blieb BMW wie der Fels in der Brandung stehen. Und dieser Fels hielt auch dem brutalen Ansturm der japanischen Motorradindustrie stand, der Ende der 1960er Jahre gegen Europa brandete und mit immer neuen Ideen und Konstruktionen nicht wenige Leute verunsicherte. Da griff mancher doch lieber zum Altbewährten.

Bleibt die Marke sich treu, bleiben ihre Freunde markentreu

Die BMW-Manager und Ingenieure, die angesichts der großen Flaute bis Ende der 1960er Jahre sehr wohl begriffen hatten, daß etwas Neues her mußte, widerstanden indes der Versuchung, alles auf den Kopf zu stellen. Das taten sie beim Motor nur bezüglich der Nockenwelle und der Ventilführungen, indem sie diese Bauteile im Gehäuse von oben nach unten verlagerten. Man wollte und wagte wohl auch nicht, das legendäre Boxerprinzip durch gänzlich neue Kreationen zu ersetzen – und daher blieb es im Prinzip beim Alten. Denn die /5-Reihe ab 1969, die man bereits hinreichend im Geländesport erprobt hatte, war zwar Teil für Teil eine Neukonstruktion, wich aber vom Konzept her nicht von dem ab, was BMW seit 1923 gemacht hatte. Sogar als BMW 1983 die völlig anders aufgebaute K-Reihe vorstellte, die mög-

Autor Hans-Jürgen Schneider (Jahrgang 1946) fuhr und testete schon in den 1970ern die Boxer von BMW, darunter alle wichtigen in diesem Buch gezeigten Modelle. Bis 1995 war er Chefredakteur von Motorradzeitschriften. Er hat zahlreiche Motorrad- und Automobil-Standardwerke veröffentlicht, seit 1985 im eigenen Verlag. Porträtfoto oben: HJS am 29. Mai 2021.

Foto unten: der Autor 1991 in der Eifel auf seiner heute noch in seinem Besitz befindlichen R 75/5 Langschwinge von 1973. Die Schalldämpfer stammen von einer /6-BMW, wurden aber kurz danach durch Originalteile im passenden Stil ersetzt.

lichst zügig den alten Boxer ablösen sollte, zeigte sich, daß die Freunde der BMW-Klassik so an ihrem Fetisch klebten, daß BMW sich gezwungen sah, den Zweiventil-Boxer weiterzubauen, zwar 1984 kurz einzustellen, aber zwei Jahre später und bis 1996 gleich wieder aufleben zu lassen. Totgesagte leben länger! Der Vierventil-Boxer, der dann endlich 1993 die Bühne betrat, war zwar technisch auf dem neuesten Stand, aber es war immer noch ein Zweizylindermotor mit längs liegender Kurbel- und Kardanwelle sowie rechts und links in den Fahrtwind ragenden Zylindern.

Der dritte Band unserer Boxer-Saga (Band 1: die Gründerjahre, Band 2: die Nachkriegszeit) behandelt – in dem Jubiläum „100 Jahre“ angemessener Ausführlichkeit – die Geschichte der Zweiventiler von 1969 bis 1985 und befaßt sich dabei in Text und Bild mit jedem einzelnen der 21 Serienmodelle. Großartig Neues hatten die einzelnen Entwicklungsschritte von der /5-Reihe über die /6 und /7-Modelle kaum zu bieten, und auch die 1978 nachgeschobenen Kompaktboxer R 45/65 waren nach den gleichen, traditionellen Grundsätzen gebaut worden. Aber es gab Highlights, die in kurzer Zeit Kultstatus bekamen und heute veritable Legenden der Motorradgeschichte sind: der Sportboxer R 90 S von 1973 , der erstmals mit 900 cm^3 Hubraum, Cockpitverkleidung und modernem Gesamtdesign antrat, oder die R 100 RS, die als erste serienmäßig vollverkleidete Maschine ab 1976 neue Maßstäbe hinsichtlich Komfort und Landstreckentauglichkeit setzte sowie (bei BMW) bezüglich Hubraum und Leistung: 1000 cm^3, 70 PS. Ihr stand zwei Jahre später der Reisetourer R 100 RT zur Seite, der den Komfort noch einmal auf die Spitze trieb – und (wie fast alle BMW-Motorräder) gern von Polizei, Behörden und Hilfsdiensten geordert wurde. Prototypen und Studien wie das spektakuläre Zukunfskonzept „Futuro“ von 1980 finden ebenfalls im Buch statt, sekundiert von Boxermotor-Erfindungen, die dann aber in der Schublade verschwanden.

Rennsport on- und offroad als Garantie für gutes Image

Was wäre die Boxer-Saga ohne den Rennsport? Daher gehen wir in vier Kapiteln über viele Seiten hinweg auf den Motorsport mit Solomaschinen bei Rundstrecken- und Geländesportwettbewerben ein, auf die sagenhaften BMW-Gespanne, die bis 1974 19mal die Weltmeisterschaft holten und die glorreichen Einsätze bei der Rallye Paris-Dakar 1980 bis 1985 ein, bei der BMW-Piloten viermal den Gesamtsieg herausfuhren. Bei den Recherchen wurde intensiv das BMW Classic-Archiv konsultiert, das dieses Buch wieder großzügig mit Bildmaterial und Informationen versorgte. Der Autor schaute in Dutzende dem Thema zuträgliche Bücher und wühlte sich durch Stapel von Pressematerial, Prospekten und über 80 Zeitschriftenheften, um Authentisches aus den Bereichen Test und Technik auswerten zu können. In Erinnerung an die guten alten Zeiten, in denen man noch an eine bessere Zukunft glaubte, hat ihm das alles (ein wenig nostalgisch verklärten) Spaß gemacht, und den gleichen Spaß wünscht er auch allen Leserinnen und Lesern.

Es grüßt herzlich
Hans-Jürgen Schneider
Normandie, August 2023

Oben links: Umschlag-Vorderseite des mehrfach aufgelegten Standardwerks von Stefan Knittel aus dem Jahr 1984. Der Autor stellte für die drei Bände der Boxer-Saga zahlreiche Informationen zur Verfügung.

Oben rechts und Mitte: Standardwerke von SCHNEIDER MEDIA zum Thema BMW Boxer. In zwei Auflagen erschien 1994 und 1999 unser Titel „Faszination BMW Boxer“. „Historische BMW Gespanne“ mit 280 Seiten und 440 Abbildungen: Der (inzwischen vergriffene) Band wurde als das international beste Automotivbuch in nicht-englischer Sprache des Jahres 2012 ausgezeichnet. Zum Jubiläum „90 Jahre BMW Motorrad“ brachten wir den von Stefan Knittel zusammengestellten Band „BMW Motorrad-Rennsport 1923-2013“ heraus: 296 Seiten, rund 630 exklusiv von BMW zur Verfügung gestellte historische Fotos. Beide Bücher enthalten Informationen und Bilder, die für das vorliegende Buch verwendet wurden. Unten links, rechts: Von den Kritik hoch gelobt wurden und die beiden ersten Bände unserer Boxer-Saga: „Die Gründerjahre 1924-1945“ und „Die Nachkriegszeit 1945-1969“.

Blick Richtung Westen am 31. Oktober 1970 auf die Baustelle des BMW-Verwaltungsgebäudes („Vierzylinder") mit dem 100 m hohen Kern. Im Hintergrund der Olympiaturm, um den herum zum gleichen Zeitpunkt der Olympiapark mit Stadion und Sportanlagen für die Olympischen Spiele 1972 errichtet wurde. Rechts im Bild ein Teil des Presswerks 154.0 des BMW-Werks 01 Milbertshofen.

Kapitel 1
BMW 1969-1985, Folgejahre

Der steile Weg nach oben

In den 1960er Jahren hatten überwiegend Behördenaufträge das Überleben des Boxers von BMW gesichert. Die Wiedergeburt erfolgte 1969 mit der Lancierung der neu entwickelten /5-Baureihe, die in legendären Modellen wie der R 75/5, der R 90 S, der R 100 RS oder der R 100 RT gipfelte. Während die Motorradproduktion Ende der 1970er Jahre trotzdem schwächelte, erzielte BMW mit sportlichen Automodellen einen Verkaufserfolg nach dem anderen – angefangen bei den neu konzipierten Baureihen 3er, 5er, 6er und 7er bis hin zu Sportwagen wie 2002 Turbo, 3.0 CSL und 635 CSi. Studien und Kleinserien wie der Turbo 2000 und der M1 polierten ebenfalls das Image von BMW.

Unten: Prominenz mit R 75/5 am 18. Mai 1973 anläßlich der Einweihung von Hochhaus und Museum. Auf der R 75/5: Bayerns Minister für Landesentwicklung und Umweltfragen Max Streibl; daneben Großaktionär Herbert Quandt, Vorstandsvorsitzender Eberhard von Kuenheim, Vertriebsleiter Hans Erdmann Schönbeck.

Plakat, das während der Olympischen Spiele 1972 in München zu sehen war. Der hier noch im Bau befindliche „Vierzylinder" war von dem Wiener Architekten Prof. Karl Schwanzer entworfen worden.

1969-1985, Folgejahre

Die Renaissance

Die Entwicklung von BMW im Automobil- und Motorradbereich

Die 1960er Jahre waren die turbulenteste Zeit der Nachkriegsepoche, geprägt von Umwälzungen und neuem Denken, von Konsolidierungen und ermutigenden Zukunftsperspektiven. Dies galt auch für die Bayerischen Motoren Werke, die nach der Sanierung ab 1960 nicht nur Tritt gefaßt hatten, sondern von Jahr zu Jahr, und vor allem nach der Übernahme der Glas-Automobil-Werke 1966 in Dingolfing optimistisch in die Zukunft blicken konnten. Manfred Grunert und Florian Triebel bringen es in ihrem Werk *„Das Unternehmen BMW seit 1916"* auf den Punkt: *„Innerhalb eines Jahrzehnts wandelt sich BMW grundlegend. Vom Übernahmekandidaten wächst es zu einem Unternehmen, das genügend Substanz hat, andere Firmen zu kaufen und erfolgreich in die eigenen Strukturen zu integrieren."*

Oben: der 1932 geborene Schweizer mit US-Paß Robert Anthony (Bob) Lutz, von 1971 bis 1974 Vertriebsvorstand bei BMW. Lutz setzte u.a. durch, daß BMW-Motorräder ein sportlicheres Image bekamen. Rechts: Lutz auf einer R 75/5 1973 vor dem soeben fertiggestellten BMW-Museum.

1969: Auto-Kerngeschäft im Aufwind

1968 wird erstmals ein Umsatz von über einer Milliarde DM erwirtschaftet, 1969 sind es bereits 1,443 Milliarden. In Dingolfing wird ab 1970 ein völlig neues Werk aus dem Boden gestampft, ab 1973 rollen hier neu entwickelte und in der Folgezeit äußerst erfolgreiche Automodelle wie der BMW 5er oder der BMW 7er von den Bändern. Das Motorradgeschäft, das bis 1969 mit nur noch rund 5000 produzierten Fahrzeugen pro Jahr seinen Tiefpunkt erreicht hatte, nahm mit der 1969 vorgestellten neuen Boxer-Generation der /5-Serie wieder kräftig Fahrt auf.

Vertriebsvorstand Paul G. Hahnemann steigt 1966 vor dem Direktionsgebäude in einen BMW 2000 ein. Die Vierzylinder-Limousine war damals ein Chefwagen.

Die rasante Entwicklung von BMW fand allerdings vor einem weltweit dramatischen, epoche- und gesellschaftsprägenden Hintergrund statt. Linksgerichtete Studenten mischten 1968 in Paris und Berlin das „Establishment" auf, die 68er Mai-Unruhen und ein Generalstreik brachten den französischen Staat in Bedrängnis. In Deutschland protestierte die Studentenbewegung gegen die Verabschiedung der Notstandsgesetze. In den USA demonstrierten die Menschen in Massen gegen den Vietnamkrieg. Am 4. April wurde der schwarze Bürgerrechtler Martin Luther King, am 5. Juni US-Justizminister Robert F. Kennedy ermordet. Im August beendeten Truppen der Sowjetunion und des Warschauer Pakts gewaltsam den „Prager Frühling".

Mondlandung und neues BMW-Verwaltungsgebäude „Vierzylinder"

Seinen Höhepunkt erreichte das Weltraum-Abenteuer der USA am 20. Juli 1969: Im Rahmen der Raumfahrtmission Apollo 11 gelang die erste bemannte Mondlandung, einen Tag später betrat Neil Armstrong als erster Mensch den Mond („Ein kleiner Schritt für einen Menschen, ein großer Schritt für die Menschheit"). Politisch war das Jahr 1969 ein Nachbeben der 68er Ereignisse. Frankreichs Staatspräsident Charles de Gaulle trat nach einer Abstimmungsniederlage zurück und wurde durch Georges Pompidou abgelöst. In Deutschland brach sich eine neue Politik Bahn, nachdem Willy Brandt nach dem Sieg seiner SPD bei den Bundestagswahlen am 21. Oktober zum Kanzler der Bundesrepublik gewählt worden war.

Zurück zu BMW. Im turbulenten Mai 1968 beschloß der Vorstand den Bau eines neuen Verwaltungsgebäudes. Aus dem Architektur-Wettbewerb ging der Entwurf des Wiener Professors Karl Schwanzer als Sieger hervor. In einer

Bauzeit von 34 Monaten entstand am Münchner Petuelring in unmittelbarer Nachbarschaft des 1972 fertiggestellten Olympiaparks ein monumentales Bauwerk, das vier Türme zu einer futuristischen Einheit zusammenfaßte, das bald von den Münchnern „BMW-Vierzylinder" genannt wurde und zusammen mit dem schalenförmigen Museums-Gebäude bis heute ein Wahrzeichen der bayerischen Hauptstadt ist. Eingeweiht und bezogen wurde der „Vierzylinder" am 18. Mai 1973.

1970: Eberhard von Kuenheim neuer BMW-Vorstandsvorsitzender

Für die weitere Weichenstellung Richtung Zukunft war ab dem 1. Januar 1970 der Maschinenbau-Ingenieur Eberhard von Kuenheim zuständig. Seit 1965 hatte er hohe Management-Posten innerhalb der Quandt-Gruppe bekleidet. Weil ein Nachfolger für den gesundheitlich angeschlagenen Gerhard Wilcke, Vorstandsvorsitzender seit 1965, bestimmt werden mußte, übertrug ihm Großaktionär Herbert Quandt den Vorstandsvorsitz der BMW AG, die inzwischen 20 000 Mitarbeiter hatte. Wir erinnern uns: Quandt war es gewesen, der 1960 mit Unterstützung des Staates Bayern die Aktienmehrheit bei BMW erworben und die Firma damit vor der Übernahme durch Daimler-Benz bewahrt hatte (s.a. Kapitel *„Sanierung"* in Band 2 unserer Boxer-Saga). Von Kuenheim wurde am 2. Oktober 1928 auf Schloß Juditten in Ostpreußen geboren und finanzierte nach seiner Entlassung als Kriegsgefangener sein Studium als Fließbandarbeiter bei Bosch.

Oben: BMW-Verwaltungsgebäude und Museum am Tag der Eröffnung, dem 18. Mai 1973. Das avantgardistische „Hänge-Hochhaus" war in einem eigens entwickelten „Hubverfahren" errichtet worden. Es bot auf 22 Geschossen 1800 Arbeitsplätze.

Links: Vorstandsvorsitzender von Kuenheim 1977 mit der BMW R 100 S. Mitte: Paul G. Hahnemann, von 1961 bis 1971 Vertiebsvorstand bei BMW. Foto: 1971.

Von Kuenheim konnte auf dem aufbauen, was sein Vorgänger und der rührige Vertriebsvorstand Paul G. Hahnemann in den 1960er Jahren angeschoben hatten, nämlich die Entwicklung und die äußerst erfolgreiche Vermarktung der Vierzylinder-Limousinen der *„Neuen Klasse"*, angefangen beim BMW 1500 von 1962 über den 2000 tii von 1970 bis zu den sportlichen Zweitürern 1600 bis 2002 tii ab 1966 und dem letzten Modell 1502 bis 1977. Die eleganten Autos prägten das Image von BMW nachhaltig, verkauften sich hunderttausendfach und legten den Grundstein für künftige erfolgreiche Serien, die technisch in vielen Bereichen auf den 60er-Jahre-Typen aufbauen konnten. Auch daß sich die Motorradproduktion, die ab 1969 (nach ersten Bandabläufen ab 1966) vollumfänglich in Berlin-Spandau erfolgte, in den 1970ern wieder erholte, fiel unter die glückliche Ägide von Eberhard von Kuenheim.

Hahnemann und Lutz: neuer Wind bei Vertrieb und Marketing

Hahnemann, 1912 geboren und 1997 gestorben, war Diplom-Wirtschaftsingenieur, zunächst bei General Motors in Detroit, danach bei Opel. Nach französischer Kriegsgefangenschaft (1945 bis 1948) arbeitete er als Opel-Großhändler in Freiburg und bis 1961 als Marketingdirektor bei der Auto Union in Düsseldorf. Bei BMW brachte er ab September 1961 als Vertriebsvorstand mit modernen Marketingmethoden, der Einführung des Baukastensystems im Automobilbau, dem Aufbau einer repräsentativen Handelsorganisation und mit der Intensivierung des Exports, der zeitweise bedeutender war als das Inlandsgeschäft, die weiß-blaue Marke weiter voran. *„Nischen-Paule"*, wie er scherzhaft genannt wurde, unterlag 1971 einem Machtkampf mit von Kuenheim und trat zurück.

seinen absoluten Tiefpunkt gesunken. Immerhin gut 27 Prozent (= 36 271 Motorräder, was aber ebenfalls ein Negativrekord war) trugen die weiß-blauen Embleme am Tank. Der Rest war auf der einen Seite ein buntes Gemisch aus Maschinen untergegangener deutscher Marken von Adler und Horex bis NSU (mit Modellen unter 500 cm^3) und Zündapp, technisch veralteter Modelle aus den USA (Harley-Davidson) oder Italien (Ducati, Moto Guzzi z.B.) und Zweirädern aus England wie BSA, Norton oder Triumph, die auf der einen Seite in England ihre absoluten Produktionsrekorde erlebten, auf der anderen Seite aber international dramatisch schrumpfende Marktanteile hinnehmen mußten. Ducati, Laverda und Moto Guzzi behaupteten sich vor allem auf dem heimischen italienischen Markt. (Bestandszahlen in der damaligen DDR, wo das motorisierte Zweirad überwiegend als Nutzfahrzeug diente, werden daher hier nicht berücksichtigt.

Rechts: Die Honda CB 750 Four mischte mit ihrem Ohc-Vierzylindermotor und 67 PS von 1969 bis 1978 den Motorradmarkt auf und war eine radikale Alternative zum Boxer von BMW.

Foto: © Honda, Archiv H. J. Schneider

Bob Lutz: Kampfpilot und Motorrad-Fan

In den 1970ern brachte ein weiterer wichtiger Player die Marke voran: der 1932 geborene Schweizer mit US-Paß Robert Anthony (Bob) Lutz. Als Nachfolger von Hahnemann übernahm er zum 1. Januar 1971 das Vertriebs-Ressort bei BMW. Lutz setzte u.a. durch, daß BMW-Motorräder ein sportlicheres Image bekamen, er gilt als geistiger Vater der R 90 S. Nach seinem Dienst als Kampfpilot bei der US Air Force hatte er Produktionsmanagement studiert und 1963 seine Laufbahn bei GM begonnen. Später kümmerte er sich als Vorstandsmitglied bei Opel in Frankreich und Deutschland um Vertrieb und Verkauf. Bei BMW schied er bereits zum 31. Juli 1974 wieder aus und hinterließ eine klar umgrenzte Typenstruktur mit stilistisch ähnlichen und durch die markentypische „Niere" unverwechselbar als BMW-Produkte gekennzeichneten Serien: 3er, 5er, 6er, 7er Reihe. Management-Posten bei Ford, Chrysler und wieder bei GM schlossen sich an.

Während BMW bei der Entwicklung leistungsstarker Automobile Vollgas gab, und der Absatz der neuen /5-Motorradserie in Fahrt kam, entstand weltweit ein von da an stetig wachsendes Umweltbewußtsein. Greenpeace, am 14. Oktober 1971 in Kanada gegründet, begann mit spektakulären Aktionen auf Mißstände aufmerksam zu machen. Daimler-Benz meldete den Airbag zum Patent an.

Frühe 1970er: vorwärtsdrängende Japaner

Die BMW-Motorradsparte hatte zu diesem Zeitpunkt mit den /5-Modellen gerade noch einmal die Kurve gekriegt. 1971 war der Bestand an Motorrädern und Leichtkrafträdern in der Bundesrepublik Deutschland mit nur noch 118 900 Fahrzeugen auf

Foto: © VW/Audi, Archiv H. J. Schneider

Oben: Feier „50 Jahre BMW Motorrad" am 25. Juli 1973; erste Reihe von rechts nach links: Rennsport-Urgesteine Josef Hopf, Rudolf Schleicher, Ernst Henne, Alexander von Falkenhausen. Am gleichen Tag lief in Berlin Spandau das 500 000ste Motorrad seit Fertigungsbeginn, eine R 75/5, vom Band.

Mitte: Die ab 1952 produzierte NSU Max gehörte zu den begehrtesten Motorrädern ihrer Zeit. Bis 1963 wurden 97 120 Exemplare produziert. Der 247-cm^3-Einzylindermotor leistete 17, in der Supermax später 18 PS.

Auf der anderen Seite aber begannen sich immer stärker Newcomer zu etablieren, die anfangs belächelt, dann als Kopierkünstler verunglimpft wurden, schließlich aber verdammt ernst genommen werden mußten: die vier japanischen Marken Honda (seit 1948), Suzuki (seit 1952), Yamaha (seit 1955) und Kawasaki (seit 1960), ausnehmend erst nach dem Zweiten Weltkrieg als Motorradproduzenten operierende Unternehmen, die sich auf dem Weg über die USA angeschickt hatten, Europa zu erobern, und das mit durchschlagendem Erfolg und zum Entsetzen der traditionellen Hersteller von Birmingham bis München, von Mailand bis Nürnberg.

BMW im Schatten der japanischen Motorradgiganten

Die Furcht war begründet. Während BMW als größter verbliebener deutscher Hersteller von Motorrädern über 250 cm^3 im Jahr 1972 nur 21 122 Einheiten vom Band laufen ließ, brachte es allein Honda von September 1971 bis August 1972 als schon damals weltgrößter Produzent auf 438 642 Fahrzeuge in dieser Klasse und damit auf mehr als das 20fache; alle japanischen Unternehmen stellten 1971/72 zusammen 618 879 Einheiten her. Zählte man die Moped-Produktion im Land der aufgehenden Sonne (922 754 Stück), die Fahrzeuge von 51 bis 125 cm^3 (1 510 416) und die Modelle von 126 bis 250 cm^2 (348 454) hinzu, ergab sich die enorme Zahl von 3,4 Millionen (exakt 3 400 502). Ein wahre Flut der asiatischen Massenware ergoß sich zu diesem Zeitpunkt bereits über die USA (1 477 499 Einheiten) und Europa (275 934 Zweiräder aller Klassen). BMW aber kapitulierte mit seiner winzigen Produktionsquote nicht vor diesem Ansturm und blieb dem Boxer treu.

1972: BMW-Automobile auf der Erfolgsspur

Das Geld, das den Widerstand ermöglichte und den Fortbestand der BMW-Motorradproduktion sicherte, kam von der Automobilsparte. War es schon mit der *„Neuen Klasse"* ab 1962 und ihren vielfältigen

Derivaten steil aufwärts gegangen (360 000 Fahrzeuge vom 1500 bis zum 2000 tiLux, 862 000 Zweitürer der 02-Serie), stießen die Bayern mit Einführung der großen Sechszylinder-Limousinen 2500 bis 3.3 Li ab Mai 1971 ein weiteres Tor auf: Bis 1977 verkauften sich die noblen, gleichzeitig sportlich abgestimmten Viertürer mehr als 220 000mal. Die 7er-Reihe setzte den Erfolg dann bis heute fort.

Bei Daimler-Benz fing man an, sich Sorgen zu machen. Und man legte die Stirn in Untertürkheim noch stärker in Falten, als München die 1968 mit dem 2800 CS gestartete Coupé-Reihe ab 1971 mit dem 3.0 CS (180 PS) und dem 3.0 CSi (200 PS) weiter aufwertete. Spitzenmodell war von 1973 bis 1975 der 206 PS starke 3.0 CSL, der überwiegend im Rennsport eingesetzt wurde, und dies mit bis zu 365 PS. Die Mercedes-Coupés der SL-/SLC-Klasse R 107 (gebaut von 1971 bis 1985 in zahlreichen Motorvarianten von 2,8 bis 5,5 Liter Hubraum) wirkten neben den schlanken und italienisch-extravaganten BMW-Coupés bürgerlich bis behäbig.

Oben links: Leiter der Rennsportabteilung (Vier- und Sechszylinder) Alex von Falkenhausen mit Motorenentwickler Paul Rosche 1967 an der Rennstrecke. O. r.s: Rosche 1974 links am siegreichen 3.0 CSL auf dem Salzburgring.

Unten: Nelson Piquet im Brabham BMW BT 52 vor Alain Prost. Piquet wurde mit BMW 1983 F 1-Weltmeister.

BMW setzte in allen Baureihen konsequent auf Sportlichkeit, nicht nur, was die Motorisierung betraf, sondern auch hinsichtlich der äußeren Erscheinung und der Innenraumgestaltung. Gefördert wurde das sportliche Image der Marke nachhaltig durch Einsätze speziell präparierter Coupés der CSL- und später der 6er-Reihe sowie des BMW M3 und seiner Nachfolger ab 1987.

Wegweisend: Gründung der BMW Motorsport GmbH 1972

Die Gründung der BMW Motorsport GmbH 1972 auf Betreiben von Robert A. Lutz, die 1993 in M GmbH umbenannt wurde, gab dem Sportengagement den organisatorischen Rahmen. War BMW schon in den 1960er Jahren mit dem 700 und dem 02 auf Podiumsplätze abonniert gewesen, knüpfte man in den 1970ern und später durch zahllose Siege im Langstreckensport wie bei den

24 Stunden von Le Mans, bei der DTM und schließlich in der Formel 1, bei der das Team 1983 mit Nelson Piquet und dem Brabham-BMW BT 52 Weltmeister wurde, an die Erfolge an. 2003 reichte es dann mit dem 900 PS starken Williams FW22 wenigstens zum Vizeweltmeister. Unvergessen ist auch die große Vorkriegs-Tradition mit dem Roadster 328 und dem Mille-Miglia-Sieg (s.a. Standardwerk *„BMW Sportwa- gen"*, das die gesamte BMW-Rennsportgeschichte und die Produktion der weiß-blauen Sportwagen beschreibt, 2003 in unserem Verlag erschien, heute aber nur noch antiquarisch erhältlich ist).

Rechts: Der von 1973 bis 1975 in 1672 Exemplaren gebaute 2002 Turbo lieferte 170 PS und rannte über 210 km/h. Die Spiegelschrift kam nicht überall gut an. Mitte: Die von Paul Bracq entworfene Studie BMW Turbo erregte 1972 gewaltiges Aufsehen – nicht nur wegen der Flügeltüren.

1972: Offensive in der Mittelklasse mit der 5er-Reihe , Turbo-Studie von Paul Bracq

Die Konkurrenz mit Daimler-Benz strebte neuen Höhepunkten zu, als BMW 1972 mit dem 520 und dem 520i das erste Exemplar der völlig neu konzipierten 5er-Baureihe präsentierte. Den 115 bzw. 125 PS starken, auf dem M10 der *„Neuen Klasse"* basierenden Vierzylindern der Baureihe E12 folgten in schneller Folge die Sechszylinder-Versionen 525, 528 und 528i, der in der Topversion von 1981 184 PS auf die Straße brachte. 1981 löste die Serie E28 die erste 5er-Generation ab; sie gipfelte 1985 im M5 mit 286 PS starkem Dohc-Vierventilmotor. Ein Meilenstein war der 1982 eingeführte erste Diesel von BMW, der als 524td mit seinen sechs Zylindern 115 PS entwickelte und die gesamte Konkurrenz, vor allem die aus Stuttgart, alt aussehen ließ. Die Baureihe E34 ab 1987 mit Benzinern von 1,8 bis 3,5 Litern und Dieseltypen von 2,4 und 2,5 Litern Hubraum machte den „5er" endgültig zum Millionenseller. Dazu trugen erheblich auch die ab 1991 angebotenen fünftürigen touring-Modelle bei. Der Erfolg der ständig weiterentwickelten Baureihen hält bis heute an.

Oben: Der M3 E30 war der weltweit erfolgreichste Renntourenwagen mit über 1500 Einzelsiegen. Der Dohc-Vierzylindermotor leistete in der Serie 200 PS (Foto von 1985).

1972 wurde der von dem französischen Designer Paul Bracq gezeichnete BMW Turbo X1 vorgestellt, ein spektakulärer Prototyp mit Flügeltüren und Vierzylinder-Turbo-Mittelmotor, 1990 cm^3 Hubraum und 280 PS. Die mediale Beachtung des „Technologierträgers" wurde durch das Attentat vom 5. September während der Olympischen Sommerspiele in München überschattet. Acht Mitglieder der palästinensischen Terrororganisation „Schwarzer September" nahmen elf Athleten des israelischen Olympia-Teams als Geiseln und forderten die Freilassung von inhaftierten Palästinensern. Die Geiselnahme endete mit einer gescheiterten Geiselbefreiung auf dem Flugplatz Fürstenfeldbruck, bei der alle elf Geiseln, fünf Terroristen und ein Polizist starben.

Sportlicher BMW 3er ab 1975, Leistungsexplosion bei Motorrädern

Doch die PS-Show ging weiter. Nachdem zwischen 1973 und 1975 der 2002 turbo mit 170 PS für viel Wirbel gesorgt hatte, schlug BMW 1975 mit den 02-Nachfolge-Modellen der neu konzipierten 3er Reihe ein neues Kapitel auf. Vom Design und von der Motorisierung her war der „E 21" eine Klasse für sich. Es begann mit dem 315-Vierzylinder und gipfelte im 323i von 1978, der mit seinem 143 PS starken Sechszylinder vor allem die schnellen Golf GTi vor sich her trieb, mit seiner Aggressivität aber nicht jedermanns Geschmack war. Auch war das Fahrwerk nicht allen Grenzsituationen gewachsen.

Das konnte man auch von den äußerst leistungsstarken, aber mit simplen Rohrrahmen ausgestatteten Motorrädern japanischer Produktion sagen, wie z.B. der Kawasaki Z 900 (82 PS) oder der sechszylindrigen Honda CBX 1000 von 1976 mit 105 PS. Bei den Zweitaktern war die dreizylindrige Kawasaki 750 H2 mit ihren giftig einsetzenden 74 PS der Höhepunkt der unguten Entwicklung.

Der Autor, damals Redakteur bei der *„Auto Zeitung"* in Köln, erinnert sich: *„Die 750er Kawasaki wog (...) trocken nur 192 kg; der Rahmen war denn doch zu leicht geraten und verdrehte sich daher bei harter Fahrweise beängstigend. Aber um schneller als andere zu sein, riskierten die Fahrer dieses Feuerzeugs Kopf und Kragen."*

BMW M3 E30 mit über 1500 Einzelsiegen im Sport

1982 bis 1994 und damit anfangs in dem von uns beschriebenen Zeitraum der Boxer-Produktion wurde die zweite 3er-Generation gebaut, die als E30-Reihe erfolgreich gegen den gleichzeitig lancierten Mercedes 190 W 201 antrat. Die Motorenpalette umfaßte zu Beginn Vierzylinder mit 1,8 und Sechszylinder mit 2,0 und 2,3 Liter Hubraum. Die Krone der E30-Serie war der M3. Er wurde von 1986 bis 1992 produziert, anfangs nur als Homologationsmodell für die DTM. Der Vierzylindermotor leistete in den Serienversionen 200 bis 238 PS. Der M3 E30 ist der erfolgreichste Tourenwagen der Welt mit über 1500 Einzelsiegen.

Eine Saugdiesel-Version war ab 1985 im Programm, 1986 folgte das elegante E30-Cabriolet mit 2,0- und 2,5-Liter Sechszylindermotor. E30-Touring-Modelle waren von 1988 bis 1994 im Programm. Mit 2,3 Millionen verkauften Exemplaren war der E30 in all seinen Versionen der bis dahin erfolgreichste BMW. Die 3er-Reihe fand ihre Fortsetzung bis hin zum BMW G80 der neueren Zeit.

6er Coupé für Straße und Sport ab 1976, 7er-Reihe ab 1977

Mit der Vorstellung von zwei Luxusmodell-Reihen kam BMW dem Ziel „Premium" ein gutes Stück näher. Auf dem Genfer Salon 1976 zeigte man das wieder von Paul Bracq gestylte 6er-Coupé E24, das die Nachfolge der CS- und CSL-Modelle antrat und ausschließlich von Sechszylindermotoren angetrieben wurde. Zu Beginn produzierte BMW die Modelle 630 CS und 633 CSi mit 3,0 und 3,3 Litern Hubraum. 1978 folgte der 635 CSi mit 3,5 und 1979 der 628 CSi mit 2,8 Litern Hubvolumen und 218 PS. Topmodell war der M 635 CSi mit 24-Ventil-Sechszylinder und 286 PS. In der CSL-Rennversion war der 6er viele Jahre lang sehr erfolgreich. Erst 1989 wurde die Baureihe eingestellt. Im Motorradbereich glänzte BMW ab Herbst 1976 mit der innovativen, vollverkleideten R 100 RS.

Mit der 1977 eingeführten 7er-Reihe (intern E23) führte BMW seinen Expansionskurs weiter fort und griff frontal die S-Klasse von Mercedes an. Zunächst gingen die Oberklassemodelle 728, 730 und 733i an den Start, gefolgt von neuen Einspritztypen 728i, 732i, 735i und 745i. Bis 1986 verließen 285 000 der luxuriösen, gleichzeitig aber sportlich zu fahrenden Flaggschiffe die Fabrikhallen. Die Ohc-Sechszylinder-Motoren leisteten, ähnlich wie in den 6er Coupés, zwischen 170 und 218 PS – ausgenommen beim 745i, der es dank Turboaufladung auf 252 PS brachte. Mit der 1986 lancierten zweiten 7er-Generation der Baureihe E32 gelang es BMW, mehr Fahrzeuge zu verkaufen als Daimler-Benz mit der S-Klasse.

Eine Sonderstellung nahm der Supersportwagen M1 von 1978 mit 277 PS ein, der in der Rennversion der Gruppe 4 sogar 450 PS leistete. Die Idee vom großen Sportcoupé griff BMW 1989 wieder mit dem 850i auf, dessen 5,0-Liter-Ohc-Zwölfzylinder es auf 300 PS brachte. Die 1993 nachgeschobene 32-Ventil-V8-Version 840 Ci mobilisierte 286 PS. Mit seinem zukunftsweisenden Fahrwerk mit Doppelgelenk-Federbeinachse vorn und Integral-Fünflenker-Hinterachse lieferte der 8er die Blaupause für alle Fahrwerke der folgenden Mittel- und Oberklasse.

1973: Ölkrise, Sonntags-Fahrverbote, Tempo 100

Das Vorwärtsstürmen der bayerischen Nobelmarke wurde jäh gebremst, als 1973 die erste „Ölkrise" die Kraftstoffpreise explodieren ließ und das Schnellfahren mit sportlichen Autos zu einem teuren und von der Öffentlichkeit plötzlich argwöhnisch beäugten Vergnügen werden ließ. Am 16. Oktober hatte die Fördergesellschaft OPEC den Ölpreis um 70 Prozent angehoben. Zwölf Tage später verkündeten sieben arabische Öllländer einen Ölboykott gegen die USA und die Niederlande. Der Titel „Scheich" wurde zum Schimpfwort. Auch ansonsten war das Jahr 1973 nicht arm an Rückschlägen und Umwälzungen: Watergate-Affäre, Militärputsch in Chile, Jom-Kippur-Krieg im Nahen Osten. Als am 4. April das World Trade Center in New York City eröffnet wurde, ahnte noch niemand etwas vom katastrophalen Ende der Twin-Towers 28 Jahre später.

Im Gefolge der Ölkrise schränkte die deutsche Bundesregierung den Autoverkehr drastisch ein, indem sie an vier Sonntagen im November und Dezember 1973 ein Sonntagsfahrverbot verhängte und die Geschwindigkeit auf Autobahnen auf 100 km/h begrenzte – zum Leidwesen vieler BMW- und anderer Schnellfahrer, aber zur Freude von Familien und Gruppen, die auf der Autobahn sonntags

Oben: Von 1978 bis 1981 produzierte BMW den Supersportwagen M1, der es mit seinem 3,5-Liter-Dohc-Sechszylindermotor auf 277 PS brachte. Die Procar-Rennversionen leisteten bis zu 490 PS. Unten: Das rassige 6er Coupé des Typs 635 CSi E24 lief von 1978 bis 1989 vom Band. Der 3,5-Liter-Ohc-Zweiventil-Sechszylindermotor produzierte 218 PS.

spazieren gingen. Radfahrer und Pferdekutscher hatten ihren Spaß da, wo sonst mit Tempo 200 langgebrettert wurde. Auch die Besitzer einer R 90 S, die im Spätsommer 1973 als sportlichstes BMW-Motorradmodell auf dem Markt erschien, durften in jenen Tagen nicht allzu sehr am Gasgriff drehen.

Das Jahr 1974 war weltweit so reich an politisch und gesellschaftlich bedeutenden Ereignissen, daß selbst eine zusammenfassende Beschreibung ein Buch füllen würde. Erwähnt sei nur das für Sportfreunde wichtigste Ereignis des Jahres: der Gewinn der Fußballweltmeisterschaft 1974 durch Gastgeber Westdeutschland. 1975 ging der Vietnamkrieg mit der Einnahme Saigons durch die kommunistischen Streitkräfte endgültig zu Ende, in der Bundesrepublik wurde das Volljährigkeitsalter von 21 auf 18 Jahre gesenkt. Flugzeugabstürze und Erdbeben forderten zahllose Todesopfer.

1976: Boxer-Meilenstein R 100 RS, Gründung BMW Motorrad GmbH

Eine besondere Bedeutung für die Boxer-Saga hat das Jahr 1976: Denn damals erschien mit der im Windkanal gereiften R 100 RS ein Meilenstein der jüngeren Motorradgeschichte. Die fast futuristisch anmutende Maschine war nicht nur das erste Serienmotorrad mit Vollverkleidung, sondern auch der bis dahin stärkste Serien-Boxer mit rund einem Liter Hubraum und 70 PS. Die RS konnte auf der Autobahn nun voll ausgefahren werden, alle Limits waren aufgehoben, und die Ölkrise war fast schon wieder vergessen – bis 1980 der nächste Preisschock kam.

Daß BMW dem Motorrad trotz des Angriffs aus dem Fernen Osten treu bleiben würde, war nicht nur zu erkennen gewesen, als man mit der R 100 RS einen Meilenstein des Motorradbaus vorstellte. Zum 1. Januar 1976 gründeten die Bayern die BMW Motorrad GmbH als eigenständiges Tochterunternehmen der BMW AG und statteten sie etwas später als Mitgift mit 200 Millionen DM aus. Interimschef Hans Koch (Vorstand Technik) übergab 1977 die Leitung an den vom BMW-Werk in Südafrika abgezogenen Rudolf Graf von der Schulenburg, der allerdings schon im Herbst 1978 wieder hinschmiß. Folge war eine personelle Reorganisation. Entwicklungsleiter Hans-Günther von der Marwitz wurde durch Richard Heydenreich ersetzt, Hans A. Muth übergab das Design an Volker Gevert, und Martin Probst leitete nun die Motorenentwicklung. An Bord blieben Fahrwerks-Spezialist Rüdiger Gutsche und die Versuchsleiter Ekkehard Rapelius und Gerd Wirth. Als Marketing- und Vertriebschef stieß Karl Gerlinger zu der Truppe, und am 1. Januar 1979 übernahm Dr. Eberhardt C. Sarfert, zunächst zusätzlich zu seiner Funktion als Vorstandsmitglied für Personal, ab dem 1. Januar 1984 ausschließlich die Führung der Motorrad GmbH. Das neue Team brachte frischen Wind in die verkrusteten Strukturen: Am 1. September konnte BMW in Avignon die zukunftsweisende Enduro R 80 G/S vorstellen, die als Multitalent für Straße und Gelände entwickelt worden war.

Politische Umwälzungen und Terrorismus, Concorde und Biene Maja

Zu den 1976 als positiv empfundenen Meldungen gehörte, daß Air France und British Airways am 21. Januar mit der Concorde den regulären Betrieb eines zivilen Überschallflugzeuges aufnahmen. Am 1. April gründeten Steve Jobs und Steve Wozniak die Firma Apple. Und am 20. Juli gelang der unbemannten NASA-Sonde Viking 1 die erste erfolgreiche Landung auf dem Planeten Mars. Am 9. September begann das ZDF mit der deutschen Erstaus- strahlung der deutsch-japanischen Zeichentrickserie „Die Biene Maja".

Ansonsten war auch das Jahr 1976 wieder durch politische Umwälzungen, kriegerische Gewalt, Flugzeugentführungen und -abstürze sowie Naturkatastrophen wie schwere Erdbeben in Italien, Guatemala, der Türkei , im Iran und in China geprägt. Mitteleuropa litt im Sommer unter einer der ersten großen Hitzewellen. Der Klimawandel ließ bereits grüßen. 1977 dann der „Deutsche Herbst" mit Attentaten der deutschen Terrororganisation „Rote Armee Fraktion" und einer palästinensischen Terrorgruppe. Der Arbeitgeberpräsident

Oben: Dr. Eberhardt C. Sarfert, 1937 in Regensburg geboren, übernahm 1979 zunächst zusätzlich zu seiner Funktion als Vorstandsmitglied für Personal die Führung der Motorrad GmbH. 1984 bis Ende 1989 war er ausschließlich deren Chef.

Hanns Martin Schleyer wurde entführt (und später ermordet), eine Gruppe von Palästinensern entführte am 13. Oktober 1977 die Lufthansa-Boeing 737-300 „Landshut". Im Verlauf der Aktion ermordeten sie den Flugkapitän Jürgen Schumann. In der somalischen Hauptstadt Mogadischu stürmte die Bundesgrenzschutz-Spezialeinheit GSG9 am 18. Oktober das Flugzeug und be- freite die noch lebenden Geiseln.

Absatzhöhepunkt 1977 bei den Motorrädern

Doch das Wirtschaftsleben ging weiter. BMW erlebte als Automobilhersteller in der zweiten Hälfte der 1970er Jahre – nach einem kurzen Einbruch während der „Ölkrise" – einen steilen Aufschwung, nicht zuletzt auch durch die *„systematische Erschließung von Auslandsmärkten"* (Grunert). Seit 1972 wurden BMW Automobile auch in Südafrika produziert. Lag der Umsatz 1970 noch bei 1,7 Milliarden DM, wuchs er bis 1979 auf über 7,4 Milliarden. Im gleichen Zeitraum verfünffachte sich der Jahresüberschuß von 34 auf 177 Millionen DM.

Oben: Mit der ab 1976 gebauten R 100 RS gelang BMW ein Befreiungsschlag. Als erstes Serienmotorrad mit einer Vollverkleidung aus dem Windkanal wurde sie ein Verkaufsschlager.

Rechts: BMW Gelände-Team 1979 mit Rennleiter Dietmar Beinhauer, Entwicklungsleiter Richard Heydenreich sowie Marketing- und Vertriebschef Karl Gerlinger (von links).

Auch die Motorradsparte trug zum Erfolg bei: Produzierte BMW in Spandau 1970 nur 12 287 Boxer, waren es auf dem Höhepunkt 1977 bereits 31 515 Einheiten. Nebenbei bemerkt: Am 26. Oktober 1977 musterte die Deutsche Bundesbahn ihre letzte Dampflokomotive aus. Damit gingen 143 Jahre deutsche Industriegeschichte zu Ende. Ein anderes technisches Denkmal, der seit 1923 gebaute Boxer von BMW, dampfte indessen unverdrossen weiter.

Und setzte 1978 abermals Maßstäbe: mit dem komfortablen, vollverkleideten Reisetourer R 100 RT und mit der – teilweise auf Basis der großen Modelle – entwickelten „kleinen" Boxer-Serie R 45/R 65. Bis 1985 blieben die heute zu den Klassikern zählenden Maschinen und ihre Derivate wie die R 80 RT oder die R 65 LS im BMW-Programm. Mit Monolever-Schwinge erlebten die 800er und 1000er Modelle von 1985 bis 1996 einen zweiten Frühling, bis die Zweiventiler endgültig vom Markt genommen wurden.

Einbruch 1978, kritische Stimmen bei BMW und außerhalb

Bei der BMW Motorrad GmbH übergab Interimschef Hans Koch (Vorstand Technik) 1977 die Leitung an den vom BMW-Werk in Südafrika abgezogenen Rudolf Graf von der Schulenburg. Hatte die BMW-Welt in diesem Jahr mit einem Rekordergebnis von 31 515 produzierten Motorrädern und einer Vielfalt von zehn verschiedenen Modellen noch rosig ausgesehen, knickte der Boxer-Absatz in den folgenden Jahren merklich ein – auf 26 592 Einheiten 1978 und 27 339 Maschinen 1979. Am Ende der Saison 1978 standen 8000 BMW-Motorräder unverkauft auf Halde, 6000 davon allein in den USA, wo der Markt unter einem starken Wertverlust des Dollars litt, was natürlich Importprodukte wie BMW-Bikes verteuerte. Eine R 100 RS kostete nun über 5700 Dollar und damit so viel wie ein Mittelklassewagen. *„Fast 70 Prozent Exportanteil machen den Dollarverfall zur Katastrophe"*, schrieb „Motorrad"-Chefredakteur Helmut Luckner in Heft 26 vom 27. Dezember 1978.

Doch es gab noch andere Gründe, die Anlaß zur Sorge gaben. BMW-Chronist Stefan Knittel: *„Innerhalb der BMW-Motorradabteilung hatte es schon seit längerer Zeit rumort. Den Technikern wurde vorgeworfen, zu lange keine wirklichen Neuerungen vollbracht und die notwendige Modellpflege zu nachlässig betrieben zu haben."* Daß man zu dieser Zeit bereits am innovativen Monolever-Fahrwerkskonzept und an einem später äußerst erfolgreichen Enduro-Modell, der R 80 G/S, arbeitete, blieb der Öffentlichkeit verborgen. Unterdessen schlugen die Japaner mit neuen Schwergewichten wie der Honda CBX 1000 (*„Motorad": „Sechs Zylinder – der Wahnsinn!"*), der Kawasaki Z 1300 (120 PS gedrosselt) und der Yamaha XS 1100 zu – und überzogen damit den Bogen.

Als Reaktion darauf heizte der finnische Journalist und Rallyefahrer Rauno Aaltonen in einem von BMW zur IFMA 1978 herausgegebenen Faltblatt die Untergangsstimmung an: *„Ich bin sicher, daß die Motorradentwicklung in eine Sackgasse geführt hat, (... in der es zu einer Auseinandersetzung mit der öffentlichen Meinung und mit Sicherheit zu (...) Restriktionen kommen wird."* Selbst die vom Vollgasfahren lebende Zeitschrift „PS" gab sich damals fortschrittskritisch. Redakteur Wolfgang Bernhard schrieb: *„Es gibt auch PS-starke Motorräder, die in der richtigen Hand sicheres Überholen und gefahrloses, schnelles Vorankommen erlauben. In der falschen Hand werden sie zur gefährlichen Waffe. Aber sollen wir das Messer abschaffen, weil sich ein paar Ungeschickte in die Finger schneiden?"* Aaltonen setzte – ohne daß BMW dies kommentiert hätte – noch eins obendrauf: *„Ein solches Motorrad ist kein Mes-*

Foto: © Honda, Archiv H. J. Schneider

Oben: Unterschwellige Werbung für Hondas Kampfansage an die Motorradwelt. Das 1978 präsentierte Sechszylinder-Bike CBX 1000 irritierte und faszinierte gleichermaßen. Mit zwei obenliegenden Nockenwellen, sechs Vergasern und 105 PS setzte die Maschine Maßstäbe – und war der krassestmögliche Gegensatz zum braven Boxer von BMW. Das einfach gestrikte Fahrwerk des Boliden war der Kraft indes nicht gewachsen.

Foto: © Yamaha, Archiv H. J. Schneider

Foto: © Kawasaki, Archiv H. J. Schneider

Das ist Kawasaki

Links: Die 1978 präsentierte Yamaha XS 1100 war mit ihrem 95 PS starken Dohc-Vierzylinder-Motor dem Boxer überlegen. Sie hatte ebenfalls Kardanantrieb, war aber mit 261 kg zu schwer.

Rechts: Eine andere Provokation aus Japan ab 1978 war die Kawasaki Z 1300 (sechs Zylinder, zunächst 120 PS, Flüssigkühlung, Kardanantrieb). Leergewicht: 326 kg!

ser – sondern, verglichen damit – eine Hochleistungs-Kreissäge für die Aufgabe des Brotschneidens. Wenn die unselige Entwicklung zur Hochleistungs-Kreissäge zum Brotschneiden weitergeht, wird der Staat dafür sorgen müssen, daß sie ein Ende nimmt..."

1978: „Hochleistungs-Kreissägen" aus Japan BMW-Motorradgeschäft auf der Kippe

BMW war es mit dem denkwürdigen Faltblatt natürlich auch darum gegangen, indirekt davon abzulenken, daß man in München noch kein Rezept gegen die japanische Offensive gefunden hatte. Mit seinen leichten und im Vergleich zu japanischen Superbikes eher bieder motorisierten Boxern standen die Bayern nicht im Verdacht, die Entwicklung zur Kreissäge mit voranzutreiben. In der Not appellierte der Chef der BMW Motorrad GmbH, Rudolf Graf von der Schulenburg, eindringlich an die Vernunft der (anderen) Motorradhersteller: *„Vernunft bedeutet (...) für alle Hersteller eine Art der Selbstbeschränkung und die Rückkehr zu verantwortungsbewußten Konzeptionen und Konstruktionen im Motorradgeschäft."*

So war es nicht verwunderlich, daß 1978 auf breiter Ebene darüber spekuliert wurde, ob das BMW-Motorradgeschäft überhaupt noch eine Zukunft habe. Verstärkt wurden die Gerüchte dadurch, daß von der Schulenburg am 16. Oktober 1978 als Chef der BMW Motorrad GmbH zurücktrat. Sogleich stellte die Kölner *„Auto Zeitung"* (Heft 25/1978) die Frage: *„Boxer von BMW am Ende?"* Der Graf, 1937 in Wolfsburg geboren, war zwölf Jahre lang in Diensten des Münchner Unternehmens gewesen und hatte den BMW-Motorrad-Vorsitz erst am 1. Januar 1977 übernommen. Als diplomierter Ingenieur hatte er 1966 als Marketing- Trainee bei VW Amerika gearbeitet, war dann 1967 zu BMW gewechselt; dort war er von 1971 bis 1974 Leiter der Produktionstechnik in München, ab Januar 1974 Chef von BMW Südafrika.

Rücktritt des BMW Motorrad-Chefs Rudolf Graf von der Schulenburg

Die *„Auto Zeitung"* schrieb: *„Graf von der Schulenburg, sowohl guter Kaufmann als auch Techniker, hatte eine bestimmte Vorstellung von einem Konzept für eine neue BMW-Motorrad-Generation, die seiner Meinung nach hätte schnellstens verwirklicht werden müssen. Einem Mann wie ihm – 1966 von VW in Amerika als Marktstratege ausgebildet – saß tief im Bewußtsein, daß das Volkswagenwerk beinahe mit einem allzu betagten Boxermotor in die Pleite gefahren wäre. Doch er mußte zur Kenntnis nehmen, daß die Vorstelllungen Herrn von Kuenheims von einem neuen BMW-Motorrad anders aussahen, mehr an der konservativen BMW-Motorrad-Linie hingen."*

Letztlich hätten die Meinungsverschiedenheit mit von Kuenheim – wie zuvor bei Hahnemann und Lutz – dazu geführt, daß der Graf seinen Hut nahm. *„Es wäre jammerschade, wenn der Weggang des dynamischen Unternehmers Graf von der Schulenburg zu dem führen würde, was BMW-Fans in aller Welt gar nicht zu denken wagen – zum Anfang vom Ende der BMW-Motorradproduktion."* So weit kam es dann doch nicht. Aber unmittelbare Folge war eine totale personelle Reorganisation (s. Seite 16).

Foto: © Hans J. Schneider

Foto: © Archiv H.-J. Schneider

Oben: BMW-Prominenz bei der Verabschiedung von Ferdinand Jardin 1978. Von links nach rechts: Hardy Müller (Motorradplanung), Wolfgang Wurst (Motorenversuch), Rudolf Graf von der Schulenburg (bis 16.10.1978 Leiter der Motorrad GmbH), Ferdinand Jardin (bisher Leiter Motorenkonstruktion), Rosemarie Kellerer (Sekretärin Wirth), Hans Muth (Design), Gerd Wirth (Motorenentwicklung), Otto Bogner (Nachfolger von Jardin).

Unten: Angesichts extrem steigender Unfallzahlen bemühte sich die Branche um die Verbesserung der Sicherheit. Links: verunglückter Polizei-Boxer. Rechts K 75 bei Vollbremsung vor BMW E30.

Als Randnotiz sei vermerkt, daß der Boxer für die Japaner schon Ende der 1970er so etwas wie ein Dino im Jurassic-Park war. Ein Pressechef ließen sogar süffisant verlauten: *„Wenn es BMW einmal schlecht gehen würde, müßten wir zusammenlegen, um die Marke zu erhalten."* 1994 kam es zumindest im Autobereich ganz anders: BMW kaufte Rover und gab Honda, die bereits mit den Engländern kooperierten, das Nachsehen.

1978: 100-PS-Begrenzung und neuer Schwerpunkt Sicherheit

Letztlich erkannten alle Verantwortlichen bei den Herstellern und Importeuren, daß man nur gemeinsam das Motorradgeschäft weiter vorantreiben konnte. Wichtig war es ihnen auch, die wachsende Kritik an dem aus dem Ruder gelaufenen Leistungszuwachs der Oberklasse-Maschinen abzufedern. Daher setzten sie sich 1978 erstmals gemeinsam an einen Tisch und beschlossen das legendäre 100-PS-Limit für den deutschen Markt. Während die Japaner fortan drosseln mußten, hatte BMW sich erst bis zu diesem Limit hochzuarbeiten: Die Bayern erreichten es zehn Jahre später mit der vierzylindrigen K 1.

1981 gründete die Motorradindustrie das Institut für Zweiradsicherheit mit Sitz in Essen, das die Aufgabe hatte, das Sicherheitsdenken zu fördern und damit das Image des Motorrads in der Öffentlichkeit, die dem Motorrad immer kritischer gegenüberstand, positiv zu beeinflussen. Angesichts steigender Unfallzahlen war das auch bitter nötig gewesen: 1979 war mit 1251 tödlich verunglückten Motorrad- und Kleinkraftradfahrern und -fahrerinnen (plus 799 getötete Mofa- und Moped-/Mokicklenker) ein Höhepunkt in der Nachkriegszeit erreicht worden. Zusätzlich hatten sich 42 495 Motorrad- und Kleinkraftradfahrer jedweden Geschlechts bei Unfällen verletzt – plus 49 934 Verletzte auf Fahrzeugen mit 50 cm^3 Hubraum.

Horrende Unfallzahlen, weiterhin Flaute bei BMW

Dabei war der Motorradbestand Ende der 1970er Jahre mit 309 800 (Zahl von 1978) noch relativ überschaubar gewesen. Zum Vergleich: 2021 kamen bei einem 15mal (!) größeren Bestand von 4,78 Millionen Motorrädern, Leichtkrafträdern und großen Rollern „nur" 473 Menschen ums Leben – von denen natürlich jeder einer zu viel war. Heute verschärft der nach Aufhebung der 100-PS-Selbstbeschränkung 1999 ein nun völlig ungezügelter Leistungszuwachs der Maschinen die Situation abermals. Klaus Brandenstein von der Unfallforschung der Versicherten (UDV) sagte mit Blick auf die Situation in den 2020er Jahren : *„In Kombination mit geringem Gewicht sind 200 PS kaum noch zu beherrschen. Deshalb fordert die UDV die Industrie auf, die Selbstbeschränkung von 100 PS wieder zu beleben."*

BMW bewegte sich 2023 mit dem 136 PS starken Supersportler R 1250 RS deutlich über dem wieder eingeforderten Limit. Das vorwiegend für die Rennstrecke konzipierte Superbike R 1000 RR sprengte mit 210 PS jeden zivilen Rahmen. Mit mehr als 200 PS traten ab 2015 auch die für den Straßenverkehr zugelassenen Superbike-Modelle Aprilia RSV4 RR, Ducati 1299 Panigale, Yamaha YZF-R1 und Kawasaki Ninja H2 an.

Nachdem die BMW-Motorradproduktion 1979 mit nur 27 339 Maschinen seine Ziele verfehlt hatte (s.a. weiter oben), gab für die letzte verbliebene deutsche Motorradmarke kaum jemand noch einen Pfifferling. Die Japaner warfen eine Modellreihe nach der anderen auf den Markt, drückten mit hochkarätigen und dazu preisgünstigen Vier- und Sechszylindermaschinen, mit Enduros, Chopper-Bikes und superleichten Straßenrennern die Bayern einfach an der Wand. Und zum Schaden hatten die Motorradbauer in München und Berlin auch noch den Spott: Sie wurden von der Konkurrenz genauso wie von der verwöhnten Kundschaft ausgelacht, weil sie es in damals knapp 60 Jahren – abgesehen vom Rennsport – *„zu nichts anderem gebracht hatten als zu biederen Alltags-Krädern mit stoßstangengesteuerten Boxermotoren"* (*„Motor Magazin"*).

Oben: Motor der R 75/5 auf dem Prüfstand in Berlin. Links: Rennsportlegende Schorsch Meier am 25. Juli 1973 auf dem 500 000sten BMW Motorad, einer R 75/5, gleichzeitig Jubiläum „50 Jahre BMW Motorrad". Rechts: Vorstandsvorsitzender Eberhard von Kuenheim 1971 auf einer BMW R 75/5.

1982: BMW wieder obenauf, Japaner in Schwierigkeiten

Doch bald lachte niemand mehr. Denn ab 1980 ging es (auch dank der umstrukturierten und modernisierten Produktion in Spandau) mit 29 263 verkaufen Einheiten wieder bergauf mit den Weißblauen, und 1982 wurde mit 32 452 Fahrzeugen ein neuer Höhepunkt erreicht. Abseits von BMW erlebte ausgerechnet in diesem Jahr der weltweite Motorradmarkt nach langem Boom

vom Enduro-Projekt, sondern auch von der gänzlich neu konzipierten K-Generation, die sich bereits im Entwicklungsstadium befand. Schon 1979 waren erstmals Zeichnungen von Prototypen (Code K 4) mit längs liegenden Reihenmotoren durch die Presse gegeistert. Aber sogleich hieß es, gewissermaßen abwehrend: *„Der Boxer darf nicht sterben"* (Helmut Luckner in *„Motorrad"*). 1980 wurde das K-Projekt, das sehr wohl die großen Boxer komplett ablösen sollte, vorübergehend auf Eis gelegt, doch 1983 präsentierte BMW dann mit der K 100 den ersten Vierzylinder mit längs liegendem Dohc-Zweiventil-Motor (der Vierventiler kam 1989 mit der K 1).

1980er und 1990er Jahre: weltweite Expansion, neue Werke, Rover-Übernahme

Bis zum Beginn der 1980er Jahre erweiterte BMW seine Kapazitäten für die Autoproduktion durch den Bau neuer, spezialisierter Werke in Steyr, Regensburg und Landshut, wo u.a. die 4- und 10-Zy-

einen scharfen Einbruch. Und auch die Zukunft schien nicht sonderlich rosig zu sein: Dank der japanischen Überproduktion drückten gewaltige Lagerbestände auf die Preise, viele Händler wußten nicht mehr, wie sie über den nächsten Winter kommen sollten. Und die Motorradfahrer waren vergrätzt wie nie zuvor, sie fühlten sich verschaukelt: Die Neuheitenflut aus dem Fernen Osten hatte dazu geführt, daß gebrauchte Maschinen nur noch mit hohen Verlusten abzusetzen waren, die Ersatzteilversorgung war auf weiter Flur zusammengebrochen, die Produktqualität war miserabel, und Reparaturen wurden, wenn überhaupt, nur noch zu Wucherpreisen ausgeführt.

IFMA 1982: Boxerkonzept als Beispiel für Nachhaltigkeit

Es schien, als habe BMW nur auf diesen Moment gewartet. Die Traditionsfirma, die jahrelang wegen ihrer konservativen Modellpolitik kritisiert und belächelt worden war, stand auf einmal da wie der aus der Asche aufgetauchte Phönix. Denn auf einmal hätten alle gern gehabt, was BMW schon lange bot: einfache Konstruktion, relativ niedriges Gewicht, hohes Drehmoment bei geringen und vor allem mittleren Drehzahlen, große Reichweite durch relativ niedrigen Verbrauch und großvolumige Tanks, vertretbare Betriebs- und Unterhaltskosten, preiswerte Ersatzteile und einfache Wartung, lange Lebensdauer und hoher Wiederverkaufswert.

Stolz kommentierte Dr. Eberhardt C. Sarfert (seit dem 1. Januar 1979 zunächst parallel zu seiner Funktion als Vorstandsmitglied für Personal, ab 1984 dann als Generalbevollmächtigter der BMW AG ausschließlich Chef der Motorrad GmbH) auf der 1982er IFMA in Köln die Lage und klang dabei sogar, bezogen auf die heutige Zeit, prophetisch: *„Die Konzentration auf das Wesentliche, der disziplinierte Umgang mit Material und Energie werden zu einem überwiegenden Teil die Motorrad-Konzepte der 1980er Jahre mitbestimmen. Der Zweizylinder-Boxermotor paßt haargenau in diesen Trend..."*

Ganz im Sinne von Sarfert hielt BMW-Vorstandsvorsitzender Eberhard von Kuenheim in einem Interview mit *„Motorrad"*-Chefredakteur Helmut Luckner mit unerschütterlichem Optimismus gegen den Defätismus der Branche Anfang der 1980er: *„Vorstand und Aufsichtsrat sind sich einig – das Motorrad wird durchgestanden, da steckt für uns was drin. Wir glauben, daß wir überhaupt die einzigen Europäer sind, die es schaffen können. Jetzt ist das Baby zwar ein bißchen krank, wir machen es aber bald gesund."* Der Mann, der den BMW-Automobilbereich zu immer neuen Höhen geführt hatte, wußte natürlich nicht nur

Oben: führende Männer der BMW Motorrad GmbH in Fahrerbekleidung der 1983er BMW-Kollektion hinter einer K 100. Von links: Entwicklungschef Stefan Pachernegg, Produktionsleiter Hans Glas, Vertriebsleiter Karl H. Gerlinger, Chef Motorrad GmbH E. C. Sarfert.

Rechts: der innovative Vierventil-Boxer der R 1100 RS. Unten: BMW K 75 S mit längs liegendem Dreizylindermotor 1985 als moderne Alternative zum Boxer.

Oben: Die im September 1980 vorgestellte R 80 G/S mit zukunftsweisender Einarmschwinge. Die Maschine eignete sich für den Straßen- und Geländeeinsatz und brachte BMW weiter nach vorn. Hier testet Pressesprecher Kalli Hufstadt selbst.

Unten: Mit der 1993 präsentierten R 1100 RS machte BMW einen bedeutenden Sprung nach vorn. Das Fahrwerk war mit Paralever-schwinge und Telelever revolutionär, der neue Boxer war mit 90 PS zeitgemäß stark.

linder für die Formel 1 entstanden. In den 1990ern wurden Werke in den USA (Spartanburg), Lateinamerika, Südostasien, Osteuropa und danach in China (2004) und in Indien (2007) hochgezogen. Ein Schlag ins Wasser war hingegen die Übernahme der britischen Rover Group mit 15 unterschiedlichen Marken, darunter Land Rover, MG und Mini im Jahr 1994. Doch die Kooperation funktionierte nicht, eine Fehlentscheidung reihte sich an die andere. 2000 trennte sich BMW wieder vom englischen Patienten – mit hohen Verlusten. Man behielt nur die Marke Mini – und entwickelte die Modelle mit großem Erfolg bis heute weiter. 1998 konnte sich BMW in einem offenen Bieterkampf mit VW die Namensrechte an Rolls-Royce sichern, seit 2003 rollte der Rolls-Royce Phantom als weiß-blaues Premium-Produkt vom Band – mit Motoren von BMW. Die Rechte an Bentley erkämpfte der Volkswagen-Konzern unter Ferdinand Piëch (1937-2019, von 1993 bis 2002 Vorstandsvorsitzender, danach bis 2015 Aufsichtsratsvorsitzender der der Volkswagen AG).

1983: Vierzylinder-Maschine K 100, 1993: Vierventil-Boxer R 1100 RS

Bis 1985 – und damit bis zum Ende des in diesem Band behandelten Abschnitts der Boxer-Saga – wuchs der Umsatz auf 18,078 Milliarden, der Gewinn auf 301 Millionen DM. 445 233 Automobile verließen 1985 die BMW-Werke und 36 320 Motorräder – ein Rekord, der erst 1993 nach Einführung des Vierventil-Boxers gebrochen wurde. 2005 waren es dank enormer Diversifizierung 92 012 Maschinen, 2022 sogar mehr als doppelt so viele (s. am Ende des Kapitels). Die größten Erfolge und die interessantesten Meilensteine der BMW-Motorradgeschichte waren die R 80 G/S ab 1980 mit Monolever-Fahrwerk und ihre Zweiventil-Nachfolgemodelle bis hin zur R 100 GS mit Paralever-Schwinge und Neo-Retro-Typen wie der R 100 R von 1992 bis 1995. Mit konsequent modernisierter Boxer-Technik (vier Ventile pro Zylinder, Katalysator, Benzineinspritzung) und revolutionärer Vorderradführung (Telelever) begründete 1993 die R 1100 RS eine ganze Serie von Vierventil-Boxern, die u.a. mit der R 1100 GS ab 1993 neue Maßstäbe in der Enduro-Kategorie setzte.

Eine Klasse für sich waren von 1983 bis 2005 die drei- und vierzylindrigen K-Modelle mit längs liegenden, flüssiggekühlten Reihenmotoren , gefolgt von Vier- und sechszylindrigen Hochleistungstypen mit querliegenden Triebwerken. Mit den 1993 lancierten ein- und zweizylindrigen F-Modellen und den Cruisern ab 1997 faßte BMW zusätzliche Zielgruppen ins Auge.

Umweltthemen immer stärker in der Diskussion

Das Thema Umweltverträglichkeit spielte bei den luftgekühlten Zweiventil-Boxern jener Zeit keine Rolle. Wenn überhaupt, war Umweltschutz damals Lärmschutz. Denn die 1970er und frühen 1980er Jahre waren überwiegend geprägt von lärmenden und giftige Abgaswolken ausstoßenden Zweitakt-Modellen zwischen 50 und 750 cm³ Hubraum. Der Autor sagte im April 2008 im Rahmen eines Vortrags bei einer Veranstaltung von BMW Classic: *„Logischerweise waren die hochgezüchteten Zweitakter laut, was einen zwar unbeabsichtigten, aber löblichen Effekt hatte: Man begann erstmals über das Thema Lärmbelästigung nachzudenken und forderte rasche Abhilfe. Und weil die Zweitaktmotoren stinkende Abgaswolken hinter sich herzogen, zudem auf hundert Kilometer bis zu zehn Liter des damals noch billigen Benzin-Öl-Gemischs verbrannten, keimte selbst in sportfreundlichen und leistungsverliebten Blättern wie ‚Motorrad' erstmals ein zartes Pflänzchen, das ‚Umweltbewußtsein' hieß, aber erst 20 Jahre später überlebensfähig war und seit der G-Kat-Einführung durch BMW 1990 auch den künftigen Trend bestimmte."*

Den Boxer-Abgasen versuchte BMW bei einigen länderspezifischen Ausführungen für Europa ab 1990 wenigstens mit dem Sekundär-Luft-System SLS beizukommen, das den Kohlenwasserstoff- und den Kohlenmonoxid-Anteil reduzieren konnte. Gleichzeitig wurde bei der K-Reihe und den Vierventil-Boxern der geregelte Dreiwege-Katalysator eingeführt – in Verbindung mit elektronisch gesteuerter Benzineinspritzung und sonstiger Steuerelektronik. Suzuki und auch Harley-Davidson aber stemmten sich noch Mitte der 1990er Jahre mit Macht gegen die Einführung von Umweltstandards, was zum Teil negative Reaktionen in den Fachzeitschriften hervorrief.

1984: Modernisierung des Motorradwerks Berlin-Spandau

Ein Höhepunkt im uns hier interessierenden Abschnitt der Boxer-Geschichte war die Beendigung der Erweiterung und Modernisierung des traditionsreichen Standorts Berlin-Spandau 1984. In den vorausgegangenen Jahren hatte BMW hier 300 Millionen DM investiert, auch im Hinblick auf die Fertigung der 1983 vorgestellten K-Reihe, die höchste Anforderungen an die Produktionsmetho-

Gleichzeitig zog BMW hier mit nur 100 Mitarbeitern als Notlösung eine Produktion von Sicheln, Sensen und Messern auf. Bald schon wurden in Berlin Maschinen für die Fertigung von Motorradteilen, ab 1958 auch für Autokomponenten aufgestellt. Ab 1966 liefen erste Boxer mit Vollschwingen-Fahrwerk vom Band, ab 1969 war die gesamte Motorradfertigung in Spandau konzentriert. 400 Berliner fertigten damals täglich 30 Maschinen, 1976 waren es bereits 1400 Menschen, die nun über 28 000 Motorräder fertigstellten. 1977 baute BMW die Fabrik u.a. mit der Errichtung einer neuen Produktionshalle beträchtlich aus. 1980 präsentierte Spandau das 250 000ste Motorrad, eine spezielle R 65 für die Palasteskorte des Königs von Jordanien.

Kein Geringerer als Bundeskanzler Helmut Kohl gab am 1. März 1984 in Anwesenheit von 700 geladenen Gästen die neue Fertigungsstraße für die BMW K 100 RT frei. Dr. Eberhardt C. Sarfert, Vorsitzender der Geschäftsführung der BMW Motorrad GmbH, ergriff die Gelegenheit, die politische Bedeutung des Bekenntnisses von BMW zu Berlin hervorzuheben: *„Berlin ist ein Symbol der Einheit des deutschen Volkes. Dazu bedarf es einer gesunden wirtschaftlichen Grundlage."* Sechs Jahre später und ein Jahr nach dem Mauerfall wurde die Einheit Wirklichkeit und die *„gesunde wirtschaftliche Grundlage"* der sich auflösenden DDR verpaßt.

Hans-Erdmann Schönbeck, Vertriebsvorstand der BMW AG wies auf die Bedeutung des modernisierten Werks für die Motorradproduktion hin: *„Wir haben die modernste Fertigungstechnologie übernommen. Dieses Werk wird darin so leicht von keinem anderen Motorradwerk in der Welt übertroffen werden können. Auf diesem Gebiet brauchen wir keine Konkurrenz zu fürchten."* Die Zuversicht war beeindruckend, denn die Japaner beherrschten längst die Weltmärkte und hatten erhebliche Kostenvorteile, weil sie z.B. über 400 Stunden im Jahr mehr arbeiteten als die Deutschen.

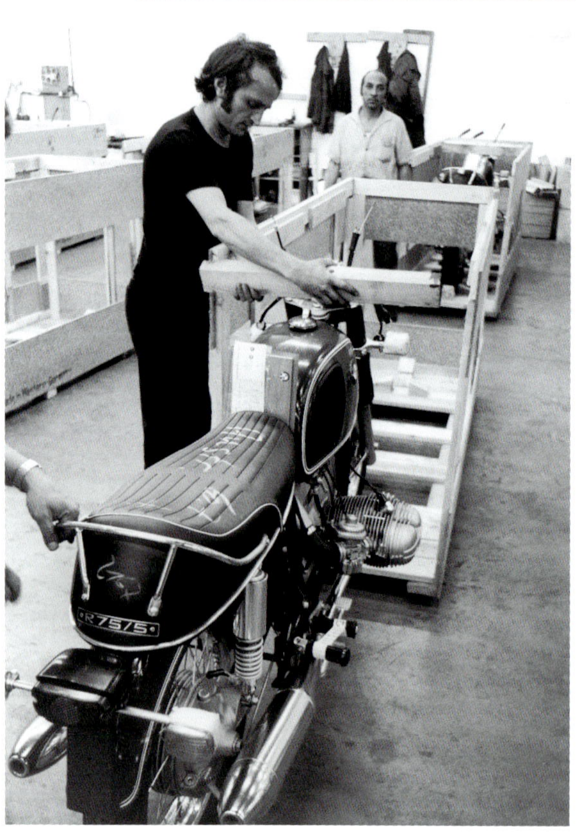

Oben: zwei Konzepte, eine Bestimmung – R 80 RT und K 100 RT in Polizeiausführung 1984. Zu allen Zeiten half das Behördengeschäft der BMW-Motorradsparte über Durststrecken hinweg.

Links: Im Werk Berlin wird 1972 eine BMW R 75/5 für den Versand vorbereitet.

Rechts: Anläßlich der Einweihung der Werkserweiterung in Spandau am 1. März 1984 erhält Bundeskanzler Helmut Kohl von Auszubildenden ein Modell der BMW R 90 S. Rechts: Hans Glas, neuer Werksleiter in Spandau.

den stellte. Dazu wurden CNC-, also programmgesteuerte Maschinen installiert (CNC = Computerized Numeric Control).

Bereits 1928 hatte die Firma Siemens & Halske hier ihr Flugmotorenwerk errichtet. 1936 wurden darauf die Brandenburgischen Motoren Werke (Bramo). 1939 fusionierte Bramo mit BMW, im Krieg wurde die Fabrik bombardiert, ab 1945 demontiert.

Steigende Produktions- und Exportzahlen, neue Modellserien

Im erneuerten Werk Spandau stellten ab 1984 rund 2000 Menschen (von den damals weltweit 50 000 Beschäftigten) unter optimalen und umweltgerechten Arbeitsbedingungen alle drei Minuten ein K- oder Boxermotorrad her. Die Maschinen gingen zu 60 Prozent in den Export, dabei vor allem in die USA sowie nach Italien, Großbritannien und Frankreich, danach verstärkt nach Japan. Je nach Land waren Polizei und andere Behörden die größten Abnehmer.

BMW war in den 1980ern mit den enormen Investitionen und der mutigen Erweiterung der Modellpalette ein hohes Risiko eingegangen, doch der steile Aufwärtstrend bis hin zu den High Tech-Modellen der 2000er bis 2020er Jahre gaben den Entscheidern recht. Und der Boxer hat auch überlebt, weil die Großenduro R 1250 GS im Verkauf alle Rekorde schlug und man dem Zweizylinder mit der nineT-Reihe ein Denkmal setzte, das sich auch wegen der angesagten nostalgischen Anmutung blendend verkaufte. Neue, stark wachsende Absatzmärkte in China, Indien und Brasilien kurbelten das Geschäft in den 2020ern zusätzlich an.

BMW-Entwicklung 1969 bis 1985: Expansion in allen Bereichen

Jahr	Umsatz Mio. DM	Export Anteil %	Produktion Automobil	Produktion Motorrad	Mitarbeiter Jahresende	Jahresüberschuß Mio. DM
1969	1 443,4	40,6	147 841	4 701	21 316	45,7
1970	1 724,4	36,1	161 165	12 287	22 913	34,2
1971	1 907,1	40,8	164 701	18 772	23 307	32,2
1972	2 319,3	42,9	182 859	21 122	24 750	92,2
1973	2 608,0	46,2	197 446	20 856	27 737	93,2
1974	2 492,3	46,6	188 965	23 160	25 805	42,0
1975	3 254,5	40,7	221 298	25 566	28 989	74,0
1976	4 490,3	47,3	275 022	28 209	30 192	127,8
1977	5 223,2	47,0	290 236	31 515	33 989	127,7
1978	6 557,1	47,6	320 853	26 592	35 171	152,4
1979	7 407,4	48,0	336 981	27 339	36 777	177,1
1980	8 116,5	55,0	341 031	29 263	37 246	163,3
1981	9 545,0	55,7	351 545	32 452	39 777	144,4
1982	11 620,4	61,1	378 769	30 398	40 738	189,0
1983	14 025,7	59,8	420 994	28 291	43 169	292,0
1984	16 484,1	61,1	431 995	33 912	44 692	324,0
1985	18 077,9	65,0	445 233	36 320	46 814	301,0

Quelle: Manfred Grunert/Florian Triebel: Das Unternehmen BMW seit 1916; BMW Group Mobile Tradition, München 2006.

Oben: Das traditionsreiche BMW-Werk in Berlin-Spandau im Jahr 1985, ein Jahr nach der großen Erweiterung. Nach dem Mauerfall 1989 öffneten sich im Osten neue Marktperspektiven, und das Werk trat aus seiner isolierten Lage heraus.

Rechts: Noch war der Mensch nicht durch Elektronik und Roboter ersetzt. 1972 wird eine fertige Maschine der /5-Serie von einem gewieften Einfahrspezialisten auf dem Rollenprüfstand getestet. Wenn er die Hände vom Lenker nimmt, muß das Motorrad mit drehenden Rädern die Spur halten. Hier zeigt ein Boxer in US-Ausführung mit Hochlenker und „Sturzbügeln", daß er pefekt montiert und eingestellt wurde.

2022 verzeichnete BMW mit weltweit 202 895 ausgelieferten Motorrädern und Rollern das stärkste Absatzergebnis seiner Motorradgeschichte. Besser hätte es zum Jubiläum „100 Jahre Boxer" nicht kommen können. Dr. Markus Schramm, Leiter BMW Motorrad, in einer Pressemitteilung zur Jahresbilanz: *„Ich blicke mit großer Freude und Zuversicht auf unser 100-Jahre-Jubiläumsjahr 2023."* Mit 24 129 abgesetzten Motorrädern und Scootern war Deutschland 2022 der größte Einzelmarkt für BMW Motorrad. Die Säulen des Erfolgs aber waren und sind die von 1923 bis 1985 produzierten klassischen Boxer mit Zweiventil-Motoren, und hier vor allem die modernisierten Modelle von 1969 bis 1985, die wir auf den folgenden Seiten vorstellen.

Schon Mitte der 1960er Jahre existierten Prototypen der /5-Baureihe, die der späteren Serie bereits sehr ähnlich sahen. Das Foto zeigt einen Prototyp von 1965 mit dem Motor und dem Lenker der R 69 S samt integrierten Blinkern.

Kapitel 2
1963-1969: /5-Prototypen

Härtetests im Gelände

Bei BMW wußte man schon früh, daß es mit barocker Vollschwingentechnik und den seit 1952 produzierten Boxermotoren nicht weitergehen konnte. Ein leichter Rahmen, eine robuste Telegabel und ein leistungsstärkeres Triebwerk mußten her. Die Erprobung des neuen Fahrwerks begann bereits 1963 mit Maschinen für Geländewettbewerbe, die aber noch vom Motor der R 69 S angetrieben wurden. Schnell zeigte sich, daß die neue Fahrwerkskonstruktion auch uneingeschränkt straßentauglich war. Den Boxer konzipierten die Bayern von Grund auf neu, es blieb kein Stein auf dem anderen. Ergebnis: 50 PS beim künftigen Topmodell R 75/5.

Unten: Blick auf das Bedienfeld des Prototyps von 1965. Lenker, Griffe, Tankverschluß und Schalter wurden noch geändert, und die separaten Kontrollampen oben auf dem Scheinwerfergehäuse mußten Kontrollen weichen, die ins Zentralinstrument integriert waren.

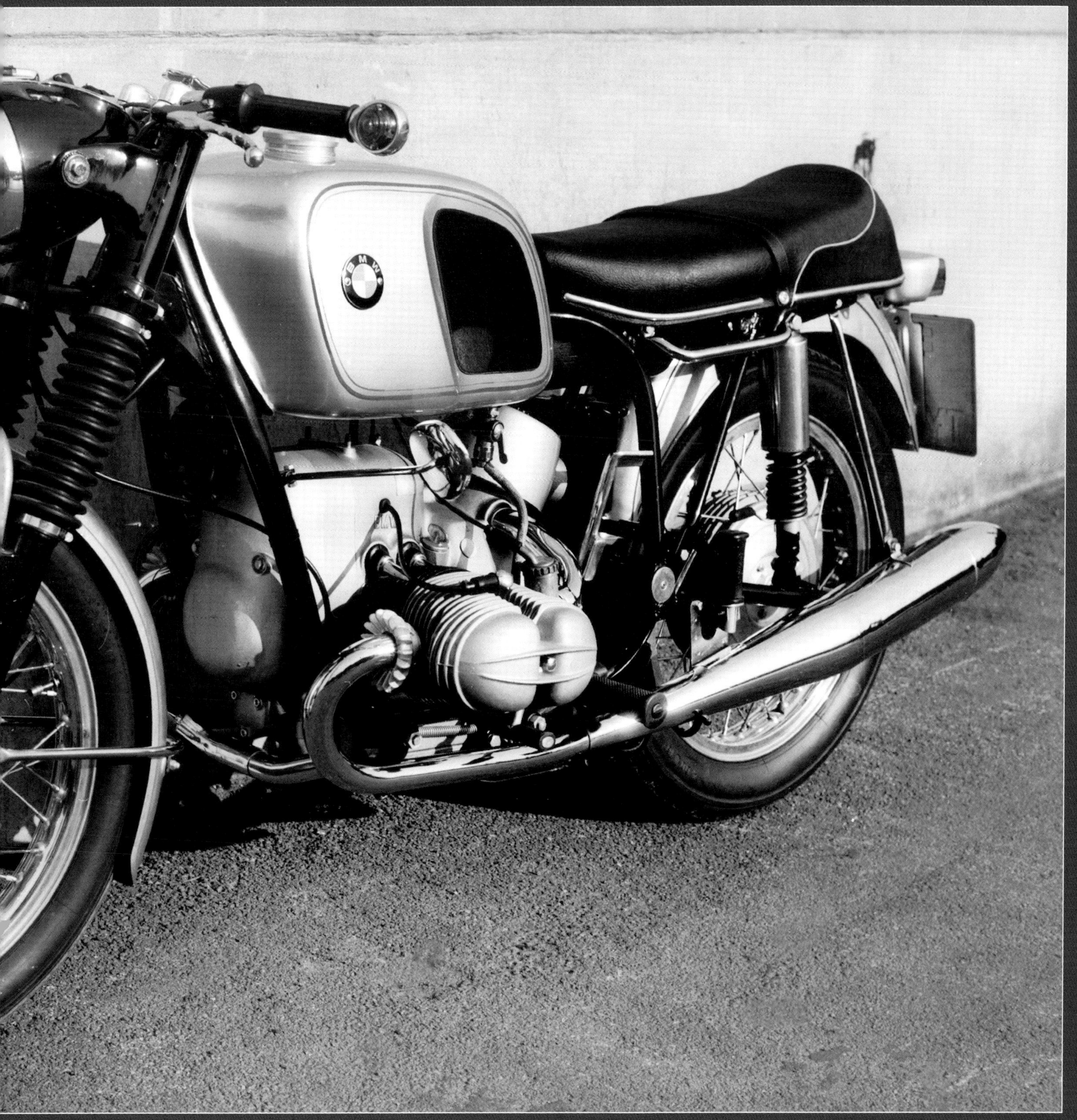
BMW

1963-1969

/5-Prototypen

Vorläufer Gelände, neues Chassis mit R 69 S- und R 75/5-Motoren

Das Jahr 1963 war durch zahlreiche historische Ereignisse geprägt, die sich nachhaltig im kollektiven Gedächtnis festsetzten. Am 22. Januar unterzeichneten der französische Staatspräsident Charles De Gaulle und der deutsche Bundeskanzler Konrad Adenauer zum Zeichen der Aussöhnung den Élysée-Vertrag. Ein Highlight breitenwirksamer Unterhaltung war Alfred Hitchcocks Film *„Die Vögel"*, der am 28. März in den USA anlief. Und das ZDF zeigte am 2. April zum ersten Mal Zeichentrickfilme mit den *„Mainzelmännchen"* zwischen den Spots der Fernsehwerbung. Für BMW war in diesem Jahr wichtig, daß die Boxer-Motorräder nun seit 40 Jahren allen Widrigkeiten getrotzt hatten.

Am 26. Juni, knapp zwei Jahre nach dem Mauerbau, hielt der amerikanische Präsident John F. Kennedy vor dem Rathaus in Berlin-Schöneberg seine berühmte Rede, die mit den Worten endete: *„Ich bin ein Berliner"*. Zweiter Kanzler der Bundesrepublik Deutschland wurde am 16. Oktober Ludwig Erhard. Daß Kennedy, der Hoffnungsträger der freien Welt, im November in Dallas ermordet wurde, erzeugte überall Trauer und Verunsicherung.

Rechts: Motor der R 69 S im Fahrgestell der späteren /5-Baureihe 1963. Es handelt sich um eine in der Versuchsabteilung aufgebaute Maschine für den Werkseinsatz im Geländesport. Tank, Lenker, Sitz, Instrumente und Hebel wurden spaziell für dieses Motorrad entwickelt. Die Abgase werden über eine Zwei-in-eins-Auspuffanlage nach rechts hinten abgeleitet. Auf einer solchen Maschine gewann Sebastian Nachtmann 1963 die Deutsche Geländemeisterschaft.

Repro: © Motorrad, Archiv H. J. Schneider

Die Zeichungen links und rechts entstammen der Ausgabe 25 vom 14. Dezember 1974 der Zeitschrift „Motorrad". Bildtext damals dazu: „Nach (leider nicht reproduktionsfähigen) Fotos aus dem privaten Erinnerungsalbum Ing. Apfelbecks erstellte Lutz Ackermann diese Ansichtsskizze des 1000er Doppelboxer-Motors, der Rennversion jener Vierzylindermotoren, die im kleinen BMW-Wagen den luftgekühlten 700er Zweizylinder ablösen sollten. Die Zeichnungen auf der Nebenseite wurden nach der Original-Zusammenstellungszeichnung angefertigt." Gezeigt wird der 1000er „Wasserboxer" von Apfelbeck.

Repro: © Motorrad, Archiv H. J. Schneider

Vierzylinder-Boxer von Apfelbeck

Schon zu dieser Zeit gab es Pläne für eine neue, sportlichere Boxergeneration inklusive modernerer Boxermotoren erdacht vom österreichischen Konstrukteur und Rennmotorenentwickler Ludwig Apfelbeck. Er hatte seit 1939 unter Rudolf Schleicher bei BMW in München gearbeitet und nach dem Krieg unter Alexander von Felkenhausen innovative Motorkonzepte entwickelt. 1963 verließ er die BMW-Zentrale und wechselte zum Wiener BMW-Importeur Denzel. Dort konstruierte er zunächst

dieser Zeit und in den folgenden Jahren eigene Boxermotorkonzepte mit zwei und vier Zylindern – auch daher wurden die Ideen von Apfelbeck in München nicht aufgegriffen (s. Kapitel Prototypen 1970er und Futuro).

Links: Kurt Tweesmann auf dem Prototyp bei der Zuverlässigkeitsfahrt „Vor den Toren Hannovers" am 10. Oktober 1965. Er wurde Klassensieger und Gewinner einer Goldmedaille. Die Maschine besaß den Motor der R 69 S und das Fahrgestell der späteren /5-Baureihe.

1963: Geländeboxer mit künftigem /5-Chassis

So konnte BMW im Jubiläumsjahr *„40 Jahre Boxer"* zwar noch nicht mit neuen Motorradmodellen und schon gar nicht mit fortschrittlichen Motoren aufwarten. Aber es zeichnete sich bereits ab, daß man mittelfristig die behäbigen Vollschwingenmodelle durch sportlichere Motorräder ablösen wollte. Denn im Geländesport wurden ab 1963 Boxer ein-

luftgekühlte Ohc-Zweizylinder-Rennboxer mit 700 und 850 cm³ für die Automodelle, dann einen wassergekühlten Einliter-Vierzylinder-Boxer (180°-V, zwei statt vier Pleuelkröpfungen auf der Kurbelwelle) mit vier Ventilen pro Zylinder und je einer obenliegenden ketten-, später zahnriemengetriebenen Nockenwelle pro Zylinderbank. Dell'Orto-Vergaser mit 38 mm Durchlaß bereiteten das Gemisch auf. Auf dem Prüfstand erreichte der vor allem für den Einsatz im Rennsport vorgesehene 1000er Vierzylinder 120 PS und lief bis 10 000/min^{-1} vibrationsfrei. Die beiden Zylinderköpfe bestanden aus Leichtmetall, später sollten auch die Zylinder aus einer Aluminium-Legierung gefertigt werden.

Oben und unten: Der Aufbau der 600er Werks-Geländemaschinen für die Saison 1964 lief Hand in Hand mit der Serienentwicklung der /5-Reihe. Auspuffanlage, Sitz und andere Details waren gegenüber der 1963er Version geändert worden. Der getunte Motor stammte von der R 69 S.

Baustopporder aus München

Doch zu einem Einsatz bei BMW kam es nicht. Für *„Motorrad"* erinnerte sich der geniale Konstrukteur 1978: *„Wie ein Blitz aus heiterem Himmel erreichte uns in Wien der Befehl aus München ‚die Entwicklung ist sofort einzustellen, der 1000er Motor ist abgeblasen'. (...) Nicht verwunderlich, daß ich höchst betrübt und verärgert war."* Bald darauf wurde der zukunftsträchtige Boxer an einen Italiener verkauft, dessen Spur sich bald verlor. Bei BMW entwickelte man zu

gesetzt, die zwar noch die (stark getunten) Boxermotoren der R 69 S besaßen, aber über ein vollkommen neu entwickeltes und erheblich leichteres Fahrgestell mit angeschraubtem Heckteil, zwei Federbeinen und Teleskop-Vorderradgabel mit vorversetzten Achsklemmfäusten verfügten.

Spezielle Radnaben, verkürzter Radstand und größere Bodenfreiheit gehörten ebenfalls zu den Merkmalen: Die künftigen /5-Modelle ab 1969 ließen grüßen. Breite und nach hinten gesetzte Lenker erleichterten im Gelände die Kontrolle über die immer noch fast vier Zentner schweren Maschinen. Tachometer und Drehzahlmesser waren als separate Rundinstrumente installiert. Zylinderschutzbügel schützten vor Schäden, die Abgase wurden über eine rechts hochgelegte Zwei-in-eins-Auspuffanlage abgeleitet.

Geländechassis auch straßentauglich

Auf einer solchen Maschine gewann Sebastian Nachtmann 1963 auf Anhieb die Deutsche Geländemeisterschaft – besser hätte man das Jubiläum „40 Jahre" nicht begehen können. Auch 1964 und 1965 hieß der Sieger Sebastian Nachtmann, 1966 trat Kurt Tweesmann auf dem neu konzipierten Werks-Boxer, dem bis zu 54 PS nachgesagt wurden, die Nachfolge an.

Daß BMW daran dachte, das innovative, im Gelände erprobte Fahrwerk auch auf der Straße einzusetzen, und dies im Serienbau, blieb nicht lange verborgen. Die schwere und plump wirkende Konstruktion der ab 1955 produzierten Vollschwingen-Modelle war an ihre Grenzen gestoßen und mußte schnellstens abgelöst werden, zumal sich bereits Mitte der 1960er Jahre in den USA ein neuer Motorradtrend abzeichnete: Weg vom Nutzfahrzeug hin zum Spaß-, Sport- und Freizeitgerät. Die Nach-

Unten links: Gleiche Maschine wie auf Seite 26 oben; der R 69 S-Motor saß 1963 erstmals in einem völlig neu entwickelten und erheblich leichteren Fahrgestell mit angeschraubtem Heckteil und Teleskopgabel vorn.

Oben und unten: Prototyp 1969 einer (zaghaften) Scrambler-Ausführung der R 75/5 mit beidseitig hochgelegter Auspuffanlage, hochgezogenem US-Lenker und mechanischem Lenkungsdämpfer.

folgemodelle durften nicht mehr aussehen wie für die Polizei gebaut, mußten sympathischer wirken, zierlicher, eleganter, kraftvoller.

Die beeindruckenden Sporterfolge mit dem modernen Fahrwerk und die daraus abgeleiteten Serienpläne zeigten, *„daß man es bei BMW nun wieder ernst mit der Entwicklung einer ganz neuen Motorradgeneration meinte"*, schreibt Stefan Knittel in seinem mehrfach aufgelegten Standardwerk *„BMW Motorräder"* (auf das wir uns in diesem Abschnitt mehrfach beziehen). Unterstrichen worden sei die Ernsthaftigkeit *„noch vor dem Jahreswechsel 1963/64 mit der Verpflichtung eines erfahrenen Motorrad-Technikers: Hans-Günther von der Marwitz. Er hatte als Versuchsingenieur bei Heinkel und bei Kreidler gearbeitet, danach war er an der Rennmotorenentwicklung bei Porsche beteiligt."*

Als frisch gebackener Leiter der Motorradentwicklung ließ er bei einer der Geländemaschinen mit dem neuen Fahrwerk Straßenreifen aufziehen. Resultat: Auch auf der Straße erwies sich die Maschine als *„enorm handlich."* Daraufhin gab von der Marwitz die Devise aus: *„Die neue BMW muß sich fahren lassen wie eine Norton Manx."* Dieses Ziel war aber nur durch Leichtbau zu erreichen, und dafür wurde die seit 40 Jahren gepflegte Seitenwagentauglichkeit des Boxers geopfert. Die Nachfrage nach Gespannen war ohnehin eingebrochen, Steib in Nürnberg ließ die Produktion auslaufen, BMW lieferte nur noch aus Lagerbeständen.

1964: /5-Prototypen mit modernem Rahmen, aber noch mit R 69 S-Boxer

Noch 1964 entstand ein für den reinen Straßenbetrieb konzipiertes Versuchsmodell, das den späteren /5-Typen bereits sehr ähnlich sah – sieht man vom Triebwerk ab, das man einer R 69 S mit obenliegenen Stößelstangen und großem Luftfiltertopf entnommen hatte. Die Bilder auf diesen Seiten zeigen dieses Motorrad und weitere Muster, die in den folgenden Jahren auf die Räder gestellt wurden. Nebenbei entstand der Prototyp einer auf der bis 1966 produzierten R 27 basierenden Einzylindermaschine, die ebenfalls den modernen Rahmen und eine langhubige Telegabel zeigte (s. Kasten). Die unter dem Code R 28 laufende Versuchsmaschine war als Militärmotorrad ausgelegt, doch weder die Bundeswehr noch andere Armeen zeigten Interesse. Zu den Gründen für die Ablehnung zählten wohl das hohe Gewicht als auch der stattliche Preis, den BMW verlangen wollte.

Oben: Jock West, Rennfahrer und BMW-Vertreter in England, 1965 auf Tour mit einem Vorläufer der /5-Modelle, der noch mit dem Motor der R 69 S ausgerüstet war. Rechts: Prototyp 1965 mit neuem /5-Fahrwerk und dem Motor der BMW R 69 S.

Bald brodelte die Gerüchteküche rund um die neue BMW-Klasse, es wurde sogar über einen 900er Boxer spekuliert. Genährt wurden die Phantasie in erster Linie dadurch, daß die Rennsportlegende Jock West (1909 bis 2004, Zweiter hinter Schorsch Meier bei der TT 1939) sich im Rahmen eines Besuchs 1965 bei BMW mit dem R 69 S-motorisierten Prototyp ungeniert auf bayerischen Straßen bewegte und dabei fotografiert wurde. Schnappschüsse vom Prototyp gelangten auch in die Hände der Zeitschrift *„Motorrad"*, was in der Szene regelrecht für Aufruhr sorgte.

Oben: Prototyp von 1965 mit dem Motor der R 69 S, der sauber ins neu entwickelte /5-Fahrgestell integriert worden war. Unten: Ähnlicher Prototyp mit aerodynamisch geformten Gepäckkoffern.

Entwicklung eines neuen Boxermotors mit Anleihen an den Automobilbau

Während das neue Fahrwerk bereits hohe Erwartungen erfüllte, *„war allen Beteiligten klar, daß man mit dem verwendeten R 69 S-Aggregat nicht mehr weiterkommen würde"* (Knittel), trotz der 54,9 PS bei 8000/min^{-1}, die man hatte herauskitzeln können. Ein solch hochdrehender Boxer wäre nicht besonders langlebig gewesen. Daher mußte ein komplett neues Triebwerk entwickelt werden.

BMW-Vertriebsvorstand Paul G. Hahnemann (s.a. Kapitel *„Einführung"*) und Entwicklungschef Bernhard Osswald erteilten den entsprechenden Auftrag, und zwar an den wegen seiner Kreativität geschätzten Leiter der Motorenentwicklung Alexander Freiherr von Falkenhausen. Dieser war bereits in den 1940er Jahren maßgeblich an der Entwicklung des Wehrmachtsgespanns R 75 beteiligt gewesen und hatte nach dem Krieg u.a. den Vierzylindermotor M10 entwickelt, der ab 1961 in die Limousinen der erfolgreichen *„Neuen Klasse"* eingebaut wurde. In seinem Team arbeitete der Konstrukteur Ferdinand Jardin, der schon in den 1930er Jahren wichtige Motorradkomponenten für BMW entworfen hatte.

Wie stark sich die Erfahrungen aus dem Automobilbau auf die Konzipierung des neuen Boxermotors auswirkten, zeigte sich u.a. durch die Umstellung von Kugel- auf Gleitlager (genau: Vandervell-Dreistofflager), wie sie auch im BMW 1500-Motor und allen Folgetriebwerken Verwendung gefunden hatten. Knittel: *„Man übernahm sogar die Lagerdimensionen vom Automotor, um die nach wie vor nur zweifach gelagerte Kurbelwelle so steif wie möglich auszulegen."*

Frühe Veröffentlichungen in der Presse

Auf Fotos, die ein Amateur Anfang 1967 geschossen und an die Zeitschrift *„Motorrad"* verkauft hatte, waren unterschiedliche, bereits stark seriennahe /5-Prototypen zu sehen, einer noch mit dem (bis 1969 regulär produzierten) R 69 S-Motor, zwei andere mit deutlich höherem Motorgehäuse und unter den Zylindern liegenden Stößelstangen. In der BMW-Chefetage sah man über das Vorpreschen hinweg, aber jetzt wuchs der Druck der brennend interessierten Öffentlichkeit auf die Firma.

Nachdem die Münchner im April 1968 in US-Magazinen Boxermodelle mit Telegabeln beworben hatten, mußte man sich im Mai dann wohl oder übel den Fragen der Journalisten stellen. Die *„Süddeutsche Zeitung"* orakelte daraufhin, daß BMW plane, die Motorradproduktion von weniger als 6000 auf bis zu 15 000 Einheiten hochzufahren, auch um die wachsenden Behördenaufträge abzuarbeiten. Außerdem würde man noch vor dem Jahresende neue Modelle mit 750, vielleicht sogar mit

900 cm³ Hubraum vorstellen. Helmut Werner Bönsch mußte als Direktor für „Technische Verkaufsplanung" reagieren, bestätigte die Pläne und stellte für das Frühjahr 1969 die Präsentation neuer Modelle mit Gleitlagermotor samt elektrischem Anlasser in Aussicht. Das herkömmliche, seitenwagentaugliche Vollschwingen-Chassis sei dann nur noch auf Einzelbestellung hin lieferbar.

Motorradproduktion nur in Berlin

Die Neuorientierung war nicht ohne Risiko. Zwar zog der Markt für Motorräder Ende der 1960er Jahre kräftig an, doch BMW tat sich schwer – mit einem Verlust von 3,5 Millionen DM in der viel zu aufwendigen Motorradfertigung. Eine R 69 S z.B. beanspruchte zwei Drittel der Zeit, die man für den Bau einer viertürigen Limousine vom Typ 2000 benötigte, ihr Verkaufspreis lag aber nur bei einem Drittel der für den Wagen verlangten Summe. Doch BMW blieb dem Motorrad treu, glaubte an den Erfolg des neuen Konzepts und gründete zum 1. September 1968 sogar eine eigene Vertriebs-GmbH für die Zweiradsparte. Die neuen Typen der /5-Reihe sollten ausschließlich in Berlin produziert werden. Bereits ab 1966 waren dort Schwingenmodelle vom Band gelaufen, wie wir im zweiten Band unserer Boxer-Saga mit dem Untertitel *„Die Nachkriegszeit"* aufdecken konnten.

Nun mußte alles schnell gehen. Die Produktion der Modelle R 50/2, R 60/2 und R 69 S lief bereits im Frühsommer 1969 aus. Es blieben dann nur wenige Wochen, um die nötigen Fertigungseinrichtungen von München nach Berlin-Spandau zu verlegen und in Gang zu bringen. Das 1939 von Siemens übernommene Flugmotorenwerk hatte in den 1950er Jahren als BMW-Maschinenfabrik Spandau vor allem dem Werkzeugmaschinenbau, später der Teilefertigung gedient (s.a. Kapitel 1). 1965/66 war BMW komplett umstrukturiert worden, man hatte den Triebwerksbau Allach an MAN verkauft und die Maschinen- und Automobilfabrik Glas in Dingolfing übernommen. Nur noch Automobile und keine Motorräder mehr sollten ab 1966 in München und am neuen Standort Dingolfing gefertigt werden.

Pläne für Modell bis 1000 cm³ Hubraum

Interessant ist, daß man schon damals intensiv über ein Boxermodell mit 800 bis 1000 cm³ Hubraum nachdachte. *„Motorrad"* schrieb in Heft 4/1963 aufgrund einer Marktanalyse des Dipl.-Ing. Alois Hetzel, *„daß im Programm von BMW eine größere*

Konzeptvergleich Serie vor und nach 1969. Oben: R 69 S von 1967 in USA-Ausführung mit Teleskop-Vorderradgabel, wie sie auch beim Prototyp der /5-Baureihe im gleichen Jahr verbaut wurde (unten). Der /5-Prototyp hat bereits den neuen Motor.

Maschine ganz eindeutig vermißt wird. Eine solche Maschine müßte dann aber auch nicht nur in der PS-Zahl, sondern auch in der Zuverlässigkeit ein Spitzenmodell sein." Die Antwort erfolgte zehn Jahre später mit dem sportlichen Boxermodell R 90 S (s. Modell-Kapitel).

Bekanntlich hatte sich ja bereits zum Ende der 1960er Jahre vor allem in Japan und den USA ein Trend zu möglichst viel Hubraum abgezeichnet. Auch in Europa gaben die Kunden dem neuen 750er Topmodell von BMW den Vorzug gegenüber den hubraumschwächeren Maschinen (s.a. Folgekapitel R 75/5). 50 Prozent der in Spandau gebauten Motorräder waren letztlich R 75/5, 35 Prozent R 60/5, nur 15 Prozent R 50/5. Galten die Halblitermodelle bis 1969 als „schwere" und durchaus auch als prestigeträchtige Maschinen, führten sie nun ein Aschenbrödel-Dasein.

900er Prototypen schon 1971, Erprobung im Rennsport

Warum dann nicht noch eins oben drauf setzen? Also entschied BMW bald, ein Topmodell mit 900 cm³ Zylinderinhalt zu entwickeln. Schon 1971 war der Prototyp einer R 90/5 fahrfertig, doch in dieser Form mit den unzulänglichen Trommelbremsen zunächst (verständlicherweise) nicht käuflich. Immerhin durfte Top-Tester Ernst Leverkus die Versuchsmaschine fahren. Er war angetan, lobte das hohe Drehmoment des großvolumigen Boxers, dessen Leistung er mit 60 bis 65 PS einschätzte. Einen Ausblick auf die Zukunft ermöglichte auch ein vollverkleidete Werks-Rennboxer mit Scheibenbremse am Vorderrad, der am Salzburgring und im Training zum 24-Stunden-Rennen um den „Bol d'Or" in Le Mans antrat (s.a. Kapitel *„Rennsport mit Solo-Boxern"*). Die serienmäßige Super-BMW kam aber erst 1973 als R 90 S mit 67 PS und Scheibenbremsen auf den Markt, begleitet von den gegenüber den /5-Typen deutlich modifizierten /6-Modellen.

Übrigens dachte man 1970 andererseits auch wieder an die Erweiterung des Programms nach unten, um an die erfolgreichen Einzylinder-Modelle anzuschließen, die bis 1966 mit der R 27 produziert worden waren. Kooperatio-

R 28: Einzylinder-Prototyp in Militärausführung
Ab 1958 dachte man bei BMW auch wieder über ein Einzylindermodell nach, das man vor allem an die Bundeswehr hätte verkaufen können. 1966 bis 1968 entstanden drei Prototypen: R 28a mit der Telegabel der bis 1966 gebauten R 27, R 28b mit spezieller Kurzschwinge und R 28 mit der Telegabel der /5-Reihe. Im Bild die R 28c mit dem hochgelegten Einzylinder.

Einzylinder nach Art der Vollschwingenmodelle
Dieser Prototyp von 1958 ist ein Mix aus der einzylindrigen R 26 und Elementen der Vollschwingenära. BMW datiert das Foto auf das Jahr 1961. Die Maschine besitzt einen speziellen Rahmen mit hochgelegten Federbeinen und geschobener Kurzschwinge. Motoranordnung und Auspuffanlage wirken noch provisorisch, das Gewicht lag vermutlich deutlich über 150 kg.

Links: Legende Helmut Werner Bönsch 1964 im Werk auf einem frühen Prototyp der späteren /5-Baureihe mit R 69 S Motor. Bönsch, (1907-1996) war von 1958 bis 1973 bei BMW, anfangs als Direktor mit dem Aufgabengebiet „Technische Verkaufsplanung". Von Ende 1967 verantwortlich für Marketing und Modellplanung, Technischer Direktor bis 1970. Gab dem BMW Motorradbau neue Impulse. Ab 1973 noch als Berater für BMW tätig. 1980 Ehrenpräsident des Dachverbandes BMW Clubs Europa, den er 1962 ins Leben gerufen hatte.

nen z.B. mit Hercules in Nürnberg (Sachs-Wankel-Motor) und mit dem österreichischen Hersteller Puch wurden diskutiert. Doch aus dem Projekt wurde aus Kostengründen nichts. Auch bei den Prototypen einer R 28, die 1966 unter dem Code R 28 auf Basis des neuen Rahmens mit Telegabel und Zweiarmschwinge entwickelt worden waren, legte man letztlich eine Vollbremsung hin.

Oben rechts: Windkanalversuche an der Universität Stuttgart am 3. Juli 1970, bei denen die Aerodynamik einer R 75/5 mit Windschild getestet wurde. Links und rechts unten: Draufsicht und Seite eines klassisch schwarz lackierten Prototyps der /5-Baureihe im Jahr 1967. Bemerkenswert ist, daß die neuen Modelle bereits zwei Jahre vor der offiziellen Präsentation fast serienreif waren.

Dieses Schwarz-Weiß-Foto von Werksfotograf Karl Attenberger ist eines der besten, das jemals von der R 75/5 gemachten wurde. Es zeigt in perfektem Licht die Maschine mit dem großen 24-Liter-Tank und der kurzen Hinterradschwinge in der ersten Ausführung von 1969.

Kapitel 3
1969-1973: R 75/5

Aufgalopp mit 50 Pferden

Die Präsentation der R 75/5 und ihrer Schwestermodelle im August 1969 war ein gelungener Befreiungsschlag für die Motorradsparte von BMW, die zuvor vom Untergang bedroht gewesen war. Das moderne Fahrwerk hatte sich zuvor bereits im harten Geländeeinsatz bewährt, der Motor war zwar wieder ein luftgekühlter Boxer, im Detail aber vollkommen neu erdacht worden. Das neue Topmodell mit 745 cm³ Hubraum und 50 PS bekam international viel Anerkennung und fand in nur drei Jahren 38 370 Käufer. BMW war endlich wieder auf der Erfolgsspur.

Die Motorradmontage im BMW-Werk Berlin-Spandau erfolgte 1972 noch weitgehend von Hand. Hier ist der fast fertig aufgebaute Motor einer BMW R 75/5 vor dem Heben ins Fahrwerk zu sehen. Vorne erkennt man die Lichtmaschine, oben den Anlasser.

BMW

1969-1971: 38 370 Einheiten

R 75/5 745 cm³

Mit kurzer, ab 1971 mit langer Schwinge

1969 blickte die Menschheit zuversichtlich in die Zukunft, nachdem der US-Astronaut Neil Armstrong am 20. Juli seinen Fuß auf die Mondoberfläche gesetzt hatte – weltweit übertragen im Fernsehen, das überwiegend noch Bilder in Schwarz-Weiß zeigte. Meilensteine waren auch der Erstflug des „Jumbo-Jets" Boeing 747 am 9. Februar gewesen und der Jungfernflug eines Prototyps des Überschall-Verkehrsflugzeuges Concorde am 2. März 1969.

Auch BMW setzte in diesem Jahr einen Markstein. Indem man am 1. September 1968 die Motorrad-Vertriebs-GmbH gegründet hatte, waren die

Steckbrief R 75/5 (alle Daten im Anhang)

Bauzeit	1969 bis 1971
Motortyp, Ventile	246, 2 ohv
Einheiten	38 370
Hubraum	745 cm³
Leistung	50 PS bei 6200/min⁻¹
Vergaser (Bing)	2 Gleichdruck 64/32/4-3
Getriebe	4-Gang
Rahmen	Stahlrohr, verschweißt
Vorderradführung	Teleskopgabel
Hinterradführung	Schwinge, 2 Federbeine
Bremsen vorn/hinten	Trommel 200 mm
Reifen vorn/hinten	3,25 S 19 / 4,00 S 18
Leergewicht	210 kg
Höchstgeschwindigkeit	175 km/h
Preis (bei Einführung)	4996,- DM

Rechts: Prospektseite von 1970 des US-amerikanischen BMW-Importeurs Butler & Smith. Es zeigt die drei mit dem typischen Hochlenker ausgerüsteten, äußerlich weitgehend identischen Modelle der neuen /5-Generation. Nur die R 75/5 besitzt die 32er Gleichdruckvergaser.

Links: Nach der großen Krise der 1960er Jahre bekannte sich BMW 1969 mit der /5-Reihe wieder klar zum Motorrad. Das war mutig angesichts der wachsenden Konkurrenz aus Japan.

Unten: Mit „Pure Fahrfreude auf der BMW R 75/5 zu Anfang der 1970er Jahre" betitelt BMW dieses Foto, bei dem gut rüberkommt, daß Motorradfahren eine sportliche Angelegenheit ist. Lederschutzbekleidung war damals noch wenig verbreitet.

R 50/5

Displacement: 497 66 cc
Horsepower: 36 at 6600 rpm
Stroke/Bore: 70.6/67 mm
Compression ratio: 8.6:1
Front tire and wheel: 3.25 x 19
Rear tire and wheel: 4.00 x 18
Weight: 410 lbs.
Over-all length: 82½ inches
Saddle height: 33½ inches
Top speed: 95 mph
Acceleration: 0 to 60 mph in 9.8 seconds
Electric starter optional

R 60/5

Displacement: 599 cc
Horsepower: 46 at 6600 rpm
Stroke/Bore: 70.6/73.5 mm
Compression ratio: 9.2:1
Front tire and wheel: 3.25 x 19
Rear tire and wheel: 4.00 x 18
Weight: 421 lbs
Over-all length: 82½ inches
Saddle height: 33½ inches
Top speed: 105 mph
Acceleration: 0 to 60 mph in 7.8 seconds
Complete with electric starter

R 75/5

Displacement: 745.3 cc
Horsepower: 57 at 6400 rpm
Stroke/Bore: 70.6/82 mm
Compression ratio: 9.0:1
Carburetor: Bing vacuum
Front tire and wheel: 3.25 x 19
Rear tire and wheel: 4.00 x 18
Weight: 421 lbs.
Over-all length: 82½ inches
Saddle height: 33½ inches
Top speed: 110 mph
Acceleration: 0 to 60 in 6.1 seconds
Complete with electric starter

Information and Price lists on European delivery plan and police accessories are available on request.

EAST:
BUTLER & SMITH, INC.
P. O. DRAWER H
NORWOOD, N.J. 07648

WEST:
FLANDERS COMPANY
340 S. FAIR OAKS AVENUE
PASADENA, CAL. 91101

CANADA:
BMW MOTORCYCLE DISTRIBUTORS
204 YORKLAND BOULEVARD
WILLOWDALE, TORONTO, ONT.

Your BMW Dealer

BMW

BAVARIAN MOTOR WORKS

Printed in Western Germany 12 423 a 40 X/70

Oben: Nicht minder unbeschwert jagt dieser Mann im sportlichen Straßenoutfit mit Halbschuhen, aber ohne Handschutz die nagelneue 1969er R 75/5 über den Asphalt. Rechts: R 75/5 von 1969 mit kurzer Schwinge und großem Tank.

Weichen konsequent Richtung Boxer-Zukunft und späterer Entwicklungen wie der K- und der F-Reihe gestellt worden. *„BMW bekennt sich zum Motorrad"* hieß es dann am 28. August 1969 in der Pressemitteilung, mit der das Werk die komplett neu entwickelte /5-Reihe vorstellte.

August 1969: Präsentation der neuen /5-Reihe

Marketing-Direktor Helmut Werner Bönsch unterstrich bei der offiziellen Präsentation der neuen Maschinen am 28. und 29. August auf dem Hockenheimring die große Bedeutung des Motorrads für das Image des Unternehmens und betonte, daß die Tradition der Boxermodelle unbedingt fortgeführt werden müsse. In einer nahezu emotionalen Rede brach er eine Lanze für das Motorrad allgemein und für diejenigen, die es konzipieren und fahren. Nach

Knittel sagte Bönsch: *„Motorradbau ist ein Kunsthandwerk für Ingenieure, die in ihrem Herzen jung geblieben sind. Sie arbeiten an einem Erzeugnis, das auf dem Reißbrett nicht reifen kann, das den praktischen Fahrversuch für seine Vollendung braucht und unter der leidenschaftlichen und sehr fachkundigen Anteilnahme der künftigen Fahrer heranwächst. Ihre Aufgabe muß mit einem besonderen Gefühl für die technisch und funktionell vollendete Form gelöst werden, die sich ja unverhüllt dem Auge darbietet."* Unverhüllt – das war damals Maßgabe und Maxime.

Zeitgeist Ende 1960er: Spaß, Sport, Freizeit

Kenner sahen sofort, daß die neue Boxer-Generation hinsichtlich Rahmen und Gabel von der erfolgreichen Geländemaschine abstammte. Vor allem das neue Topmodell R 75/5 hatte die Aufgabe, mit dem weiterentwickelten Boxerkonzept einerseits die Freunde der weiß-blauen Marke bei der Stange zu halten, andererseits den aggressiv auf den Markt drängenden Newcomern wie der Honda CB 750 etwas Ernstzunehmendes entgegenzusetzen.

Der Zeitgeist begünstigte den Start der neuen BMW-Modelle: Kino-Ereignisse wie das Film-Epos *„Easy Rider"* mit Peter Fonda und Dennis Hopper in der Hauptrolle machten den Leuten wieder Lust aufs Motorradfahren, das nun etwas Befreiendes hatte und perfekt zum Flower-Power-Zeitgeist und zur Mentalität der revoltierenden Jugend paßte. Am 8. Mai 1969 war das u.a. von Peter Fonda produzierte Road Movie der offizielle Beitrag der USA zum Film-Festival von Cannes gewesen. In die Kinos der Bundesrepublik Deutschland kam das Epos erst am 19. Dezember 1969.

Oben: Alles war neu bei der /5-Serie; Scheinwerfer mit 160 mm Durchmesser, Griffe, Schalter, Hebel, großer Tachometer und mechanisch angetriebener Drehzahlmesser, Reibungs-Lenkungsdämpfer, Blinker, Tank-Schnappverschluß.

Neben den abenteuerlich aufgebauten Harley-Choppern der Film-Helden wirkten die neuen Boxer zwar recht bürgerlich, aber der Funke sprang über, und BMW ritt im ersten Farbprospekt auf der Flower-Power-Welle: *„Ein Motorrad erschließt uns neue Dimensionen, es macht die Welt bunter und weiter."* Die Presseabteilung erinnerte an die glorreiche weiß-blaue Vergangenheit: *„BMW setzt seine große Motorrad-Tradition fort, die 1923 mit der sensationellen R 32 begann. Denn in München glaubt man an die Zukunft des Motorrades und bestätigt diesen Glauben mit einer Typenreihe, für deren moderne Fertigungseinrichtungen insgesamt rund zehn Millionen Mark investiert worden sind."*

Drei neu konzipierte Boxermodelle von 32 bis 50 PS

Mit drei Modellen warb BMW um die Gunst der Käufer. Basis war die R 50/5 mit 32 PS für anfangs 3696 DM. Es folgte die R 60/5 mit 40 PS für 3969 DM. Als Bulle aus Bayern mit 50 PS präsentierte sich die R 75/5 für 4996 DM (Preisan-

Unten: R 75/5 von 1969 mit kurzer Schwinge und wenig Platz für die schwache 15 Ah-Batterie. Die kräftigen Federbeine sind oben ganz vorne am Rahmen angelenkt.

gaben 1969 BMW Classic, Preisliste Januar 1971 3990, 4425, 5394 DM). Serienfarben waren Schwarz, die bisherige Sonderlackierung Weiß und ein schickes Polaris-Silber-Metallic mit blauen Zierlinien jeweils an Kotflügeln und am 24-Liter-Tank; Rahmen, Scheinwerfer und Schlußlichtgehäuse waren stets schwarz lackiert.

Chrom und poliertes Leichtmetall zeigte die „Strich Fünf" reichlich – vom Scheinwerferring über die Reling bis zur Auspuffanlage. Für das Modelljahr 1972 kamen die Farben Currymetallic und Blaumetallic sowie seitliche Chromblenden am neuen, sportlich-schlanken 17,5-Liter-Tank hinzu. Für den wuchtigen, häufig georderten 24-Liter-Tank mit seinen Gummipads an den Seiten mußte nun ein bescheidener Aufpreis gezahlt werden: 29,36 DM (Farbangaben 09/1971).

Im Geländesport erprobter Rohrrahmen und langhubige Telegabel

Das Rückgrat der /5 bildete der im Geländesport hinreichend erprobte und für die Serie nicht mehr geänderte Doppelschleifenrahmen aus konisch gezogenen Oval-Rohren und ovalem Zentralrohr sowie leichtem, angeschraubtem Heckausleger. Der gegenüber dem Vorläuferboxer deutlich wuchtiger gewordene Motor-/Getriebeblock war nach oben gerückt und vorne etwas angehoben wurden. Zusammen mit den höher liegenden Zylindern ergab sich die beachtliche Boden- und Schräglagenfreiheit von 165 mm. Anders als bei den Vorläufermodellen stützten sich die mit 125 mm Federweg recht langhubigen Hinterhand-Federbeine oben gegen den Ausleger ab. Die Federvorspannung ließ sich mit einfachen Hebeln in drei Stufen verstellen.

Oben: Auf diesem Foto von 1969 demonstriert der in Jeansmaterial gehüllte Fahrer die sprichwörtliche „Freude am Fahren" auf einer kurvigen Landstraße, die keine Angst vor starken Schräglagen kennt. Die schmal bereifte R 75/5 ist ein US-Modell mit Hochlenker.

Rechts, links: Das Behördengeschäft war weiterhin ein wichtiges Standbein für die BMW-Motorradproduktion. Diese R 75/5 von 1969 ist mit Blaulicht, Zusatzscheinwerfer und einem Tank ausgerüstet, in den oben ein Werkzeugfach integriert ist.

Von der geschobenen Langarmschwinge des alten, sehr elastischen Modells hatte BMW sich zugunsten einer modernen, auf Komfort ausgelegten Teleskopfedergabel mit Gummifaltenbälgen getrennt. Der Federweg war damit von 130 auf nominell (aber kaum nutzbare, s.u.) 208 mm gewachsen. Original-Pressetext: *„Durch diese neue Teleskopgabel in Verbindung mit der überarbeiteten Hinterrad-*

Oben: Der Auszug aus dem Prospekt vom September 1972 zeigt die große Auswahl möglicher Tank- und Kotflügellackierungen. Der 17-Liter-Tank war Serie, den großen Behälter gab es gegen Aufpreis. Mitte unten: Schnittzeichnung von 1969 des Zweizylinder-Boxermotors mit untenliegenden Stößelstangen, elektrischem Anlasser und verstärktem Viergang-Schaltgetriebe mit Ruckdämpfer.

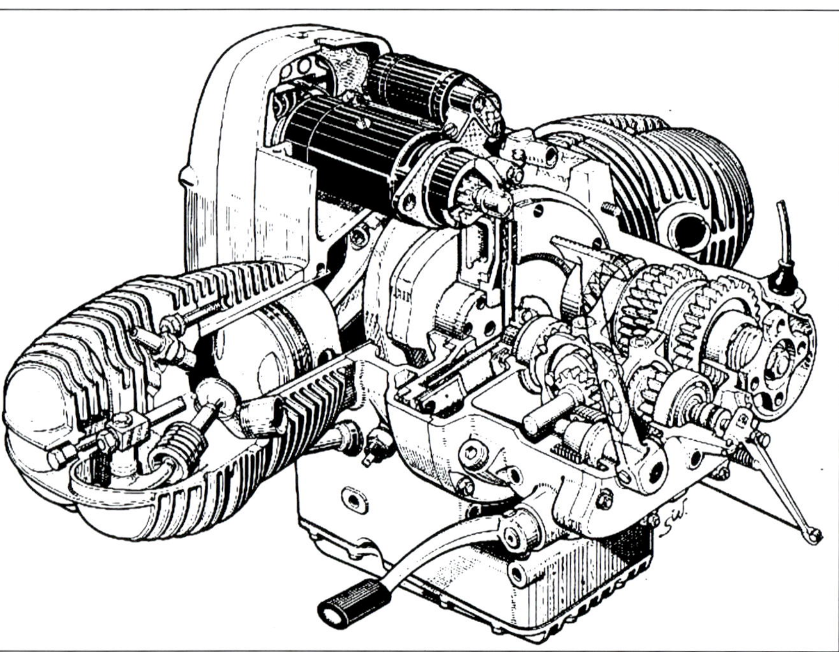

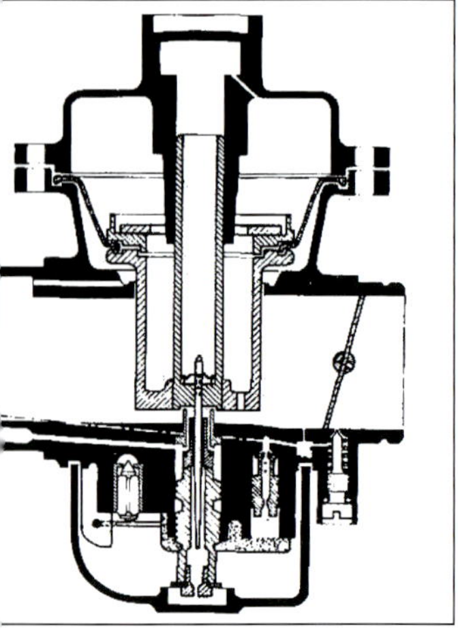

Links, Mitte: 32er Gleichdruck-Membranvergaser von Bing für die R 75/5. Rechts: der 26er Schiebervergaser für die anderen Typen.

Das Werkzeug liegt ausnehmbaren Kuns unter der verschließb

Rückleuchte mit kombiniertem Schluß- und Bremslicht, Rückstrahler und Nummernschildbeleuchtung.

Die Federbeine sind 3fach verstellbar, je nach Gewicht des Fahrers, Mitfahrers und des Gepäcks.

Steckachsen vorn und hinten machen den Aus- und Wiedereinbau der Räder in Minuten möglich.

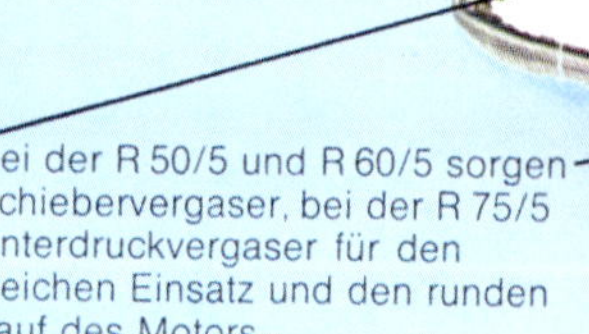

Bei der R 50/5 und R 60/5 sorgen Schiebervergaser, bei der R 75/5 Unterdruckvergaser für den weichen Einsatz und den runden Lauf des Motors.

Der Antrieb über eine Kardanwelle im Ölbad braucht weder nachgestellt, noch gewechselt zu werden. Er ist sauber und wartungsfrei.

Das 4-Ganggetriebe hat nur eine Leerlaufstellung: zwischen dem 1. und 2. Gang. Dadurch sind die Schaltwege kurz.

Dieses Fahrwerk ist die Basis fü Fahrkomfort, Straßenlage und Kurvensicherheit: Leicht, verdreh steif und mit breiter Lagerung der Hinterradschwinge.

Oben: Der Prospekt von 1972/73 vermittelte Vertrauen in die Maschine. Alles war da, sogar Luftpumpe und großer Werkzeugsatz.

schwinge und dem verkürzten Radstand haben die BMW-Motorräder eine verblüffende Handlichkeit und eine überragende Straßenlage erhalten."

In der Praxis war es mit der Straßenlage dann doch nicht so weit her. Man saß recht hoch auf dem „Bock" und verlegte damit den Schwerpunkt nach

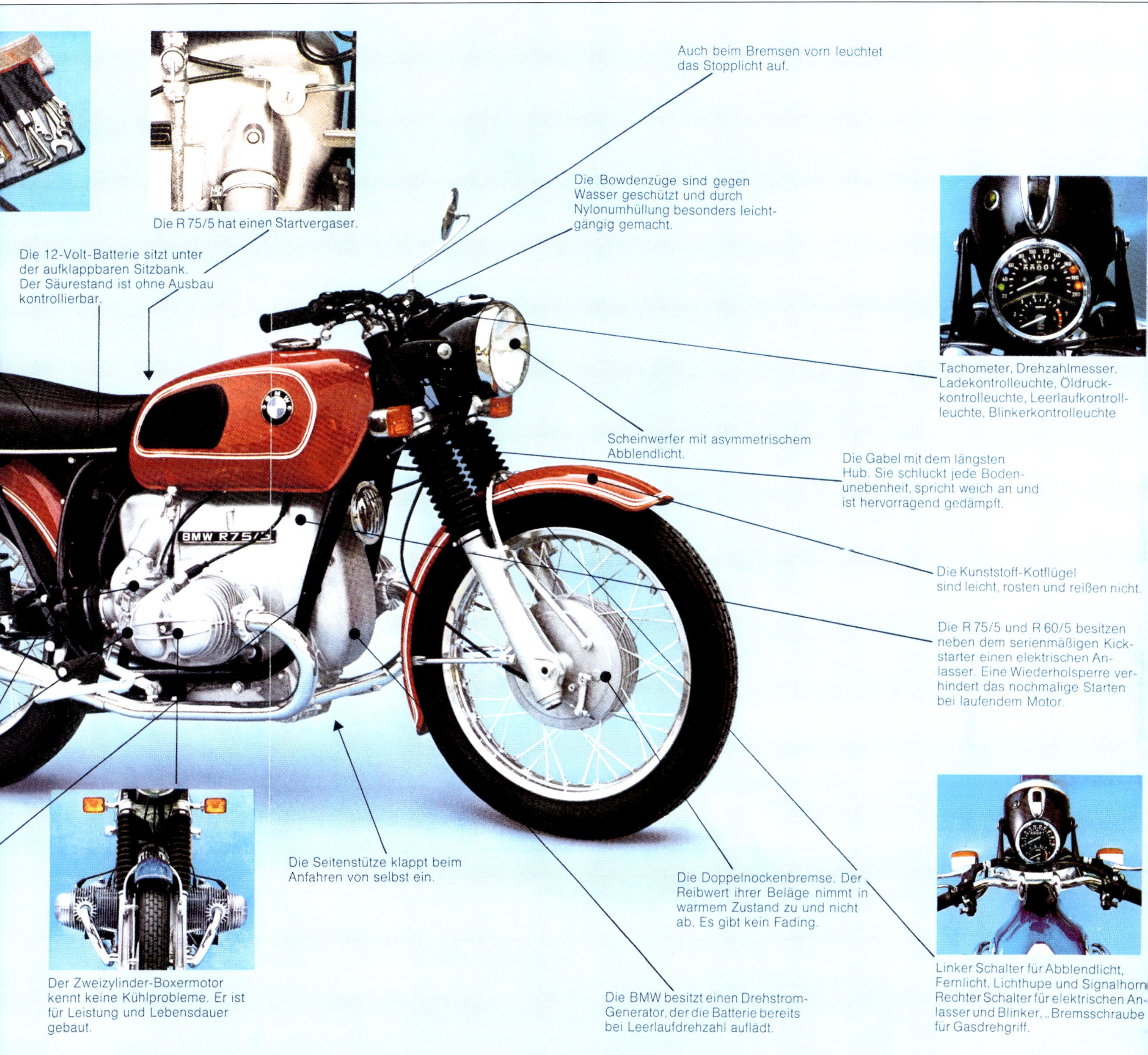

Die R 75/5 hat einen Startvergaser.

Die 12-Volt-Batterie sitzt unter der aufklappbaren Sitzbank. Der Säurestand ist ohne Ausbau kontrollierbar.

Auch beim Bremsen vorn leuchtet das Stopplicht auf.

Die Bowdenzüge sind gegen Wasser geschützt und durch Nylonumhüllung besonders leichtgängig gemacht.

Tachometer, Drehzahlmesser, Ladekontrolleuchte, Öldruckkontrolleuchte, Leerlaufkontrollleuchte, Blinkerkontrolleuchte

Scheinwerfer mit asymmetrischem Abblendlicht.

Die Gabel mit dem längsten Hub. Sie schluckt jede Bodenunebenheit, spricht weich an und ist hervorragend gedämpft.

Die Kunststoff-Kotflügel sind leicht, rosten und reißen nicht.

Die R 75/5 und R 60/5 besitzen neben dem serienmäßigen Kickstarter einen elektrischen Anlasser. Eine Wiederholsperre verhindert das nochmalige Starten bei laufendem Motor.

Die Seitenstütze klappt beim Anfahren von selbst ein.

Die Doppelnockenbremse. Der Reibwert ihrer Beläge nimmt in warmem Zustand zu und nicht ab. Es gibt kein Fading.

Der Zweizylinder-Boxermotor kennt keine Kühlprobleme. Er ist für Leistung und Lebensdauer gebaut.

Die BMW besitzt einen Drehstrom-Generator, der die Batterie bereits bei Leerlaufdrehzahl auflädt.

Linker Schalter für Abblendlicht, Fernlicht, Lichthupe und Signalhorn. Rechter Schalter für elektrischen Anlasser und Blinker, „Bremsschraube" für Gasdrehgriff.

oben. Störend wirkten vor allem die vom Kardanantrieb provozierten Lastwechselreaktionen und das Aufstellmoment an der Hinterhand unter Last. Ging der Fahrer vom Gas, sackte die „Strich Fünf" etwas zusammen, was nicht gut war für die Fahrstabilität. Gemessen jedoch an der Vollschwingen-BMW war die Neue relativ gutmütig. Bei hoher Geschwindigkeit war der als Reibungsdämpfer ausgelegte oder der ab 1973 erhältliche, hydraulische und über ein Handrad auch während der Fahrt feinjustierbare Lenkungsdämpfer hilfreich: Er unterdrückte wirksam Pendelneigungen.

Der Choke wurde noch mit einem großen Hebel links unter dem Tank bedient. Zwei Benzinhähne ließen den Sprit zu den Vergasern fließen oder stoppten ihn.

Um die ungefederten Massen möglichst klein zu halten, verwendete BMW bei den neuen Typen Leichtmetallfelgen mit Rillen-Diagonal-Reifen 3,25 S x 19 vorn und Blockprofil-Pneus 4,00 S x 18 hinten, beide vom Hauslieferanten Metzeler. Beide Kotflügel bestanden nicht aus Blech, sondern erstmals aus glasfaserverstärktem (perfekt lackiertem und liniertem) Polyester. Insofern läutete die /5 das Plastikzeitalter im BMW-Motorradbau ein. Selbst 50 Jahre später würden die Kunststoff-Elemente noch wie neu aussehen, keine Risse oder abblätternde Lackpartikel zeigen.

Schwer dosierbare Trommelbremsen

Auch dank der modernen Materialien waren die /5-Modelle bemerkenswert leicht geraten, die Leergewichte lagen (fahrfertig) zwischen 205 und 210 kg. Verzögert wurde die neue BMW (wie bei der Vollschwingen-Generation) vorne von großen Vollnaben-Duplex-Innenbackenbremsen aus Leichtmetall mit 200 mm Durchmesser und eingeschrumpften Stahlringen. Hinten mußte eine Simplex-Trommelbremse genügen. Hier war von einem Fortschritt nichts zu bemerken. BMW verwies auf *„neuartige, warmgepreßte, 30 mm breite und aufgeklebte Spezialbeläge, wie sie bei Rennwagen verwendet werden."*

Das Bremsen im Alltag war gleichwohl nicht ohne Tücken. Die Wirkung der vorn per Seilzug und hinten per Gestänge betätigten Trommeln war im Vergleich zu modernen Scheibenbremsanlagen – sagen wir mal: gewöhnungsbedürftig, erforderte zumindest viel Feingefühl beim Dosieren und eine kräftige Hand für vorne. ABS war noch ein Fremdwort, statt Elektronik hatte man sein Hirn. Zu schwach am Hebel gezogen = kaum Wirkung, zu stark betätigt = Blockiergefahr, vor allem auf Split und bei Nässe. Die Lenkung war mit spielfrei einstellbaren Kegelrollenlagern ausgerüstet und perfekt leichtgängig.

Eine völlige Neukonstruktion war der – nach wie vor quer eingebaute und fahrtwindgekühlte – Zweiventil-Boxermotor vom Typ 246, dessen Kurbelgehäuse wieder in (verstärkter) Tunnelbauweise ausgelegt war, aus Silumin bestand und dank der Abdeckungen für den erstmals vorhandenen Anlasser und den Luftfilter mächtiger wirkte und bis oben unter den Rahmen ragte. Dank einer Membran herrschte im Kurbelgehäuse ständi-

Rechts: Der Prospekt von September 1971 zeigte die wesentlichen Daten und die nun höheren Preise auf. Die Zubehörauswahl war überschaubar, die Preise dafür hielten sich in Grenzen. Der hochgezogene US-Lenker war für knapp 50 DM auch in Deutschland verfügbar.

Unten: Antriebseinheit des /5-Boxers aus dem Prospekt von 1972. Die nun gleitgelagerte Kurbelwelle lag traditionell in einer Linie mit dem Wellenantrieb, der die Kraft auf Kegel- und Tellerrad sowie Radachse übertrug. Alles in allem beispielhaft solider Maschinenbau.

Das BMW Motorrad-Program

Die Technik

2 Zylinder 4-Takt-Boxer-Motor mit hängenden Ventilen.

Doppelschleifen-Ovalrohr-Rahmen.

Teleskopgabel mit großem Federweg (208 mm), vorn.

Schwinge hinten, Federbeine 3fach verstellbar, Federweg 125 mm.

Leichtmetall-Tiefbettfelgen, Bereifung vorn, 3,25 S 19, hinten 4,00 S 18.

Doppelsitzbank.

Seitenstütze und Kippständer.

Tankinhalt 17,5 l (2,5 l Reserve). Drehstromlichtmaschine 12 V – 180/200 W.

Drehzahlmesser und Tachometer im Scheinwerfer.

Die Preise

Empfohlene Richtpreise einschließlich 11 % Mehrwertsteuer ab Werk Berlin

BMW R 50/5 **DM 4295,–**
498 ccm, 32 PS bei 6400 U/min
Beschleunigung 0–100 km/h 10,2 sec.
Höchstgeschwindigkeit ca. 155 km/h
Normverbrauch 4,6 l/100 km
Leergewicht (vollgetankt) 200 kg

BMW R 60/5 **DM 4785,–**
599 ccm, 40 PS bei 6400 U/min
Beschleunigung 0–100 km/h 8,2 sec.
Höchstgeschwindigkeit ca. 165 km/h
Normverbrauch 4,8 l/100 km
Leergewicht (vollgetankt) 205 kg

BMW R 75/5 **DM 5615,–**
745 ccm, 50 PS bei 6200 U/min
Beschleunigung 0–100 km/h 6,4 sec.
Höchstgeschwindigkeit ca. 175 km/h
Normverbrauch 4,5 l/100 km
Leergewicht (vollgetankt) 205 kg

Die Sonderausstattu

Sonderausstattung	R 50/5	R 60/5	R 75/5
Suchscheinwerfer	■	■	■
Elektrischer Anlasser	■	▲	▲
Tankverschluß abschließbar	■	■	■
Großer Tank (24 Liter)	■	■	■
Hochgezogener Lenker	■	■	■
Spritzschutz hinten	■	■	■
Gepäckträger	■	■	■
Lederpacktaschen links und rechts, schwarz, mit Gepäckträger	■	■	■
2. Spiegel rechts	■	■	■
Zylinderschutzbügel	■	■	■
US-Ausstattung mit hochgezogenem Lenker	■	■	■
Metallic-Lackierungen	■	■	■

▲ = serienmäßig ■ = gegen Au

BMW VERTRIEBS GMBH
München

Änderungen vorbehalten.
Stand: September 1971

Bestell-Nr. 01 80 9 770 005

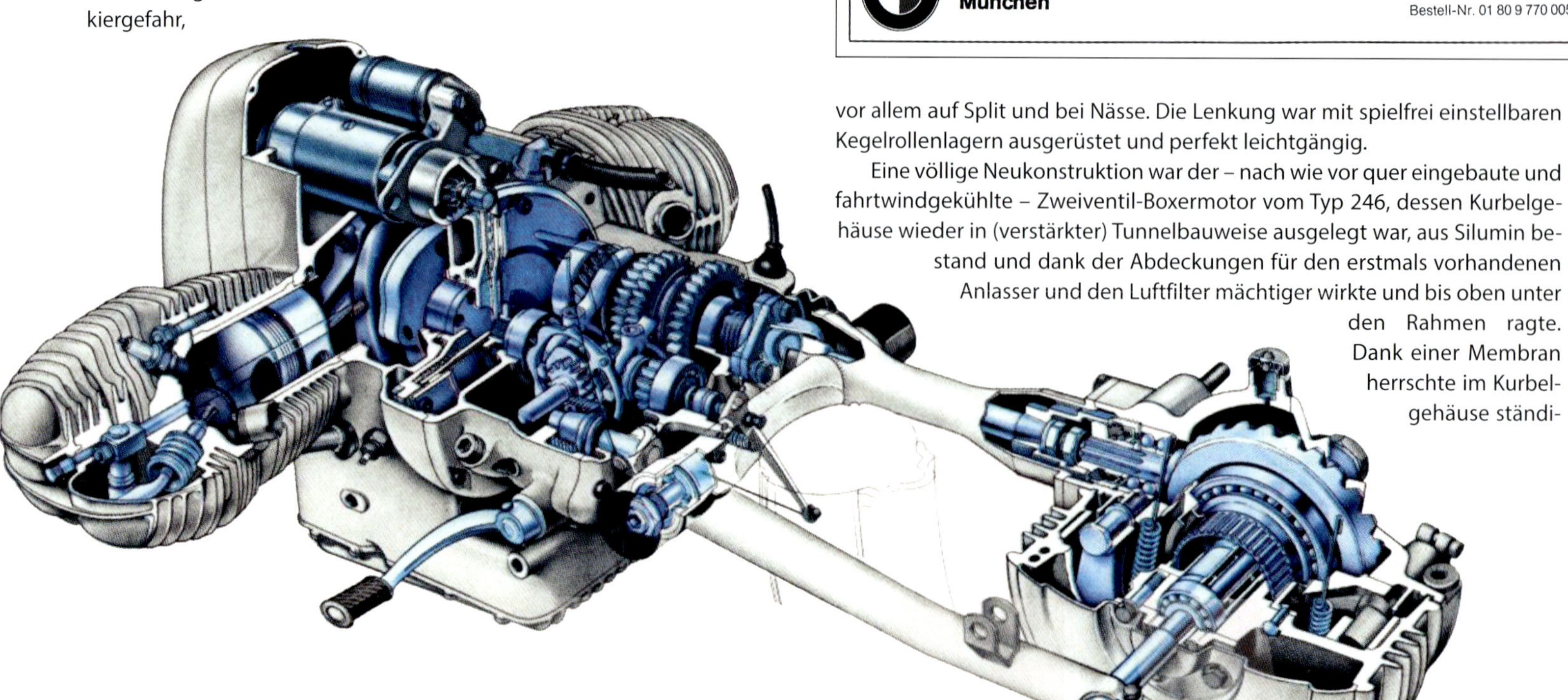

ger Unterdruck, was einer äußeren Verschmutzung durch Ölaustritt entgegenwirkte. Zu den Besonderheiten des neuen Boxers gehörten die einteilige, geschmiedete und gleitgelagerte Kurbelwelle (Hauptlagerzapfen 60 mm Ø, geteilte Stahlpleuel, gemeinsame Zugankerschrauben für Zylinder und Zylinderköpfe (mit zusätzlich je zwei Schrauben an den Zylindern befestigt), Eaton-Ölpumpe (vierflügeliges Rad in fünffach gezahntem Gehäuse), 200-Watt-Drehstrom-Generator und – zusätzlich zum Kickstarter – ein elektrischer Anlasser (Serie aber nur bei R 60/5 und R 75/5). Die mit je drei Ringen ausgerüsteten Kolben liefen in Leichtmetallzylindern mit eingegossenen Perlitlaufbuchsen. Zu den augenfälligen Merkmalen gehörten bei allen drei Modellen abgerundete Zylinderkopfdeckel mit jeweils zwei Rippen, zentraler Hutmutter und zwei 10 mm Verschraubungen auf der Hinterseite.

Neu entwickelter Ohc-Boxer mit gleitgelagerter Kurbelwelle und elektrischem Anlasser

Nach Demontage des Stirndeckels waren Lichtmaschine und Batteriezündanlage samt Unterbrecher und automatischer Fliehkraftverstellung leicht zugänglich. Für den Motorstart war eine unter der Sitzbank plazierte 12-Volt-Batterie mit zunächst recht schwächlichen 15 Ah zuständig. Wenn sie leergeorgelt war, mußte der Boxer mit dem serienmäßigen Kickstarter angelassen werden – eine Übung, die Geschicklichkeit, Kraft und fast schon Mut erforderte. Unerschrockene hievten die Maschine dann auf den Mittelständer, packten sie am Lenker, stiegen mit dem linken Fuß auf den nun 55 cm und damit kniehoch liegenden linken Zylinder und kickten dann beherzt, wobei sie darauf achteten, daß sie dabei samt Motorrad nicht aus dem Gleichgewicht gerieten und umfielen. Erschwerend erwies sich die kurze Kickstartübersetzung.

Die Zentralnockenwelle lag – anders als bei der R 50 oder R 69 S – unterhalb der Kurbelwelle und wurde über eine Duplexrollenkette von einem Zahnrad vorn auf der Kurbelwelle angetrieben. In dieser Lage wurde sie besonders zuverlässig mit Schmieröl versorgt. Außerdem war so Platz für die Unterbringung des erstmals serienmäßigen, oben angeordneten Anlassers entstanden. Bedeutendstes Unterscheidungsmerkmal zum alten Motor: Die Stößelrohre samt den innen laufenden Stößelstangen befanden sich jetzt – der neuen Nockenwellenanordnung entsprechend – unter den Zylindern und nicht mehr oberhalb. Wie üblich bei BMW wurde das Betriebsspiel der je zwei im Zylinderkopf hängenden Ventile über Einstellschrauben an den Kipphebeln justiert. Geschlossen wurden sie mittels starker Schraubenfedern. Daß dies alles nicht ohne typische Arbeitsgeräusche ablief, störte kundige Boxerfreunde nicht. Wurde es zu laut unter den Deckeln, mußte das Ventilspiel neu eingestellt werden, was dank der Boxerbauweise einfach war.

Foto: © Hans J. Schneider

Oben: Bedien- und Kontrollbereich unserer besterhaltenen R 75/5 von 1973, abgelichtet im Jahr 1992.

Nockenwelle und Stößelstangen untenliegend, Anleihen beim Autobau

Viele Ideen und sogar manche Bauteile entstammten dem BMW-Automobilbau. Die Kurbelwelle zum Beispiel hatte die gleichen Lagermaße wie die Welle des Sechszylindermotors in der damals

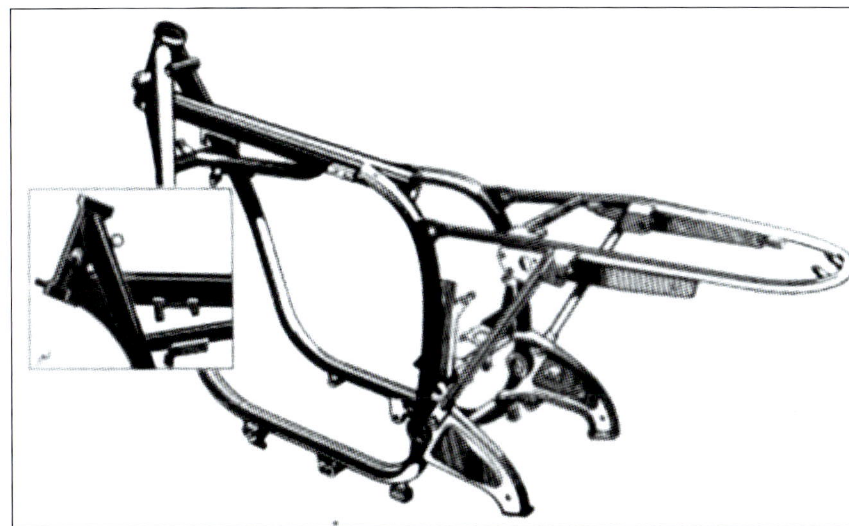

Oben: Der Doppelschleifenrahmen aus leicht ovalen Stahlrohren hatte sich seit 1963 bei den harten Geländeeinsätzen hinreichend bewährt. Knotenbleche versteiften den Bereich zwischen Lenkkopf und Unterzügen. Der leicht gehaltene Heckausleger war angeschraubt.

Rechts: Auch die langhubige Telegabel war geländeerprobt. Sie bot viel Komfort, sackte aber bei scharfem Bremsen deutlich zusammen.

brandneuen Luxus-Limousine BMW 2500. Die Leichtmetallkolben waren wie bei den Automotoren mit „flatterfreien" Kolbenringen ausgerüstet (wie bei den Automotoren mit oben verchromtem Rechteckring 1,75 mm, in der Mitte mit Nasenring 2 mm, unten mit Gleichfasenring 4 mm). Die (seinerzeit noch vorhandene) britische Konkurrenz mußte anerkennen, daß die neue BMW in mancher Hinsicht *„built like a car"* – gebaut wie ein Auto – war. Und letzlich – gemessen am damaligen Niveau – auch so langlebig und zuverlässig.

Einheits-Hub 70,6 mm für alle Motoren, Topmodell R 75/5 mit 50 PS

Interessant ist, daß sich die unterschiedlichen Hubräume der drei neuen Boxer (498, 599 und 745 cm³) lediglich aus verschiedenen Bohrungen herleiteten: 67,0, 73,5 und 82,0 mm. Der Hub war mit 70,6 mm überall gleich. Wie wir später sehen werden (R 90/6, R 90 S, R 100 RS z.B.) war mit dem Aufbohren noch nicht das Ende der Fahnenstange erreicht. Den Zylindern hatten die Ingenieure von vornherein das nötige „Fleisch" mitgegeben – ein enormer Vorteil, um Produktionsaufwand, Material und Kosten zu sparen. Auch insofern war die /5-Reihe der Grundstein für eine bis 1996 führende Serie von klassischen Zweiventil-Boxern – samt allen Enduro-, Straßen-, RS- und RT-Modelle von 800 bis 1000 cm³ Hubraum: Alle hatten den gleichen Hub von 70,6 mm.

Foto unten: Der neue schmale „Sporttank" mit 17 Litern Inhalt besaß bei dieser zweiten /5-Version von 1971/72 seitlich verchromte Blenden, was besonders in den USA gut ankam. Auch die Blenden unter der Sitzbank waren hochglanzverchromt.

Grafik rechts: Diagramm von Leistung und Drehmoment der drei Modelle der /5-Reihe.

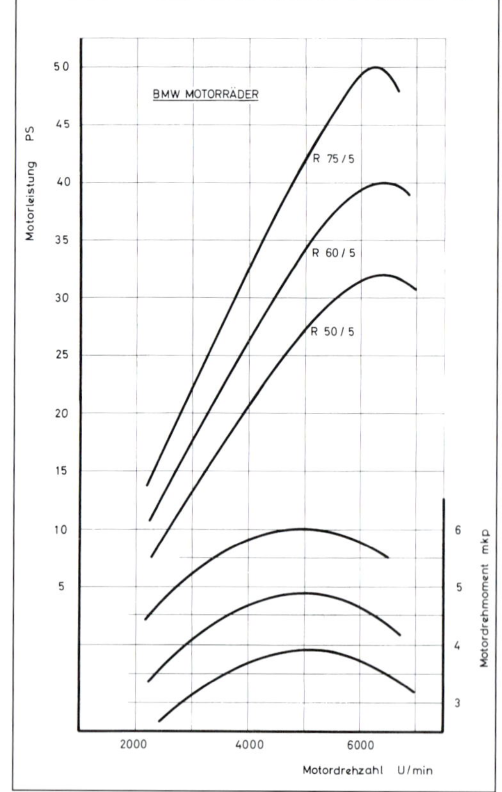

Das Triebwerk der R 75/5, um die es in diesem Kapitel vornehmlich geht, leistete 50 PS bei 6200/min^{-1}, was u.a. durch das hohe Verdichtungsverhältnis von 1 : 9,0 erreicht wurde. Im Vergleich zur japanischen Konkurrenz (z.B. Honda CB 750 Four mit vier Zylindern, 67 PS bei 8000/min^{-1}, 200 km/h, von 1969 bis 1978, 553 400mal gebaut) war das neue BMW-Topmodell zwar untermotorisiert, doch BMW Classic lieferte später eine einigermaßen akzeptable Erklärung: *„Die Leistung der R 75/5 hinkte den wichtigsten Mitbewerbern zwar etwas hinterher, versprach aber eine im Alltagsbetrieb wichtigere problemlose Fahrbarkeit. Ganz bewusst hatte man sich bei BMW einem Wettrüsten entzogen und den Fokus auf ein Gesamtpaket von im Wettbewerbsumfeld adäquaten Fahrleistungen, in Verbindung mit sicheren Fahreigenschaften und hoher Zuverlässigkeit gelegt."* Der Fokus lag bei BMW nach wie vor auf den letztgenannten Eigenschaften, nicht zu vergessen die Wartungsfreundlichkeit der Maschinen, deren Hinterräder von gekapselten Kardanwellen statt von anfälligen Ketten angetrieben wurden.

Für die Gemisch-Aufbereitung sorgten bei der 500er und 600er jeweils zwei klassische Bing-Schieber-Vergaser mit je 26 mm Durchlaß. Die R 75/5 jedoch verfügte über zwei neuartige Gleichdruck- (bzw. Ansaug-Unterdruck-)Vergaser mit 32 mm Durchlaß und Membranen, die den Leistungsein-

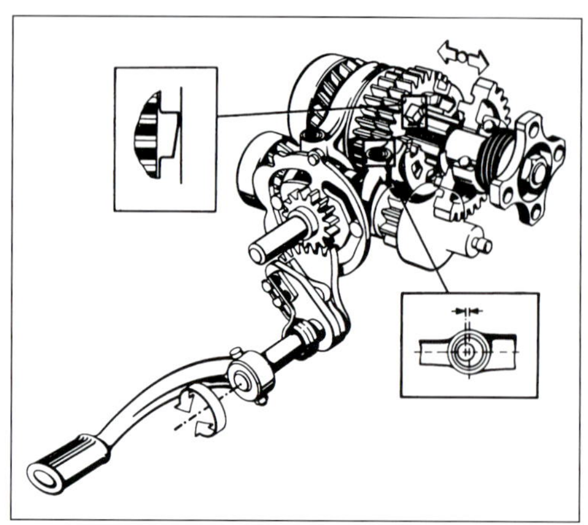

Rechts: der aufwendige Schaltmechanismus des neuen Vierganggetriebes.

Oben: R 75/5 aus dem Jahr 1973, dem letzten Modelljahr der /5-Baureihe, mit 50 mm längerer Hinterradschwinge und entsprechend angepaßten Details. Der Verlauf der Biese macht den Unterschied.

Links: R 75/5 in der ersten Ausführung von 1969 für den US-Export mit Hochlenker. Der Exportanteil des Boxers lag meist über 50 Prozent.

satz des Motors gleichmäßiger steuerten und ein „Verschlucken" bei plötzlichem Gasgeben verhinderten; entsprechend dem jeweils anliegenden Ansaugdruck der Kolben hoben oder senkten Gummimembranen die Düsennadeln. Oben auf dem Antriebsblock befand sich unter einer Leichtmetallabdeckung der Luftfilter aus Papierlamellen, der über zwei Ansaugrohre aus Kunststoff (silbern und schnell vergilbend, schwarz ab 1973) mit den Vergasern in Verbindung stand. Ein per links unter dem Tank liegendem Hebel betätigter Choke drosselte über Seilzüge die Luftzufuhr beim Anlassen.

Der Treibstoff kam von 1969 bis Modelljahr 1970/71 standardmäßig aus einem großvolumigen 24-Liter-Tank, der einfarbig lackiert war und seitlich große Kniepads besaß. Ab Modelljahr 1971/72 war ein kleinerer Tank mit 17,.5 Litern Inhalt serienmäßig; den großen Tank gab es weiterhin gegen Aufpreis (s.a. weiter oben). Bei einem Verbrauch von fünf bis sechs Litern auf 100 km reichte der Vorrat von damals noch verbleitem Benzin für eine Distanz von 400 bis 480 Kilometern – das war vorbildlich und machte die „Strich Fünf" in Verbindung mit der komfortablen Doppelsitzbank zum idealen Langstrecken- und Tourenmotorrad. Die BMW-Werbung zielte allerdings mehr in Richtung sportliche Fahrer: *„Dieser Motor ist vollgasfest. Sein tiefliegender Schwerpunkt, seine Laufkultur und seine Vibrationsarmut machen es dem Fahrer leicht, stundenlang schnell zu sein..."* Fit mußte er trotzdem sein, so ganz ohne Windschutz. Der ganze Körper, vor allem Arme, Nacken und Rücken, wurde bei einer schnellen Langstreckenfahrt belastet wie bei einem Leistungssportler.

Verstärktes Viergang-Getriebe mit Ruckdämpfer

Beibehalten hatte man das robuste Dreiwellen-Viergang-Getriebe, doch waren Getriebe und Wellenantrieb im Hinblick auf die merklich gesteigerte Leistung verstärkt worden. Auf der Getriebe-Antriebswelle milderte ein Ruck- und Stoßdämpfer die Übergänge. Das Bedienen der traditionell seilzugbetätigten Einscheiben-Trockenkupplung mit Membran-Tellerfeder erforderte eine kräftige Hand. Die Antriebswelle lief im rechten Holm der Schwinge und war vorn über ein Kreuzgelenk mit der Getriebeausgangswelle verbunden. Hinten besaß sie

Oben: R 75/5 aus dem Jahr 1972 im typischen US-Style mit hohem Lenker, „Toaster-Tank“, verchromten Seitendeckeln und Seitenstrahlern. Links: Windkanalversuche an der Technischen Hochschule Stuttgart 1969, Polizeiverkleidung an /5-Modell.

einen verzahnten Längenausgleich und mündete im Achsantrieb mit Teller- und Kegelrad.

Verbesserte 12-Volt-Elektrik

Modernisiert hatte man auch Elektrik und Ausstattung der neuen BMW-Modelle. Das System basierte auf einer neu entwickelten 12-Volt-Anlage, sogar eine Lichthupe war vorhanden. Beim im Durchmesser 160 mm großen, schwarz lackierten Scheinwerfer ließen sich die Glühlampen durch Abnehmen von Chromring und Reflektor samt Glas leicht erneuern. Die Instrumentierung war einfach, aber komplett. Ein großer Tachometer und darunter ein kleiner Drehzahlmesser saßen in einem übersichtlichen Kombigerät, das außerdem die Kontrollleuchten für alle wichtigen Funktionen enthielt: Öldruck, Blinker, Fernlicht, Batterieladung. Eine an stabilen Auslegern befestigte Vierfach-Blinkanlage und eine Leerlaufanzeige waren ebenso selbstverständlich vorhanden. Bedient wurden die Elektrik-Elemente und der Starter mit herkömmlichen Schaltern und Knöpfen aus Bakelit.

Foto: © Hans J. Schneider

Spitzer Drehmomentverlauf, 175 km/h

Das maximale Drehmoment von 60 Nm stellte sich erst bei 5000/min^{-1} ein – der Boxer wollte ordentlich mit Benzin-/Luftgemisch gefüttert werden, wenn es zügig vorangehen sollte. Die Höchstgeschwindigkeit einer gut eingefahrenen und perfekt eingestellten R 75/5 lag mit 175 km/h (gemessen „langliegend") nicht über der des bisherigen Topmodells R 69 S. In der Beschleunigung von 0 auf 100 km/h übertraf sie die hubraum- und PS-schwächere Vorgängerin mit 6,4 Sekunden nur um gut eine Sekunde; im Spurt auf 140 km/h war sie immerhin um rund drei Sekunden schneller. Die R 60/5 wurde vom Werk mit 167 km/h angegeben, die R 50/5 lief 157 „Sachen", wie es seinerzeit hieß.

Als Sensation wurde betrachtet, daß der bekannte Motorradjournalist Ernst Leverkus, genannt „Klacks", es mit der R 75/5 auf der berühmt-berüchtigten, damals noch nicht ausgebauten Nordschleife des Nürburgrings schaffte, die Rundenzeiten der immerhin 17 PS stärkeren Honda CB 750 zu unterbieten – er absolvierte den Kurs in weniger als

Foto: © Archiv H. J. Schneider

Oben: Das Seitenfoto unserer 1973er R 75/5 fand Einzug ins Archiv der BMW Group und wurde in zahlreichen Publikationen veröffentlicht. Rechts: 1972er Maschine in voller Fahrt.

11 Minuten; ob die Maschine vom Werk präpariert worden war, ist nicht bekannt. Egal: Das war die beste Werbung, und damit ließ sich das Potential des neuen Fahrwerks und des drehmomentstarken 750-cm³-Boxermotors publikumswirksam unter Beweis stellen – zumindest aus der Perspektive der damaligen Zeit heraus. So sah es auch Stefan Knittel in seinem Standardwerk von 1984: *„BMW hatte es also mit der neuen Motorrad-Generation tatsächlich geschafft, eine nahezu perfekte Maschine mit sowohl Touren- als auch Sport-Charakter auf die Räder zu stellen."*

Oben: Erinnerungsfoto im Zeitgeist der 1970er Jahre: Bandablauf der 10 000sten R 75/5 in Berlin 1971 mit strahlenden Mitarbeitern.

Links und unten: Prototyp der /5-Baureihe in Polizeiausführung mit Vollverkleidung, aufgenommen 1968. Interessant ist, daß die /5-Maschine bereits ein Jahr vor der offiziellen Präsentation im Sommer 1969 weitgehend der Serie entsprach.

Später und aus gehöriger Distanz konnte man das anders sehen. So stellte der Autor im Juni 1991 in der Zeitschrift *„Motorradfahrer"* im Rahmen einer Gebrauchtkaufberatung fest: *„Von den Fahreigenschaften sollte niemand Wunder erwarten – gemessen an heutigen Maßstäben. Vor allem die Kurzschwingen-Modelle 1969 bis 1972 sind recht labil. Und die Telegabel bietet zwar viel Komfort, verdreht sich aber gern."*

Die neue Boxer-Generation lief nicht mehr in München-Milbertshofen, sondern nach einer Investition von rund zehn Millionen DM in Berlin-Spandau vom Band (s.a. Kapitel *„Einführung"*). Die neuen Produktionsanlagen verbesserten u.a. die Fertigungsqualität. 1000 Mitarbeiter kümmerten sich um den Bau der neuen Boxer-Modelle. Die Produktion lief im September 1969 an, und zwar, mit Rücksicht auf erteilte Behördenaufträge, zunächst mit der R 60/5. Im Oktober folgte die R 75/5, im November die R 50/5.

Produktion in Berlin-Spandau ab 1969, große Nachfrage ab 1970

Die sofort einsetzende, starke Nachfrage löste alle Zweifel in Luft auf und führte die BMW-Motorradsparte nach langer Durststrecke endlich wieder auf die Gewinnerstraße. Daß trotz der Runderneuerung des Programms im Jahr 1969 nur 4701 Boxer ausgeliefert werden konnten, hing mit dem Auslaufen der veralteten und kaum noch georderten Vollschwingen-Modelle, dem aufwendigen Umbau des Werks für die moderne Produktion und dem späten Anlauf der /5-Reihe zusammen. Insofern war die historisch niedrigste Produktionszahl nur eine statistische Größe.

Doch dann ging's steil bergauf, auch getragen von der weltweit neu entflammten Motorradbegeisterung. 1970 verließen bereits 12 287 Maschinen der neuen Serie die Montagehallen an der Spree, 1971 fertigten über 1000 Mitarbeiter sogar 18 772 Boxer. Bis 1973 wurden insgesamt 68 956 Fahrzeuge der /5-Reihe produziert, mehr als jede zweite davon war mit 38 370 Einheiten eine 75/5. Nicht einmal lange Lieferfristen schreckten die Käufer ab. Der fulminante Neustart der neuen Boxer-Generation bestätigte BMW nachhaltig im Glauben an das Motorrad. Alle Zweifler waren verstummt, man blickte wieder mit Optimismus in die Zukunft. BMW: *„Die Kunden honorierten die herausragenden Produkteigenschaften überaus gut, und so erzielte das Spitzenmodell einer Baureihe erstmalig in der Geschichte von BMW den größten Verkaufserfolg."*

Knallharte Tests und berechtigte Kritik

„Klacks" Ernst Leverkus (1922 bis 1998), der im Krieg jahrelang als Kradmelder unterwegs gewesen war und danach das „Elefantentreffen" gegründet hatte, schrieb im Rahmen eines Dauertests mit einer R 75/5, die noch die Kurzschwinge besaß, für *„Das Motorrad"* (Heft 4/1973): *„Die R 75/5 ist keine Supersport-Maschine, aber sie ist ein sehr schnelles Reisemotorrad. Auf pottebenen Pisten mag sie vielleicht einem an Leistung stärkeren Konkurrenten in der Endgeschwindigkeit unterlegen sein; wenn es aber darauf ankommt, hohe Schnitte bei schlechten Straßenverhältnissen zu halten, dann ist sie in ihrem Element. Hier gleicht das Fahrwerk fehlende PS aus..."*

Leverkus bemängelte indes die *„giftige"* Vorderradbremse: *„Erst kommt nicht viel bei sanftem Zug, dann – bei etwas mehr Bremskraft – fliegt man beinahe über den Lenker."* Und: *„Der Zündschalter ist von Anno Dunnemals – mit einem Streichholz bringt man die Maschine in Gang, wenn der ‚Zündnagel' nicht zur Hand oder verloren ist."* Angetan war er von den neuen Kunststoff-Kotflügeln: *„Sie reißen und rosten nicht."*

Oben: farbenfrohe Palette von R 75/5-Exemplaren der zweiten Ausführung von 1972.

Rechts: Fast fertig montierte Triebwerke für die R 75/5 warten 1972 im Werk Berlin-Spandau auf die Komplettierung. Es fehlen vor allem noch die Abdeckungen für die Front und für den elektrischen Anlasser. Die Bing-Gleichdruckvergaser sind bereits angebracht.

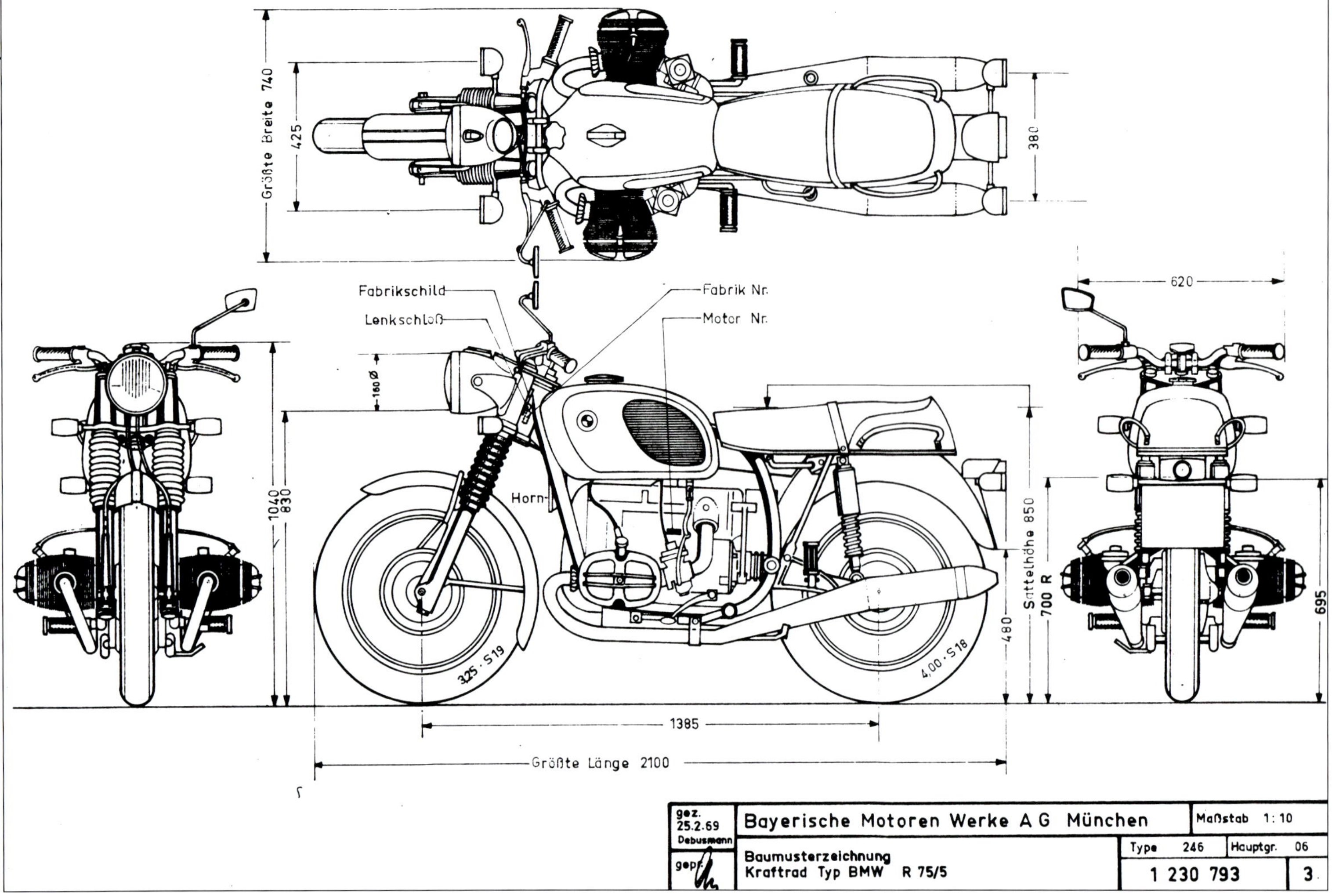

Größte Breite 740
425
380
620
Fabrikschild
Lenkschloß
Fabrik Nr.
Motor Nr.
160 Ø
1040
830
Horn
Sattelhöhe 850
700 R
480
695
3,25 · S19
4,00 · S18
1385
Größte Länge 2100

gez. 25.2.69 Debusmann	Bayerische Motoren Werke A G München		Maßstab 1:10
gepr.	Baumusterzeichnung Kraftrad Typ BMW R 75/5	Type 246	Hauptgr. 06
		1 230 793	3

Auf seine drastische Art beschrieb „Klacks" die Art der Leistungsentfaltung: *„Die große Schwungmasse ist ein Charakteristikum des Motors. (...) Wenn man bei etwa 5000 U/min einkuppelt, wird die Hinterradschwinge nach unten gedrückt, die Maschine geht vorn aus der Gabel heraus und wird ‚leicht'. Beim Heraufschalten vom zweiten in den dritten oder vom dritten in den vierten Gang macht das Motorrad bei etwa 5500 U/min (= ca. 85 zw. 115 km/h) einen richtigen Satz nach vorn, wenn man wieder einkuppelt. (...) Es ist geradezu wie auf einem Katapult, wenn die 75/5 bei einem Überholvorgang sozusagen von den Schwungmassen nach vorn geschossen wird."*

50 mm längere Schwinge für das Modelljahr 1973, neuer Tank mit verchromten Blenden

Nach Art des Hauses gab BMW sich mit dem bisher Erreichten nicht zufrieden, sondern ließ schon nach zwei Jahren erste Verbesserungen in die Serie einfließen. Verchromte Seitendeckel verbargen ab Herbst 1971 die Batterie und die Leere zwischen Haupt- und Heckrahmen, wie die Prospekte und Preislisten bereits im September zeigten. Neue Lackierungen spiegelten die Farbenfreude der 1970er Jahre wider. Neu war ab Jahrgang 1971/72 die Blinker-Kontrolle oben im Lampengehäuse. Der neue schmale „Sporttank" mit 17 Litern Inhalt besaß bei dieser zweiten /5-Version seitlich verchromte Blenden, was besonders in den USA gut ankam.

Von größerer Bedeutung waren die Verbesserungen des Fahrwerks zum letzten Modelljahr. Die ersten /5er basierten ja hinsichtlich Rahmen und Fahrwerk auf den Geländesportmaschinen der späten 1960er mit kurzem Radstand. Fürs Pistenfahren war das ideal gewesen, nicht aber für den Straßenbetrieb: Der Geradeauslauf der frühen Strich-Fünfer war nicht wirklich zufriedenstellend. Viele Kunden und vor allem die Profi-Tester hatten seit längerem eine Weiterentwicklung des Fahrwerks gefordert.

Oben: R 75/5 Baumusterzeichnung der R 75/5 1969.

Rechts: Im Rahmen der Motorradfertigung im Werk Berlin wird ein Gleichdruckvergaser an den Motor der BMW R 75/5 montiert. Aufnahmezeitraum: 1972.

Seite 51 oben: R 75/5 der ersten Ausführung 1969 vor einem Landhaus. Ende der 1960er Jahre avancierte das Motorrad vom reinen Alltagsfahrzeug zum Freizeitgerät.

Auf der Kölner IFMA im September 1972 war es dann so weit: Die dritte /5-Version für die letzte /5-Saison 1972/73 bewies, daß BMW die Kritik verstanden hatte: Um den Geradeauslauf endlich zu verbessern, hatte man die Hinterradschwinge um 50 mm verlängert, den Lenkkopfwinkel vergrößert sowie die Telegabel durch den Einbau zusätzlicher Gleitbuchsen stabiler gemacht. Ein neuer Lenkkopf unterdrückte Pendelerscheinungen bei hohem Tempo, und vor allem die Radstandverlängerung wirkte sich, wie angestrebt, positiv auf Geradeauslauf und allgemeines Fahrverhalten aus. Rahmenheck und Kardanwelle waren selbstverständlich mitgewachsen (was man sofort erkennen konnte), und die oberen Anlenkungen der Federbeine waren an den Auslegerstreben um 50 mm nach hinten versetzt worden.

Rechts: Bilder mit Models, hier ein Foto von 1969, waren nicht ungewöhnlich in den späten 1960er und den 1970er Jahren. Das BMW-Archiv bietet eine große Auswahl solcher Motive. Heute würde sich kaum eine PR-Abteilung mehr auf diese Art der Werbung einlassen.

Unten: Millionenerbe, Fotograf (und „Playboy") Gunter Sachs 1971 mit BMW-Entourage bei der Auslieferung seiner 75/5 in US-Ausführung in Milbertshofen.

Die Biese macht den Unterschied

Die Sitzbank hatte zwar eine längere Grundplatte, jedoch keine verlängerte Sitzfläche. Für 1973 hatte BMW auch die Hinterachs-Übersetzung geändert. Auf den ersten Blick ließen und lassen sich die Kurz- und Langschwingen-Modelle am besten mit einem Blick auf die verlängere Sitzbank unterscheiden: Die weiße Biese vor dem Rücksitz verlief ab Herbst 1972 harmonischer geschwungen und im Abstand von 5 cm vor der Reling-Verschraubung.

Ganz nebenbei gewann man durch die Radstandverlängerung von 1385 auf 1435 mm mehr Platz für eine größere, und ab der /6-Reihe auch serienmäßige Batterie von 25 Ah, die nicht – wie die schwächliche 15 Ah-Stromquelle – schon nach vier Anlaßversuchen à 10 Sekunden den Geist aufgab. Vor allem Kunden in den USA und bei Behörden hatten die knappe Energiereserve der ersten Batterie-Generation bemängelt. Wenn der Boxer nicht ausreichend schnell ansprang, mußte ja mühsam gekickt werden.

Bei den 1972/73er Modellen verzichtete BMW wieder auf eine allzu üppige Verchromung. Auch die Seitendeckel fehlten beim letzten /5-Jahrgang. Alles in allem war die /5 war ein robustes, zuverlässiges und leicht zu wartendes Motorrad. Trotz der wachsenden japanischen Konkurrenz war das Topmodell R 75/5 die meistverkaufte 750er in Deutschland.

Im Juni 1973 gab es gleich drei Gründe zum Feiern: die Fertigstellung des neuen Verwaltungshochhauses neben dem Olympia-Gelände (genannt „Vierzylinder", s.a. Kapitel *„Einführung"*), das Jubiläum „50 Jahre BMW Boxer" und den Bandablauf des 500 000sten BMW-Motorrads seit 1923. Und kurz darauf, im Oktober 1973, präsentierte BMW eine bedeutend verbesserte Modellreihe – die Boxer der /6-Serie mit dem Topmodell R 90 S.

Mit dieser Fahraufnahme der R 60/5 von 1969 zeigte Fotograf Robert Kröschel Kaufinteressenten, daß sich auch das mittlere /5-Modell sportlich bewegen ließ. In enger Lederkombi, mit Stulpen-Handschuhen und zeitgenössischem Mille Miglia-Helm macht sich der Fahrer hinter dem schmalen Lenker klein.

Kapitel 4
1969-1973: R 60/5, R 50/5

Es geht auch etwas kleiner

Bis 1969 war eine 600er BMW das Non-plus-ultra für die Freunde der weiß-blauen Marke. Doch selbst die sportliche R 69 S konnte zuletzt der wachsenden Konkurrenz vor allem aus Japan nicht mehr standhalten. Die modernere R 60/5 nahm das Staffelholz in dieser ehedem so prestigeträchtigen Hubraumklasse wieder auf und verkaufte sich trotz der begrenzten Leistung von 40 PS recht gut. Die 500er Kategorie, einst der Traum von Leuten, die von kleinen Zweitaktern aufsteigen wollten, sank hingegen stark in der Gunst des Publikums. So hielten fast nur Behördenaufträge die R 50/5 am Leben.

Die Motoren der Boxermodelle R 50/5 und R 60/5 wurden von je zwei traditionellen Bing-Schiebervergasern beatmet. Ansonsten unterschieden sie sich vom 750er Triebwerk nur durch kleinere Zylinderbohrungen und andere Kolben.

BMW

1969-1973: 22 271 Einheiten

R 60/5 599 cm³

Boxer der Vernunft

Wenn ein Fahrzeug-Produzent das Baukastenprinzip beherrscht, dann ist es BMW, und dies sowohl im Automobil-, als auch im Motorradsegment. Schon vor dem Krieg waren die Bayern keine Freunde radikaler Neuentwicklungen, man setzte auf Kontinuität und in weiten Bereichen auf das Gleichteileprinzip. Konstruktiv hatten die Einzylinder-Motorräder fast alles mit den großen Boxer-Modellen gemeinsam, eigentlich fehlte nur der zweite Zylinder. Die traditionsorientierte Stabilität bei Fahrzeugentwicklung und Marketing setzte sich auch nach 1945 fort, man folgte der Politik der kleinen Schritte. Das aufwendige Fahrwerk der Vollschwingenmodelle 1955 bis 1969 war das Revolutionärste, was BMW auf den Markt brachte, die Boxermotoren blieben ab 1952 und bis Ende der 1960er weitgehend unverändert. Die komplexe Technik der Hochleistungs-Kompressor-Triebwerke blieb den Rennmotorrädern vorbehalten – zu teuer und zu anfällig für Serie und Alltagsbetrieb.

So war die 1969 vorgestellte neue /5-Baureihe mit dem Motor des Typs 246 zwar eine Neuentwicklung bis ins Detail, doch der Philosophie des Hauses

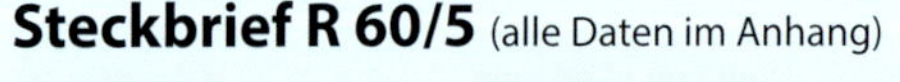

Steckbrief R 60/5 (alle Daten im Anhang)

Bauzeit	1969 bis 1973
Motortyp, Ventile	246, 2 ohv
Einheiten	22 271
Hubraum	599 cm³
Leistung	40 PS bei 6400/min^{-1}
Vergaser (Bing)	2 Schieber 1/26/111-112
Getriebe	4-Gang
Rahmen	Stahlrohr, verschweißt
Vorderradführung	Teleskopgabel
Hinterradführung	Schwinge, 2 Federbeine
Bremsen vorn/hinten	Trommel 200 mm
Reifen vorn/hinten	3,25 S 19 / 4,00 S 18
Leergewicht	210 kg
Höchstgeschwindigkeit	167 km/h
Preis bei Einführung	3969,- DM

war man treu geblieben: Ein zwar neu konstruierter, aber technisch eher biederer, fahrtwindgekühlter Zweizylinder-Boxermotor mit untenliegender Zentralnockenwelle, langen Stößelstangen und Kipphebeln folgte brav der Tradition des Hauses. Während vor allem die japanische Konkurrenz mit Ohc-Vierzy-

Oben: CSU-Vorsitzender Franz-Josef Strauß fährt 1973 mit einer R60/5 über den Platz vor dem BMW Hochhaus. Rechts: Strauß und BMW-Vorstand von Kuenheim (Mitte) 1973 mit R60/5 .

lindermotoren neue Maßstäbe setzte, beharrten die Bayern auf dem, was sie schon immer gemacht hatten – das Bewährte pflegen und nur behutsam verbessern.

Aber Marketing- und Pressearbeit machten einen großen Sprung nach vorn. Bei der Vorstellung der neuen /5-Baureihe im September 1969 fiel selbst aufgeklärten Journalisten nicht auf, daß BMW es schaffte, ein einziges Motorrad-Modell als dreifache Neuerung zu verkaufen: R 50/5, R 60/5 und R 75/5. Denn die drei Typen unterschieden sich nur durch die Bohrungen der Zylinder (nicht einmal durch den Hub), angepaßte Zylinderköpfe, Kolben, Nockenwellen sowie die unterschiedlichen Vergaser voneinander.

Geniale Marketing-Strategie

Während das Topmodell von innovativen Unterdruck-Membranvergasern beatmet wurde, bezogen die beiden kleineren Varianten ihr Benzin-/Luftgemisch über herkömmliche Schiebervergaser mit Tupfern, die vor dem Anlassen den Kraftstoff-Fluß in Gang setzten. Alles andere war bei den drei Versionen gleich, angefangen von der Telegabel über Rahmen, Schwinge, Tank und Sitzbank bis zu Getriebe, Achsantrieb, Rädern und Reifen. Aus Eins mach Drei – ein genialer Zaubertrick. Und alle klatschten Beifall ob der genialen Idee, die in der enormen Produktionsvereinfachung und entsprechender Kostenminimierung ihren tieferen Sinn hatte. „Mir san mir" und BMW ist der Boxer.

Oben: BMW R 60/5 US-Modell mit Kurzschwinge 1969.

Unten: R 60/5 letzte Serie 1972/73 mit Langschwinge.

Der Polizei und anderen Kunden aus dem Behördenumfeld war es sowieso egal, was da unter dem Tank rumorte – Hauptsache, es brummte schön, war zuverlässig und genügsam, hatte Blaulicht und Funkanlage, und das Ganze natürlich zum Spezial-Großabnehmerpreis. Es war genau diese Klientel, die den

Oben: Polizeieskorte mit Touring 1600-Einsatzwagen und Motorrädern der /5-Baureihe 1971 vor dem Olympiagelände in München.

Links: R 60/5 von 1973, dem letzten Modelljahr der /5-Baureihe. Auch das mittlere Modell besaß nun die verlängerte Hinterradschwinge, die den Geradeauslauf bei hohen Geschwindigkeiten merklich verbesserte.

Motorradbereich von BMW über Jahrzehnte hinweg am Leben gehalten hatte, und diese treuen Kunden wurden jetzt auch zuerst bedient – und zwar mit dem /5-Mittelklassemodell R 60/5, das als erste Version der neuen Serie schon im September 1969 von den Bändern in Berlin Spandau rollte. BMW Classic kommentiert: *„Innerhalb der neuen Baureihe übernahm die R 60/5 die Rolle der ausgewogenen Mitte, bei der Fahrleistungen und Verkaufspreis ein besonders attraktives Verhältnis aufwiesen. (...) Die Behörden-Kundschaft ersetzte die Vollschwingenmodelle in ihren Motorradstaffeln nun sukzessive durch die moderne R 60/5. In Verbindung mit der neuen Grundfarbe Weiß für die Polizeimotorräder und den ebenfalls weiß lackierten Vollverkleidungen der Firma Gläser, die die Einsatzmöglichkeiten erweiterten, machte schnell der Spitzname ‚Weiße Maus' die Runde für die Polizisten auf ihren Dienst-BMW."*

Der Grundpreis der R 60/5 war mit zunächst 3969 DM knapp kalkuliert, wurde dann aber wie bei den beiden anderen Modellen Jahr für Jahr angehoben, auf 4785 DM z.B. im September 1971. Die technischen Unterschiede zur R 75/5 und zur R 50/5 (s. Folgeabschnitt) lassen sich in wenigen Zeilen zusammenfassen. Bei 599 cm^3 Hubraum leistete der „600er" Boxer 40 PS bei 6400/min^{-1}, dies aber gegenüber den Schwestertypen bei einem höheren Verdichtungsverhältnis von 9,2 : 1. Der Hub von 70,6 mm blieb – wie bereits weiter vorn im Buch erwähnt – bei allen Zweiventilboxern bis 1985 gleich (außer bei den Zwillingen R 45/65), unabhängig vom Hubvolumen. Die Bohrungen in den dickwandigen Zylindern machten den Unterschied, bei der R 60/5 waren es 73,5 mm.

Einfache Vergaser, Behördenaufträge als Überlebensgarantie

Die beiden Schiebervergaser von Bing waren bis auf die Bedüsung identisch mit den R 50/5-Vergasern und besaßen je einen Durchlaß von 26 mm – 6 mm weniger als bei den Membranvergasern der R 75/5. Wie beim Topmodell war der neu entwickelte elektrische Anlasser serienmäßig – neben dem der Tradition folgenden Kickstarter. Während die Übersetzungen des Viergang-Getriebes bei allen drei Boxern gleich waren, gab es bei der Hinterradübersetzung leichte Unterschiede (Werte s. Anhang). Rahmen, Fahrwerk, Bremsen, Räder, Reifen und Abmessungen wiesen bei den /5-Maschinen keinerlei Unterschiede auf. Wegen des Anlassers brachte die R 60/5 mit 210 kg 5 kg mehr Leergewicht auf die Waage als das hubraumschwächste Modell. Als erzielbare Höchstgeschwindigkeit gab BMW 167 km/h an, und das war für ein 40-PS-Motorrad ein guter Wert, zumindest dann, wenn der Fahrer sich klein machte.

Die R 60/5 war als mittleres Modell so etwas wie der Boxer der Vernunft und verkaufte sich entsprechend gut: Bis 1973 verließen 22 721 Einheiten das Werk, Polizei-Maschinen und Exportausführungen z.B. für die USA inbegriffen. Dies entsprach fast genau einem Drittel aller produzierten /5-Boxer.

Darauf, daß bereits ab 1966 Vollschwingen-Boxer an der Spree produziert worden waren (s. Band 2 unserer Boxer-Saga), ging BMW 1969 nicht ein. Inzwischen hatte es keinen negativen Touch mehr, daß das urbayerische Motorrad, *„das auch ein gutes Wappentier abgegeben hätte“* (F. J. Schermer), bei den Preußen zusammengebaut wurde. Zudem wurde jede Diskussion darüber unter anderem durch die geschickte Öffentlichkeitsarbeit unter Helmut Werner Bönsch vermieden, indem der Marketing-Direktor z.B. das bayerische Urgestein Franz-Josef Strauß (1915 bis 1988, seit 1961 CSU-Vorsitzender, 1966 bis 1969 Bundesfinanzminister, 1978 bis 1988 bayerischer Ministerpräsident) gezielt auf die R 60/5 setzte und eine große Fotoproduktion vor dem BMW-Verwaltungsgebäude inszenierte. Die Bilder, die den ehemaligen Wehrmachtsoffizier, der u.a. vor Stalingrad gekämpft und sich dabei die Füße eingefroren hatte, unerschrocken ohne Helm und Handschuhe auf der R 60/5 zeigen, erwärmen dem BMW- und CSU-Fan noch heute das Herz.

Oben: eine topreстaurierte R 60/5 mit Langschwinge aus dem letzten Baujahr der Serie 1973, abgelichtet 1990 für das BMW-Museum.

Rechts: Der gleitgelagerte Boxermotor war bei allen drei Modellen der /5-Reihe gleich, abgesehen von den Zylinderbohrungen, den Kolben und den Vergasern. Die Zeichnung von 1969 zeigt gut den Kettenantrieb der nun unter der Kurbelwelle liegenden Nockenwelle.

1969-1973: 7865 Einheiten

R 50/5 498 cm³

Preisgünstiger Einstieg

Bis weit in die 1960er Jahre hinein galt eine Halbliter-Maschine als schweres Motorrad. 250er und 350er waren Mittelklasse, 100er und 125er billige Alltagsfahrzeuge. BMW war in diesem Gefüge von vornherein hoch angesiedelt. Mit Kleinhubräumen hatte man sich nie abgegeben, zuletzt waren die wackeren Einzylinder-Typen von der R 24 bis zur R 27 der (keineswegs billige) Einstieg in die weiß-blaue Motorradwelt. Die 500er Boxer von der R 51/2 bis zur R 50/2 bildeten auch vom Volumen her das Rückgrat der Produktion, die teuren und exklusiven 600er bis hin zur R 69 S blieben betuchten Liebhabern und Sportfahrern vorbehalten.

Trend zu größeren Hubräumen

Die neue Ära, die sich in den 1960ern abzeichnete und in den 1970er volle Fahrt aufnahm, war vom Trend zu deutlich hubraumstärkeren Motorrädern geprägt. Und nicht nur das: Während der Motorradbestand in Westdeutschland von 1960 bis 1968 von 1 261 000 auf nur noch 196 000 Einheiten zurückgegangen war, verzeichnete der US-amerikanische Markt einen explosionsartigen Anstieg: Der Bestand wuchs von 574 000 Maschinen 1960 auf 2 191 000 Einheiten 1967 – und ein Ende war nicht abzusehen.

Befeuert wurde die neue Lust aufs Motorrad durch großvolumige und sehr leistungsstarke Maschinen. Die vierzylindrige Honda 750 Four mit 67 PS setzte 1969 neue Maßstäbe, schnell folgten die zweizylindrigen Viertakter XS 1, XS 2 und XS 650 von Yamaha, Benelli präsentierte 1972 die 750 Sei mit sechs Zylindern, Kawasaki drehte 1972 mit der 82 PS starken 900 Z 1 weiter an der Leistungsschraube, was vor allem in Deutschland zu einem Aufschrei führte.

Steckbrief R 50/5 (alle Daten im Anhang)

Bauzeit	1969 bis 1973
Motortyp, Ventile	246, 2 ohv
Einheiten	7865
Hubraum	498 cm³
Leistung	32 PS bei 6400/min^{-1}
Vergaser (Bing)	2 Schieber 1/26/113-114
Getriebe	4-Gang
Rahmen	Stahlrohr, verschweißt
Vorderradführung	Teleskopgabel
Hinterradführung	Schwinge, 2 Federbeine
Bremsen vorn/hinten	Trommel 200 mm
Reifen vorn/hinten	3,25 S 19 / 4,00 S 18
Leergewicht	205 kg
Höchstgeschwindigkeit	157 km/h
Preis bei Einführung	3696,- DM

Rechts: Wie die früheren Vollschwingenmodelle wurden auch die Modelle der /5-Generation in großer Stückzahl an die Polizei geliefert. Das Foto aus dem Prospekt von 1971 zeigt eine Eskorte vor einer BMW-Limousine der Oberklasse.

Oben: US-Version der R 50/5 mit hohem Lenker in der ersten Ausführung mit Kurzschwinge im Frühjahr1969 in einem Münchner Schloßpark.

Rechts: Das Studiofoto zeigt eine R 50/5 der dritten Ausführung von 1972 mit Langschwinge und kleinem Tank. Typisch für die dritte Version sind die vorverlegte Biese auf der Sitzbank, der fehlende Halteriemen, die oben zurückversetzte Federbeinaufnahme, die geänderte Reling und der große Zwischenraum hinter den rückwärtigen Rahmenrohren.

BMW R 50/5 an den Rand gedrängt, Honda CB 500 als Konkurrenz

Gipfelpunkt des Wettrüstens war 1978 die Honda CBX mit sechs Zylindern und 105 PS. Zwar war das Fahrwerk der brachialen Motorgewalt nicht gewachsen, aber der Ton war gegeben. Vor diesem Hintergrund befand sich eine 500er BMW plötzlich fast am unteren Ende der Fahnenstange, nur die R 75/5 konnte jetzt (mit ihren überschaubaren 50 PS) zumindest vom Prestige und von der Qualität her

Links oben: US-Prospekt von 1972 – Bewunderung für Made in Germany. Unten: Die Honda CB 500 Four von 1971 war mit ihrem Ohc-Vierzylinder und 48 PS der R 50/5 klar überlegen.

Foto: © Auto Zeitung, Archiv H. J. Schneider

noch mithalten. So kam es dann, wie es kommen mußte: Die im Vergleich zur aufgerüsteten Konkurrenz aus Italien und Japan mit ihren 32 PS bei 6400/min^{-1} geradezu schmalbrüstige R 50/5 traf nicht den Zeitgeist und führte dann bis zum Produktionsstopp 1973 ein trotz des relativ günstigen Preises (3696 DM 1969) ein Aschenputtel-Dasein. Nur 7865 Stück wurden gebaut, und es wären noch viel weniger gewesen, wenn BMW nicht den Großteil der 500er international an Polizei und Behörden hätte absetzen können.

Wie stark die Konkurrenz in der neuen Mittelklasse geworden war, verdeutlichte u.a. die 1971 in Daytona vorgestellte Honda CB 500 Four, die mit ihrem modernen, luftgekühlten Ohc-Vierzylinder-Reihenmotor 48 PS bei rennsportmäßigen 9000/min^{-1} entwickelte und bei liegendem Fahrer eine Spitze von 178 km/h erreichte. *„Aus Freude am Drehen"*, ironisierte *„Motorrad"* den BMW-Slogan *„Aus Freude am Fahren"*. Sicher, die Honda war mit 5887 DM teuer und verbrauchte im Test 6,4 l/100 km, doch die Leute rissen sich um die Sportmaschine, die auch mit ihren vier Auspuffrohren optisch viel hermachte und zu ihrer Zeit als beispielhaft ausgewogen galt.

Für die R 50/5 gab BMW eine Höchstgeschwindigkeit von 157 km/h an, doch diese war nur unter optimalen Bedingungen und mit liegendem Fahrer zu erreichen, wobei sich der Boxer dabei schwertat und verzweifelt mit dem Ventiltrieb klapperte. Die beiden 26er Schiebervergaser von Bing entsprachen 1969 durchaus dem Stand der Technik und waren vollkommen neu bei Bing. Den Anlasser gab es nur gegen Aufpreis. Bei einer Bohrung von 67 mm und dem Standardhub von 70,6 mm kam der Typ-246-Motor auf exakt 498 cm^3 Hubraum. Die Verdichtung war mit 1 : 8,6 niedriger als bei den größeren Modellen, der Hinterachs-Antrieb kürzer übersetzt. Heute meint BMW: *„Die R 50/5 war vor allem als Nachfolgerin der Behörden-BMW R 50/2 gedacht gewesen, stand bei den Privatkunden aber als ‚kleine' Fünfhunderter im Schatten ihrer großen Schwestern. Entsprechend hinkten die Verkaufszahlen hinterher, weshalb das Modell im Zuge der Überarbeitungen zur /6 Baureihe aus dem Programm fiel."* Und sie war im Hinblick auf Spaß und Sport der moderneren japanischen Konkurrenz schlicht nicht gewachsen gewesen.

Oben: R 50/5 aus der ersten Serie ab 1969 in US-Ausführung mit Kurzschwinge, hohem Lenker und Haltegriffen hinten an der Sitzbank.

Unten: Der gleiche Motorradtyp in Europa-Ausführung mit flachem, schmalem Lenker.

Superbike und Stilikone der 1970er Jahre: BMW R 90 S. Das Bild zeigt eine toprestaurierte Maschine von 1975, die vom BMW-Fotografen Robert Kröschel 1993 im Studio abgelichtet wurde. Die Technik erscheint in bestem Licht, die Lackierung in Daytona-Orange ist typisch für die Flower-Power-Zeit.

Kapitel 5
1973-1976: R 90 S

Image-Kampagne

Früh war dem BMW-Management klar, daß ein 750er Boxer nicht mehr ausreichen würde, um der aggressiven japanischen Konkurrenz Paroli bieten zu können. Gefördert vom Vertriebsvorstand Bob Lutz wurde in kurzer Zeit ein neues Topmodell mit mehr Hubraum und mehr Leistung entwickelt. 1973 erschien die 67 PS starke R 90 S, die nicht nur Fanträume erfüllte, sondern BMW Motorrad auch ein sportliches Image gab. Kleine Fehler wurden der von Designer Hans A. Muth gestylten Maschine großzügig verziehen, und so entschieden sich weltweit bis 1976 17 455 BMW-Freunde für den fast 200 km/h schnellen Sportboxer.

Robert Kröschel gelang es mit diesem Foto des 898 cm³ großen und 67 PS starken Boxers die Wucht und Potenz des Motors zu veranschaulichen. Hinter den Zylindern sieht man die beiden Dell'Orto-Vergaser.

„Das Motorrad“ veröffentlichte in Heft 10 vom Januar 1976 einen Langstreckentest der R 90 S über 30 000 km: „Es waren schnelle und bequeme Kilometer, die mit dem größten Vergnügen zurückgelegt wurden.“

Repro: © Motorrad, Archiv H. J. Schneider

1973-1976: 17 455 Einheiten

R 90 S 898 cm³

Hubraumstarker Sportboxer

Durch den bereits angesprochenen, immer stärker werdenden Druck der internationalen Konkurrenz war der Ruf der Kundschaft nach einem noch potenteren Boxer deutlich lauter geworden. BMW mußte etwas unternehmen, um den Hochleistungsmotorrädern der Konkurrenz etwas entgegensetzen zu können – z. B. Norton Commando, Moto Guzzi V7, Laverda 1000, Kawasaki Z1, Honda CB 750 Four, Harley-Davidson 1000.

Bereits in den späten 1960ern hatte BMW geplant, die künftige Boxer-Generation der /5-Reihe mit einem 900er Modell nach oben abzurunden. Doch 1968 wurde die Idee verworfen – vorläufig. Der 0,9-Liter-Motor hatte im Versuch das Kurzschwingen-Fahrwerk der /5 überfordert. Es war nicht das erste Mal gewesen, daß BMW mit großvolumigen Boxermotoren experimentierte. Die ersten Konstruktionen hatte Anfang der sechziger Jahre Ludwig Apfelbeck beim österreichischen BMW-Importeur Denzel in Wien im Auftrag des Münchner Werks entwickelt. Es handelte sich dabei um Vierzylinder-Boxermotoren mit Vierventiltechnik, obenliegenden Nockenwellen und 1000 bis 1200 cm³ Hubraum (Details s. Kapitel *„Prototypen"* am Anfang).

Steckbrief R 90/S (alle Daten im Anhang)

Bauzeit	1973 bis 1976
Motortyp, Ventile	246, 2 ohv
Einheiten	17 455
Hubraum	898 cm³
Leistung	67 PS bei 7000/min^{-1}
Vergaser	2 Dell'Orto PHM 38 AS-AD
Getriebe	5-Gang
Rahmen	Stahlrohr, verschweißt
Vorderradführung	Teleskopgabel
Hinterradführung	Schwinge, 2 Federbeine
Bremsen vorn/hinten	2 Scheib. 260/Trom. 200 mm
Reifen vorn/hinten	3,25 H 19 / 4,00 H 18
Leergewicht	215 kg
Höchstgeschwindigkeit	200 km/h
Preis	9130,- DM

Bis Anfang der 1970er Jahre ließ BMW unter der Leitung von Ferdinand Jardin erneut einen Vierzylinder-Boxer entwickeln, der pro Zylinderreihe eine obenliegende, kettengetriebene Nockenwelle besaß und dessen zwei Zylinderbänke im Winkel von 168° zueinander standen. Doch nachdem Honda 1974 die Gold Wing GL 1000 mit Vierzylinder-Boxer präsentiert hatte, stoppte der BMW-Vorstand das eigene Vierzylinder-Projekt (Details s. auch Kapitel *„Futuro"*).

1973 sportlicheres Image von BMW durch neues Topmodell R 90 S

Daß die R 90 S im Jubiläumsjahr 1973 (50 Jahre BMW-Motorräder) als neues Spitzenmodell auf die Bühne rollte, war auch dem Einfluß von Robert Anthony („Bob") Lutz zu verdanken. Der 1932 geborene Schweizer mit US-Paß, Rennsport- und Motorrad-Fan, in den 1950ern Kampfpilot bei der US Air Force, hatte am 1. Januar 1972 Paul G. Hahnemann als Vertriebsvorstand der BMW AG abgelöst und sogleich ein kritisches Auge auf das Boxer-Programm geworden, das er als zu konventionell empfand. Der Fachjournalist Wilhelm Hahne schrieb 1974 in der *„Auto Zeitung": „Der erste Gedanke von Lutz war, den BMW-Motorrädern ein neues Image zu geben. Er vermißte bei den Maschinen die Sportlichkeit."* Er gilt als Initiator der R 90 S und damit als Erfinder des sympathisch-sportlichen Looks der S-Modelle ab 1976. Sein Einfluß endete allerdings früh: Schon zum 31. Juli 1974 verließ Lutz BMW wieder und ging als Vorstandsvorsitzender zu Opel.

Mit der R 90 S trafen die Münchner genau den Nerv der Zeit. Auf diesen Super-Boxer hatte die Fangemeinde gewartet. *„Die langersehnte Abrundung des BMW-Programms nach oben ist Wirklichkeit geworden"*, hieß es in der Pressemappe, und die Werbung sprach von einer *„Dampf-Ansage"*. Die Inbetriebnahme des neuen Verwaltungsgebäudes am Münchner Petuelring („Vierzylinder") im Juni 1973 und der Bandablauf des 500 000sten Motorrads seit 1923 sorgten zusätzlich für wohlwollende Resonanz in den Medien. Und nach der R 90 S standen die Leute Schlange; die in den ersten zwölf Monaten produzierten 6058 Exemplare konnten die Nachfrage bei weitem nicht befriedigen. Auch in den folgenden drei Jahren verkaufte sich die R 90 S so gut, daß die Kunden lange Lieferfristen in Kauf nehmen mußten.

Rechts: Auf der Internationalen Fahrrad- und Motorradaustellung in Köln (IFMA) 1974 war die R 90 S ständig umlagert. Die Fangemeinde hatte lange auf einen Sportboxer von BMW gewartet. Die 1974 für das Modelljahr 1975 eingeführte Lackierung in Daytona-Orange kam besonders gut beim Publikum an. Heute sind Exemplare mit dieser knalligen Farbgebung besonders geschätzt.

Oben: BMW R 90 S von 1974 mit Seitenstrahlern in US-Ausführung in edlem TT Silberrauch-Metallic, bei dem ein dunkler und ein heller Farbton ineinander verliefen
Rechts: erste Version der R 90 S von 1973 in Europa-Ausführung, ebenfalls mit Speichenrädern und Vollbremsscheiben.

Konkurrenzfähig mit 67 PS, 200 km/h Spitze

Was war dran am neuen Paradepferd? Erstens war es die äußere Erscheinung mit der auffälligen Cockpitverkleidung und dem fließenden Tank-Sitzbank-Design, der exklusiven Lackierung und der erstmals eingesetzten Doppel-Scheibenbremse am Vorderrad. Zweites war es die Leistung: Der nun 67 PS starke Boxer war gut für Geschwindigkeiten bis 200 km/h. Mit der R 90 S konnte man endlich mit der japanischen, italienischen und englischen Konkurrenz mithalten. Hahne: *„Die R 90 S wurde zum Renner, übertraf mit ihren Verkaufszahlen alle Berechnungen – und sorgte so dafür, daß auch ein wenig von ihrem sportlichen Glanz auf die anderen, kleineren Modelle (...) abfärbte."*

Beim Antrieb der R 90 S handelte es indes nicht um eine Neuentwicklung, sondern um den kräftig aufgebohrten und im Detail verstärkten Boxer der 1969 eingeführten Baureihe 246. Im Versuch hatte sich herausgestellt, daß das Motorgehäuse den Kräften der großvolumigen Zylinder nicht gewachsen war. Daher konstruierte man ein Gehäuse mit dickeren Wänden. Auch die Kurbelwelle war geändert worden: Sie war nun mit Schwermetallstopfen ausgewuchtet, im Außendurchmesser zum besseren Aus- und Einbau etwas kleiner, und insgesamt leichter. Der BMW-interne Modellcode wurde von 246 auf 247 geändert.

Gegenüber der R 75/5 waren die Zylinderbohrungen von 82 auf 90 mm erweitert worden, bei unverändertem Hub von 70,6 mm. Mit einem Hubraum von nun 898 cm^3 leistete der luftgekühlte Boxermotor nun 67 PS bei 7000/min^{-1}, der besondere Raffinessen wie vergrößerte und temperaturbeständigere Ventile sowie Nikasil-beschichtete Zylinderlaufbahnen zu bieten hatte. Das Prinzip war zuvor erfolgreich an Wankelmotoren getestet worden. Im Fahrbetrieb überzeugte das Triebwerk durch seine kultivierte Art – zumindest oberhalb von 3000 Touren.

Der Spitzenboxer wurde erstmals von zwei Dell'Orto-Schieber-Vergasern mit Beschleunigerpumpen beatmet, die bei einem Durchlaß von 38 mm – in Verbindung mit größeren Kanälen in den Zylinderköpfen – nicht mit dem Benzin-/Luft-Gemisch geizten und selbst aus niedrigen Drehzahlen heraus ruckfrei ansprachen. Das Verdichtungsverhältnis war dank erhöhter Kolben auf 1 : 9,5 gewachsen, das maximale Drehmoment von 76 Nm lag bei 5500 Touren an. Die Motorcharakteristik war bullig, aber für eine optimale Leistungsentfaltung mußte beherzt am Gasgriff gedreht werden. Um auch bei Dauervollgas einer Überhitzung vorzubeugen, hatte man die Zylinder zur Wärmeabfuhr schwarz eloxiert – eine eher optisch als technisch wirksame Maßnahme.

Auf kurvigen Landstraßen war die BMW R 90 S in ihrem Element. Fahrwerk und Lenkgeometrie waren bestens fürs Fahren über Land abgestimmt. Dabei war die nur rund 200 kg schwere Maschine handlich und komfortabel. Das Foto zeigt eine frühe R 90 S in noblem Silberrauch-Metallic, bei dem ein dunkler und ein heller Farbton ineinander verliefen. Die von Hans A. Muth gestylte Cockpitverkleidung hielt den Wind vom Oberkörper des Fahrers ab, war aber für sehr schnelle Autobahnfahrt nicht ausreichend aerodynamisch.

Gewaltiges Echo bei Kunden und Presse

Die Reaktionen von Kunden, Händlern und Presse waren überschwenglich, man sprach ehrfurchtsvoll von einer „Über-BMW" und stellte heraus, daß die R 90 S zu den schnellsten Serienmaschinen der Welt zählte. Erinnerungen an die 1930er Jahre wurden wach, in denen Schorsch Meier z.B. auf der Isle of Man die Senior-TT gewann.

In froher Erwartung stürzten sich die Tester auf den leistungsstarken 900er Boxer. Zu den Ersten, die diesen neuen „Super-Boxer" fahren konnten, gehörte „Klacks" Ernst Leverkus. Er befand in *„Das Motorrad"* (Heft 20/1973), daß der 900er Boxer trotz der großen beweglichen Massen und des weiterhin fehlenden Kurbelwellen-Mittellagers in bestimmten Bereichen relativ vibrationsarm war: *„Die Schwingungen erscheinen den an härtere Sachen gewöhnten Handgelenken nicht besonders stark."*

Anerkennend merkte er an, daß sich die Kipphebel auf Nadellagern bewegten und die Beschleunigerpumpen der Dell'Orto-Schiebervergaser das Gemisch bei Bedarf zusätzlich anreicherten: *„Bei plötzlichem Gasaufreißen verschluckt sich der Motor nicht, es gibt nirgendwo ein Loch, auch bei niedriger Drehzahl im großen Gang nicht."*

Praxistauglichkeit im Vordergrund

Weniger zufrieden waren andere Tester bei einem Vergleich mit der parallel erschienenen, unverkleideten R 90/6 (*„Motorrad"* 20/1974): *„Ab 1500/min^{-1} ist zügiges Beschleunigen möglich, bis 3000/min^{-1} schüttelt der Motor allerdings ganz gewaltig, darüber wird er sofort ruhig."* Die Akustik habe sich deutlich geändert: *„Früher wurden die weiß-blauen Motorräder als flüsternd bezeichnet, heute ist das absolute Flüstern einem etwas grollenden, sehr nach Motorrad klingenden Auspuffton gewichen – die Anhebung von Hubraum und Leistung ist auch akustisch vernehmbar."*

Jedenfalls war das neue Topmodell die erste Serien-BMW, die eine Spitze um die 200 km/h erreichte. *„Das Motorrad"* ermittelte auf dem Nürburgring 196 km/h, manche Tests bescheinigten ein noch höheres Tempo. BMW aber übte sich indes in Bescheidenheit und betonte z.B. im Gesamtprospekt vom August 1974: *„BMW mochte nie den Wert seiner Motorräder an theoretischen Spitzenleistungen messen. An der Höchstgeschwindigkeit etwa. Oder an der Beschleunigung. Maßstab für BMW war und ist noch heute einzig und allein die Leistung, die in der Praxis zuverlässig und dauerhaft nutzbar ist. BMW baut Motoren, deren tiefer Schwerpunkt die Straßenlage positiv beeinflußt."* Es klang auch ein wenig nach Trotz. Deutsche Wertarbeit und Nachhaltigkeit gegenüber asiatischer Massenproduktion und schnellen Modellwechseln.

In München wußte man natürlich genau, wo die Grenzen des stoßstangegesteuerten Zweiventilers lagen. Als die Baureihe 246 konzipiert wurde, und das

Beide Fotos zeigen die R 90 S in der Ausführung von 1975 mit gelochten Bremsscheiben vorn. Die Maschine oben besitzt Originalzubehör von BMW wie Packtaschenhalter und „Sturzbügel". Die Preise für Extras waren damals moderat.

war ab Mitte der 1960er Jahre, war noch nicht abzusehen gewesen, welche Hochleistungs- und Technikoffensive da aus Fernost in die USA und nach Europa schwappen würde. BMW war viel zu klein, um in kurzer Zeit auf die Herausforderungen reagieren zu können. Dies erfolgte erst mehr als ein Jahrzehnt später mit der Vorstellung der innovativen K-Reihe ab 1983, die mit ihren längs eingebauten Vier- und später auch Dreizylinder-Dohc-Motoren neue Maßstäbe setzte und der Konkurrenz erfolgreich Paroli bot.

Verstärkter Doppelschleifen-Rohrrahmen,

Jetzt mußte man erst einmal beim Bewährten bleiben und die unbestreitbaren Vorzüge der Maschinen betonen, die jenseits der altbackenen Motortechnik lagen: *„BMW baut ein Fahrwerk, das noch schneller ist als der Motor. Ein Fahrwerk, das nicht nur für günstigste Fahrbedingungen, also völlig ebene Straßenoberflächen, konstruiert ist. Sondern ein Fahrwerk, das auch mit Wellen, Buckeln und Kopfsteinpflaster fertig wird."*

Dies traf bei normaler Fahrweise auch auf die neue R 90 S zu. Die Maschine ließ sich auf Landstraßen sportlich bewegen, ohne unkomfortabel und schwammig zu sein. Zur Gutmütigkeit trugen die schon bei der letzten /5-Serie für 1973 eingeführte, verlängerte Hinterradschwinge und der Radstand von 1435 mm bei. Auf der Autobahn aber sah es anders aus (s.u.).

Den weitgehend mit dem /5-Chassis identischen Doppelschleifen- Rohrrahmen hatte man mit einem neu geformten Knotenblech am Lenkkopf versteift, die Querrohre an der Schwingenlagerung waren stärker ausgebildet, der angeschraubte Heckausleger war ebenfalls verstärkt worden.

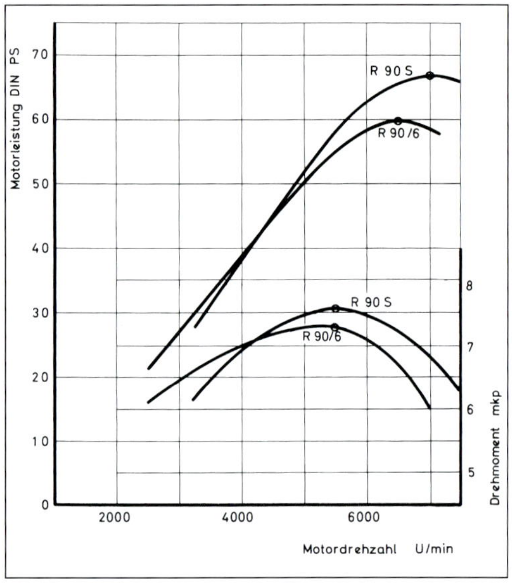

Links: Leistungsdiagramm für R 90 S und R 90/6, oben die Kurve für die Motorleistung, unten die beiden Drehmomentverläufe. Während die R 90 S ihre 67 PS bei 7000/min⁻¹ erreichte, entwickelte die R 90/6 60 PS bei 6500 Touren. Auch das maximale Drehmoment der unverkleideten Version stand früher zur Verfügung.

Unten: R 90 S aus dem ersten Baujahr 1973/74 mit einfachen Bremsscheiben. Speziell waren bei der S die Manschetten an den Gabelrohren. Filzringe hielten Schmutz und Nässe zurück.

Leichtes Pendeln bei hohem Tempo

Gleichwohl hatte das Fahrwerk seine Grenzen. Leverkus stellte auf dem Nürburgring fest („*Das Motorrad*", Heft 20/1973): „*Beim Anbremsen von Kurven, beim Gaswegnehmen und Absinken der Drehzahlen beginnt die R 90 S leicht zu pendeln. Abhilfe: sofort herunterschalten und wieder hohe Drehzahl fahren – im selben Moment stabilisiert sich die Spurhaltung. Auf der langen Geraden bei über 190 km/h wurde die Maschine vorn leicht, die Lenkung begann hin- und herzuschwimmen...*" Und das trotz des serienmäßigen Lenkungsdampfer. Klacks vermutete zudem, daß die Cockpitverkleidung bei hohem Tempo – zwischen 180 und 190 km/h – und dann vor allem bei sich stark änderndem Fahrbahnverlauf „*wie ein kleiner Tragflügel*" wirke und dadurch Pendelerscheinungen hervorrufe. „*Die Fahrwerksgrenze liegt hoch, aber sie ist vorhanden.*"

Auch Käufer klagten gelegentlich über eine gewisse Fahrwerksunruhe in langgezogenen Autobahnkurven. Manchmal verursachten zu fest angezogene Lenkkopf- oder Schwingenlager starke Pendelerscheinungen. Durch genaueste Einstellung dieser Lager ließ sich das Problem aber in den Griff bekommen. Versuche bei BMW ergaben zudem, daß eine härtere Dämpfung von Telegabel und Federbeinen das Fahrwerk beruhigte. Es gab auch Stimmen, nach denen die Fahrwerksschwächen auf ungenaue Toleranzen und nachlässige Kontrollen vor allem des Spiels der Lagerungen bei der Produktion in Spandau zurückzuführen seien.

Starke Vierzylinder-Konkurrenz aus Japan

Einen ersten Schlagabtausch mit der Konkurrenz aus Japan lieferte sich die R 90 S bei einem Vergleichstest mit der Kawasaki 900 Z 1 („*Das Motorrad*", Heft 1/1974): Zwei Zylinder gegen vier, zwei Vergaser gegen vier, vier Ventile gegen acht, eine Nockenwelle gegen zwei, Boxer gegen Reihenmotor, 67 PS gegen 79 – das war die Ausgangsbasis. Beim Sprint von 0 auf 100 km/h war die Kawasaki der BMW deutlich überlegen: 3,7 gegen (gemessene) 5,3 Sekunden. Auch bei Vollgas „liegend" zog die „Kawa" der BMW davon: 212 gegen 198 km/h. Die Testfahrer tauschten am Ende auf dem Hockenheimring die beiden Maschinen, was zusätzliche Erkenntnisse lieferte. „*Beide stiegen recht angetan von den ungewohnten Maschinen ab, dem Kawa-Fahrer war das Schaukeln der BMW bei Schaltvorgängen in die Knochen gefahren, dem BMW-Mann fiel besonders die Schaukelei der Kawa beim Anbremsen und beim Durchrollen von schnellen Kurven ohne viel Gas auf.*"

Ein Kuriosum des Boxer-Konzepts ab 1969 fiel besonders bei der R 90 S ins Auge: Zwar hatte die Gabel einen nominellen Federweg von 208 mm, doch bereits dann, wenn die Maschine auf dem (nun automatisch zurückfedernden) Seitenständer stand, blieben davon nur 90 mm übrig, bei voller Belastung mit zwei Personen nur 50 mm „Plusfederweg". Folge: Beim Überfahren von Bodenwellen konnte die Gabel durchschlagen und „bocksteif" werden. Beim Anbremsen von Kurven sank der Restfederweg schnell auf null, auch dabei wurde die Gabel hart. Bei den /5- und /6-Modellen kaschierten die Faltenbälge optisch dieses Zusammensacken einigermaßen. Abhilfe konnten stärkere Federn schaffen, wie sie von BMW oder Tunern wie White Power geliefert wurden. Die Speichenräder der zunächst 8510 DM teuren R 90 S trugen neu entwickelte H-Reifen von Metzeler mit Nylon-Karkasse – 3,25 H x 19 und 4,00 H x 18. Für die übrigen Modelle waren die Hochgeschwindigkeitspneus ebenfalls lieferbar – Aufpreis: 21 DM.

Erstmals Doppelscheibenbremse, merkwürdige Bremsbetätigung

Ein solides (aber nicht grenzloses belastbares) Fahrwerk mit Telegabel und Zweiarm-Langschwinge genügte natürlich nicht, um die schnelle Top-BMW jederzeit im Griff behalten zu können. Man mußte sie auch bei hohem Tempo angemessen stoppen können. Daher hatte BMW die R 90 S serienmäßig mit einer Doppelscheibenbremse im Vorderrad ausgerüstet, was ein Novum auf dem Motorradmarkt war. Zu Beginn handelte es sich um 260 mm messende Vollscheiben.

Ab 1974 wurden gelochte Scheiben montiert. Die erstmals im Serienbau angewandten Perforierungen wirkten dem Fading bei trockenen und der Bildung eines Wasserfilms bei nassen Scheiben entgegen. *„Das Motorrad"* schrieb im März 1975 anerkennend: *„Die wasserverdrängende Wirkung der Löcher verkürzt die Ansprechzeit bei Regen um 10 bis 20 %, womit man sehr zufrieden sein kann. Selbst bei Matschwetter reagierte die Bremse ohne nennenswerten ‚Leerlauf' – das dürfte nun die optimale Scheibenbremse sein!"*

Ungewöhnlich war die Betätigung der Bremsscheiben: Ein Bowdenzug führte zum Hauptbremszylinder, der geschützt unter dem Kraftstofftank saß. Das Argument von BMW dafür war dünn: *„Hier kann er weder von Unbefugten erreicht, noch durch Umfallen der Maschine beschädigt werden."* Tester bemängelten indes: *„Das an sich narrensichere Hydrauliksystem ist mit einem altbackenen, eigenelastischen und störungsanfälligen Seilzug gekoppelt, der nur den einen Vorteil zeigt: sanfte Dosierung der Bremswirkung."* (*„Das Motorrad"* 20/1974). Merkwürdig auch: Bei Vollbremsungen konnte man den Handhebel bis zum Anschlag ziehen, ohne daß dies die Bremswirkung erhöht hätte. Das System sei eigentümlich, und das Argument *„geringe Masse um die Lenkachse"* nicht ernst zu nehmen, meinte das Blatt.

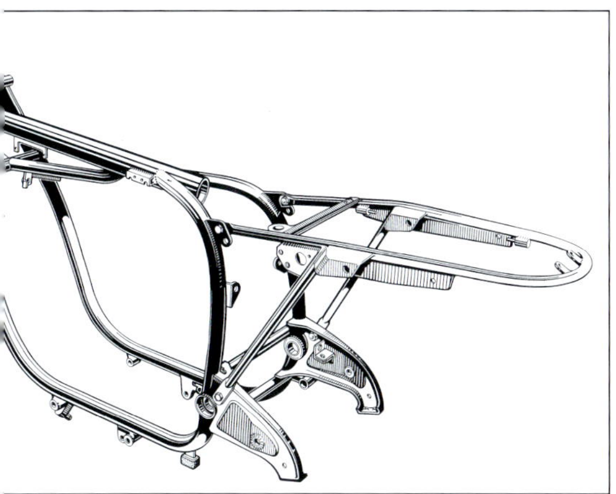

Oben: Fürs Blumenpflücken während der Fahrt war die R 90 S, hier ein Exemplar von 1973, ein wenig zu schnell. Motive mit Motorrädern in der Natur waren seinerzeit aber sehr beliebt.

Links: Blick auf den verstärkten Rahmen des Sportboxers. Das aus dünneren Rohren hergestellte Heckteil ist wie bei allen Boxern der Serien ab 1969 angeschraubt.

Vom Hauptbremszylinder liefen Druckleitungen und zwei frei hängende Hydraulikschläuche zu den Schwenksattel-Bremssätteln von ATE, die im Prinzip wie Faustsattelbremsen aufgebaut waren. Hinten blieb es bei der 200 mm großen Vollnaben-Simplex-Trommelbremse aus Leichtmetall mit eingeschrumpftem Stahlring. Abgerundet wurde die Bremsanlage durch ein über die Hydrauklik gesteuertes Stopplicht.

Innovatives Design, lenkerfeste Verkleidung

Neu war auch, daß BMW für die Gestaltung der R 90 S erstmals einen Designer beauftragt hatte, und zwar Hans A. Muth. Haupterkennungsmerkmal der R 90 S war die von Muth gezeichnete, weltweit erste serienmäßige lenkerfeste Cockpitverkleidung. Typisch waren auch die fließende Tankform und die charakteristische Sitzbank mit dem unverwechselbaren Heckabschluß. All diese Besonderheiten gaben der R 90 S ein aus der Masse herausragendes, eigenständiges Erscheinungsbild, das sich auch betont von dem der unverkleideten Basis-Boxer absetzte. Die eigens für das Spitzenmodell entwickelte und aufwendig aufgebrachte Lackierung in einem edlen TT Silberrauch-Metallic, bei dem ein dunkler und ein heller Farbton ineinander verliefen, unterstrich die elegante Linienführung der Sport-BMW und sorgte zusätzlich für Exklusivität. 1975 schob BMW eine zweite Farbgebung noch, das berühmte und noch heute besonders geschätzte Daytona-Orange.

Die Ausstattung des Top-Modells war üppig und damals ebenfalls einmalig im Serienmotorradbau. Die lenkerfeste Cockpitverkleidung umfaßte den großen Rundscheinwerfer und war oben transparent ausgebildet. Sie hielt einen Großteil des Winddrucks ab, was bei schneller Fahrt von hohem Vorteil war. Auf der Rückseite waren nicht nur große Rundinstrumente für Tempo- und Drehzahlanzeige integriert, sondern obenauf auch Voltmeter und Zeituhr. Zwischen den Instrumenten saßen gut ins Auge fallende Kontrolleuchten für Bremsflüssigkeitsstand, Leerlaufstellung, Ladestrom, Öldruck und Blinker. Das Ganze war einem Flugzeug-Cockpit nicht unähnlich. Die Fernlichtkontrolle war im Drehzahlmesser untergebracht. Die Bremskontrolle leuchtete bei Flüssigkeits-Minimalstand auf und war nötig geworden, weil der Hauptbremszylinder mit seinem Sichtfenster ja nicht am Lenker saß. Und ein Ölthermometer wäre sicher sinnvoller gewesen als eine (billigere) Öldruckanzeige. Neue Schalter verhinderten, daß beim Wenden der Maschine – wie bis dahin fast unvermeidlich – unfreiwillig der Hupknopf bedient wurde. Die Hebel am Lenker waren jetzt schwarz eloxiert. Die Blinker saßen nicht mehr in Alugehäusen, sondern in solchen aus schwarzem Kunststoff.

Großer H4-Scheinwerfer und neu gefortmter 24-Liter-Sporttank

Weltweit war die R 90 S sogar das erste Motorrad mit H4-Licht. Das 180 mm große Scheinwerfergehäuse bestand jetzt aus Kunststoff. Serienmäßig verfügte die R 90 S über zwei schwarz eloxierte Außenspiegel. Wie bei den übrigen Modellen war das Vorderrad oben und hinten von einem schmalen Schmutzfänger aus Kunststoff abgedeckt. Aber anders als bei den übrigen Typen besaß das Topmodell Manschetten wie bei Rennmaschinen an der Telegabel statt der bekannten Gummibälge; ölgetränkte Filzringe stellten das leichte Ansprechen der Gabel auch dann sicher, wenn die Standrohre verschmutzt waren.

Der neu gestaltete 24-Liter-„Sporttank“ verfügte nicht über Kniepads, sondern über Einbuchtungen für die Knie, die laut BMW *„das Vorrutschen des Fahrers bei starkem Bremsen und bei Talfahrt zu zweit“* verhindern sollten. Bei einem Verbrauch von 5,0 bis 6,0 l/100 km waren Reichweiten bis 400 km möglich. Die speziell gestaltete Sportsitzbank bot zwei Personen genügend Platz, erwies sich aber auf längerer Fahrt als zu dünn gepolstert. *„Das Motorrad“* schrieb: *„Sie setzt sich schon nach einstündiger Fahrt regelrecht zusammen, die Oberschenkel des Fahrers werden dann durch den blanken Rahmen strapaziert.“* Ansonsten waren Fahrkomfort und Sitzposition gut. Unter der *„Bürzel“* oder *„Notgepäckabteil“* genannten, seitlich aufklappbaren Heckverkleidung mit dem markanten Typenlogo verbarg sich ein kleiner Stauraum.

Links: Von einer Pariser Werbeagentur 1974 für den internationalen Markt produziertes Plakat der „Inimitable BMW...“, der unnachahmlichen BMW. Die detailgenaue Röntgenzeichnung zeigt alle wesentlichen technischen Elemente der R 90 S.

Rechts: Auch diese Röntgenzeichnung wurde in großer Auflage gedruckt und hing dann in den Verkaufsräumen der BMW-Händler. Das graphische Kunstwerk war nicht nur attraktiver Schmuck, sondern veranschaulichte auch die gesamte Antriebstechnik vom Boxermotor bis zum Hinterradgetriebe.

Rechte Seite oben: Vollstahl-Doppelscheibenbremse von ATE, Schwenksattelsystem, 260 mm Durchmesser, Erstausführung von 1973 ohne Perforierungen.

Unten links: das komplett neu konstruierte Fünfgang-Klauengetriebe mit Klinkenschaltung und Stoßdämpfer auf der Antriebswelle. Daneben: der während der Fahrt per Handrad einstellbare, hydraulische Lenkungsdämpfer.

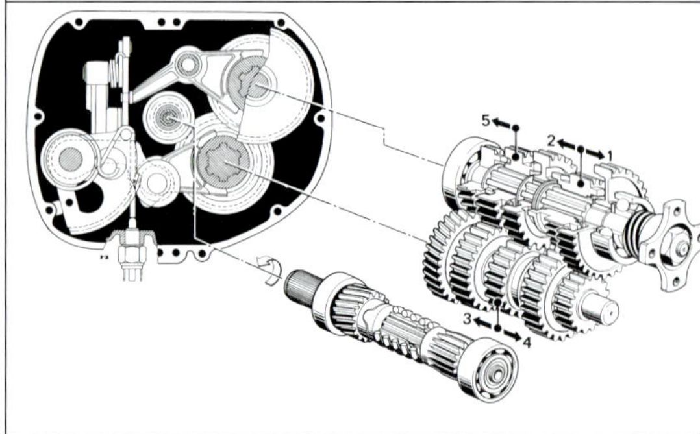

R90S

Oben: die R 90 S 1975 von vorn und hinten. Die Cockpitverkleidung und der große Rundscheinwerfer gaben dem Sportboxer sein markantes Gesicht. Auch von hinten war das Motorrad mit seinen ausladenden Zylindern und dem typischen Heckbürzel unverwechselbar.

Der Arbeitsplatz der R 90 S war mit Tachometer, Drehzahlmesser, Voltmeter, Zeituhr und Kontrolleuchten für Bremsflüssigkeitsstand, Leerlaufstellung, Ladestrom, Öldruck und Blinker großzügig bestückt. Neu waren auch Schalter und Griffe. Aufnahmedatum: 1975.

Das Zubehörprogramm umfaßte eine Warnblinkanlage (45 DM), Zylinderschutzbügel (76 DM), einen abschließbaren Tankverschluß (17 DM), einen Spritzschutz hinten (14 DM) und speziell angepaßte „Motokoffer" links und rechts (470 DM). Ab Werk und für 56 DM extra waren alle Modelle auch mit zusätzlichem Kickstarter lieferbar, gedacht *„für Maschinen, die in extremer Kälte oder nur selten gefahren werden."* Will sagen: Wenn die Batterie nicht regelmäßig über das Fahren oder einen Charger nachgeladen wurde, reichte ihr Saft oft schon nach zwei bis drei Wochen nicht mehr, um den hochverdichteten Boxer zum Anspringen zu bewegen.

Neues Fünfgang-Getriebe mit Problemen

Als besonders großer Fortschritt wurde die Einführung des komplett neu konstruierten Fünfgang-Getriebes betrachtet; es löste bei allen Modellen der neuen, ab 1973 produzierten /6-Generation (s. folgende Abschnitte) die Viergang-Box ab und sollte sich, so der Plan, merklich leichter und leiser schalten lassen. In der Realität aber krachte es meist beim Gangwechsel (s. unten). Technisch betrachtet, hatte BMW nicht nur einen fünften Gang hinzugefügt, sondern auch die Eingangs-Übersetzung geändert, um die Getriebedrehzahlen abzusenken. Bei der Bestellung konnte der Kunde zwischen fünf verschiedenen Hinterradübersetzungen wählen; die Werte waren dann oben auf dem Gehäuse eingeschlagen.

Vor allem anfangs gab es Ärger mit der neuen Schaltbox: Schon Ende 1973 mußten die R 90 S und alle /6-Typen in die Werkstätten zurückgerufen werden, weil es zu Getriebeschäden gekommen war. Über die Ursache schwieg BMW sich lange aus, doch schließlich kam die Wahrheit ans Licht: mangelhafte Ölnebel-Schmierung bestimmter Zahnräder. Leitbleche und Zusatzbohrungen brachten dann Abhilfe. Aber Schalten wollte auch weiterhin gekonnt sein bei der BMW: Beim Herunterschalten vor Kurven mußte nach wie vor sauber gekuppelt und gekickt werden. Ansonsten konnte der falsche Gang einrasten, was mitunter zu einem Blockieren des Hinterrads führte – mit ernsten Folgen.

„Klacks" sagte es nach ersten Fahrversuchen 1973 noch härter: *„Besonders schnelles Herunterschalten vor engen Kurven zur Unterstützung der Bremsen ist fast eine Tortur: Zu den seitlichen Schlenkern kommt auch noch ein momentan stehenbleibendes Hinterrad, das dann über Straßenunebenheiten förmlich hinweghüpft".* Auch sei nach wie vor gewöhnungsbedürftig, daß beim Kuppeln über 16 Kilogramm Handkraft benötigt würden, um die große Kupplung mit ihrer Tellerfeder von der Schwungscheibe zu trennen.

Bei einem Dauertest der R 90 S über 30 000 km, den *„Das Motorrad"* in Heft 1/1976 veröffentlichte, waren teilweise ernste Schäden aufgetreten, darunter ein ungewöhnlicher Pleuellagerschaden, dessen

Ursache letztlich auch von BMW-Spezialisten nicht aufgeklärt werden konnte.

Auch eine aufwendig im Labor durchgeführte Motorölanalyse brachte keine Klarheit. Tatsache war, daß der Ölverbrauch auf Langstrecken und bei hohen Drehzahlen stark gestiegen war, von 0,2 auf bis zu 0,7 l/100 km. Bei km 7200 ließ sich (aufgrund eines Montagefehlers im Werk) der fünfte Gang nicht mehr einlegen, immer wieder lockerten sich die Befestigungsschrauben des Mittelständers. durchgescheuerte Gaszüge, ein herausfallender Scheinwerfereinsatz oder ein schwergängiger Chokezug trübten zeitweise ebenfalls das Bild. Der durchschnittliche Testverbrauch lag bei 7,5 l/100 km und damit deutlich über dem Vertretbaren.

Die kleinen und größeren Mängel wurden der R 90 S jedoch von den auf BMW eingeschworenen Besitzern meist verziehen, fuhr man doch eine Maschine, die sich durch ihr unverwechselbares, elegantes und sportliches Erscheinungsbild und die charakteristischen Eigenschaften des großvolumigen Boxermotors deutlich von der Masse abhob. Dafür war man auch gerne bereit, etwas tiefer in die Tasche zu greifen: Schon bei der Einführung 1973 verlangte BMW 8510 DM für das Topmodell, bis 1976 kletterte der Preis auf 9510 DM. Das waren satte 1585 DM mehr, als die Bayern für die ähnlich starke, aber unverkleidete R 90/6 berechnete.

Detailverbesserungen bis zur Ablösung 1976

Im Laufe der Bauzeit flossen zahlreiche Detailverbesserungen wie der Einbau härterer und exakt aufeinander abgestimmter Dämpfer in die R 90 S und die /6-Serie ein. Auch wurde verstärkt auf ein korrektes Spiel des Lenkkopflagers und perfekte Schwingenlagerung geachtet. Verkaufsfördernd war sicher auch, daß BMW ab dem 1. August 1975 die Garantiebestimmungen für alle Motorradmodelle denen der Automobile anpaßte und damit die Garantiefrist auf ein Jahr ohne Kilometerbegrenzung anhob. So konnten bis zum Herbst 1976 weltweit 17 455 Einheiten der R 90 S abgesetzt werden. Bezogen auf die /6-Modelle zwischen 1973 und 1976 entschieden sich in Deutschland 41 % der Käufer für eine R 90 S (die zur /6-Reihe gehörte), die übrigen 59 % für eine R 90/6, R 75/6 oder R 60/6. Im Ausland war die R 90 S mit 28 % das meistverkaufte Modell der Serie. Im Rückblick schrieb Michael Pfeiffer in Heft 12/2009 von *„Motorrad“: „Der neue Motor mit dicken 90er-Kolben leistete satte 67 PS und war damit in Sachen Leistung endlich auf der Höhe der Zeit. Und das mit nur zwei Zylindern und einer VW-Käfer-Ventilsteuerung via Stoßstangen und Kipphebel. Wenn man heute so eine R 90 S betrachtet, kommt man ins Grübeln. BMW konnte tatsächlich einmal schlanke, reduzierte Maschinen bauen. Klar und weich die Linie, beinahe schon zierlich der Motor, Gabel und zwei Federbeine, das tut es eigentlich auch.“*

Oben: Schräg von vorne betrachtet zeigt sich die ganze Eleganz der R 90 S von 1975, die bereits mit den perforierten Bremsscheiben ausgerüstet ist. Ein wichtiges Merkmal ist der neu gestylte 24-Liter-Sporttank.

Rechts: 1983 diente diese gestrippte R 90 S als Versuchsträger für das weltweit erste Motorrad-ABS, das ab 1989 für die K-Reihe angeboten wurde. Vorn sind Vorderradsensor und Sensorrad installiert, hinter dem Einzelsitz ist der Druckmodulator angebracht. Eine dritte Bremsscheibe befindet sich hinten, zudem rollt die R 90 S auf Gußrädern.

Die in Grün-Metallic lackierte R 90/6 in der ersten Ausführung von 1973 besaß eine Soloscheibenbremse von Ate, die noch keine Perforierungen hatte. Die zweite Scheibe kostete extra. Auf Wunsch war der große Tank (nun 22 Liter) mit Kniepads lieferbar. Komplett neu gestaltet worden war der Instrumentenblock.

Kapitel 6
1973-1976: R 90/6, R 75/6, R 60/6

Elegant ohne Verkleidung

Mit der ab Spätsommer 1973 ausgelieferten /6-Reihe blieb BMW dem Baukastenprinzip und der Politik der kleinen Schritte treu. Alle drei unverkleideten Modelle waren mit einem modernen Instrumentenblock ausgerüstet, R 90/6 und R 75/6 besaßen eine Scheibenberemse vorn und 32er Gleichdruckvergaser. Das 500er Modell hatte man ersatzlos gestrichen, der 600er Boxer war nun das neue Basismodell. Der unverkleidete 900er Boxer verkaufte sich noch besser als das neue Topmodell R 90 S, auch die anderen Typen fanden viele tausend Abnehmer, auch bei der Polizei.

Unten: Auch von hinten betrachtet war die Antriebseinheit der R 90/6 mit dem neuen Fünfganggetriebe eine respekteinflößende Erscheinung. Der Kickstarter war serienmäßig.

BMW
900cc

1973-1976: 21 097 Einheiten

R 90/6 898 cm³

Sportlich ohne Verkleidung

Im Kielwasser des neuen Spitzenmodells R 90 S tauchten 1973 drei weitere Modelle auf: R 90/6, R 75/6 und R 60/6. Die mit ihren 32 PS inzwischen nicht mehr konkurrenzfähige R 50/5 war ohne Nachfolgerin geblieben. Besonders interessant war die als unverkleidete Tourenmaschine konzipierte R 90/6. Bei gleichem Hubraum von 898 cm³ wie die R 90 S war das Modell als komfortabler und drehmomentstarker Tourer ausgelegt. Hinsichtlich des verstärkten Rahmens, des Fahrwerks, der Ausstattung und des Designs entsprach die R 90/6 auch vom Aufbau des Motors her den kleineren Modellen R 60/6 und R 75/6, womit BMW wieder einmal auf das bewährte Baukastenprinzip setzte. Erwähnt werden sollte, daß die /6-Modelle die letzten Boxer mit abgerundeten Zylinderkopfdeckeln waren – bis zum Erscheinen des Retro-Boxers R 100 R 1991.

Links: Der Prospekt vom Januar 1975 zielte nicht auf Lifestyle ab, sondern zeigte auf 24 farbigen Seiten alle technischen Komponenten der /6-Modelle. Technische Daten fehlten natürlich nicht.

Steckbrief R 90/6 (alle Daten im Anhang)	
Bauzeit	1973 bis 1976
Motortyp, Ventile	246, 2 ohv
Einheiten	21 097
Hubraum	898 cm³
Leistung	60 PS bei 6500/min^{-1}
Vergaser (Bing)	2 Gleichdruck 64/32/11-12
Getriebe	5-Gang
Rahmen	Stahlrohr, verschweißt
Vorderradführung	Teleskopgabel
Hinterradführung	Schwinge, 2 Federbeine
Bremsen vorn/hinten	1 Scheib. 260/Trom. 200 mm
Reifen vorn/hinten	3,25 H 19 / 4,00 H 18
Leergewicht	210 kg
Höchstgeschwindigkeit	188 km/h
Preis	7620,- DM

Bullige 60 PS bei knapp 900 cm³ Hubraum, Membranvergaser

Das 0,9-Liter-Zweizylinder-Triebwerk der R 90/6 unterschied sich von dem des Sportboxers zunächst einmal durch eine auf 60 PS bei 6500/min^{-1} reduzierte Leistung bei gleichem Verhältnis von Bohrung zu Hub (90,0 x 70,6 mm) und einem reduzierten Verdichtungsverhältnis von 9,0 : 1. Das maximale Drehmoment war mit 73 Nm bei 5500/min^{-1} nur geringfügig niedriger. Wie bei der R 75/6 versorgten hier zwei 32er Bing-Membran-Unterdruckvergaser die Zylinder mit Treibstoff-/Luftgemisch. Außen sah man den Motoren die zahlreichen Detailverbesserungen nicht an. Geändert worden waren (wie bei der R 90 S) unter anderem der Lichtmaschinendeckel sowie die Auswuchtung und Abdichtung der Kurbelwelle. Das Kurbelgehäuse hatte man versteift. Die mächtig aufgebohrten 900er Motoren verlangten indes eine penible Vergasereinstellung. Unter 3000 Umdrehungen pro Minute neigten sie dazu, sich kräftig zu schütteln und nur unwillig Gas anzunehmen. Am rundesten gerade bei niedrigen Drehzahlen drehte der 600er Motor – wegen der geringen Einzelhubräume rechts und links.

In Heft 20/1974 merkte *„Das Motorrad"* an, daß der nun vorn am Lenker plazierte Chokehebel zum Anlassen des Boxers nur halb gezogen werden solle; dabei würden sich zusätzliche Luftbohrungen in den Gleichdruckvergasern öffnen *„für den Fall, daß der Motor absäuft".* Erst nach der Warmlaufphase sollte der Choke ganz geöffnet werden, die Bedienung erfordere Feingefühl. *„Kraftstoffklingeln, Klopfen oder Nageln tritt bei der BMW gewöhnlich nicht auf – Erfolg eines ausgewogenen Verbrennungsablaufs. (...) Wenn die rechte Hand munter den Gasgriff bewegt, geht so richtig etwas."*

Oben: Die R 90/6 machte auch von vorn einen imposanten Eindruck. Der Boxermotor bestimmte als beherrschendes Element auch optisch den Charakter der R 90/6, hier von 1975.

Ansonsten war die R 90/6 mit ihren bulligen 60 Pferdestärken eine ideale Allround-Maschine. Das Werk gab eine Höchstgeschwindigkeit von 188 km/h an, die aber nur „solo langliegend" erreicht werden konnte. *„Solo aufrecht"* war laut *„Motorrad"* (Januar 1975) bei 176 km/h Schluß. Auf jeden Fall war der unverkleidete Boxer damit eines der schnellsten Motorräder seiner Zeit. Aber wegen des 1974 im Zuge der damaligen „Ölkrise" festgesetzten Tempolimits (80 km/h Landstraße, 100 km/h Autobahn) gingen Fachzeitschriften auf öffentlichen Straßen bei Messungen der Höchstgeschwindigkeit das Risiko ein, geblitzt zu – oder man mußte auf Rennstrecken ausweichen.

Hinsichtlich der Charakteristik urteilte Franz Josef Schermer („fjs") in *„Das Motorrad"* damals: *„Ab einer Drehzahl von 1500/min^{-1} ist schon Leistung vorhanden, doch wird der untere Drehzahlbereich tunlichst vermieden: Bis 3000/min^{-1} ist die Kraftentfaltung in den 449 cm³ großen Einzelhubräumen deutlich (...) zu spüren. Ab dieser Drehzahl läuft der Motor weich und ohne zu stampfen, er dreht willig und ohne sich auch einmal zu verschlucken, bis über 7000/min^{-1}. (...) Den Vergleich mit Konkur-*

renzmaschinen braucht die R 90/6 nicht zu scheuen (...) Die ganze Redaktion ist ein wenig vernarrt in die R 90/6, denn wenn man am Gasgriff dreht, dann rührt sich was. Die R 90/6 bietet ein Optimum dessen, was der Kunde für 7150 DM erhalten kann." Kollege Leverkus achtete auch auf das Äußere: *„Schön glattflächig ist – wie immer bei BMW – der Motorblock, doch macht eine rauhe Oberfläche die Pflegeprozedur, hauptsächlich im streusalzreichen Winterbetrieb, zur tagtäglichen Schwerarbeit."*

Besser nicht mit den Ventildeckeln aufsetzen

Bei normaler Fahrweise war das Fahrwerk den Anforderungen gewachsen. Wie bei der R 90 S hatte BMW den traditionellen Doppelschleifen-Rohrrahmen mit einem neu geformten Knotenblech am Lenkkopf versteift; auch die Querrohre an der Schwingenlagerung waren stärker ausgebildet. Fahrer, die gern an die Grenzen des Vertretbaren gingen, wurden von *„Motorrad"* gewarnt: *„Wer glaubt, die abstehenden Ohren der BMW müßten bei schneller Kurvenfahrt den Asphalt umpflügen, muß sich eines Besseren belehren lassen. Ein Aufsetzen der Ventildeckel geschieht nämlich erst ungemütlich nahe an der Reifenhaftgrenze und ist im normalen Straßenbetrieb kaum zu praktizieren."*

Rechts: Separate Großinstrumente und zentrale Kontrollleuchten hatten bei der /6-Reihe die in den Scheinwerfer integrierten Instrumente abgelöst. Serie: der dreifach während der Fahrt einstellbare Lenkungsdämpfer.

Unten: R 90/6 von 1975. Der zierliche 18-Liter-Tank war serienmäßig, gegen Aufpreis konnte man den grossen Tank bekommen. Auch ohne Verkleidung wirkte die 900er recht sportlich.

Komplett neu gestaltet: Instrumente und Schalter

Die am meisten auffallende Neuerung bei der /6-Reihe war die Neugestaltung des Cockpits: Statt des in das Scheinwerfergehäuse integrierten Multiinstruments informierten jetzt (und auch künftig) zwei in einem Block vereinte Rundinstrumente über Drehzahl und Geschwindigkeit. Wie beim S-Modell lagen dazwischen die Kontrollen für Blinker, Leerlauf, Ladestrom, Öldruck. Auch die neue Bremsflüssigkeitswarnleuchte war vorhanden, denn bei allen Typen der /6-Reihe befand sich der Hauptbremszylinder unter dem Tank (Details dazu s.a. Kapitel R 90 S). Neu gestaltete, farbige Schalter und Hebel wie bei der R 90 S ließen die Maschine auch im Lenkerbereich moderner erscheinen. Die einfacheren Modelle besaßen zunächst noch die veralteten Armaturen der /5-Reihe, erhielten 1975 aber auch die neuen Elemente. Bei den Rädern mit Trommelbremsen fehlten jetzt die Edelstahl-Blenden. Grund: US-amerikanische Sicherheitsvorschriften, die verlangten, daß jederzeit via Guckloch eine Bremsbelag-Kontrolle möglich sein müsse...

Zu Armaturen und Lenker hatte z.B. *„Das Motorrad"* (Heft 20/1974) eine differenzierte Meinung: *„Die sehr funktionsgerechten Schalter mußten stilistisch moderneren, aber unpraktischeren Bedienungselementen weichen (...) Die neuen Schalter hätten bei der Konstruktion auch mehr Überlegung hinsichtlich der Praxis, d.h. Bedienungsfreundlichkeit verdient – besser sind sie nicht geworden. (...)"* Aber: *„Der BMW-Lenker wurde in einer Breite und Höhe gewählt, die die beste Kompromißlösung zwischen Touren- und Sportlenker darstellen. Dabei kann man diese gelungene Form eigentlich gar nicht mehr als Kompromißlösung bezeichnen, sie ist für uns die absolute Lösung! Sie trägt wesentlich zur guten Sitzposition bei."*

Zwei verchromte Rückspiegel waren serienmäßig, ebenso der schmale, bei allen /6-Typen in ansprechenden Farben erhältliche 18-Liter-Tank (1976: Monza-Blau, Nürburg-Grün, Bol d'Or-Rot, Imola-Silber, Avus-Schwarz). Gegen Aufpreis konnte der Kunde den 22 (statt früher 24 Liter) fassenden Tank mit Kniepads (*„unerreicht guter Knieschluß"*) bekommen (plus 33 DM). Der 180 mm große Rundscheinwerfer war wie bei den übrigen Modellen mit einer H4-Lampe ausgestattet. Die neu konzipierte Lichtmaschine leistete, auch wegen des höheren Strombedarfs für das H4-Licht, 280 statt 180 Watt, die Batteriekapazität war von 12 auf 25 Ah gewachsen und von den Abmessungen her größer ausgefallen.

Rechts: R 90/6 und R 75/6 unterschieden sich im Wesentlichen nur durch das Hubvolumen. Markant: Auspufftöpfe, Sitzbankabschluß.

Darunter: Zeichnung der neuen Instrumentierung mit zentralen Kontrollleuchten.

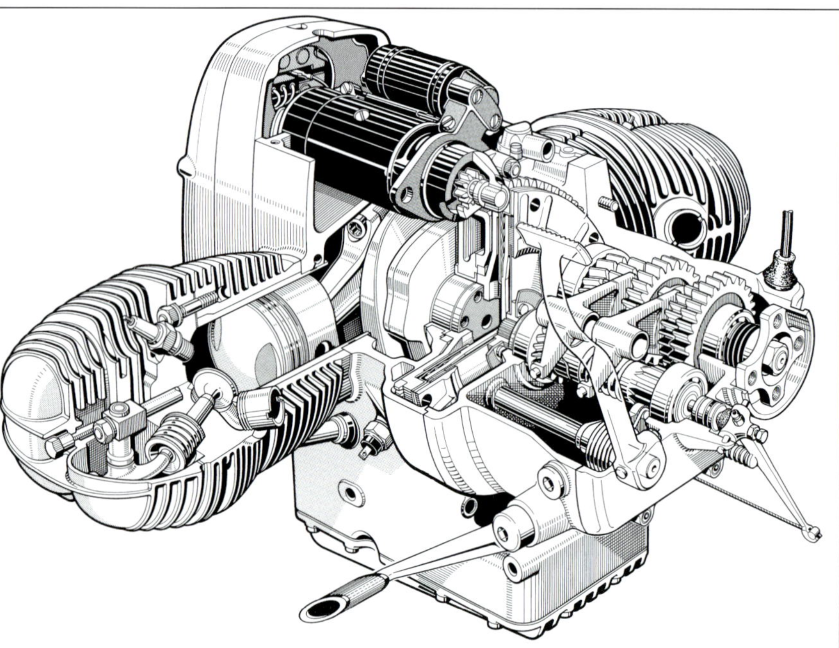

Oben: Wie die R 90 S besaß auch die R 90/6 zwei 32er-Bing-Gleichdruckvergaser.

Links: Zeichnung des verbesserten Boxers Typ 247 mit angeflanschtem, neu konstruiertem Fünfganggetriebe.

Rechts: glattflächig wie immer: der wuchtige Antriebsblock der R 90/6.

Unten links: die Zusatzscheinwerfer waren ein beliebtes Tourenzubehör.

Scheibenbremse vorn, viel Zubehör

Während die /5-Versionen vorne nur mit Trommelbremsen verzögert wurden, besaßen R 90/6 und R 75/6 jetzt eine gelochte Einzelscheibenbremse am Vorderrad. Wer die Doppelscheibenbremse der R 90 S haben wollte, zahlte ab Werk zusätzlich 439 DM für die erforderlichen Zusatzteile. Der nachträgliche Einbau einer zweiten Bremsscheibe war unrentabel, denn dafür mußte das rechte Gabeltauchrohr ausgetauscht werden.

Wieder schlug BMW Individualisierungsmöglichkeiten vor. So ließen sich alle /6-Typen mit der Cock-

Links: Die für alle /6-Modelle erhältliche Windschutzscheibe kostete 131 DM Aufpreis. Sie reduzierte indes die erreichbare Höchstgeschwindigkeit.

Unten: Die R 90/6 ist ein zeitlos elegantes Motorrad und sem Design. Modell 1975 mit gelochter Scheibenbremse.

pitverkleidung der R 90 S samt Zusatzinstrumenten aufwerten: Verkleidung plus 342 DM, Voltmeter mit Halter 47 DM, Zeituhr 71 DM. Lieferbar waren auch abschließbarer Tankverschluß (17 DM), hochgezogener Lenker mit längeren Bowdenzügen (38 DM), Kickstarter (56 DM), Warnblinkanlage (45 DM), Zylinderschutzbügel (76 DM), Gepäckträger (72 DM), Moto- koffer mit Gepäckträger (470 DM), Spritzschutz (14 DM), zwei Zusatzscheinwerfer (194 DM), Windschutzscheibe (131 DM). Zwei verschiedene Touringpakete (682 bzw. 990 DM) enthielten zahlreiche dieser Elemente und machten jede /6 zu einem perfekten Langstreckenfahrzeug. Eine Metallic-Lackierung kostete 66 DM extra (Preise Februar 1976).

1974 Dauertest über 25 000 km

Bei einem Langstreckentest über 25 000 km von *„Motorrad"* 1974 legte die R 90/6 größere und kleinere Mängel an den Tag. So mußten zwei Stößelstangen ausgetauscht werden, weil sie Verschleißerscheinungen zeigten. Der Ventiltrieb war deutlich hörbar, die Ventile mußten regelmäßig nachgestellt werden. Es wurde ruhiger in den Köpfen, nachdem BMW empfohlen hatte, die Werte für das Spiel von 0,15 und 0,20 mm auf 0,10 und 0,15 mm zu reduzieren. Bei km 2400 wurde das Getriebe nach einem Montagefehler ausgetauscht, später mußte auch die Kardanwelle ersetzt werden, beides auf Garantie.

Bei km 20 000 bekam die Maschine neue Stoßdämpfer, diesmal von Koni. Zu den kleineren Schäden zählten defekte Teile wie Rücklichtlampe, Stopplichtschalter, Kupplungsseil, Tachowelle, Ständerfedern. Fünfmal wurden Motoröl und Ölfilter gewechselt, der Hinterreifen mußte fünfmal erneuert werden (120 DM pro Wechsel inkl. Auswuchten), neue Zündkerzen waren alle 12 000 km fällig. Die neuartige Vollscheiben-Bremsanlage arbeitete zuverlässig, erforderte aber viel Handkraft. Bei Nässe bestand leichte Fadinggefahr, die BMW später durch den Einbau gelochter Bremsscheiben fast ganz beseitigte.

Der Einstandspreis 1973 von 7510 DM war 1000 DM niedriger als beim Sportmodell, und der preisliche Abstand vergrößerte sich mit der Zeit sogar noch: Im Februar 1973 belief er sich auf 1585 DM. Wer einfach nur Freude an einem großvolumigen Boxer haben wollte, war mit der leichter bezahl- oder finanzierbaren R 90/6 bestens bedient. Dies spiegelte sich auch in den Verkaufszahlen wider: mit 21 097 in aller Welt abgesetzten Einheiten in drei Jahren übertraf die R 90/6 den hoch gelobten Spitzensportler des Hauses um 3642 Exemplare.

Franz Josef Schermer adelte die dicke BMW in Heft 4/1974 von *„Motorrad"* auf besondere Weise: *„Blauweiß oder Weißblau – wie man's auch ausspricht, gemeint ist Bayerns Nationalstolz: BMW. Motorradfahrer sähen die R 90, egal ob /6 oder S, gerne als neues Bayerisches Wappentier."*

Bis heute hat die unverkleidete 900er ihren speziellen Reiz bewahrt: *„Als technisch ausgereiftes Modell mit enormen Nehmerqualitäten (...) gilt die R 90/6 inzwischen als regelrechter Geheimtipp unter Zweiventil-Boxer-Fans"*, meint BMW.

Rechts: Der Prospekt vom September 1973 zeigte die lieferbaren Lackierungen und führt auf, was an Zubehör erhältlich war (Ausstattungen und Preise abweichend von der Aufzählung im Text links oben mit Stand Februar 1976). Die /6-Modelle waren serienmäßig mit dem kleinen 18-Liter-Tank ausgestattet, der 24 statt 22 Liter fassende Sporttank unten in TT-Silberrauch-Metallic war der R 90 S vorbehalten.

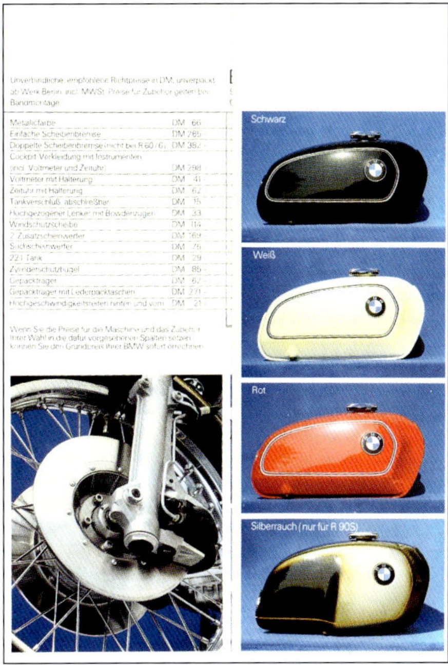

Unverbindliche, empfohlene Richtpreise in DM, unverpackt ab Werk Berlin incl. MWSt. Preise für Zubehör gelten bei Bandmontage

Metallicfarbe	DM 66,-
Einfache Scheibenbremse	DM 265,-
Doppelte Scheibenbremse (nicht bei R 60/6)	DM 382,-
Cockpit-Verkleidung mit Instrumenten (incl. Voltmeter und Zeituhr)	DM 298,-
Voltmeter mit Halterung	DM 41,-
Zeituhr mit Halterung	DM 62,-
Tankverschluß, abschließbar	DM 15,-
Hochgezogener Lenker mit Bowdenzügen	DM 33,-
Windschutzscheibe	DM 114,-
2 Zusatzscheinwerfer	DM 169,-
Suchscheinwerfer	DM 75,-
22 l Tank	DM 29,-
Zylinderschutzbügel	DM 85,-
Gepäckträger	DM 62,-
Gepäckträger mit Lederpacktaschen	DM 271,-
Hochgeschwindigkeitsreifen hinten und vorn	DM 21,-

Wenn Sie die Preise für die Maschine und das Zubehör Ihrer Wahl in die dafür vorgesehenen Spalten setzen, können Sie den Grundpreis Ihrer BMW sofort errechnen.

1973-1976: **17 587 Einheiten**

R 75/6 745 cm³

Die goldene Mitte

Boxer-Modelle mit einem Dreiviertelliter Hubraum haben bei BMW eine lange Tradition. 1928 erschienen mit dem Sv-Tourenmodell R 62 und dem Ohv-Sportboxer R 63 die ersten 750er Maschinen. Auch die Typen R 11, R 12, R 16, R 17 und R 71 deckten bis 1941 diese Hubraumklasse ab. Eine Sonderstellung nahm von 1941 bis 1944 das in 18 000 Einheiten produzierte Wehrmachtsgespann R 75 ein, dessen Ohv-Boxer bei 745 cm³ 26 PS entwickelte. Erst 1969 griff BMW den Faden mit der komplett neu entwickelten R 75/5 wieder auf, wobei der modernisierte Boxer nun aus dem gleichen Hubraum in etwa die doppelte Leistung herausholte: 50 PS.

Neu: Scheibenbremse, Instrumente, Fünfgang-Getriebe

Bei den Modellen der /6-Reihe, die 1973 als weiterentwickelte Typen vorgestellt wurden, blieb BMW der 750er Tradition treu: Die R 75/6 war als preisgünstiges Mittelklassemodell zwischen den R 90-Typen und der R 60/6 der ideale Kompromiß für Alltag und Reise (das 500er Modell war entfallen). Auch als Polizei- und Behördenmaschine war die R 75/6 die beste Wahl: Der Motor war auf Langlebigkeit und kostengünstigen Betrieb ausgelegt.

Bei einem Einstandspreis 1973 von 6650 DM war sie fast 2000 DM billiger als die R 90 S, doch war der Abstand zur großen R 90/6 mit 500 DM relativ gering, was manchem Interessenten die Entscheidung schwer machte. Aber sie zehrte vom 750er-Nimbus und verkaufte sich auch deshalb nicht schlecht: Bis Herbst 1976 fand die R 75/6 international 17 587 Abnehmer, wobei der Behördenanteil hier besonders hoch lag. Die Maschine war die goldene Mitte der aufgewerteten Boxer-Generation ab 1973.

Steckbrief R 75/6 (alle Daten im Anhang)

Bauzeit	1973 bis 1976
Motortyp, Ventile	246, 2 ohv
Einheiten	17 587
Hubraum	745 cm³
Leistung	50 PS bei 6200/min^{-1}
Vergaser (Bing)	2 Gleichdruck 64/32/9-10
Getriebe	5-Gang
Rahmen	Stahlrohr, verschweißt
Vorderradführung	Teleskopgabel
Hinterradführung	Schwinge, 2 Federbeine
Bremsen vorn/hinten	Scheibe/Trommel 200 mm
Reifen vorn/hinten	3,25 S 19 / 4,00 S 18
Leergewicht	210 kg
Höchstgeschwindigkeit	177 km/h
Preis	7110,- DM

Oben: Bis auf das Typenlogo auf dem Motorblock war die R 75/6 mit dem 900er Modell identisch. Der 745 cm³ große Boxer leistete wie beim Vorgängermodell 50 PS.

Wie die neuen 0,9-Liter-Modelle hatte BMW auch die 750er in vielen Details überarbeitet. Sie verfügte serienmäßig über eine hydraulisch betätigte Scheibenbremse im Vorderrad (anfangs Vollmaterial, ab 1974 gelocht) und das neu konstruierte Fünfganggetriebe, dem man nach anfänglichen Problemen mit der Schmierung schnell die Kinderkrankheiten austrieb. Schalten ließ es sich prima, und es war sehr gut abgestuft. *„Aber es hat auch in der neuesten Ausführung nichts von seinem bayerischen Charme (‚Klack-Klack') verloren"*, schrieb Wilhelm Hahne in der *„Auto Zeitung"*. Im Rahmen eines Dauertests 1974/75 über 20 000 km beschwerte er sich über die hohen Handkräfte für die Bedienung von Kupplung und Vorderradbremse. Mehr noch: *„Bremse großer Mist!"*, schrieb er ins Test-Tagebuch, *„Wie kann man bei einer hydraulischen Bremse den Hauptbremszylinder unter dem Tank anbringen und über einen Seilzug betätigen?"* Er empfahl dringend, beim Neukauf eine Maschine der /6-Reihe ab Werk mit der Doppelscheibenbremse ausrüsten zu lassen (382 bis 439 Aufpreis zwischen 1973 und 1976).

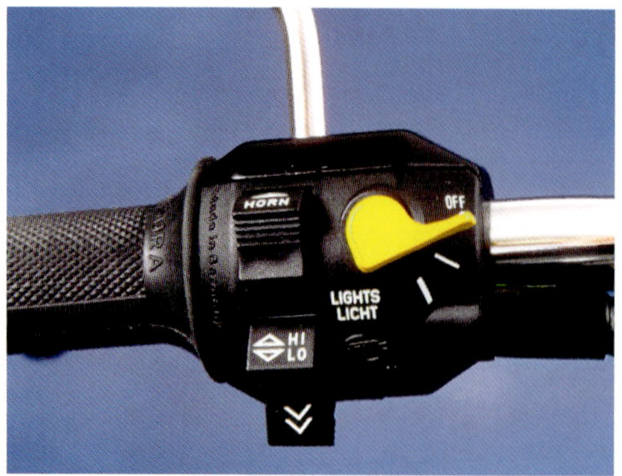

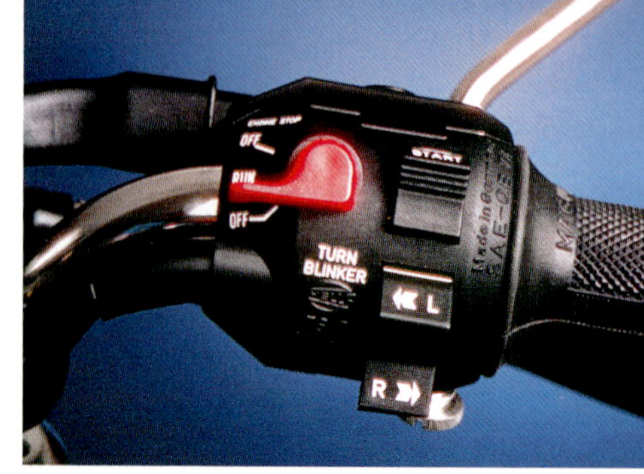

Links: neu gestaltete Lenkerarmatur mit Lichtschaltern und Hupe. Rechts: Schalter für Start, Motorstopp und Blinker – letztere sehr gewöhnungebedürftig und von vielen Fahrern kritisiert. Unten: Gasgriff-Feststeller.

Auch ansonsten entsprach die R 75/6 – abgesehen von den Motordaten – in allen Details der im vorigen Abschnitt ausführlich beschriebenen R 90/6, vom markanten Instrumentenblock mit großen Rundinstrumenten, dem neuen 180-mm-Scheinwerfer, dem schlanken 18-Liter-Tank (wahlweise 22-Liter), dem im Lenkkopf- und Heckbereich verstärkten Rahmen und der Langschwinge mit integriertem Wellenantrieb. Das Zubehörprogramm war das gleiche und umfaßte so nützliche Dinge wie Zylinderschutzbügel oder Gepäckträger.

Foto: © Auto Zeitung, Archiv H. J. Schneider

Oben: R 75/6 in der ersten Version von 1974 mit grossem 24-Liter-Tank und einfachen Packtaschen. Das Foto zeigt die Dauertestmaschine der „Auto Zeitung", am Lenker der Motorjournalist Wilhelm Hahne, der sich auf der 750er BMW auf Anhieb „wie zu Hause" fühlte. Er lobte den Sitzkomfort und die Sitzposition: „geradezu ideal".

Feinarbeit am Motor, stärkere Batterie, Kickstarter nicht Serie

Der Motor der R 75/6 war mit den bereits beim Vorläufermodell bewährten 32er Bing-Unterdruckvergasern ausgerüstet und entwickelte aufgrund des auf 745 cm^3 begrenzten Hubraums mit 82 mm großen Bohrungen nur 50 PS bei 6200/min^{-1}, was wiederum identisch war mit den Daten der R 75/5. Auch das maximale Drehmoment von 60 Nm bei 5000/min^{-1} und das Verdichtungsverhältnis von 9,0 : 1 hatten sich gegenüber der vorigen 750er nicht verändert. Trotzdem gab es Unterschiede: so hatte man das Motorgehäuse verstärkt und die Kipphebel (wie bei den 900ern) nadelgelagert. Bei den Typen der /5-Serie liefen die Hebel in Lagerbuchsen, die oft nach 30 000 km ausgeschlagen waren, was zu einem „Fressen" und in der Folge zum Motorschaden kommen konnte.

Auch die R 75/6 gefiel durch ihr hervorragendes Durchzugsvermögen selbst voll beladen am Berg im fünften Gang. Die Alltags- und Tourentauglichkeit des Boxers wurde durch das breit nutzbare Drehzahlband zwischen 3000 und 7000/min^{-1} und das Fünfganggetriebe unterstützt. Typisch war, wie bei allen BMW-Boxern, daß wegen des starren Kardanantriebs die Lastwechsel beim Schalten härter waren als bei kettengetriebenen Maschinen.

Erfreut war der Besitzer darüber, daß die von 15 auf 25 Ah verstärkte 12-Volt-Batterie nun mehr Anlasserpower lieferte und nicht alle vier Wochen nachgeladen werden mußte. Es konnte aber vorkommen, daß der Anlasser nicht drehte, weil Zahnräder aufeinander standen. Zur Abhilfe mußte der dritte Gang eingelegt und die Maschine ein paar Meter geschoben werden. Da vermißte man den Kickstarter, der nicht mehr serienmäßig, ab 1975 aber gegen einen Aufpreis von 56 DM zu haben war, aber nur ab Werk: Nachrüsten wäre aufwendig und sehr teuer gewesen.

Hoher Komfort, sichere Fahreigenschaften

Wie die Tester der R 90/6 stellten auch die R 75/6-Prüfer fest, daß der Boxer erst ab 3000/min^{-1} ruhig und vibrationsfrei lief. Aber die guten Eigenschaften überwogen. *„Leise, kraftvoll und komfortabel, das sind die liebenswerten Eigenschaften dieser BMW",* bemerkte Hahne. *„Auf dieser BMW fühlt sich der Fahrer sofort zu Hause. Die Sitzposition ist geradezu ideal. Dazu kommt, daß der Reiter einer R 75/6 durch einen sonst ungewohnten Federungskomfort verwöhnt wird. Die Abstimmung ist BMW ideal gelungen."* Die Fahrsicherheit würde gegenüber hart gefederten Maschinen auch bei zügiger Kurvenfahrt nicht beeinträchtigt. Wären *„Sturzbügel"* montiert, würden diese hörbar die Schräglage in schnell durchfahrenen Kurven begrenzen. Das Fahrwerk sei *„für weit mehr PS ausgelegt"* und man könne sich sogar aufrecht sitzend noch sicher fühlen, wenn die Tachonadel den bei schlechtem Wetter höchsterreichbaren Wert erreicht hatte – 170 km/h. Aus heutiger Sicht beurteilt man das Fahrverhalten einer klassischen 70er-Jahre-BMW wie der R 75/6 etwas strenger. *„Bauartbedingt bedurfte es durch das Aufstellmoment des Kardanantriebes in Verbindung mit den langen Federwegen der Vorder- und Hinterradfederung einiger Eingewöhnung, um mit einer R 75/6 einen schnellen und runden ‚Strich' auf kurvenreichen Land- und Bergstraßen zu ziehen",* räumt BMW Classic heute ein.

Hingenommen werden mußte, daß sich der angegebene Federweg der Telegabel von 200 mm in der Praxis auf nur noch 70 mm reduzierte, was immer wieder kritisiert wurde. Ein Tester schrieb: *„Beim Anfahren hebt sich die Maschine vorn aus den Federn wie eine Boeing beim Start."*

Nicht alles Gold bei harten Tests

Der bei einem Dauertest über 20 000 km für die *„Auto Zeitung"* ermittelbare Durchschnittsverbrauch (verbleites Superbenzin) betrug 6,46 l/100 km – was damals als *„sehr sparsam"* eingeschätzt wurde! Die

Links: Polizeimaschine auf Basis der R 60/6 mit Trommelbremse und aerodynamisch wie ästhetisch zweifelhafter Avon-Vollverkleidung 1975 in einer Hamburger Polizeigarage.

Reifen wurden gewechselt, wenn die Profiltiefe nur noch 3 mm betraf. „Darunter verschlechtern sich die Fahreigenschaften." Kostenpunkt für einen Satz: 276 DM inkl. Montage.

Als nicht praxisgerecht, zumindest *„gewöhnungsbedürftig"* wurde auch bei der 75/6 teilweise die Bedienung der neuen Schalter, empfunden, vor allem die des Blinkerschalters. Zum Ziehen von Kupplungs- und Bremshebel mußte nach wie vor viel Kraft angewandt werden. Wilhelm Hahne: *„Hier ist BMW ebenfalls noch ein Stück vom japanischen Standard entfernt."*

Licht und Schatten beim Vergleich mit Honda und Suzuki

Im Spätherbst 1975 mußte sich die R 75/6 (7395 DM) in einem Vergleichstest von *„Motorrad"* bewähren (Tester-Legende Franz Josef Schermer leitete das Team, Ergebnisse in Heft 25/1975). Konkurrentinnen waren die 67 PS starke Honda CB 750 F1 mit vier Zylindern (7198 DM, *„der Motorradmotor der Nachkriegszeit schlechthin"*) und die 63 PS leistende Suzuki GT 750 (6900 DM) mit unkonventionellem Dreizylinder-Zweitaktmotor. Bei den Fahrleistungen lag die BMW mit 163,2 km/h hinter der Honda (173,1 km/h) und der giftigen Suzuki (185,6 km/h). Rennfahrer Helmut Dähne umrundete 1975 mit der R 75/6 den Nürburgring in 10 min 12 sec und erreichte dabei eine Spitze von 175,3 km/h.

Auch bei der Beschleunigung von 0 auf 100 km/h lagen Welten zwischen der BMW und den beiden anderen Maschinen : 5,8, 5,1 und 4,9 Sekunden. Dafür war die BMW wirtschaftlicher: Sie verbrauchte bei durchschnittlich 90 km/h auf Landstraßen 5,8 l/100 km gegenüber 7,8 Liter bei der Honda und 7,3 Liter bei der Suzuki. Bei Vollgas auf der Autobahn flossen bei den drei Kandidaten 8,3, 8,9 und 9,1 Liter/100 km durch die Vergaser.

Beim überall verbauten Fünfgang-Getriebe *„prallten",* laut Testbericht, *„Welten aufeinander".* Die BMW-Box wurde schlicht als *„unsympathisch"* eingestuft. *„Nur eingefleischte BMW-Fahrer können absolut klack- und lautlos schalten; wer dauernd mit anderen Maschinen zu tun hat wie wir im Testbetrieb, der braucht immer wieder einige Gewöhnungskilometer auf der BMW, um die furchterregenden Schaltgeräusche auf ein Minimum zu drücken."*

Andererseits hatte die R 75/6 hinsichtlich Fahrkomfort und Wartungsfreundlichkeit die Nase weit vorn. *„In puncto Ansprechbarkeit und Schluckvermögen hat die BMW nichts, aber rein gar nichts von der Konkurrenz zu befürchten."* Sie mußte

Rechts: 1974/75 stellte BMW diesen R 75/6-Gespann-Prototyp auf die Räder. Man beachte die Trommelbremse der R 60/6 am Seitenwagen. Die Federn der Telegabel an derZugmaschine hatte man verstärkt.

nur alle 7500 km zur Inspektion in die Werkstatt, Honda und Suzuki dagegen alle 3000 km.

Auch beim Geradeauslauf auf kritischen Straßenbelägen war die BMW unschlagbar. Während sie Längsrillen einfach ignorierte, wurden diese *„von der Honda und der Suzuki so überschlenkert, daß es den nachfolgenden Fahrer zu Lachkrämpfen reizte."* Bei schnellen Meßfahrten auf dem Hockenheimring *„war die Fahrwerksunruhe der Suzuki (...) für den Fahrer etwas mehr als leicht unangenehm".* In der Summe aller Eigenschaften gewann die R 75/6 den Vergleich, und zwar mit 162 Punkten vor der Honda (153) und der Suzuki (141).

Verbogene Ventile auf dem Nürburgring

„Das Motorrad" unterzog die R 75/6 bis in den Sommer 1976 hinein sogar einem Dauertest über 40 000 km. Als größere Beanstandungen notierte Tester Franz Josef Schermer zwei verbogene Ventile nach harter Fahrt auf dem Nürburgring, einen Defekt des Ventilsitzrings am Auslaß links und einen kaputten Lichtschalter. Der Ölverbrauch lag je nach Fahrweise zwi- schen 0,3 und 1,0 l/100 km. Die erreichbare Höchstgeschwindigkeit hing stark davon ab, wie man auf der 750er saß: Die Zeitschrift maß 153,9 km/h mit zwei Personen, 163,2 solo aufrecht und sonst unerreichte 181,1 solo langliegend.

Oben und rechts: R 75/6 als voll ausgerüstete Polizeimaschine im Jahr 1976. Zusätzlich an Bord sind u.a. Signalhörner, Blaulicht, Suchscheinwerfer, Funkanlage und Spezialtaschen. In den großen Tank ist ein Staufach integriert, der das Kraftstoffvolumen etwas reduziert. Der vordere Kotflügel ist auch vorn weit heruntergezogen. Die einfache Bremsscheibe aus Vollstahl mußte der Polizei wohl genügen.

1973-1976: 13 511 Einheiten

R 60/6 599 cm³

Neue Basis mit 40 PS

Auch die R 60/6, die 1973 zusammen mit den übrigen /6-Modellen und der R 90 S vorgestellt wurde, basierte auf der in den vorigen Abschnitten ausführlich beschriebenen Neukonstruktionen von Motor und Rahmen. Sie verfügte ebenfalls über das neue Fünfganggetriebe, das sogar genauso abgestuft war wie bei den anderen /6-Versionen. Der Hinterradantrieb war indes kürzer übersetzt. Über dem großen 180-mm-H4-Scheinwerfer saß der neue Instrumentenblock mit den separaten Rundinstrumenten für Tempo und Drehzahl, und auch hier mußte man sich an die neu gestalteten Schalter und Armaturen gewöhnen. Serienmäßig war sie mit dem schlanken und in zahlreichen Farben erhältlichen 18-Liter-Tank ausgerüstet. Bei einem Grundpreis 1973 von 5745 DM war die R 60/5 das neue Einstiegsmodell, die R 50/5 hatte keine Nachfolgerin bekommen.

Hinsichtlich der Ausstattung hatte BMW bei der 600er gespart: Das Vorderrad wurde wie bei der R 60/5 von der seilzugbetätigten 200-mm-Duplex-Trommelbremse verzögert, hinten stand die gewohnte 200-mm-Simplex-Trommel zur Verfügung. *„Die BMW ist in diesem Punkt nur durch Weglassen des Nirosta-Zierdeckels sportlicher geworden"*, ätzte Hans-Joachim Mai in *„Das Motorrad"* 20/1973. Wer 265 DM draufzahlte, bekam auch die R 60/6 mit Einfachscheibe vorn, für 744 DM lieferte BMW die Doppelscheibenbremse (Preise Februar 1976). Auch die „kleine" BMW wurde per Anlasser gestartet, den Kickstarter gab es ab Werk auch hier als Extra.

Steckbrief R 60/6 (alle Daten im Anhang)

Bauzeit	1973 bis 1976
Motortyp, Ventile	246, 2 ohv
Einheiten	13 511
Hubraum	599 cm³
Leistung	40 PS bei 6400/min^{-1}
Vergaser (Bing)	2 Schieber 1/26/111-112
Getriebe	5-Gang
Rahmen	Stahlrohr, verschweißt
Vorderradführung	Teleskopgabel
Hinterradführung	Schwinge, 2 Federbeine
Bremsen vorn/hinten	Trommel 200 mm
Reifen vorn/hinten	3,25 S 19 / 4,00 S 18
Leergewicht	210 kg
Höchstgeschwindigkeit	167 km/h
Preis	5992,- DM

Oben: Technisches Erkennungsmerkmal der „kleinen" R 60/6 waren die beiden Bing-Schiebervergaser mit je 26 mm Durchlaß. Die Lichtmaschine lieferte 280 Watt statt 200 wie zuvor. Unten: Die verchromten Schalldämpfer waren schlanker als bei den /5-Modellen.

Für ausreichenden Vortrieb sorgte der neu konstruierte Boxer des Typs 247 mit 599 cm³ Hubraum. Beim Standard-Hub von 70,6 mm maß die Zylinderbohrung nur 73,5 mm – satte 16,5 mm weniger als bei den neuen 900ern. Um dem Motor seine 40 PS, die bei 6400/min^{-1} zur Verfügung standen, zu entlocken, hatte man mit angepaßten Kolben das hohe Verdichtungsverhältnis von 9,2 : 1 gewählt. Anders als bei der R 75/6 und der R 90/6 versorgten bei der R 60/6 zwei klassische Bing-Schiebervergaser mit 26 mm Durchlaß die Brennräume mit Gemisch. Wer der 600er das Letzte abverlangte, konnte bis 167 km/h (Werksangabe), 165,1 km/h beim Test von *„Das Motorrad"* vordringen.

BMW ordnet ein: *„Die 60/6 galt (...) im Vergleich zu ihren größeren Schwestermodellen und dem inzwischen rapide gewachsenen Wettbewerbsumfeld nicht als besonders moderne Maschine."* Profitester sprachen im Vergleich zu japanischen 600ern unverblümt von *„Untermotorisierung"*. Dies würde aber wettgemacht durch Wartungsarmut, niedrige Ersatzteilpreise und ein weitverzweigtes Händlernetz. *„Ein großer Tank, die bequeme Sitzposition, der größtmögliche Komfort und viele werksseitig angebotenen Zubehörteile machen die R 60/6 zu einer idealen Allround- und Reisemaschine. Im Gelände (!) wie bei schlechten Witterungsverhältnissen (z.B. im Winter) ist kaum ein Motorrad dieser Größenordnung so gut zu beherrschen wie die BMW"*, urteilte *„Das Motorrad"* im Dezember 1975. So konnte BMW von dem neuen Einstiegsmodell in drei Jahren immerhin 13 511 Exemplare

Oben: Die Nirosta-Abdeckungen der Radnaben fehlten bei allen /6-Modellen, was bei der R 60/6 mit ihrer vorderen Trommelbremse natürlich besonders auffiel.

Links: noch einmal die in Grün-Metallic lackierte R 60/6 von 1973. Mit 40 PS war sie nicht untermotorisiert, wie leistungsverwöhnte Tester meinten. Der Einstiegs-Boxer hatte bloß einen weniger aggressiven Charakter als bestimmte japanische Konkurrenzmodelle. Auf jeden Fall war sie zuverlässiger und wartungsärmer.

Rechts: Das Nachfolgemodell R 60/7 besaß nun auch vorn eine Scheibenbremse. Das Foto entstand im April 1983 bei einer Versteigerung von Behördenmotorrädern.

Foto: © Hans J. Schneider

unter das Volk und die nach wie vor stark interessierte Behörden-Kundschaft bringen. Weil BMW von der Zuverlässigkeit seiner Produkte überzeugt war, verlängerte man im August 1975 – wie für alle Boxer der /6-Serie – auch bei der 600er die bisherige Sechs-Monats-Garantiefrist auf eine einjährige Gewährleistung ohne Kilometerbegrenzung.

BMW startete 1970 erstmals beim Serienmaschinenrennen der Production-TT auf der Isle of Man. Dazu wurde eine Werksmaschine mit getuntem R 75/5-Motor aufgebaut: Teile aus dem Sport-Zubehörprogramm, „ausgeräumte" Schalldämpfer und Rennverkleidung. Hans-Otto Butenuth (vorne) fuhr auf Platz Sechs.

Kapitel 7
1970-1980er: Solo-Boxer im Rennsport

Glänzende Privatvorstellung

Die /5-Modelle liefen bereits vom Band, da gewann der Dortmunder Hans-Otto Butenuth auf einer alten, aber gut präpariertenr RS 54 die Deutsche Meisterschaft. Davon abgesehen waren die neuen Boxermodelle ab 1970 eine ideale Basis für den Aufbau von Rennmaschinen. Besonders konsequent nutzte das Münchner Ausnahmetalent Helmut Dähne die Möglichkeiten, setzte seine privat optimierte R 75/5 und später mit Werksunterstützung eine R 90 S äußerst erfolgreich im Straßenrennsport und bei der Tourist Trophy ein. Auch Dieter Nagel oder Helmut Wüstenhöfer nutzten das Potential des Boxers bis zum Anschlag. In den USA siegten die Rennboxer des Importeurs Butler & Smith.

Unten: Hans-Otto Butenuth aus Dortmund auf der Werksmaschine bei der Production-TT 1971. Zwei R 75/5 mit verbreiterter Verkleidung waren am Start; Butenuth wurde Vierter, Tom Dickie Siebter.

17
6

1970-1980er

Tapfer weitergekämpft

Aushängeschilder Butenuth und Dähne

Das Image des Boxers von BMW wurde von Anfang an vor allem durch die herausragenden Erfolge im Motorrad-Rennsport geprägt. Angefangen beim ersten Renneinsatz einer R 32 mit speziellem Rennmotor beim Solitude-Bergrennen 1923 und dem Gewinn der Deutschen Meisterschaft durch Franz Bieber 1924 über die meisterlichen Glanzleistungen von Rudi Reich, Ernst Henne, Hans Soenius, Toni Bauhofer und Josef Stelzer auf Rennversionen der Typen R 37 oder R 63, bis zu den teilweise mehrfachen Meisterschaften von Schorsch Meier, Karl Gall, Ludwig Kraus, Walter Zeller, Ernst Riedelbauch und Ernst Hilller in den späten 1940ern bis 1959 sowie letztmalig Hans-Günter Jäger 1961 auf ihren 500ern mit und ohne Kompressor oder auf der RS 54, gaben die weiß-blauen Zweizylinder auf den Rennstrecken den Ton an. Auch in der frühen DDR, in den Niederlanden, in Österreich, und Jugoslawien holte der Solo-Boxer viele Jahre lang die Landesmeisterschaften. Nicht zuletzt die Weltrekorde am laufenden Band in den Jahren 1929 bis 1936 durch Ernst Henne machten den Boxer unsterblich.

Rechts: Beim 500-km-Eifelrennen 1970 landete Helmut Dähne mit der präparierten R 75/5 auf dem 5. Platz.

Unten links: Butenuth mit der R 75/5 Typ „Weißer Riese" 1971 am Start zur TT.

Unten rechts: Hans-Otto Butenuth gewann 1971 auf seiner privaten BMW RS mit modernen Fahrwerks-Komponenten sensationell die Deutsche Meisterschaft der 500-cm³-Klasse. Es war das letzte Championat für BMW.

Respekt vor der Mentalität des weltweiten BMW-Fahrer-Clans!

„Motorrad"-Chefredakteur Siegfried Rauch erinnerte im April 1974 daran, daß die Rennfahrer, ihre Mechaniker und die Spezialisten der Rennabteilung und Händler wie Krauser *„mehr für BMWs Image getan haben als manche große Leute des Hauses miteinander."* Die mit den Rennen befaßten Männer hätten gewußt, daß ohne den sportlichen Kampf mit der Konkurrenz die Überlegenheit der Serienmaschinen nicht hätte bewiesen werden können. *„Heute scheint man es im pompösen Vierzylinder-Verwaltungsturm in Milbertshofen nicht mehr zu wissen."* Bitterkeit schwang in Rauchs Leitartikel mit: *„Kein BMW-Motorradsport mehr? Ist denn kein Maßgebender in diesem Haus, der sich (...) soviel Durchblick, soviel Kenntnis von der Materie, soviel Kenntnis von der Mentalität des weltweiten BMW-Fahrer-Clans bewahrt hat, um zu erkennen, daß das einfach nicht sein darf?"*

Foto: © Archiv A. Koenigsbeck, H. J. Schneider

Foto: © Archiv A. Koenigsbeck, H. J. Schneider

Oben: In den USA war das Rennteam des Importeurs Butler & Smith unter der Leitung von Helmut Kern und Udo Gietl ab 1971 mit getunten R 75/5-Motoren und mit einem Rahmen, den BMW für die Formel 750 in Deutschland entwickelt hatte, am Start. Reg Pridmore (hier 1971 in der F750/F1-Klasse der AMA), siegte 1972/73 oft in der West Coast Production-Serie. Rechts: Die Rennfahrerin Jane Behlin auf einer weitgehend serienmäßigen BMW R 75/5 in Linköping, Schweden.

Nach Hillers Hattrick 1957 bis 1959 und Jägers Gewinn der DM 1961 war es um die Solo-Rennboxer still geworden. Frühe Erfolge bei Langstreckenrennen (z.B. 500 Meilen in Thruxton und 24-Stundenrennen von Barcelona 1959, Bol d'Or 1960 und 1000 Meilen von Silverstone) gerieten in den 1960ern fast in Vergessenheit. Nur die BMW-Gespanne hielten bis 1974 durch den Gewinn von 19 Weltmeisterschaften und zahllosen Landesmeisterschaften seit 1954 die Fahne für München hoch. Basistriebwerk dabei war der immer weiter verbesserte und leistungsgesteigerte Einspritz-Königswellen-Motor der RS 54 (s. a. Abschnitt Rennsport Gespanne).

1971: Butenuth wird Deutscher Meister
Es ist passionierten Rennfahrern wie Hans-Otto Butenuth, Helmut Dähne, Dieter Nagel oder Dietmar Beinhauer und in den USA Steve McLaughlin und

Oben: Helmut Dähne auf seiner selbst entwickelten Formel 750-Rennmaschine auf Basis der BMW R 75/5 1973 auf dem Hockenheimring.

Links: eine der beiden R 90 S-Werksmaschinen für das 24 Stundenrennen Bol d'Or in Le Mans 1973; Merkmale: 84 PS, 4-Gang-Sportgetriebe, 180 kg. Dave Potter/Martyn Sharpe (47) fielen aus, Helmut Dähne/Gary Green wurden mit dem Boxer Dritte.

Rechts: Ludwig (Wiggerl) Kraus und Helmut Dähne 1976 mit einem Metzeler-Geländereifen, an dem Dähne fürs Foto die Profiltiefe misst. Dähne war ab 1974 viele Jahre lang Reifenentwickler bei Metzeler.

Red Prigmore zu verdanken, daß der Boxer in den 1970er Jahren bei Langstrekkenrennen, auf der Isle of Man und bei Rallyes noch einmal gehörig von sich reden machte. 1970 startete BMW erstmals in der Serienrennmaschinen-Klasse bei der TT auf der Isle of Man. Dafür hatte das Werk eine Maschine mit getuntem R 75/5-Motor aufgebaut: Nockenwelle und Getriebe-Radsatz aus dem Sport-Zubehörprogramm, kein Luftfilter im Gehäuse, „ausgeräumter" Schalldämpfer und Rennverkleidung. Der Dortmunder Hans-Otto Butenuth, Jahrgang 1930, fuhr auf Platz Sechs. 1971 wurde er mit der Werksmaschine Vierter.

Zehn Jahre, nachdem Hans-Günter Jäger den vorläufig letzten Deutschen Meistertitel für BMW geholt hatte, sorgte Hans-Otto Butenuth für eine Sensation, als es ihm 1971 trotz fehlender Werksunterstützung gelang, mit einer privaten, von Dieter Busch getunten Königswellen-RS, die moderne Fahrwerks-Komponenten aufwies, noch einmal (und zum letzten Mal) die Deutsche Meisterschaft für Weiß-Blau zu erringen. 1970 hatte Butenuth mit einer ehemaligen Werksmaschine nur an drei 500er Rennen teilgenommen, war beim GP Deutschland und bei der TT ausgefallen, in Finnland auf dem 9. Platz gelandet.

Seine Rennfahrerkarriere hatte Butenuth bereits 1957 mit einer umgebauten R 51/3 in der damaligen „Ausweis"-Klasse gestartet. Nach dem Gewinn der Deutschen Meisterschaft 1971 verlegte er sich stärker auf Langstreckenrennen und auf die TT. Allein auf der Isle of Man bestritt der gern als „Renn-Methusalem" titulierte Dortmunder über 40 Rennen. Auf der Insel setzte Butenuth auch vom Werk vorbereitete Motorräder ein. Bei der TT 1971 z.B. brachte er eine R 75/5 mit mächtiger Vollverkleidung an den Start. Das für Langstreckenrennen gedachte Ungetüm wurde scherzhaft „Weißer Riese" genannt. Da das Motorrad jedoch zu schwer geraten war, stoppte BMW das Projekt bald darauf.

1976: TT-Sieg von Butenuth/Dähne

Butenuths TT-Leidenschaft bekam am 8. Juni 1976 und damit exakt 37 Jahre nach dem legendären TT-

Sieg von Schorsch Meier noch einmal Auftrieb: Zusammen mit Helmut Dähne pilotierte er eine speziell präparierte R 90 S, die nahezu 1000 cm^3 Hubraum aufwies. Ähnlich starke Konkurrenten ließ das Team hinter sich. BMW bezeichnete das Ergebnis als 1. Platz bei den *„Produktionsmaschinen bis 1000 ccm"* und stellte es damit indirekt als Sieg dar, ohne das Wort „Sieg" zu erwähnen – und wohl wissend, daß es 1975 und 1976 nur eine einzige Produktionsklasse ohne Hubraumzuweisung gab.

Dieser Marketing-Trick verschwieg, daß die 1000er im Rahmen eines Handicap-Rennens 20 Minuten nach den 500ern und neun Minuten nach den 250ern (letztere nur für neun statt zehn Runden) gestartet waren. Dähne/Butenuth waren unter Gleichen zwar als schnellstes Team unterwegs, erreichten in der Gesamtwertung hinter zwei 250ern und zwei 500ern jedoch nur Rang Fünf.

Später bestritt der Deutsche Meister von 1971 und langjährige TT-Kämpe von 1976 dann mit einem Krauser-Vierventil-Boxer die Battle of Twins (BoT), bis dort die Ducati-Renner übermächtig wurden. Wegen seines fortgeschrittenen Alters bekam dann der Dortmunder (trotz ungebrochener Vitalität) Probleme mit der Lizenz-Zuteilung; er fuhr daraufhin nur noch Klassik-Rennen. Am 20. August 1997 starb der Kämpfer aus dem Ruhrpott im Alter von 67 Jahren.

Helmut Dähne: Boxer-Spezialist seit 1968

Was für Butenuth die Isle of Man darstellte, war für Helmut Dähne die Nordschleife des Nürburgrings. 1944 in Altenmarkt im Pongau bei Salzburg geboren, gelernter Kfz-Mechaniker und nach seiner Zeit bei BMW ab 1974 lange Jahre Reifenentwickler bei Metzeler. Bereits bei der Production-TT 1972 und 1973 hatte er auf seiner präparierten R 75/5 den Vierten Platz belegen können. 1974 war er bei der Serienmaschinen-TT auf dem Zweiten Platz gelandet, gefolgt von Hans-Otto Butenuth auf dem Dritten Platz. 1976 hielt Dähne auf einer privat vorbereiteten

Oben: Mit diesem Plakat rührte BMW 1976 die Trommel für R 90 S, mit der Helmut Dähne hier souverän die Kurve kriegt. Das Rennen der Produktionsmaschinen beendeten Dähne/Butenuth als schnellste 1000er-Piloten, Zweite wurden Sharpe/Alexander, ebenfalls auf BMW R 90 S.

Rechts: F 750 Rennmotorrad von Helmut Dähne aus Basis der R 75/5 im Jahr 1975. Tank, Heckausleger, Auspuffanlage, Vorderrad samt Bremse und viele Details waren Eigenentwicklungen.

Unten links: Dähne war bis 1974 Mitarbeiter bei BMW, baute seine Motorräder für Formel 750 und Production-Klasse jedoch privat auf und setzte diese als Privatfahrer ein, wie hier bei seinem vierten Platz bei der Production-Tourist Trophy 1972.

BMW R 90 S die BMW-Fahne hoch und befeuerte mit seinem spektakulären Renneinsatz bei der Tourist Trophy die weiß-blaue Werbung.

Seine bis 1974 eingesetzte Renn-R 75/5 hatte Dähne mit Original-BMW-Spezialteilen wie S-Nockenwelle und S-Kolben, die minutiös optimiert wurden, nicht nur auf Höchstleistung gebracht, sondern auch zuverlässig gemacht. Wichtige Teile wie Kurbelwelle, Pleuel und Schwungscheibe waren erleichtert worden, der Ventiltrieb entsprach mit nadelgelagerten Kipphebeln bereits der /6-Serie. Auch das Fahrwerk war stark modifiziert worden, mit progressiven Federn, Boge-Stoßdämpfern, Gabeltauchrohren der /6-Serie, hydraulischem Lenkungsdämpfer, Alu-Gabelbrücke. Die Doppelscheibenbremse vorn hatte Dähne bis an die Grenze des Möglichen perforiert. Spezial-Vollverkleidung, Tank von der R 90 S, zurückversetzte Fußrastenanlage und eine selbstgebaute Höckersitzbank rundeten das Programm ab. Derart präpariert erreichte die Dähne-750er Geschwindigkeiten bis 197 km/h (Quelle: *„Das Motorrad"* 21/1975).

Dähne interessierte sich früh für die Fliegerei. Doch als es darum ging, sich für eine Lehre zu entscheiden, beschloß er, am Boden zu bleiben: *„Dornier war zwanzig Kilometer weg, BMW nur vier."* Noch in der Ausbildungszeit landete der seit Kindertagen rennbegeisterte Dähne in der Entwicklungsabteilung von BMW. Für sein Debüt

Foto: © Archiv A. Koenigsbeck, H. J. Schneider

beim Straßenrennsport lieh ihm Rennsportleiter und Motorenentwickler Alexander Freiherr von Falkenhausen 1968 einen auf 500 cm³ umgerüsteten und mit Rollenstößeln verfeinerten R 60-Motor. Der Erfolg ließ nicht auf sich warten: Gleich bei seinem ersten Auftritt gewann Dähne das 68er Sudelfeld-Bergrennen, auch später war er immer auf den vorderen Plätzen zu finden.

Mit frisch erteilter internationaler Lizenz landete er beim 200 Meilen-Rennen in Imola 1972, dem ersten Lauf der neuen Formel 750 in Europa, auf Rang 13 – hinter den Werksmaschinen von Ducati, Triumph, Norton und Moto Guzzi. Der Rahmen seiner von ihm selbst aufgebauten Maschine stammte vom Werk. *„Das lief alles unter der Hand...",* umschrieb Dähne später das Engagement von BMW. Es war natürlich hilfreich, daß vor allem Entwicklungschef von Falkenhausen als ehemaliger Rennfahrer „einen Draht" für derartige Einsätze hatte.

In den folgenden Jahren war Helmut Dähne als Privatfahrer vorrangig bei Zuverlässigkeitsfahrten und bei der TT aktiv, bei der er von ihm selbst aufgebaute Formel-Motorräder (zunächst mit 750 cm³ und später mit einem Liter Hubraum) einsetzte. Daß der erfolgreiche Pilot im Nachhinein seine Renn-Boxer einmal als *„unhandliche Springböcke"* bezeichnete, läßt den Sportsfreund heute schmunzeln. Es wird wohl etwas dran gewesen sein. Faktum aber ist, daß Dähne sich mit den weiß-blauen Zweizylindern bis Ende der 1970er Jahre bravourös behaupten konnte.

Nachlassende Unterstützung durch BMW

Wie Butenuth und andere Spitzenfahrer wurde Dähne in diesen Jahren auch von BMW-Technikern betreut. Das Werk lieferte zudem Motorsport-Accessoires wie Magnesium-Gehäuseteile, Sportrahmen für höhergelegte Motoren oder breitere Schwingen.

Links: Helmut Dähne noch einmal bei der Production-TT 1976, bei der er zusammen mit Hans-Otto Butenuth auf der privat vorbereiteten R 90 S schnellster1000er Pilot wurde.

Rechts: Helmut Dähne wurde 1976 auf seiner schnellen R 90 S Deutscher Meister bei den Rundstrecken-Zuverlässigkeitsrennen.

Oben: Reg Pridmore beim AMA F1-Lauf im März 1974 in Daytona auf einer Butler & Smith-BMW R 75/6 mit Sterngußrädern und Doppelscheibenbremse vorn.

Dennoch, so urteilen die Insider über jene Ära, bekannte sich BMW damals nicht offiziell zum Straßenrennsport, sondern trug nur im Hintergrund zu den Erfolgen engagierter Markenfreunde bei. Und man profitierte auch von deren Engagement: So ließ BMW die Vollverkleidung der 1976 präsentierten R 100 RS vorab auch auf der Rennstrecke testen.

Doch als die Unterstützung durch das Werk immer mäßiger, die Konkurrenz gleichzeitig immer schneller wurde, sattelte der Kämpfer in seiner rot-weiß gestreiften Lederkombi auf eine Eckert-Honda um. Am 22. Mai 1993 erzielte er im Rahmen einer „Zuvi" auf einer Honda RC30 mit 7:49,71 Minuten und einer Durchschnittsgeschwindigkeit von knapp 160 km/h den sogenannten „ewigen Rundenrekord" für straßenzugelassene Motorräder auf der seit 1983 existierenden, 20,8 km langen Version der Nürburgring Nordschleife. „Ewiger Rekord"" weil ab 1994 aus Sicherheitsgründen keinerlei Motorrad-Wettbewer- be mehr auf der Nordschleife stattfinden.

Oben: Helmut Wüstenhöfer auf auf einer von ihm präparierten R 100 CS beim Solitude-Rennen 1981. Wüstenhöfer war nicht nur offizieller BMW-Vertreter in Dortmund, sondern machte sich unter dem Label WÜDO einen Namen als vielseitiger Tuner bzw. Ausrüster. Mancher BMW trieb er mit seinen Spezialteilen die Zicken aus.

Foto: © Archiv A. Koenigsbeck, H. J. Schneider

Dieter Nagel: Rallye-Siege in Serie

Neben Dähne hielten auch Fahrer wie Werner Dieringer und Dieter Nagel bei Langstreckenrennen und Zuverlässigkeitsfahrten die weiß-blaue Fahne hoch. 1972 wurde der „Zuvi"-Pokal ausgeschrieben, ein Jahr später hatte die Deutsche Rallye-Meisterschaft ihr Debüt. In den Starterlisten jener Jahre finden sich viele Namen von Leuten, die auch beruflich eng mit der Marke BMW verbunden waren: Dietmar Beinhauer, Rüdiger Gutsche, Ekkehard Rapelius, Alfred Halbfeld (später HPN-Gründer), Peter Zettelmayer und Fritz Scherb von der Versuchsabteilung oder die Tuning- und Zubehör-Spezialisten Helmut Wüstenhöfer (WÜDO) und Peter Knott (KnoScher). Beachtliche Resultate bei Rallyes, Rund- und Langstreckenrennen erzielte Dieter Nagel mit einer weitgehend serienmäßigen R 75/5, die er von Jahr zu Jahr in Eigenregie optimierte. Der Wuppertaler hatte nach einem schweren Unfall mit zwei gebrochenen Halswirbeln eigentlich schon die Rennerei aufgegeben. 1973 packte ihn der Bazillus jedoch wieder, und von da an rangierte er konstant unter den besten Fünf der Deutschen Motorrad-Rallye-Meisterschaft. 1976 avancierte er sogar zum Mannschaftsmeister.

Zusammen mit Reinhard Nückel pilotierte Nagel 1978 eine speziell für den Rennsport präparierte Ramacher-BMW bei den 1000 km von Mettet/Belgien auf den Dritten Platz. Mit Helmut Dähne holte er 1977 und 1978 auf einer getunten R 100 den Sieg beim 1000-km-Rennen in Hockenheim. Der angepeilte Hattrick im nächsten Jahr scheiterte an einem Pleuellagerschaden.

Anschließend sattelte Nagel auf leistungsstärkere Fabrikate um, wurde mit diesen Maschinen dreimal Rallye-Meister. Wie schnell ein Boxer sein konnte, bewies er noch einmal 1981 in Mainz-Finthen, wo er allen anderen Zwei- und den Vierzylinder-Piloten den Auspuff zeigte – bis ihm der Sprit ausging...

Den von Nagel in Mainz eingesetzten Motor hatte der Boxer-Spezialist Willi Michel getunt. Neben Michel sorgten vor allem Feierabend-Edelschrauber wie Muthig, Blum oder Ramacher dafür, daß die BMW-Maschinen bis zum Ende der 1970er Jahre auf den Lang- und Rundstreckenrennen nicht ins Hintertreffen ge-

Foto: © Archiv A. Koenigsbeck, H. J. Schneider

Foto: © Archiv A. Koenigsbeck, H. J. Schneider

Foto: © Archiv A. Koenigsbeck, H. J. Schneider

Oben links: Hans-Otto Butenuth war auch mit einer Michel-BMW sehr schnell unterwegs. Hier fährt er 1977 auf dem Nürburgring.

Oben rechts: BMW-Rennleiter Dietmar Beinhauer auf Siegesfahrt beim 24-Stunden-Rennen in Interlagos 1976.

Mitte links: Alfred Halbfeld vor Helmut Dähne 1974.

Unten: Dieter Nagel 1971. Er war bei Rallyes und Langstreckenrennen erfolgreich.

Foto: © Archiv A. Koenigsbeck, H. J. Schneider

Rechte Seite oben: Udo Gietl und das US-Team brachten 1976 R 90 S-Versionen nach dem Superbike-Reglement an den Start. Mit rund 100 PS waren Reg Pridmore (163) und Steve McLaughlin (83) sehr gut unterwegs. McLaughlin siegte in Daytona, Pridmore in der Meisterschaft.

rieten. Für Helmut Dähne und den Motorjournalisten Kalli Hufstadt zauberte Helmut Bucher zusätzliche PS herbei – mit viel Feinarbeit, scharfen Nockenwellen, höherer Verdichtung, modifizierten Einlaßkanälen und Sportschalldampfern. Die Vierventil-Zylinderköpfe von Mike Krauser gab's erst ab 1981.

Fallerts Königswellen-Boxer, Krauser-MKM

Zwei herausragende Projekte der Tuningbranche demonstrierten ihr Potential ebenfalls im harten Renneinsatz. Vor allem der Königswellen-Boxer von Werner Fallert erregte großes Aufsehen nach dem Motto *„Das Werk will nicht, aber Fallert kann's".* Mit diesem Triebwerk wurde der Österreicher Konrad Stückler Berg-Europameister. Doch kurz darauf stoppte Fallert seine Eigenentwicklung wieder.

Wesentlich zukunftsträchtiger waren die Bemühungen von Halbfeld/Zettelmeyer mit ihrem im Rahmen von Peter Zettelmeyers Diplomarbeit 1976 entwickelten Gitterrohrrahmen; sie testeten die Konstruktion im Hinblick auf die Serienfertigung bei Krauser ab 1976 erfolgreich auf der Langstrecke. In der Folge wurden vom „MKM"-Chassis über 300 Stück produziert. 1984 brachte Martin Wimmer eine MKM 1000 mit Vierventil-Boxer bei der Battle of Twins in Daytona auf Rang sechs. Der ebenfalls mit einem Krauser-Vierventiler gestartete US-Amerikaner Harry Klinzmann lief sich erst auf den letzten Metern von einer Ducati den Zweiten Platz wegschnappen.

Boxer bei Langstreckenrennen

Seit den weiter vorn erwähnten Siegen zu Beginn der 1960er Jahre in Thruxton und Barcelona waren die Boxer aus der internationalen Langstreckenszene nicht mehr wegzudenken. Anfang der 1970er Jahre kämpften die BMW-Zweizylinder beim Bol d'Or in Frankreich sogar mit Werksunterstützung gegen die Triumph Tridents (nicht zu verwechseln mit den modernen Triumph-Modellen) und die schnellen Honda

Doppel-Erfolg

Daytona 1976 – Rennen für Produktions-Motorräder: Sieg für Steve McLaughlin vor Reg Pridmore auf BMW R 90 S.

CB 750-Vierzylinder. Die Techniker unter dem damaligen Versuchsleiter Hans-Günther von der Marwitz wollten das strapaziöse 24-Stunden-Rennen für serienrelevante Erkenntnisse nutzen. Bei den zwei Werksmaschinen für 1973 handelte es sich um getunte R 90 S mit 84 PS, 4-Gang-Sportgetriebe und einem fahrfertigen Gewicht von 180 kg. Dave Potter/Martyn Sharpe fielen aus, Helmut Dähne/Gary Green wurden Dritte.

In Großbritannien bemühte sich unterdessen der Londoner BMW-Händler Gus Kuhn, die sportliche Seite der weiß-blauen Marke weiter zu kultivieren. Unter anderem experimentierte er mit einer speziellen Vorderradschwinge. Unbeirrbar blieb auch Langstreckenspezialist Horst „Happy" Glück BMW treu; über viele Jahre nahm er an Rennen wie dem im spanischen Montjuich teil. Hubert Rigal gewann mit einer fast serienmäßigen R 90 S die 1974er Tour de France Moto.

Siegreiche Renn-Boxer in Amerika

Mit einem von Butler & Smith, dem ersten BMW-Importeur der USA, nach dem Superbike-Reglement aufgebauten und auf 100 PS gebrachten Renn-Boxer auf Basis der R 90 S siegte Steve McLaughlin 1976 in Daytona. Im gleichen Jahr wurde BMW-Händler Reg Pridmore auf BMW US-Superbike-Champion. Neben Pridmore setzte Ron Pierce die Modelle R 90 S und R 100 bei den Production-Races erfolgreich ein. Ein weiterer Höhepunkt für BMW waren die 24 Stunden von Interlagos im gleichen Jahr: Dietmar Beinhauer und der Belgier Guy Tilkens siegten überlegen auf dem Autódromo José Carlos Pace in Brasilien. Doch es war für lange Zeit das letzte Mal, daß ein werksunterstützter BMW-Boxer ein Langstreckenrennen gewann. Bis zum Erscheinen der modernen Vierventil-Boxer ab 1993 überließ das Werk privaten Enthusiasten das Feld.

Unten: Reg Pridmore auf BMW R 90 S von Butler & Smith beim AMA Superbike-Lauf in Riverside 1976.

Als *„Sensation von Daytona"* bezeichnete *„Das Motorrad"* in Heft 8 vom 17. April 1976 die unter Dr. Peter Adams (Junior-Chef des Importeurs) präparierte R 90 S, die auf 1000 cm³ aufgebohrt worden war, schmaler baute als die Serie und unter anderem einen voluminösen Ölkühler und Doppelzündung besaß. Die Hinterradschwinge wurde nach dem damals fortschrittlichen Cantilever-Prinzip abgestützt.

Klaus Enders und Ralf Engelhardt mit ihrem 500er BMW-Gespann 1973 in Silverstone. Die Lackierung im offiziellen BMW Motorsport-Design mit blauen und roten Farbstreifen täuschte. Weder war Klaus Enders Werksfahrer geworden, noch handelte es sich um ein Werksgespann. An Monocoque-Chassis und Motoren wurde nach wie vor in der privaten Werkstatt von Dieter Busch gearbeitet.

Kapitel 8
1967-1974: Rennsport Boxer-Gespanne

Drei Räder für die Ewigkeit

Die größten Helden der historischen Rennsportszene waren die Gespann-Piloten und ihre „Schmiermaxen". Unter akrobatischem Körpereinsatz mußten sie ihre bis zu 200 km/h schnellen Geschosse auf Kurs halten und um die Kurven zirkeln. Schwere Unfälle blieben dabei nicht aus. Die Zeit, in der modifizierte Boxer-Motorräder als Zugmaschinen herhielten, war bereits ab Mitte der 1960er Jahre vorbei. Auf „Kneelern" mit Monocoque-Fahrgestellen vor allem von Dieter Busch gingen die Kämpen auf die Jagd um Sieg und Lorbeer. Von 1954 bis 1974 wurden Teams auf BMW oder mit BMW-Motoren 19mal Weltmeister, ab 1967 allein 6mal mit Klaus Enders und Ralf Engelhardt. Unvergessen sind auch die Deutschen Meister Schauzu/Schneider/Kalauch und Luthringshauser/Neumann.

Rennsportlegenden unter sich: Ernst Henne, Georg Meier und Klaus Enders (von links) mit dem WM-Gespann von 1973 anläßlich des Jubiläums „50 Jahre BMW Motorrad" am 27. Juli 1973.

Die stolzen Erbauer, der Pilot und ihr Weltmeistergespann 1973: Dieter Busch, Helfer Ferdinand Bublik und Klaus Enders (von links).

1967-1974: mit BMW auf Titeljagd

Die Magie des Boxers

BMW auf Gespann-Weltmeisterschaft abonniert

Seit den späten 1940er Jahren waren die BMW-Boxer-Gespanne auf den Sieg bei der Weltmeisterschaft und der Deutschen Meisterschaft abonniert gewesen. In Band 1 und Band 2 unserer Boxer-Saga haben wir die unglaubliche Geschichte nachgezeichnet und die überragenden Leistungen der Teams herausgestellt – angefangen bei Max Klankermeier/Hermann Wolz 1947 über Wilhelm Noll/Fritz Cron 1954 bis zu Max Deubel/Emil Hörner 1961 bis 1964 und Klaus Enders/Ralf Engelhardt ab 1967-1974, um nur einige illustre Piloten und Passagiere zu nennen.

Legendär: Deubel/Hörner, Enders/Engelhardt, Fath/Wohlgemut

Enders/Engelhardt übertrumpften ihre Vorgänger zwischen 1967 und 1974 mit sechs WM-Titeln und avancierten damit zu den erfolgreichsten deutschen Motorrad-Rennfahrern überhaupt. BMW ging in die Geschichte des Gespannsports mit 19 Titeln in 21 Jahren von 1954 bis 1974 ein. Die bis 1974 anhaltende Siegesserie von Enders/Engelhardt auf BMW wurde nur 1968 von Helmut Fath mit seiner Eigenbau-Vierzylinder-URS und 1971 von seinem Freund Horst Owesle, ebenfalls auf URS, unterbrochen.

In der Deutschen Meisterschaft brillierten z.B. Ludwig „Wiggerl" Kraus/Bernhard Huser 1953, Wilhelm Noll/Fritz Cron1954 und 1956, Deubel/Hörner von 1961 bis 1965sowie die Teams Georg Auerbacher/Wolfgang Kalauch 1966, Helmut Fath/Wolfgang Kalauch 1968 und Siegfried Schauzu/Horst Schneider 1967 und 1969 (s. Tabelle).

Oben: Siegfried Schauzu/Wolfgang Kalauch in Spa. Schauzu hatte seit 1967 Werksunterstützung in Form eines von Gustl Lachermair aufgebauten Kurzhub-Motors und seiner Betreuung vor Ort. Schauzu gewann mit BMW-Motoren neun TT-Rennen auf der Isle of Man.

Links: Klaus Enders (rechts) und Ralf Engelhardt bei der Siegerehrung in Hockenheim 1967, noch gezeichnet von den Strapazen des Rennens; es war das Jahr, in dem sie ihren ersten von sechs Weltmeisterschaftstiteln nach Hause fahren konnten.

1967: Beginn der Dominanz Enders/Engelhardt

Blicken wir kurz zurück in die zweite Hälfte der 1960er Jahre. Vor allem das Jahr 1967 markierte das Geschehen. Die Schweizer Doppel-Weltmeister Fritz Scheidegger/John Robinson (WM-Sieger 1965 und 1966) verunglückten bei einem Rennen in England schwer; Scheidegger war sofort tot, Robinson wurde schwer verletzt.

Im gleichen Jahr tauchten zwei neue Namen in den Siegerlisten auf, die bis 1974 den Gespannsport (mit kurzen Unterbrechungen) dominieren sollten: Klaus Enders und sein Beifahrer Ralf Engelhardt, beide aus Hessen. Auf BMW holten die beiden am 7. Mai 1967 in Hockenheim mit einem Rekordschnitt von 155,9 km/h ihren ersten WM-Sieg bei den Gespannen. Nach vier weiteren Siegen standen Enders/Engelhardt als Weltmeister fest. Den zweiten Platz in der WM-Wertung 1967 belegten Georg Auerbacher/Eduard Dein vor Schauzu/Schneider, die eine phantastische Siegesserie bei der TT auf der Isle of Man realisieren konnten (s. Ende des Kapitels), außerdem mit ihrem BMW-Gespann die Deutsche Meisterschaft 1967 und dann auch 1969 gewannen. Aber nicht nur wegen der beginnenden Dominanz von Enders/Engelhardt brachte das Jahr 1967 eine Wende in der Seitenwagenklasse. Mit diesem engagierten und talentierten Team begann die große Zeit der zweiten Generation deutscher Privatfahrer, die weitgehend auf sich gestellt waren.

Monocoque-Fahrgestell, Verkleidung, verbesserter RS 54-Boxer

Die Technik der Gespanne wandelte sich in dieser Zeit grundlegend. Die Räder der Fahrzeuge schrumpften zugunsten einer besseren Schwerpunktlage auf weniger als 16 Zoll Durchmesser, komplett verschweißte Monocoque-Fahrgestelle anstelle der Rohrrahmen erhöhten die Stabilität, Vollverkleidungen verbesserten die Aerodynamik.

Auch die Boxermotoren wurden ständig weiterentwickelt. 1970 bis 1974 unternahm man in München und in Privatinitiativen große Anstrengungen, um den BMW-Königswellen-Motor, der auf dem Triebwerk der Solo-Rennma-

Oben: Siggi Schauzu/Wolfgang Kalauch auf BMW RS Typ 253 in der Seitenwagen-WM 1971. Rechts: Privatfahrer Schorsch Auerbacher, hier mit Hermann Hahn und Werksmotor, war dreimal Vizeweltmeister. Für seine RS-Motoren bekam er oft Werksteile.

schine RS 54 basierte, in der Leistung zu steigern. Über einen Zeitraum von 21 Jahren war der Jahr für Jahr weiter verbesserte Königswellen-Rennboxer aus München der Konkurrenz in der Seitenwagenklasse meist immer einen Schritt voraus.

Dohc-Boxer mit Zahnriemen von Krauser

Damit nicht genug: Mitte der 1970er Jahre entstand ohne BMW-Beteiligung unter der Leitung von Willy Roth bei Krauser ein Prototyp mit Dohc-Boxer, dessen je zwei Nockenwellen über offen laufende Zahnriemen angetrieben wurden. Der spektakuläre Rennboxer leiste 75 PS bei 11 000/min^{-1}. Der Ingenieur und Fachjournalist Helmut Hütten schrieb dazu in seinem Werk *„Schnelle Motoren seziert und frisiert"*: *„Vor allem verlangten die konzipierten Spitzendrehzahlen von 11000 U/min. und noch darüber, einen hohen Tribut: außer der Spezialkurbelwelle (...), Spezialzylinder, Spezialkolben und Spezialventile, Titan-Pleuel* *und eigens entwickelte Lagerkäfige, außen versilbert und in den Taschen nitriert und derlei mehr!"*

Eingebaut war der Boxer in ein von Dieter Busch entwickeltes, ultraflaches Spezial-Fahrgestell. Extrem verwindungssteife und extrem niedrige Chassis-Konstruktionen dieser Art setzten sich ab den 1960er Jahren generell durch. Weil der Fahrer nicht mehr saß, sondern kniete, nannte man diese Renngespanne „Kneeler". Mit einem derartigen Renngespann war Helmut Fath bereits bei der Weltmeisterschaft 1956 bester Privatfahrer geworden. Die enormen technischen Fortschritte bewirkten, daß BMW mit seinen Motoren in der Gespannklasse noch lange kräftig mitmischte, als die Boxer in den Solorennen schon längst passé waren.

1968: Comeback von Fath/Kalauch auf URS

Das Comeback von Helmut Fath in der WM 1968, zusammen mit Alfred Wohlgemuth, Weltmeister von 1960, wurde 1968 (jetzt im Team mit Wolfgang Kalauch) durch den Titel in der DM zusätzlich gekrönt, allerdings nicht mit BMW-Motor, sondern auf der von Fath entwickelten, vierzylindrigen URS („URS" für „Ursenbach", dem Namen von Faths Geburtsort). Zur Erinnerung: Wohlgemuth hatte 1961 bei einem Unfall mit dem Fath-Gespann auf dem Nürburgring den Tod gefunden.

Immerhin verhalf in diesem Jahr die große Zahl der hinter dem URS-Kneeler plazierten Gespanne mit BMW-Boxermotoren dem Münchner Werk zur Marken-WM. 1971 wiederholte sich dieses Spiel – Owesle gewann auf URS die WM, BMW wurde Marken-Champion.

Rechte Seite oben: von BMW-Gespannen dominierte Auftaktrunde zum Eifelrennen auf dem Nürburgring im BMW-Jubiläumsjahr 1973 mit den Teams Binding/Fleck (12), Wegner/Kapp (17), Pape/Kallenberg (24) und Enders/Engelhardt (36).

Rechte Seite unten: Enders/Engelhardt in Hockenheim 1973. Während Engelhardt noch seinem „Römertopf" mit Schutzbrille vertraute, trug Enders bereits einen modernen Integralhelm mit Visier.

1969: Enders/Engelhardt wieder vorn, Fath siegt bei der TT

1969 dominierte wieder das BMW-Team Enders/Engelhardt. Es siegte u.a. in Hockenheim mit einem Stundenmittel von 156,8 km. Helmut Fath fiel dort bereits in den ersten Runden aus, konnte dann aber sein URS-Gespann wieder zum Laufen bringen, um dann gegen Ende des Rennens so eben noch mal einen sensationellen Rundenrekord von 164 km/h aufzustellen. Bei der Tourist Trophy holte sich Fath bei einem Mittel von 92,5 mph (149 km/h) einen viel beachteten Sieg. (Bei der TT hatte man 1969 eine weitere Gespann-Klasse für Fahrzeuge bis 750 cm³ eingeführt. Die Engländer hofften, auf der Insel wenigstens in dieser großen Beiwagenklasse erfolgreich sein zu können. Wie die Ergebnisse dann aber zeigten, erwies sich dies als Trugschluß, s.a. TT-Abschnitt).

Die Gespann-Saison 1969 endete für Enders/Engelhardt mit dem Gewinn der zweiten Weltmeisterschaft. In der Deutschen Meisterschaft siegten 1969 abermals Siegfried Schauzu/Horst Schneider auf BMW. Helmut Fath stieg 1969 aus dem Rennsport aus und verkaufte seinen ganzen Rennstall an den aufstrebenden Kleinserienhersteller Friedel Münch.

Während sich die Motorradproduktion von BMW bis 1969 auf dem absteigenden Ast befunden hatte, lohnte sich nun der Gespannsport für München wieder. Die Welt, allen voran die USA, hatte das Motorradfahren als Freizeitsport und Abenteuer, als Mittel zur Selbstverwirklichung und als Fluchtmöglichkeit aus dem Alltag entdeckt. So ließ sich mit dem 1969 einsetzenden Motorradboom und rechtzeitig zur Einführung der neuen /5-Baureihe wieder prächtig mit den Sporterfolgen werben.

1970: Enders zum dritten Mal Weltmeister auf Busch-Gespann

Dank des verbesserten Königswellen-Boxers und zusammen mit seinem neuen Beifahrer Wolfgang Kalauch, dem Weltmeister von 1968, konnte Klaus Enders 1970 zum dritten Mal Weltmeister werden. Er siegte unter anderem in Hockenheim beim Maipokal-Rennen mit einem Schnitt von 158,8 km/h. Die TT beendete er bei einem Schnitt von 93 mph (150 km/h) ebenfalls als Sieger. Auch beim Ulster-Grand Prix bewies Klaus Enders, daß er der beste Seitenwagenfahrer seiner Ära war. Er gewann auf der nordirischen Rennstrecke mit seinem Busch-Gespann (72 PS) in überzeugender Manier. Überraschenderweise verkündete der nun 33jährige am Ende des Saison seinen Rücktritt mit der Begründung, er wolle in Zukunft seine Karriere auf vier Rädern fortsetzen. Er sollte es sich allerdings doch noch einmal anders überlegen… In der Deutschen Meisterschaft setzte sich 1970 das Team Heinz Luthringshauser/Armgard Neumann durch.

Beide Fotos zeigen das von Dieter Busch konstruierte Monocoque-Chassis in der Saison 1972. Das Vorderrad wird von einer geschobenen Kurzschwinge geführt. Der tief und weit vorn angeordnete Lenker und die extrem niedrige Bauweise der Maschine zwangen den Fahrer in eine auf dem Bauch liegende Position. Der vom Team vorbereitete RS-Motor besaß elektronische Doppelzündung, die Auspuffanlage war völlig ungedämpft. Hinten in der Mitte erkennt man die freilaufende Kardanwelle.

1971: Horst Owesle/Peter Rutherford WM-Champions auf URS

Die Gespannsaison 1971 stand, wie drei Jahre zuvor, ganz im Zeichen der Neukonstruktion aus Ursenbach. Wesentliche Verbesserungen, die man inzwischen vorgenommen hatte, ermöglichten es dem (seit der Übernahme 1969 neu aufgestellten) Münch-URS-Team, die schnellen BMW-Gespanne in Schach zu halten. Diesmal jedoch kniete nicht Helmut Fath hinter dem Lenker, sondern sein Freund und Mitarbeiter Horst Owesle.

Beifahrer waren Julius Kremer und der Engländer Peter Rutherford. Angesichts der schlagkräftigen Boxer-Konkurrenz war es abermals eine Meisterleistung, das Münch-URS-Gespann zur Weltmeisterschaft zu führen. Die zweite WM für URS wurde als großartige Demonstration für die Leistungsfähigkeit eines kleinen, aber extrem engagierten und fähigen Teams gewertet.

Die Deutsche Meisterschaft ging 1971 an Siegfried Schauzu und Wolfgang Kalauch. Auch 1972 holte das Team den DM-Titel.

1972 bis 1974: Krönung der BMW-Erfolge durch drei weitere Enders-Titel

Schon 1972 zog es Klaus Enders wieder zurück auf die Rennpiste. Sein Debüt als Autorennfahrer war wenig erfolgreich gewesen. Doch das Gespannfahren hatte er nicht verlernt. Er schien 1972 eher noch präziser und schneller zu fahren.

Und wieder war Ralf Engelhardt als Schmiermaxe mit von der Partie. Als Fahrzeug diente das Monocoque-Chassis von Dieter Busch, angetrieben von einem selbst vorbereiteten RS-Motor mit elektronischer Doppelzündung. Enders/Engelhardt gewannen mit dem Busch-Gespann vier Rennen und ihren vierten WM-Titel.

Doch es lag ein Schatten auf diesem Sieg: Der aus Otterbach in der Westpfalz stammende Heinz Luthringshauser hatte mit Hans-Jürgen Cusnick im BMW-Gespann bis zum vorletzten Rennen der Saison 1972, dem Grand Prix der Tschechoslowakei auf dem Masaryk-Ring bei Brünn, die Weltmeisterschaft angeführt. Doch die beiden verunglückten schwer. Luthringshauser kam mit leichten Verletzungen davon, doch Cusnik starb auf dem Weg ins Krankenhaus.

Während 1972 die DM zum zweiten Mal an das BMW-Team Schauzu/Kalauch ging, konnten sich in der WM markenintern die dreifachen Vizeweltmeister Georg Auerbacher/Eduard Dein nie aus dem Schatten von Enders/Engelhardt lösen. Schauzu hatte seit 1967 Werksunterstützung in Form eines von Gustl Lachermair aufgebauten Kurzhubs-Motors und seiner Betreuung vor Ort. Er gewann mit BMW-Motoren neun TT-Rennen auf der Isle of Man. Schorsch Auerbacher war dreimal Vizeweltmeister. Der Privatfahrer aus Wörishofen bereitete seine RS-Motoren selbst vor, bekam dazu oft Werksteile.

Oben: Vor dem Start zum Sidecarrennen der Tourist Trophy am 6. Juni 1974; vorn Enders/Engelhardt mit HBM (Heukerott-Busch-Motosport) – sie holten in diesem Jahr ihren sechsten WM-Titel mit dem BMW-Motor. Daneben Heinz Luthringshauser/Hermann Hahn, die mit einem Werksmotor das Rennen gewinnen sollten. Dahinter Rolf Steinhausen/Josef Huber (Busch-König Zweitakt) und Siegfried Schauzu/Wolfgang Kalauch (Aro-BMW).

Rechts und rechte Seite unten: Die beiden Fotos zeigen den 1975/76 von Dieter Busch (Fahrwerk) und Willy Roth (Motor) entwickelten BMW-Gespann-Prototyp. Grunddaten des damals revolutionären Gefährts: 499 cm³, über 75 PS bei 11 000/min⁻¹, vier Ventile und zwei obenliegende, zahnriemengetriebene Nockenwellen pro Zylinder, Höchstgeschwindigkeit 250 km/h, 165 kg, alle

1973: fünfter WM-Titel für Enders/Engelhardt

Ein Jahr später setzte sich die Siegesserie der beiden Hessen fort. Enders/Engelhardt konnten mit ihrem BMW-Kneeler alle sieben Weltmeisterschaftsläufe

utsche Meister Gespanne 1953 bis 1978

Fahrer	Maschine
Wiggerl Kraus/Bernhard Huser	BMW
Wilhelm Noll/Fritz Cron	BMW
Willi Faust/Karl Remmert	BMW
Wilhelm Noll/Fritz Cron	BMW
Fritz Hillebrand/Manfred Grunwald	BMW
Walter Schneider/Hans Strauß	BMW
August Rohsiepe/Arthur Gardyancik	BMW
Helmut Fath/Alfred Wohlgemuth	BMW
Max Deubel/Emil Hörner	BMW
Max Deubel/Emil Hörner	BMW
Max Deubel/Emil Hörner	BMW
Max Deubel/Emil Hörner	BMW
Max Deubel/Emil Hörner	BMW
Georg Auerbacher/Wolfgang Kalauch	BMW
Siegfried Schauzu/Horst Schneider	BMW
Helmut Fath/Wolfgang Kalauch	BMW
Siegfried Schauzu/Horst Schneider	BMW
Heinz Luthringshauser/Armgard Neumann	BMW
Siegfried Schauzu/Wolfgang Kalauch	BMW
Siegfried Schauzu/Wolfgang Kalauch	BMW
Helmut Schilling/Harald Mathews	BMW
Werner Schwärzel/Karl-Heinz Kleis	König
Werner Schwärzel/Andreas Huber	König
Siegfried Schauzu/Wolfgang Kalauch	BMW
Siegfried Schauzu/Lorenzo Puzo	Schmid-Yamaha
Werner Schwärzel/Andreas Huber	Fath

erkung: Ab der Saison 1953 wurde die international nicht r ausgeschriebene 750-cm³-Klasse abgeschafft und nur noch nwagen mit Hubräumen bis 500 cm³ erlaubt. Das technische ement der Klasse änderte sich danach im Laufe der Jahre immer er. Quelle: Thomas Reinwald und Wikipedia

Ganz oben: Heinz Luthringshauser mit „Co" Jürgen Cusnik 1972; beim Grand Prix der Tschechoslowakei auf dem Masaryk-Ring bei Brünn verunglückten die beiden, die bis dahin die WM-Wertung anführten, schwer. Luthringshauser kam mit leichten Verletzungen davon, Cusnik starb auf dem Weg ins Krankenhaus. Weltmeister wurden daraufhin Enders/Engelhardt. 1970 war Luthringshauser mit Armgard Neumann Deutscher Meister geworden. 1974 war gewann er mit Beifahrer Hermann Hahn die 500er Gespannklasse der TT, 1975 mußte sich das Team als letzte BMW-Mannschaft den König- und Yamaha-Gespannen geschlagen geben.

Foto: © Archiv A. Koenigsbeck, H. J. Schneider

als Sieger beenden, was schnurstracks auf den fünften WM-Titel hinauslief. Auch bei der TT lief es hervorragend für die hessischen Seriensieger: Sie gewannen ihre Klasse mit einem Durchschnitt von 153 km/h. Die neue Lackierung im offiziellen BMW Motorsport-Design mit blauen und roten Farbstreifen täuschte. Weder war Klaus Enders Werksfahrer geworden, noch handelte es sich um ein Werksgespann. Immerhin zahlte BMW die Sport-Versicherung für Klaus Enders sowie Erfolgsprämien. An Monocoque-Chassis und Motoren wurde nach wie vor in der privaten Werkstatt von Dieter Busch gearbeitet.

Druck auf BMW durch Zweitakter

Doch trotz dieser Erfolge zeigte der Blick in die WM-Rangliste 1973 und vor allem auf das Ergebnis in Hockenheim, daß die Tage von BMW im Seitenwagen-Rennsport gezählt sein würden. Denn die Vize-Weltmeisterschaft 1973 ging bereits an ein Renngespann mit einem Zweitaktmotor, gefahren von Werner Schwärzel und Karlheinz Kleis. Der in Deutschland entwickelte König-Motor war ein Renn-Zweitakter, der aus dem Boots-Renn-

Weltmeister der Gespanne 1949-1976

Jahr	Fahrer	Schmiermaxe	Fabrikat
1949	Eric Oliver	Denis Jenkinson	Norton
1950	Eric Oliver	Lorenzo Dobelli	Norton
1951	Eric Oliver	Lorenzo Dobelli	Norton
1952	Cyril Smith	Bob Clements	Norton
1953	Eric Oliver	Stan Dibben	Norton
1954	Wilhelm Noll	Fritz Cron	BMW
1955	Willi Faust	Karl Remmert	BMW
1956	Wilhelm Noll	Fritz Cron	BMW
1957	Fritz Hillebrand	Manfred Grunwald	BMW
1958	Walter Schneider	Hans Strauß	BMW
1959	Walter Schneider	Hans Strauß	BMW
1960	Helmut Fath	Alfred Wohlgemuth	BMW
1961	Max Deubel	Emil Hörner	BMW
1962	Max Deubel	Emil Hörner	BMW
1963	Max Deubel	Emil Hörner	BMW
1964	Max Deubel	Emil Hörner	BMW
1965	Fritz Scheidegger	John Robinson	BMW
1966	Fritz Scheidegger	John Robinson	BMW
1967	Klaus Enders	Ralf Engelhardt	BMW
1968	Helmut Fath	Wolfgang Kalauch	URS
1969	Klaus Enders	Ralf Engelhardt	BMW
1970	Klaus Enders	Wolfgang Kalauch bzw. Ralf Engelhardt	BMW
1971	Horst Owesle	Julius Kremer bzw. Peter Rutherford	URS
1972	Klaus Enders	Ralf Engelhardt	BMW
1973	Klaus Enders	Ralf Engelhardt	BMW
1974	Klaus Enders	Ralf Engelhardt	BMW
1975	Rolf Steinhausen	Josef Huber	Busch-König
1976	Rolf Steinhausen	Josef Huber	Busch-König

Quelle: Wikipedia

Foto: © Archiv A. Koenigsbeck, H. J. Schneider

Oben: Unter der Regie von Michael Krauser realisierte Willy Roth 1975/76 die letzte Weiterentwicklung des BMW-Gespanns mit dem komplett neu konstruierten Vierventilmotor (s. weiter vorn). Doch Fahrer Otto Haller und „Schmiermaxe" Erich Haslbeck hatten mit dem Gespann kein Glück.

Unten: EML-Gespann für den Hartmann-Boxer-Cup 1984.

sport kam und sich offensichtlich auch sehr gut für den Seitenwagen-Rennsport eignete; der Zweitakt-Motor leitete nun eine neue Ära im Seitenwagensport ein. Nichtsdestoweniger wurden Enders/Engelhardt 1973 zum fünften Mal Gespann-Weltmeister auf BMW.

In der DM konnten BMW-Gespanne nur noch 1974 (Helmut Schilling/Harald Mathews) und 1976 (Schauzu/Kalauch) den Titel holen. 1974 und 1975 hießen die Deutschen Meister Schwärzel/Kleis auf König-Zweitakt-Gespann.

1974: BMW zum letzten Mal beherrschend

In der WM war 1974 das letzte Jahr, in dem BMW den Seitenwagen-Rennsport beherrschte. Der nun 37-jährige Klaus Enders und sein Beifahrer Ralf Engelhardt errangen mit ihrem von Busch hergerichteten Kneeler-Gespann des Teams HBM (Heukerott-Busch-Motosport) noch einmal die Weltmeisterschaft.

Damit hatten Enders/Engelhardt ihren sechsten WM-Titel errungen und waren so das bis dahin erfolgreichste Gespann-Team. König- und Yamaha-Vierzylinder-Gespanne setzten sich immer eindrucksvoller durch und traten in DM und WM die Nachfolge an. Das Team Rolf Steinhausen/Josef Huber gewann 1975 und 1976 auf einem Busch-König-Gespann die WM. Von BMW waren ab 1974 allenfalls noch Ersatzteile zu bekommen.

Luthringshauser Sieger bei der TT 1974

Vor allem ab 1977 spielte BMW in der Gespannklasse nur noch eine untergeordnete Rolle, denn mittlerweile hatten die giftigen Zweitakt-Dreiräder überall die Oberhand gewonnen, auch wenn die Hartgesottenen mit bis an die Grenzen des Machbaren getunten Boxern tapfer weiterkämpften. Aber trotz tatkräftiger Unterstützung durch Rennmäzen Mike Krauser und seinen Tuner Willy Roth sahen die Teams Otto Haller/Max Haslbeck und Heinz Luthringshauser/Hermann Hahn mit ihren Vierventil-Boxern gegenüber der Konkurrenz kein Land mehr. Immerhin fuhr Luthringshauser bei der TT 1974 in der Halbliterklasse als Erster über die Ziellinie.

1981: Hartmanns Boxer-Gespann-Cup

Im Sande verlief letztlich eine Initiative der Gespann-Spezialisten Horst und Falk Hartmann. Die Brüder hatten sich im Gelände mit Boxer-Gespannen einiges Ansehen verschafft und sich später um den holländischen Straßengespann-Hersteller EML verdient gemacht. 1981 rief die Firma Hartmann einen Boxer-Gespann-Cup ins Leben. Nachdem das Echo rundum positiv ausgefallen war, fing das Unternehmen an, geeignete Fahrzeuge auf Basis starker Zweiventilboxer in kleiner Serie herzustellen. 1983 sollte der Cup starten, diverse Veranstalter hatten bereits grünes Licht gegeben.

Doch plötzlich sprangen Kaufinteressenten, mit denen der Hersteller fest gerechnet hatte, ab, sodaß man die Idee vom Boxer-Cup wieder fallen lassen mußte. Einige der inzwischen fertiggestellten 30 „Rennpantoffel" kamen dennoch zum Einsatz – allerdings erst viel später bei Rennen von MOTO-AKTIV.

Oben: Enders/Engelhardt gewannen 1972 mit dem noch nicht in den Farben von BMW Motorsport lackierten Busch-Gespann vier Rennen und ihren vierten WM-Titel.

Rechts: Haller/Haslbeck auf Krauser-BMW im Jahr 1977. Der von Willy Roth in Diensten von Mike Krauser ab 1975 entwickelte Vierventil-Boxer trug nicht die erhofften Früchte. Roth hatte für Krauser auch Vierventil-Zylinderköpfe konstruiert, mit denen sich aus dem normalerweise 70 PS starken R 100 S-Boxermotor zwölf zusätzliche PS holen ließen.

Foto: © Archiv A. Koenigsbeck, H. J. Schneider

Legendärer Ruf von BMW maßgeblich im Gespannsport errungen

Es trug erheblich zum legendären Ruf des Boxermotors von BMW bei, daß unterschiedliche Teams mit ihm zwischen 1954 und 1974 sensationelle 19mal die Seitenwagenweltmeisterschaft errangen. Noch heute zehrt der Boxer von den spektakulären Leistungen dieser spannenden Epoche. Es folgten zwar ab 1974 noch viele Siege von Rennmaschinen der weiß-blauen Marke (so auch im Gelände bei den Six Days oder in der DM – s. Spezialkapitel weiter hinten im Buch), aber zu einer Weltmeisterschaft reichte es bei den Solo- und in den Seitenwagenklassen nicht mehr.

Dem Team Sigi Schauzu/Wolfgang Kalauch, später mit Horst Schneider, blieb trotz zahlreicher internationaler Erfolge (insbesondere zwischen 1967 und 1974 bei der TT) der Durchbruch zur Weltmeisterschaft versagt. Doch die

Deutsche Meisterschaft gewann Schauzu mit wechselnden Beifahrern bis 1977 sechsmal – zuletzt allerdings auf einer Schmid-Yamaha.

Unverdientes Ende des BMW-Gespannsports

Motorrad-Historiker Knittel zieht ein Fazit: *„Unter dem Strich hatte der RS-Boxermotor in fast ununterbrochener Reihenfolge 19 Gespann-Titel für die Münchner Firma eingefahren. Von all den Privatfahrern wie Sigi Schauzu, Georg Auerbacher, Arsenius Butscher, Colin Seeley, Tom Wakefield, Richard Wegener, Otto Kölle, Johann Attenberger oder Jean-Claude Castella, um nur die bekanntesten Männer zu nennen, blieb es nach dem großen Wechsel hin zu Zweitakt-Motoren ab 1975 Heinz Luthringshauser und Otto Haller vorbehalten, auf einer letzten Entwicklungsstufe des Viertakt-Boxermotors noch einmal ein BMW-Comeback zu versuchen. Doch zuerst machten ein gewisses Leistungsmanko und dann verschärfte Lärm-Vorschriften dem unter der Regie des BMW-Händlers und Motorrad-Zubehörfabrikanten Michael Krauser stehenden Projekt endgültig den Garaus. Und damit endete die lange Geschichte der BMW-Gespannerfolge sang- und klanglos und – wie viele heute noch meinen – unverdientermaßen."*

Auch in der DDR fanden von 1949 bis 1960 international besetzte Gespannrennen statt, die meist von westdeutschen Fahrern mit ihren schnellen BMW-Gespannen dominiert wurden. Zur Vertiefung empfehlen wir das im ZWEIRAD-Verlag 1994 erschienene und antiquarisch erhältliche Buch von Günter Geyler *„Erinnerungen an den Sachsenring"*.

Der von Willy Roth konstruierte 500er Vierventil-Boxer mit 75 PS war mit seinen jeweils zwei obenliegenden und offen zahnriemengetriebenen Nockenwellen auf dem Höhepunkt seiner Zeit. Für einen Serienbau war er aber zu ausladend.

1955-1975

BMW dominant

Gespannsiege in Serie

Mit dem sensationellen Sieg von Schorsch Meier auf der 500er Kompressor-BMW bei der Senior-TT 1939 endete die erste große Phase dieses berühmt-berüchtigten Straßenrennens auf der Isle of Man (s. Band 1 unserer Boxer-Saga).

Mit Beginn des Zweiten Weltkriegs wurde es ruhig auf der Insel. Erst im September 1946 fand der Manx GP statt, die Tourist Trophy kehrte 1947 zurück. Ab 1949 röhrten hier im Rahmen der FIM-Motorrad-Weltmeisterschaft wieder Rennmotoren.

Gespanne waren zunächst nur von 1923 bis 1925 am Start der TT gewesen. Erst 1954 ließ man Seitenwagenrennen wieder zu, wobei der Auftaktsieg vom englischen Team Eric Oliver/Les Nutt auf Norton herausgefahren wurde.

Ab 1955 dominierten (genauso wie in der Weltmeisterschaft und mit nur zwei Unterbrechungen durch BSA-Teams 1962 und 1968) die Gespanne von BMW. Nacheinander siegten, mitunter auch mehrfach (s. Tabelle), die legendären BMW-Mannschaften Schneider/Strauß, Hillebrand/Grunwald, Fath/Wohlgemuth, Deubel/Hörner, Camathias/Herzig, Scheidegger/Robinson. Von 1967 bis 1975 legten Siggi Schauzu/Wolfgang Kalauch auf BMW in verschiedenen Klassen eine einmalige Siegesserie hin, die nur 1974 von Klaus Enders/Ralf Engelhardt unterbrochen wurde. Auch zahlreiche zweite und dritte Plätze wurden von BMW-Teams wie Camathias/Cecco (Zweite 1958 und 1959) oder Harris/Campbeell (Zweite1960,

Tourist Trophy 1923-1976: die Sieger in den Gespannklassen

Jahr	Kurs	Klasse	Fahrer	Schmiermaxe	Fabrikat
1923	Mountain Course	Gespanne	Freddie Dixon	Walter Derry	Douglas
1924	Mountain Course	Gespanne	George Tucker	Walter Moore	Norton
1925	Mountain Course	Gespanne	Len Parker	Ken Hirstman	Douglas
1926-1953		*Gespannklassen nicht am Start*			
1940-1946		*keine Isle of Man TT wegen des Zweiten Weltkriegs*			
1954	Clypse Course	Gespanne	Eric Oliver	Les Nutt	Norton
1955	Clypse Course	Gespanne	Walter Schneider	Hans Strauß	BMW
1956	Clypse Course	Gespanne	Fritz Hillebrand	Manfred Grunwald	BMW
1957	Clypse Course	Gespanne	Fritz Hillebrand	Manfred Grunwald	BMW
1958	Clypse Course	Gespanne	Walter Schneider	Hans Strauß	BMW
1959	Clypse Course	Gespanne	Walter Schneider	Hans Strauß	BMW
1960	Mountain Course	Gespanne	Helmut Fath	Alfred Wohlgemuth	BMW
1961	Mountain Course	Gespanne	Max Deubel	Emil Hörner	BMW
1962	Mountain Course	Gespanne	Chris Vincent	Eric Bliss	BSA
1963	Mountain Course	Gespanne	Florian Camathias	Alfred Herzig	BMW
1964	Mountain Course	Gespanne	Max Deubel	Emil Hörner	BMW
1965	Mountain Course	Gespanne	Max Deubel	Emil Hörner	BMW
1966	Mountain Course	Gespanne	Fritz Scheidegger	John Robinson	BMW
1967	Mountain Course	Gespanne 500 cm³	Siegfried Schauzu	Horst Schneider	BMW
1968	Mountain Course	Gespanne 500 cm³	Siegfried Schauzu	Horst Schneider	BMW
		Gespanne 750 cm³	Terry Vinicombe	John Flaxman	BSA
1969	Mountain Course	Gespanne 500 cm³	Klaus Enders	Ralf Engelhardt	BMW
		Gespanne 750 cm³	Siegfried Schauzu	Horst Schneider	BMW
1970	Mountain Course	Gespanne 500 cm³	Klaus Enders	Wolfgang Kalauch	BMW
		Gespanne 750 cm³	Siegfried Schauzu	Horst Schneider	BMW
1971	Mountain Course	Gespanne 500 cm³	Siegfried Schauzu	Wolfgang Kalauch	BMW
		Gespanne 750 cm³	Georg Auerbacher	Hermann Hahn	BMW
1972	Mountain Course	Gespanne 500 cm³	Siegfried Schauzu	Wolfgang Kalauch	BMW
		Gespanne 750 cm³	Siegfried Schauzu	Wolfgang Kalauch	BMW
1973	Mountain Course	Gespanne 500 cm³	Klaus Enders	Ralf Engelhardt	BMW
		Gespanne 750 cm³	Klaus Enders	Ralf Engelhardt	BMW
1974	Mountain Course	Gespanne 500 cm³	Heinz Luthringshauser	Hermann Hahn	BMW
		Gespanne 750 cm³	Siegfried Schauzu	Wolfgang Kalauch	BMW
1975	Mountain Course	Gespanne 500 cm³	Rolf Steinhausen	Josef Huber	König
		Gespanne 1000 cm³	Siegfried Schauzu	Wolfgang Kalauch	BMW*
1976	Mountain Course	Gespanne 500 cm³	Rolf Steinhausen	Josef Huber	König
		Gespanne 1000 cm³	Malcolm Hobson	Mick Burns	Yamaha

Quellen: Nick Harris: TT – die Geschichte der Tourist Trophy; Wild, Josef: Die Geschichte der BMW-Rennmaschinen; Wikipedia; http://www.eggersdorfer

** Durchschnitt: 97,5 mph = 157 km/h*

2014, 2016-2019, 2022, 2023 Siege für BMW in den Soloklassen Superstock, Superbike, Senior; 2021-2022 Ausfall wg. Covid. Liste aller Sieger aller Klassen 1907 bis 2023: https://de.wikipedia.org/wiki/Liste_der_Isle-of-Man-TT-Sieger

Foto: © Archiv Eggersdorfer, H. J. Schneider

Dritte 1961) herausgefahren (Liste aller Sieger in den Gespannklassen 1923 bis 1976 s. Tabelle).

Aufs Podium als Zweite oder Dritte kamen ferner in jenen Jahren BMW-Mannschaften wie Lambert/Herzig, Birch/Birch, Seekey/Lindsay, Butscher/Huber sowie Georg Auerbacher mit den wechselnden Schmiermaxen Hahn, Heim, Rykers, Kalauch und Schillinger, wobei ab Anfang der 1970er Jahre immer öfter Teams anderer Rennställe vordere Plätze belegen konnten. Die letzten Pokale für BMW holten 1974 Heinz Luthringshauser/Hermann Hahn als Sieger und 1976 Schauzu/Kalauch als Zweite. Ab 1975 bezwangen in der 500er Klasse Rolf Steinhausen/Josef Huber auf Zweitakt-König die Konkurrenz, bevor sich Gespanne mit Yamaha-Motoren nach vorne schoben.

Engelhardt: „Training, Mut und Konzentration"

Ralf Engelhardt, der Beifahrer von Klaus Enders, verfaßte über die Sidecar-TT später einen Bericht für das Standardwerk *„Die Geschichte der Tourist Trophy"* von Nick Harris; einige Auszüge: *„Im ersten Jahr bin ich ca. 2000 Trainingskilometer auf der TT-Strecke gefahren und zwar mit ei-nem Glas-1300-Trainings-Auto. Jahr für Jahr war Dieter Busch mit von der Partie, Freund, Mechaniker und Erbauer zahlreicher Weltmeister-Gespanne. Auf der Isle of Man war man vor allem erstaunt über das ‚voll zwischen den Häusern durchfahren' in den kleinen Ortschaften; es erforderte Gewöhnung, viel Training, Mut und volle Konzentration. Klaus Enders fuhr außerordentlich präzise, er hat kaum einen Fahrfehler gemacht. Nur einmal, in all den Jahren, kam er in einer Kurve etwas zu dicht an den Randstein, das war die einzige Verfehlung, er hat dann nach dieser Kurve zu mir in den Seitenwagen geschaut, wie um sich zu entschuldigen! Auf der TT-Strecke (Belag nicht so gut wie heute) konnte man auf der Geraden nicht immer auf dem Bauch liegen; nur auf der Seite liegend war diese Strecke für mich durchzuhalten! Die Spitzengeschwindigkeiten betrugen Ende der 60er Jahre etwa 240 km/h, die erste 100 mph-Runde wurde erst 1991 mit einem Gespann gefahren!"*

Enders/Engelhardt waren ein gut eingespieltes Team. Dies zeigte sich vor allem in engen Kurven wie „Governor's-Bridge". Ralf Engelhardt erinnert sich: *„Die Haarnadelkurven waren so eng, daß ohne Griff zur Kupplung der Motor abgestorben wäre. Aber die Kupplung war ja nur zum Anfahren da, und wenn man sich darauf beschränkte, dann hielt sie auch. Aber in ‚Ramsey-Hairpin' hätte die Kupplung gar nicht gehalten, wenn Enders sie so lange wie nötig festgehalten hätte. Also mußte ich erst aufs Hinterrad, damit die Maschine hinten rumkam, dann ganz früh aus dem Beiwagen und den vorderen Griff belasten, damit das Hinterrad Schlupf hatte. Wenn ich dann ganz langsam wieder das Hinterrad belastete, ging das Gespann ab wie eine Rakete!"*

Oben: Die vielfachen TT-Sieger Siggi Schauzu/Wolfgang Kalauch mit ihrem BMW-Gespann 1973 in Brno. Mit diesem Fahrzeug nahmen sie auch an der TT teil, die sie aber ausnahmsweise in diesem Jahr nicht gewannen.

Unten: Luthringshauser/Hahn mit dem BMW-Kneeler auf Siegesfahrt bei der TT 1974.

Meisterhaft von Robert Kröschel in Szene gesetzt: R 100 RS von 1978 in nobler Zweifarblackierung und mit der wahlweise erhältlichen Doppelsitzbank. Neu waren der Ölkühler und das in der Mitte geschlossene Motorverkleidungsteil. Es gab nur noch zwei kleine Kühlluftgitter rechts und links unten.

Kapitel 9
1976-1984: R 100 RS

Im Windkanal geformt

In den 1970 Jahren machte die japanische Motorradindustrie mächtig Druck auf die europäischen Hersteller. Mit einemn Geniestreich überrumpelte BMW 1976 die Konkurrenz: Die Münchner präsentierten mit der R 100 RS das weltweit erste Motorrad mit serienmäßiger Vollverkleidung. Fahrwerks- und Antriebstechnik blieben konventionell, doch die von Chefdesigner Hans A. Muth gezeichnete und im Windkanal optimierte Kunststoffschale war avantgardistisch. Das extravagante Design machte die R 100 RS in Verbindung mit dem auf einen Liter Hubraum und 70 PS erstarkten Boxermotor zu einem Verkaufsschlager: Allein die Erstversion mit Zweiarmschwinge fand über 33 000 Käufer.

Mit dem neuen Einliter-Boxer trieb BMW die Kunst des klassischen Maschinenbaus auf die Spitze. Mit großvolumigen Vergasern und Finessen im Detail leistete der Zweizylinder mehr als je zuvor in der Serie: 70 PS.

Das „motor magazin“ der „Auto Zeitung“ spürte die R 100 RS in Norwegen auf und veröffentlichte am 15. September 1976 als erstes Magazin Fotos, Fahrbericht und Phantomzeichnung.

Repro: © Auto Zeitung, Archiv H. J. Schneider

1976-1984

R 100 RS 980 cm³

Reisesportler mit Vollverkleidung Erste Serie mit Zweiarmschwinge

Daß Air France und British Airways am 21. Januar 1976 mit der Concorde den regulären Betrieb eines zivilen Überschallflugzeuges aufnahmen, gehört zu den Meilensteinen der technischen Entwicklung. Bei den Motorrädern war es die im Windkanal auf Aerodynamik getrimmte R 100 RS von BMW, die auf der IFMA im September 1976 in Köln präsentiert wurde und bei den Big Bikes mit ihrer windschnittigen Vollverkleidung neue Maßstäbe setzte, als weltweit erste derartige Serienmaschine.

Steckbrief R 100 RS (alle Daten s. Anhang)

Bauzeit	1976 bis 1984
Motortyp, Ventile	247, 2 ohv
Einheiten	33 648
Hubraum	980 cm³
Leistung 1976	70 PS bei 7250/min⁻¹
Vergaser (Bing)	2 Gleichdruck 94/40/105
Getriebe	5-Gang
Rahmen	Stahlrohr, verschweißt
Vorderradführung	Teleskopgabel
Hinterradführung	Schwinge, 2 Federbeine
Bremsen v/h mm 1976	2 Scheib. 260/Trommel 200
Bremsen v/h mm ab 1977	2 Scheib. 260/1 Scheib. 260
Reifen vorn/hinten	3,25 H 19 / 4,00 H 18
Leergewicht	230 kg
Höchstgeschwindigkeit	200 km/h
Preis	11 210,- DM

Der anhaltende Motorradboom hatte BMW Mitte der 1970er Jahre ermutigt, die Modellpalette abermals zu erneuern und zu verbessern. Mit drei neuen Modellen, deren Boxermotoren erstmals knapp einen Liter Hubraum besaßen, reagierte BMW auf die Entwicklung – mit der RS und mit den Modellen R 100 S und R 100/7 (s. Folgekapitel).

Der Medienrummel um die damals futuristisch wirkende RS „ReiseSport" war gewaltig, das neue Flaggschiff der Bayern, stand im Rampenlicht. Im Vergleich zu den damals noch überwiegend unverkleideten Big Bikes von Honda, Kawasaki, Suzuki und Yamaha wirkte die neue BMW wie von einem anderen Stern. BMW setzte in der Werbung den Punkt: *„Es gibt eine Möglichkeit, den Wind für Sie arbeiten zu lassen. Und nicht gegen Sie: BMW R 100 RS."* Und ein wenig verschwurbelt: *„Mit dem Integral-Cockpit hat BMW einen neuen Schritt zur Optimierung des Mensch-/Maschine-Systems getan."* Wie das funktioniert hat (oder auch nicht), werden wir weiter unten sehen.

Jagd in Norwegen auf eine RS im grünen Mercedes-Lkw

Lange schon war von einem vollverkleideten Boxer gemunkelt worden. Das von der *„Auto Zeitung"* publizierte *„motor magazin"* machte dann im Spätsommer 1976 regelrecht Jagd auf die Vorserienmaschine, mit der BMW in Norwegen geheime Aufnahmen für Prospekte und die Werbung machen ließ. Auch die übrigen Neuheiten für 1977 waren auf der abgedeckten Ladefläche eines Lastwagens versteckt. Und BMW spielte mit und wies den Importeur in Oslo an, das Versteck zu verraten. „Motorrad-Professor" Wilhelm Hahne und Fotograf Wolfgang Drehsen reisten Hals über Kopf gen Norden – und fanden die Motorräder nicht. Denn der Lkw war mit unbekanntem Ziel verschwunden. Der Importeur mußte sogar über den norwegischen Rundfunk Suchmeldungen nach der kostbaren Ladung ausstrahlen lassen. Doch das war für die Katz.

Also charterten die beiden Journalisten *„in einem Anfall von grimmigem Größenwahn"* einen Leihwagen und begaben sich auf eigene Faust auf die Suche. Einziger Anhaltspunkt: die Himmelsrichtung und die Art des Lastwagens – grüner Mercedes mit grauer Plane. Nach einer Irrfahrt über 649 Kilometer auf Land- und Schotterstraßen (Handy zur Kontaktaufnahme gab's ja noch nicht – und auch kein GPS!) fanden sie das Auto – die Fotoproduktion mit anschliessender RS-Probefahrt konnte starten. Es war ein Coup, der seinesgleichen suchte. Mit einer ausführlichen, reich bebilderten Reportage über

Links unten, Mitte: Das Designkonzept für die R 100 RS durchlief bis Mitte der 1970er Jahre mehrere Stufen, darunter betont sportliche (links) und eher konventionelle (rechts).

Rechts unten: 1975 wurde dieser Prototyp im Windkanal von Pininfarina in Turin getestet. Man beachte die zunächst noch integrierten Rückspiegel und das weitgehend geschlossene Mittelteil der Motorverkleidung.

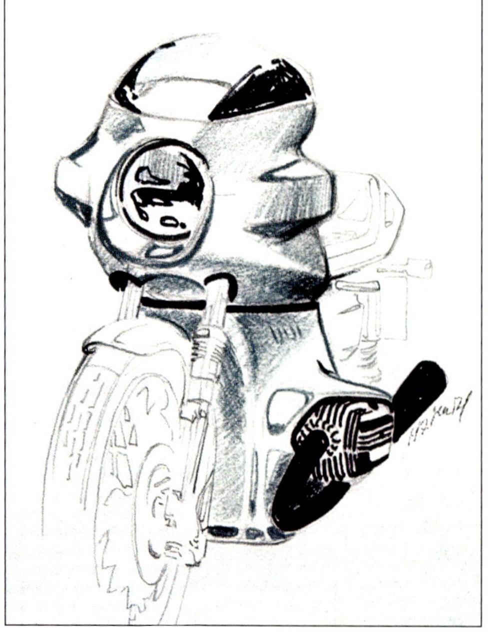

Repro: © Auto Zeitung, Archiv H. J. Schneider

Oben links: die vom Team der „Auto Zeitung" 1976 in Norwegen aufgespürte R 100 RS, mit der BMW dort Fotos für Werbezwecke und Prospekte machen ließ.

Oben: R 100 RS in der ersten Version, wie sie im September 1976 auf der IFMA in Köln vorgestellt wurde. Die Rückspiegel waren nun separat angebracht und schwarz, die Verkleidung trägt unten sehr große Kühlluftschlitze.

Links: die R 100 RS in Serienausführung, wie sie 1976 für eine Fotoproduktion im Pininfarina-Windkanal aufgestellt wurde.

elf Seiten inklusive Betti-Schnittzeichnung (Bruno Betti, geboren 1943, berühmter italienischer Auto-Illustrator) hängte das Magazin mit seinem Erscheinen am 15. September 1976 alle anderen Motorrad-Zeitschriften ab.

Erste Serienmaschine mit Vollverkleidung

Die von Stylingchef Hans-Albrecht Muth entwikkelte und im Windkanal des Turiner Designers Sergio Pininfarina entwickelte, ganz um den Motor herumgezogene und in einem leicht bläulich schimmernden Silbermetallic lackierte Vollverkleidung machte die Maschine unverwechselbar und gab ihr den beabsichtigten exklusiven Charakter. Die markanten Leichtmetall-Gußräder (zunächst als Option) und die neu entwickelte Sitzbank mit windschnittigem Heckbürzel paßten gut zum nonkonformistischen Erscheinungsbild.

„BMW hatte es mal wieder geschafft und stahl den in der Regel leistungsstärkeren Konkurrenten die Show", schwärmt BMW Classic noch heute. *„Egal, wo*

eine RS auftauchte, war sie Mittelpunkt des Interesses, und selbst ansonsten an Motorrädern nicht interessierte Passanten blieben stehen und bestaunten die große BMW mit ihrer eleganten Vollverkleidung."

So schwelgte denn auch die BMW-Werbung in Superlativen: *„Die neue Spitzenmaschine der Baureihe 7 ist ein Motorrad, wie es bisher nicht existierte. Durch das neue BMW Integral-Cockpit wurde der entscheidende Schritt in die Zukunft des dynamischen Fahrerlebnisses getan. BMW ist der erste Motorrad-Hersteller, der ein derart konsequent mit der Gesamtkonstruktion abgestimmtes Cockpit produziert und serienmäßig anbietet."* Man war fest davon überzeugt, das beste Motorrad entwickelt zu haben und

Oben links: R 100 RS Serie ab September 1976 mit ihrer speziellen Höckersitzbank. Oben rechts: Alle Instrumente waren übersichtlich in das „Integral-Cockpit" eingebaut. Der Lenker war schmaler als bei den anderen Boxern (580 statt 690 mm). Unten links: Vorserienmaschine mit Speichenrädern.

unter den Käufern die besten Fahrer zu haben: *„Bei BMW bestimmen professionelle Anforderungen das Styling und nicht modische Wünsche..."*

Rein sachlich betrachtet handelte es sich beim Integral-Cockpit um einen aus mehreren Teilen zusammengesetzten, rahmenfest angebrachten Wind- und Wetterschutz, der hohe Autobahn-Dauergeschwindigkeiten zuließ, bei Seitenwind wegen der großen Angriffsflachen aufgrund unserer Erfahrungen aber seine Tücken hatte (auch wenn das gern abgestritten wurde). Ein innovatives Detail war der spoilerähnliche, aerodynamisch ausgebildete Bug, der den Auftrieb bei hohem Tempo merklich minderte. Hahne stellte fest, daß die RS selbst bei Volldampf im strömenden Regen kein Aquaplaning zeigte – anders als die zum Vergleich herangezogene R 100 S mit ihrer schmalen Cockpitverkleidung. Und hinter der RS-Verkleidung wurde der Mann nicht naß. Auch

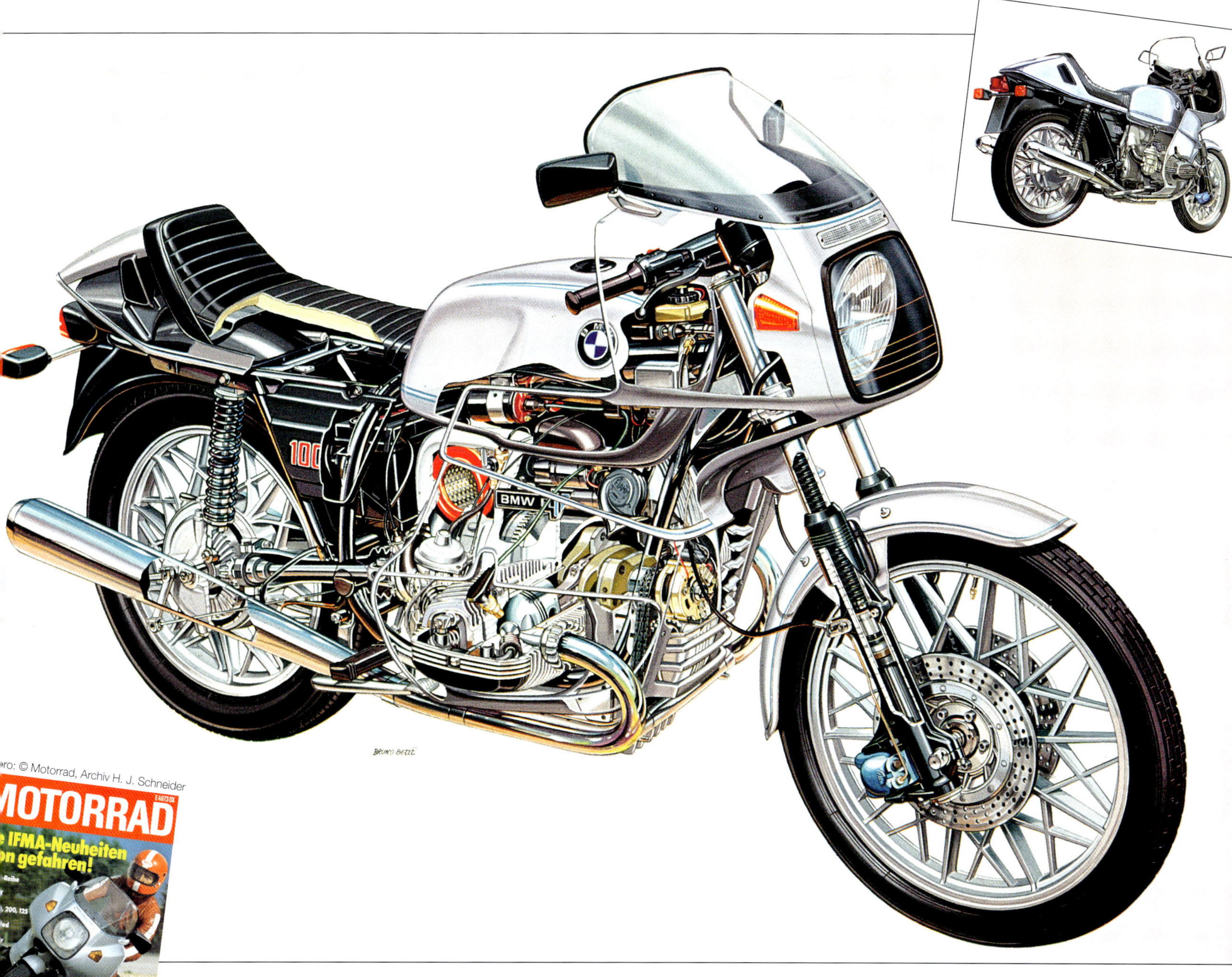

Foto: © Motorrad, Archiv H. J. Schneider

stellte er keine Zugwirkung auf der Rückenpartie fest. Gelobt wurde, daß die Motortechnik für Wartungsarbeiten etwa an der zunächst noch kontaktgesteuerten Zündanlage gut zugänglich war, weil sich alle Abdeckungselemente leicht entfernen ließen, daß Blinker und Scheinwerfer *„keine störenden Anbauteile mehr"* waren und daß der Kunde erstmals zwischen *„Höckersitzbank"* für eine Person (immerhin mit Haltegriffen hinten, wenn sich doch jemand zusätzlich draufzwängte) und der normalen zweisitzigen Bank wählen konnte. Praktisch auch: Weil die Verkleidung aus vielen Einzelteilen bestand, war sie nach Umfallern oder Rempeleien relativ kostengünstig instandzusetzen.

Oben: Die Phantomzeichnung der 1976er RS zeigt u.a. den Kurbeltrieb, den Rundluftfilter und die Gabel mit der Ate-Bremsanlage. BMW gibt als Urheber Technical Art, Norbert Schäfer an. Die von BMW archivierte Zeichnung ist völlig identisch mit dem Werk von Bruno Betti, im „motor magazin". Von Technical Art stammt auch kleine Bild oben rechts.

„Motorrad" kündigte die RS am 8.9.1976 groß an, der Artikel war indes dürftig.

Frau als RS-Pilotin 1976 für Viele nur schwer vorstellbar

Serienmäßig waren wie bei der lenkerfesten Cockpitverkleidung der nicht mehr gebauten R 90 S und der neuen R 100 S neben Tachometer (Anzeige bis 220 km/h) und Drehzahlmesser (roter Bereich ab 7000/min^{-1}) ein Voltmeter sowie eine klassische Analog-Zeituhr. Die Aufnahmen des schmalen Sportlenkers an der oberen Gabelbrücke wurden durch eine Prallplatte abgedeckt – die RS vermittelte erstmals so etwas wie passive Sicherheit beim Motorrad. Es gab einen einstellbaren Lenkungsdämpfer, Lenker und Fußrasten (vorne wie hinten) waren ebenfalls verstellbar – *„für ein sicheres und ermüdungsfreies Vergnügen auch bei längeren Fahrten. Eine BMW verbindet in idealer Weise die Forderungen ihres Fahrers nach Kraft und Beweglichkeit mit den Wünschen der Sozia nach ruhigerem und angenehmerem Fahren..."* Eine Frau als Fahrerin war damals noch schwer vorstellbar. Selbst von Fachjournalisten erntete die von Stylingchef Hans-Albrecht Muth entworfene Verkleidung viel Lob: *„Wir haben bisher noch keine Vollverkleidung gefahren, hinter der so wenig los war, wo sol-*

che Ruhe vor dem Sturm war." Die Fußrasten hatten dickere Gummiauflagen als bisher üblich und schirmten daher Vibrationen besser ab.

Alles in allem veränderte die RS-Verkleidung den Charakter des Motorrads grundlegend. Sie hielt den Fahrtwind so gründlich ab, daß RS-Novizen anfänglich kein Gefühl für die tatsächlich gefahrene Geschwindigkeit bekamen. Andererseits waren mit diesem Motorrad Reisedurchschnitte möglich wie mit keiner anderen Maschine jener Zeit. Auch hatte die RS etwas, was in den 1970ern noch besonders hoch im Kurs stand: *„Überholprestige".* Hahne konnte es sich nicht verkneifen, anzumerken: *„Diese BMW bedarf nicht der nun serienmäßigen Doppelfanfare, um die Konkurrenz aufzuschrecken. Sie macht das schon optisch durch ihre Verkleidung".*

Erstmals BMW Boxer mit 980 cm³ und 70 PS

Auch beim Ohv-Boxermotor hatte man wieder einen Schritt nach vorn gemacht, aber weiterhin auf das oft geforderte Mittellager verzichtet: Durch abermaliges Aufbohren der Zylinder auf nunmehr 94 mm hatten die Ingenieure den Hubraum auf 980 cm³ aufstocken können – es sollte die größtmögliche und letzte Hubraumerweiterung des Zweiventil-Boxers der Serien 246 und 247 sein. Auch die Leistung erreichte mit 70 PS bei 7250/min^{-1} ihre Höchstmarke im Boxer-Serienbau. Das maximale Drehmoment von 77 Nm wurde bei 5500/min^{-1} erreicht, das hohe Verdichtungsverhältnis von 9,5 : 1 verlangte nach verbleitem (später bleifreiem) Superbenzin. Von den 70 PS kamen auf dem Rollenprüfstand 61 PS bei 7250/min^{-1} am Hinterrad an, was angesichts des kräftezehrenden Kardanantriebs einem normalen Verlust entsprach. .

Links oben: Front der R 100 RS von 1976 mit großem mittlerem Kühllufteinlaß. Danaben: Heckansicht der in Gold lackierten RS von 1977 mit der serienmäßigen Höckersitzbank.
Links unten: Auch von schräg hinten betrachtet offenbarte die RS ihren avantgardistischen Charakter. Die weit nach unten gezogene Verkleidung schützte den Fahrer gut vor Wind und Wetter.

Unten rechts: R 100 RS mit Sonderlackierung, die anlässlich der Grundsteinlegung für die Erweiterung des Werks Berlin im April 1977 durch den Bundespräsdidenten Walter Scheel zugunsten der deutschen Krebshilfe verlost wurde. Der Tank wurde von Scheel handsigniert.

Oben: außergewähnliche Fahraufnahme von 1977. Von schräg oben betrachtet wirkt die RS besonders dynamisch. Der Fahrer trägt eine topmodische Steppkombination. Rechts: BMW-Sprecher Kalli Hufstadt (1941-2004) setzte die R 100 RS dynamisch für Pressefotos in Szene.

Großvolumige Gleichdruck-Vergaser, zusätzlicher Ölkühler

Dem neuen 1000er Motor wurde allgemein eine größere Elastizität als dem 900er Triebwerk bescheinigt. Ein neues Kurbelgehäuse-Entlüftungssystem senkte den Ölverbrauch. Bei der RS half eine stärker verrippte Ölwanne mit Leitblechen, die hohen Ölternperaturen zu senken. Ab Modelljahr 1978/79 besaß die RS zusätzlich einen Ölkühler. Die komplizierten Dell'Orto-Vergaser hatte man durch Bing-Gleichdruck-Vergaser mit auf 40 mm erweiterten Durchlässen ersetzt. Die zehn Mehr-PS der RS gegenüber der 100/7 (in der ersten Ausführung bis 1978) waren unter anderem größeren Vergaser-, Einlaß- und Auslaß-Querschnitten, größeren Einlaß- und Auslaßventilen sowie der höheren Verdichtung durch Spezialkolben zu verdanken. (Die im nächsten Abschnitt behandelte R 100 S hatte identische Vergaser und die gleiche Verdichtung wie die R 100 RS.)

Boxermotor verstärkt und in vielen Details optimiert

Mit Verstärkungen am Motorgehäuse und weiteren Details (s.a. folgende Modellporträts) suchte man der gewachsenen Belastung Herr zu werden. Die wichtigsten weiteren Verbesserungen: längere Zuganker, neue Anordnung der Zylinder- und Zylinderkopfrippen gegen Schwirreffekte, geschmiedete Auspuffverschraubungen und im Querschnitt größere Auspuffrohre. Äußeres Erkennungsmerkmal des neuen 1000er Motors waren die kantigen und schwarz beschichteten, im Material verstärkten und besser wärmeableitenden Zylinderkopfdeckel: Sie sollten die rundlichen, auch vorzugsweise im Sport eingesetzten Abdeckungen für eine Dauer von 15 Jahren ablösen. Erst 1991 erstanden sie mit dem nostalgisch verbrämten Classic-Boxer R 100 R wieder auf.

Wie wir in den folgenden Abschnitten weiter zeigen werden, wurden die 900er Motoren 1976 nach dreijähriger Bauzeit generell vom Einliter-Boxer ab-

Oben: 1977 gab es die R 100 RS in der spektakulären Lackierung Gold. Die Bremssättel waren dabei silbern und nicht blau beschichtet. Den hier fehlenden Kickstarter gab es nur gegen Aufpreis (74 DM Juli 1979).

Links: Zwei R 100 RS der französischen Gendarmerie 1976 auf den Pariser Champs Élysées. BMW lieferte Boxer-Motorräder an Polizei-Einheiten in über 70 Ländern. „Wie leisten weltweit Amtshilfe." Wie diese „Amtshilfe" damals z.B. in Südamerika aussah, wollen wir uns lieber nicht vorstellen. Schon die französischen Gendarmen wirken bedrohlich.

gelöst. Die Modelle der neuen /7-Reihe präsentierten sich außerdem in verändertem Design und mit verbesserter Ausstattung. Nachfolgerin der R 90 S wurde die R 100 S mit 65 PS bei 6600/min^{-1}. Das Tourenmodell R 90/6 fand seine Ablösung in der R 100/7 mit 60 PS. Logischerweise gab es auch eine in vielen Details modifizierte R 75/7 mit 50 PS und eine R 60/7 mit überschaubaren 40 Pferdestärken.

Für die RS des Jahrgangs 1978/79 bot BMW wieder sinnvolles Zubehör an, u.a. Kickstarter (73 DM), Warnblinkanlage (55 DM), Zylinderschutzbügel (94 DM), verstärkte Federn hinten (14 DM).

Vollverkleidung mit Vor- und Nachteilen

Mit der R 100 RS erweiterte BMW die Palette um ein zusätzliches, nahezu 200 km/h schnelles Spitzenmodell, das für zunächst 11 210 DM auf den Markt kam. Von der Konzeption her war das neue Paradepferd gleichermaßen für flotte Landstraßenfahrt wie für schnelles Reisen auf der Autobahn geeignet. BMW sagt heute: *„Die Verkleidung bot einen bis dahin nicht gekannten Wind- und Wetterschutz und ermöglichte so auf der Autobahn erstaunlich hohe Durchschnittsgeschwindigkeiten bei entspannter Sitzposition."* Im Stadtverkehr war die RS wegen der geringeren Übersichtlichkeit und des erhöhten Gewichts von 230 kg (vollgetankt mit 24 Litern) weniger angenehm. Der Autor bemerkte damals: *„Die RS ist vornehmlich auf der Autobahn in ihrem Element, im Kurzstreckenverkehr wirkt sie unhandlich."*

Für das *„motor magazin"* der *„Auto Zeitung"* (Heft 5 vom 25. September 1978) verglich der Autor die R 100 RS mit fünf anderen Big Bikes: Honda CBX, Kawasaki Z 1-R, Suzuki GS 1000, Yamaha XS 1100 und Laverda 1200. Der Text beschrieb weniger die Technik, sondern mehr den Charakter der Maschinen: *„Wer bei Tempo 200 so 50 Meter in der Sekunde zurücklegt, muß feinfühlig sein wie ein Rennpferd. (...) Immerhin setzen die zweirädrigen Hubraumriesen auf öffentlichen Straßen Leistungen frei, die ansonsten nur Formel 1-Rennwagen auf abgesperrten Pisten gestattet werden."*

Die BMW stufte er als Prestigefahrzeug ein: *„Es soll Leute geben, die sich eine BMW in die Garage stellen – mehr um sie bei Bedarf vorzeigen zu können als regelmäßig mit ihr zu fahren."* Jedenfalls sei sie unverwechselbar: *„Die große BMW hat ein markantes Gesicht, ein individuelles Profil. Freunde des Understatements sind falsch beraten, wenn sie sich für dieses Motorrad entscheiden."* Die Antriebstechnik sei konservativ und garantiere daher, daß *„noch rauh und herzlich zugepackt werden darf, wenn es ums Bremsen, Schalten und Kuppeln geht. Dazu deftige Musik aus zwei Rohren."* Tourenfahrer aber seien mit der RS bestens bedient – wegen ihres hervorragenden Wind-, Kälte- und Regenschutzes auf langen Strecken.

Oben: Auch die goldene RS von 1977 mußte noch ohne Ölkühler auskommen. Die großen Lüftungsschlitze unten reichten bei hoher Dauerbelastung nicht aus.

Links: Blick auf das gut bestückte „Integral-Cockpit" mit seinem auffallend schmalen Lenker. Ein breiterer hätte samt der Hände die Aerodynamik verschlechtert.

Rechts: bunte Designstudie „Proca RS" von 1979. Gut zu erkennen: der Ölkühler in Höhe der Gabelmanschetten. „Proca RS" war eine Anspielung auf die Procar-Meisterschaft mit dem M1, die 1978 gegründet und 1979 und 1980 ausgetragen wurde.

Dem standen bestimmte Nachteile gegenüber: Das wuchtige, in einem neuartigen Heißpreßverfahren produzierte „Integral-Cockpit" der RS wog komplett nur 9,5 kg, doch das Mehrgewicht lag auf dem Vorderrad, was sich beim Rangieren, Aufbokken und bei langsamer Fahrt als ungünstig erwies. Auch war der schmale Lenker gewöhnungsbedürftig. Anders als bei konkurrierenden Sportmaschinen saß man auch bei diesem Boxer der neuen

Oben: Fahraufnahme der zweifarbig lackierten R 100 RS 1978 auf dem BMW-Testgelände in Aschheim. Die Maschine fuhr sich sprortlicher als sie aussah, zumindest in kundiger Hand. Links: Die 1978er RS mit Ölkühler und neuer Unterverkleidung.

1000er-Klasse ziemlich hoch auf der Sitzbank, was den Vorteil des niedrigen Motorschwerpunkts teilweise wieder aufhob. Unangenehm war, daß die Verkleidung vornehmlich bei Stadtfahrt und an der Ampel den Motorlärm wie ein großer Resonanzkörper verstärkte.

RS = Reisesport und nicht Rennsport

Auch ansonsten hatte die Fachpresse an den neuen Modellen etwas auszusetzen. Viele hatten einen komplett neuen Boxer mit obenliegenden Nokkenwellen, vielleicht sogar mit Königswellen erhofft. *„Motorrad"*-Chefredakteur Siegfried Rauch ärgerte die BMW-Verantwortlichen, als er schrieb: *„R 100 RS heißt das Topmodell mit 70 PS. Aber – wer wird denn gleich an Königswelle denken. Früher durften nur die Königswellen-Motoren diese Titulierung ‚RS' tragen – jetzt wird die hochtrabende Bezeichnung für einen simplen Stoßstangenmotor verwendet..."* BMW wich der Kritik elegant aus: *„Das Kürzel RS, das früher für Rennsport stand, steht jetzt für ‚ReiseSport'".*

Ilse Reutter schrieb in *„Motorrad“* 18/1976*: *„Die serienmäßige Vollverkleidung hat so bombastische Ausmaße, daß spätestens hier die Sportlichkeit in Tourencharakter übergeht. Als Tourenmaschine wird sie ohnehin von ihren geistigen Vätern deklariert.“* Aber: *„Wir haben bisher noch keine Vollverkleidung erlebt, hinter der so wenig los war.“* *ab 18/1976 ohne *„Das“.*

RS mit abmontierter Verkleidung schneller

Im April 1977 ging *„Das Motorrad“* den Geheimnissen der *„bombastischen“* Schale auf den Grund und untersuchte, was die Vollverkleidung wirklich brachte. Heraus kam dabei, daß der spoilerähnliche Vorbau die Maschine zwar bei hohem Tempo stur geradeaus laufen, doch dann *„kopflastig, steif und unhandlich“* wirken ließ. Zudem ging der hohe Luftwiderstand der Verkleidung zu Lasten der Höchstgeschwindigkeit. Zwar gab BMW stolz 200 km/h an, doch die Stuttgarter Tester erreichten auf dem Hokkenheimring *„mit knapper Not sitzend wie liegend nur 189,5 km/h.“*

Die Redakteure wollten es nun genau wissen und ließen die Verkleidung komplett demontieren. Und siehe da: Die gestrippte RS schaffte mit sitzendem Fahrer 193,6 und mit liegendem überraschende 207 km/h – und dies sogar bei etwas geringerem Verbrauch. Mit diesen aufschlußreichen Versuchen hatten die Stuttgarter nicht nur die R 100 RS bloßgestellt, sondern auch Teile der vollmundigen BMW-Werbung.

Oben: R 100 RS von 1978 in spektakulärer Schräglage. Links unten: R 100 RS von 1981 in elegantem Stratosilber mit Brembo-Bremsen. Rechts unten: US-Version mit Bremsen von Ate 1979.

Fahrwerk und Bremsanlage spürbar besser

Die Fahrwerksprobleme bei den 900er Modellen wie das Hochgeschwindigkeitspendeln hatten das Team unter dem Leiter der Fahrwerksentwicklung, Hans-Günther von der Marwitz, gezwungen, den Rahmen der neuen /7-Modelle endlich in wichtigen Punkten zu verbessern. Größere Knotenbleche in der Lenkkopfpartie, ein Querrohr zwischen den vorderen Rahmenrohren unter dem Lenkkopf, stärkere Knotenbleche an der Schwinge und ein serienmäßiger Lenkungsdämpfer brachten bei der RS spürbar mehr Fahrstabilität, *„Das Motorrad“* schrieb aner- kennend: *„Es gab während der Testkilometer keinen Anlaß zur Kritik am Fahrverhalten, kein Wackeln, keine Verwindungen.“*

Die gelochte Doppelscheibenbremse vorn verzögerte auch bei Nässe zuverlässig, hinten war zunächst nur eine Trommelbremse mit *„Turbobelüftung"* eingebaut. Durch die Löcher drang aber auch Regenwasser ein, was die Bremswirkung hinten dann auf Null reduzierte. Sicherheitsdetail am Rande: der versenkte, mit einem Klappbügel versehene Tankdeckel, der das Auslaufen von Benzin nach einem Umfaller oder einem Sturz verhinderte und gleichzeitig dem Aufschnallen eines Tankrucksacks nicht im Wege war.

Ab September 1977 präsentierten sich sämtliche Boxer ordentlich modellgepflegt. Sie besaßen nun alle eine *„Schaltkinematik"*, d.h. einen Schalthebel mit dem Drehpunkt an der Fußraste und einer Umlenkung. Dies wirkte sich positiv aus. Das Magazin *„Das Motorrad"* konstatierte nicht ohne Ironie: *„Die akustische Ganganzeige, die jeden Schaltvorgang begleitet, hat sich von einem lauten Krachen zu einem leisen Knacken reduziert."*

Die RS- und S-Modelle hatten eine zusätzliche Diebstahlsicherung in Form eines Stahlseilschlosses; denn geklaut wurde auch damals schon kräftig. Während die frühen RS-Exemplare auf konventionellen Drahtspeichenrädern rollten, wurde die R 100 RS ab sofort nur noch mit den filigranen, nach anfänglichen Problemen verstärkten Leichtmetall-Gußrädern ausgeliefert; anfänglich waren die hinten breiter ausgelegten Räder nur für 725 DM als Extra angeboten worden (1,85B x 19 vorn, 2,50B x 18 hinten). Neu war die spektauläre Serienfarbe Gold-Metallic.

R 100/7 war unter Anwendung der hauseigenen Baukastenphilosophie die 65 PS starke R 100 T geworden (Details s. weiter hinten im Buch). Die RS zeigte sich in neuen Farben, war unter anderem in Weiß/Blau zu haben. Neu waren beim Topmodell der Ölkühler und das nun in der Mitte geschlossene Motorverkleidungsteil für noch bessere Aerodynamik. Es gab nur noch zwei kleine Kühlluftgitter rechts und links unten. Die Felge des LM-Hinterrads war wie bei der R 100 S und der neuen R 100 RT nochmals breiter geworden: 2,75 C 18.

Links: Im September 1983 brachte BMW unter dem Label CLASSIC SERIE 500 eine auf 500 Exemplare begrenzte Limited Edition der R 100 RS heraus. Zur Ausstattung gehörten Tourenkoffer mit lackierten Deckeln.

Rechts: Schönes Stimmungsbild der 1976er RS mit Rennfahrer Prinz Leopold von Bayern („Poldi") auf einer baumgesäumten Landstraße.

Zahlreiche Modelloptimierungen ab Modelljahr 1977/78

Mit der Einführung einer 260 mm messenden, gelochten Bremsscheibe am Hinterrad verabschiedete BMW sich 1977 von der nicht adäquaten Trommelbremse beim Topmodell. Ein Erste-Hilfe-Set unter der Sitzbank war von nun an Standard bei allen neuen BMWs. Weitere Neuerungen: überarbeitete Instrumentenkombination mit besser ablesbaren Instrumenten, Prallplatte aus Integralschaum für alle Modelle, Einschlüssel-System, weichere Handgriffe. Zweifellos eine bemerkenswerte Innovation war der Fahrtrichtungsanzeiger mit akustischem Signal: Er erinnerte den Fahrer (gelegentlich nervtötend) daran, den Blinker nach dem Abbiegen wieder auszuschalten. Alte BMW-Fahrer haben das durchdringende Piepen heute noch im Ohr...

Ein Jahr später, auf der IFMA 1978, wartete BMW abermals mit Modifikationen und Neuheiten auf. Aus der mit 60 PS nur durchschnittlich motorisierten

Ab Januar 1980 besaß die R 100 RS wie alle Modelle der /7-Generation ein überarbeitetes Kurbelgehäuse mit geändertem Ölkreislauf. Zum Modelljahr 1981 erhielten die Boxermotoren neue Leichtmetallzylinder, die über eine hartverchromte Lauffläche zur Erhöhung der Verschleißfestigkeit verfügten. Zusätzlich wurden alle /7-Modelle ab Modell 1981 mit einer neuen Airbox mit Plattenluftfilter sowie mit Bremssätteln von Brembo ausgerüstet, mit denen die veralteten Ate-Sättel abgelöst wurden. Für alle 800er und 1000er Boxer erhöhte BMW ab Produktionsdatum 1. April 1981, wie lange gefordert, das zulässige Gesamtgewicht von 398 auf 440 kg. Voraussetzung: Reifen mit erhöhter Tragkraft und bei bestimmten Typen spezielle Bremsbeläge.

Im September 1983 brachte BMW unter dem Label CLASSIC SERIE 500 eine auf 500 Exemplare begrenzte Limited Edition der R 100 RS heraus. Zur Ausstattung gehörten Tourenkoffer mit lackierten Deckeln. Rechts und links an der Verkleidung wiesen Plaketten mit der jeweiligen Seriennummer auf die Exklusivität des in Madison/Alaskablau lackierten Sondermodells hin.

BMW trotzt der Marktschwäche Zunkunft des Zweiventil-Boxers ungewiß

Ab 1982 machte sich weltweit eine merklich nachlassende Nachfrage nach Motorrädern bemerkbar. Folge war ein allgemeiner Preisverfall – außer bei BMW (s.a. Einführungs-Kapitel) Dr. Eberhardt Sarfert, zu jener Zeit an der Spitze der Motorrad GmbH, hatte fast Mitleid mit der internationalen Konkurrenz: *„Die Frage drängt sich auf, wie die Hersteller und vor allem der Handel mit teilweise fast schon ruinös anmutenden Preisen wirtschaftlich noch zurechtkommen können."* BMW hielt sich konsequent aus dem Preiskrieg heraus und verkaufte im Krisenjahr 1982 noch einmal 30 559 Motorräder. 1983 gab es mit 28 048 Einheiten zwar eine kleine Delle, doch danach legte der weiß-blaue Absatz wieder zu, um erst 1989 mit 25 761 Fahrzeugen (vorübergehend) einen neuen Tiefpunkt zu erreichen.

Dem Auf und Ab des Motorradmarkts zum Trotz entwickelten die Bayern die innovative, von Grund auf neu konzipierte Vierzylinder-K-Reihe zu Ende und bereiteten mit einer Investition von 150 Millionen DM in die Berliner Motorradfertigung den Serienstart der neuen K-Reihe vor (s.a. Kapitel *„Einführung",* Werk Spandau ab 1984). Gleichzeitig wurde den Boxer-Fans Trost gespendet: *„Es ist überhaupt nicht daran gedacht, den Boxer aufzugeben. Die Boxerlinie von BMW wird (...) perfektioniert und weiterentwickelt."*

Doch das war anders gemeint, als es von vielen Freunden des klassischen Boxers aufgefaßt wurde: Nachdem die neuen K-Modelle mit flüssigkeitsgekühlten Vierzylindermotoren im August 1983 vorgestellt worden waren, mußte auch der treueste Boxer-Fan erkennen, daß den alten Modellen bald die Stunde schlagen würde. Im Rahmen der K 100-Präsentation in Südfrankreich ließ BMW die Journalisten, darunter auch den Autor, den R 100-Boxer zum Vergleich über dieselbe Strecke fahren. Danach wußte man Bescheid: Zwischen beiden Konzepten lagen Welten!

Oben: R 100 RS mit Brembo-Scheibenbremsanlage für das Modelljahr 1980/81.

Links unten: anders lackierte Designstudie „Proca RS" 1979.

Rechts unten: eine „Motorsport-Edition" der R 100 RS vermutlich von 1979.

Daß die Oldtimer noch über die Jahreswende hinaus im Programm bleiben konnten, war nichts weiter als eines von mehreren Rückzugsgefechten und erklärte sich vor allem aus Exportverpflichtungen. Im Frühsommer 1984 war es dann so weit: Die Einliter-Boxer der damals aktuellen Serie (R 100, R 100 CS, R 100 RT – Details s. Folgekapitel – und R 100 RS) mußten sich aufs Altenteil zurückziehen: Man brauchte die Bänder in Berlin Spandau für die florierende K-Produktion. Die alte Schule wurde jetzt nur noch von der R 80 RT vertreten (s. Extra-Abschnitt im Folgekapitel), die unverändert bis zum Herbst 1984 aus den Montagehallen rollte. Daß aber die klassischen 1000er Boxer schon 1986 ein Comeback erleben würden, hätte im Rezessionsjahr 1984 niemand vorauszusagen gewagt (s. Seite rechts).

BMW setzt Hochpreispolitik fort

Vor dem Hintergrund einer gesamtwirtschaftlichen Flaute in der Bundesrepublik Deutschland kam Dr. Eberhardt Sarfert anläßlich der IFMA-Pressekonferenz am 19. September 1984 noch einmal auf den damals dramatischen Rückwärtstrend im Motorradbereich zurück und nannte einige Gründe dafür: *„Gerade die Jugendlichen, die das Käuferpotential des Motorradmarktes entscheidend mitbestimmen, sind von der Arbeitslosigkeit mit am stärksten betroffen und damit zunehmend verschlechterten Einkommensverhältnissen ausgesetzt."*

Auch die japanischen Hersteller machte Sarfert mitverantwortlich für die Situation: *„Eine riesige Überproduktion und eine wahre Modellflut überschwemmten den Markt. Sie führten zu überhöhten Lagerbeständen und somit zu einem Preiskrieg (...). Schleuderpreise mit Einbrüchen bis zu 30 Prozent brachten Hersteller und Händler in eine wirtschaftlich prekäre Lage."* BMW indes hatte unbeirrt am Hochpreisniveau festgehalten. Selbst die kleine R 45 kostete Ende 1984 immerhin 7690 DM. Mit der Einführung der K-Modelle war es den Bayern sogar gelungen, ihren Marktanteil auszuweiten.

Trotz des beachtlichen Einstandspreises von 11 210 DM war die R 100 RS ein enormer Erfolg – und auch ein wichtiger Beitrag zur Image-Aufwertung des BMW-Motorrads schlechthin. Wie gut die Top-BMW dem Publikums gefiel, zeigte sich bei der 1976 erstmals durchgeführten Wahl zum *„Motorrad des Jahres"* von *„Motorrad"*: Die Leser setzten die RS auf Platz eins.

Bis 1984 produzierten die Bayern in Berlin sage und schreibe 33 648 Einheiten der RS mit Zweiarm-Langschwinge und kamen damit dicht an den großen Erfolg der R 75/5 heran. Die R 100 RS war der am zweitbesten verkaufte Zweiventil-Boxer der Ära 1969 bis 1994, die zusätzlichen 6068 Exemplare der Monolever-Version ab 1986 mit eingerechnet.

1986-1992: 6068 Einheiten

R 100 RS/2 980 cm³

Monolever-RS mit 60 PS

Daß BMW die Einliter-Boxer 1984 aus dem Programm genommen hatte, kam vor allem bei den Japanern und Amerikanern nicht gut an. Sie wollten einfach die bullige R 100 RS wiederhaben und setzten zur großen Verwunderung der Boxerfreunde tatsächlich durch, daß der 1976 erstmals präsentierte und 1984 (übereilt) beerdigte Klassiker auf der IFMA 1986 ein als sensationell empfundenes Comeback feiern konnte – in neuem Farbdesign (Perlmuttweiß-Metallic, Hennarot) und mit modernisierter Technik. Bei einem Preis von 15 700 DM lag die neue RS preislich genau zwischen der K 100 und der K 100 RS. Weil die Auflage zunächst auf 1000 Exemplare begrenzt war, setzte sogleich ein Run auf die noble Rarität ein. Nachdem die Sonderserie der R 100 RS ausverkauft war, entschloß sich BMW, dieses Motorrad doch wieder zum festen Bestandteil des Programms zu machen.

Nüchtern betrachtet handelte es sich bei der wiederbelebten RS wieder um einen gekonnten Mix aus dem BMW-Baukasten: Rahmen, Fahrwerk und Auspuffanlage von der Monolever-R 80, Verkleidung aus dem Fundus, Motor auf Basis der bekannten 1000er Boxer, in vielen Teilen aber modifiziert. Er ließ sich nun dank neu konstruierter Zylinderköpfe mit gehärteten Ventilsitzen mit bleifreiem Normalbenzin betreiben, leistete aber nur noch 60 PS bei 6500/min^{-1} statt wie früher 70 PS bei 7000/min^{-1}. Der angepaßte Boxer erfüllte bereits die 1988er Lärm- und Abgasvorschriften.

Verantwortlich für die Drosselung waren neben den kleineren Ventilen und der zurückgenommenen Verdichtung die 32er Vergaser, die man an Stelle der 40er eingesetzt hatte. Kurbeltrieb, Kupplung und Getriebe stammten vom 800er Triebwerk, Kolben und Zylinder kamen von der alten RS. Dieser Motor trieb dann auch die neue R 100 GS an.

Rahmen, Gabel, Hinterradführung und Räder der neuen RS befanden sich auf dem technischen Stand der übrigen Boxermodelle von der R 65 bis zur R 80 RT: verstärkte Telegabel mit Stabilisator, 18-Zoll-Leichtmetallräder im Y-Design. Von der ersten RS-Serie unterschied sich die zweite vor allem durch die Einarmschwinge mit Monoshock-Federbein. Für angemessene Verzögerung der 185 km/h schnellen R 100 RS/2 sorgte eine verbesserte Bremsanlage mit zwei 285 mm großen Scheiben vorn und einer starken Trommel hinten. Erst im Spätsommer 1992 wurde die Produktion der RS wieder eingestellt.

Beide Fotos zeigen die von 1986 bis 1992 produzierte R 100 RS mit Monolever-Hinterradschwinge, 60 PS, neuen 18-Zoll-Gußrädern und verstärkter Bremsanlage. Die Höchstgeschwindigkeit betrug nur noch 185 km/h.

1977 Nardò, Italien

R 100 RS Rekorde

24 Stunden-Mittel 169,466 km/h

Als die R 100 RS gut ein Jahr auf dem Markt war, organisierte der italienische BMW-Club auf der Fiat-Versuchsstrecke in Nardò mit ihr Weltrekordfahrten. Die Idee dazu hatte der Mailänder Architekt Dottore Alberto Cossutti. Es ging ihm darum, in der Klasse bis 1000 cm^3 den Rekord über 24 Stunden zu brechen, der bis dahin von einer Matchless gehalten worden war – erzielt 1909!

Cossutti hatte einen Freund in Bayern, den Vertriebschef der BMW Motorrad GmbH, Horst Spintler. Der war angetan von der Idee und ließ von der BMW Motorsport GmbH eine R 100 RS entsprechend präparieren: Der Rahmen wurde deutlich tiefergelegt, indem man die Federweg vorn auf 60 und hinten auf 40 mm verkürzte. Unter der Beratung von Sportfahrer Helmut Dähne brachte Tuner Helmut Bucher den Einliter-Boxer auf 83,5 PS, die eckigen Zylinderkopfdeckel wurden durch die abgerundeten ersetzt, die Speichenräder erhielten profillose Rennreifen, und ein 30-Liter-Tank erhöhte die Reichweite.

Im Spätsommer 1977 traten Dietmar Beinhauer und Helmut Dähne sowie die italienischen Fahrer Elvio Zanini, Angiolino Clericuzio, N.N. Milan und Initiator Dr. Alberto Cossutti selbst auf der Versuchsstrecke 50 km südlich von Brindisi zu den Rekordfahrten an, die nach dem strengen und komplizierten Reglement der Fédération Internationale de Motocyclisme (FIM, Motorradweltverband) durchgeführt werden mußten.

Die Fotos zeigen die seriennahe, aber im Detail modifizierte BMW R 100 RS beim 24-Stunden Weltrekordversuch am 29. und 30.10.1977 auf dem Rundkurs von Nardò.

Oben: Start nach Fahrerwechsel. Mitte: Helmut Dähne mit der Rekord-RS. Links: Neben vier Italienern fuhren Helmut Dähne und Dietmar Beinhauer (rechts stehend am Motorrad).

Vier Weltrekorde trotz gewisser Probleme bei Dauervollgas

Problemlos gingen die Dauervollgas-Fahrten nicht über die Runden: Defekte wie Reifenpannen, abgerissene Lichtmaschinen-Kohlen, verglühte Zündkerzen, ein gebrochener Ventilfederteller, eine schlappe Batterie und eine abgenutzte Kupplung kosteten wertvolle Zeit. Maximal eine Stunde Reparaturzeit gestattet die FIM bei Langstreckenrennen, die BMW-Crew schaffte den Kupplungswechsel in 54 Minuten. Dähne nutzte z.B. innerhalb von nur zwei Stunden den Metzeler-Hinterreifen von 7,8 mm Profiltiefe auf nur noch 2,5 mm ab. Und zeitweise behinderte Nebel die Sicht.

Als am Ende auch noch ein Pleuel abriß und Zanini die RS schiebend über die Ziellinie bringen mußte, schien der Traum vom 24-Stunden-Rekord ausgeträumt. Trotzdem reichten die erzielten Werte noch für die neue Bestzeit: 169,466 km/h, gefahren über 4067,203 Kilometer. Die Zehn-Kilometer-Distanz schaffte Cossutti nach stehendem Start mit 211,675 km/h, die 100 km dann mit 220,711 km/h. Mit 191,675 km/h stellte das RS-Team zusätzlich einen neuen Rekord über sechs, mit 190,870 km/h einen Rekord über zwölf Stunden auf.

Die Fahrten, die mit fünf neuen Weltrekorden belohnt wurden, zeigten einerseits das Potential des Einliter-Boxers auf, andererseits aber seine Grenzen. Drei Jahre später schraubten Cossutti & Co., gemeinsam mit dem Belgier Collevaert und dem Deutschen Norbert Sturm, die Rekordmarken noch einmal höher. (Quellen: BMW Historisches Archiv, *„Motorrad"* 24 vom 30.11.1977)

Das Kröschel-Foto zeigt die R 100 S in der Erstversion ab September 1976 mit Drahtspeichenrädern und Schwenksattelbremsen von Ate. Der Rund-Luftfilter wurde noch von einer Aluhaube abgedeckt. Markant waren die neuen, eckigen und schwarz beschichteten Zylinderkopfdeckel.

Kapitel 10
1976-1984: R 100 S, 100-, 75-, 60-, 80/7

Neue Deckel, mehr Wumms

Mit gleich drei neuen Einliter-Boxern stellte sich BMW 1976 der Konkurrenz. Neben der im vorigen Kapitel behandelten R 100 RS traten die sportliche R 100 S als Nachfolgerin der R 90 S und die unverkleidete R 100/7 in den Ring. Zahlreiche Verbesserungen gegenüber früher machten die neuen Modelle für eingefleischte BMW-Freunde attraktiv. Für Behörden und genügsame Alltagsfahrer waren bis 1980 die Typen R 75/7 und R 60/7 im Programm. Die traditionsreiche 750er wurde bereits 1977 durch die R 80/7 abgelöst, die Vorreiterin künftiger 800er Boxermodelle wie der R 80 G/S war.

Ab 1976 war der auf 980 cm³ aufgestockte Boxermotor das Maß der Dinge bei BMW. Hier sehen wir ein Triebwerk von 1980 mit Plattenluftfilter und Airbox. Die Leistung variierte je nach Modell von 60 PS (R 100/7) über 65 PS (R 100 S) bis zu 70 PS (R 100 RS).

„Motorrad“ beschäftigte sich intensiv mit den neuen 1000ern von BMW und verglich in Heft 3 vom 9. Februar 1977 die drei unterschiedlichen Konzepte.

Repro: © Motorrad, Archiv H. J. Schneider

1976-1980: 11 762 Einheiten

R 100 S 980 cm³

Elegante Sportmaschine

Mit mehr Hubraum traten die Topmodelle der /7-Reihe an, die im September 1976 vorgestellt wurden – statt rund 900 waren es jetzt knapp 1000 cm³. Neben der erstmals gezeigten R 100 RS besetzten jetzt die R 100 S und die R 100/7 die neue Einliter-Klasse. Die BMW-Fans freute es, daß die Weiß-Blauen auch bei der Hubraumerweiterung dem luftgekühlten Zweizylinder-Konzept treu geblieben waren, während andere enttäuscht darüber waren, daß BMW keinen flüssiggekühlten Vierzylinder-Boxer präsentierte, um der Konkurrenz Paroli bieten zu können.

Die R 75/7 und die R 60/7 ergänzten das neue Programm je nach Modell bis 1977, 1978 oder 1980. Schon 1977 löste die R 80/7 die R 75/7 ab. Nachdem wir uns im vorigen Kapitel bereits ausführlich mit der Aufsehen erregenden R 100 RS beschäftigt haben, sehen wir uns in diesem Kapitel zunächst das schlanke Sportmodell R 100 S als Nachfolgerin der erfolgreichen R 90 S an.

24-Liter-Sporttank für die /7-Modelle ab 1976

Erkennungsmerkmal Nummer eins aller /7-Typen bis zur R 100 S war der von der R 90 S übernommene 24-Liter-Tank mit den ausgeprägten Einbuchtungen im Kniebereich. Der kleine 18-Liter-Tank war nicht mehr verfügbar. Ins Auge fielen auch die neu gestalteten Ventilkammerabdeckungen. Um das Schwirren der Rippen zu unterdrücken, hatte man sie eckig und dickwandiger als die alten Deckel ausgeführt. Zudem waren sie bei den S- und RS-Modellen schwarz beschichtet. Alle Modelle waren in Metallic-Farben

Steckbrief R 100 S (alle Daten im Anhang)

Bauzeit	1976 bis 1980
Motortyp, Ventile	247, 2 ohv
Einheiten	11 762
Hubraum	980 cm³
Leistung 1976	65 PS bei 6600/min⁻¹
Leistung 1978	70 PS bei 7250/min⁻¹
Vergaser (Bing)	2 Gleichdruck 94/40/103
Getriebe	5-Gang
Rahmen	Stahlrohr, verschweißt
Vorderradführung	Teleskopgabel
Hinterradführung	Schwinge, 2 Federbeine
Bremsen v/h mm 1976	2 Scheib. 260/Trommel 200
Bremsen v/h mm 1978	2 Scheib. 260/1 Scheib. 260
Reifen vorn/hinten	3,25 H 19 / 4,00 H 18
Leergewicht	220 kg
Höchstgeschwindigkeit	200 km/h
Preis	10 190,- DM

Oben: Die R 100 S, hier das erste Modell von 1976, bestach durch Kraft, Komfort und Eleganz. Hinten taten wie gewohnt Zweiarm-Federbeinschwinge und Trommelbremse Dienst. Vorn wird angemessen über zwei gelochte Scheibenbremsen mit Ate-Schwenksattelbremsen verzögert.

Rechts: Das weitgehend von der R 90 S übernommene Cockpit war einzigartig im Motorradbau der 1970er Jahre. Gut ablesbare, analoge Rundinstrumente informierten über Tempo, Drehzahl, Batterieladung und Zeit. Ölthermometer und Benzinstandsanzeige fehlten allerdings. Den Lenkungsdämpfer (hier fehlend) gab es nur gegen Aufpreis.

lackiert. Der Ton Silber-Metallic war der RS vorbehalten, die R 100 S gab es zunächst nur in Rot-Metallic und nicht mehr in den exklusiven Zweifarblackierungen Silberrauch und Daytona-Orange. 1978 lieferte BMW die Maschine wieder in einer aufwendigen Zweifarb-Verlauf-Lackierung, diesmal in Dunkelrot/Schwarz. Bei den übrigen drei Modellen konnte der Kunde zwischen metallisch glänzendem Orange, Blau und Schwarz wählen.

R 100 S: charaktervoller Sportboxer

Daß die neue R 100 S im Schatten der R 100 RS stand, hatte sie eigentlich nicht verdient. Sie war – wie die Vorläuferin R 90 S – mit ihrer lenkerfesten Sportverkleidung (inklusive Zeituhr und Voltmeter) eine Klasse für sich und wurde von Fahrern bevorzugt, die sich nicht von einer Vollverkleidung den direkten Kontakt zu Fahrbahn und Windstrom nehmen lassen wollten. Die R 100 S war eindeutig die sportlichste der neuen 1000er-Generation, wirkte handlich und agil, war vor allem gut kontrollierbar, wenn sie mit dem (aufpreispflichtigen) Lenkungsdämpfer ausgerüstet war.

Oben: Mit zahlreichen technischen Verbesserungen, filigranen Leichtmetall-Gußrädern und zweifarbiger Verlauflackierung ging die R 100 S ins Modelljahr 1978/79. Auch ein Erste-Hilfe-Set unter der Sitzbank war mit an Bord, was aber den Komfort verschlechterte. Weitere Details: Einschlüssel-System, weichere Handgriffe und ein neuer Fahrtrichtungsanzeiger mit akustischem Signal, das genauso viel Lärm machte wie ein rückwärtsfahrender Traktor.

In Erinnerung ist geblieben, daß der rassige Sportboxer insgesamt ein phantastisches Motorrad war, das unter allen Umständen die BMW-sprichwörtliche *„Freude am Fahren"* vermittelte und sich stundenlang im fünften Gang und mit Geschwindigkeiten zwischen 160 und 180 km/h über die seinerzeit noch relativ leeren und unlimitierten Autobahnen jagen ließ (was man ja heute fast nicht mehr zugeben darf). Der Autor erinnert sich an eine rund 600 km lange Überführungsfahrt zwischen seinem Wohnort südlich Köln und München, die er in 4,5 Stunden reiner Fahrzeit (unterbrochen nur durch zwei kurze Stopps, einer zum Nachtanken) abspulen konnte. In jeder Situation war die R 100 S perfekt kontrollierbar, zeigte auch (anders als bei anderen Testern) bei Bodenwellen und Querfugen keine Pendelerscheinungen. Ein Traum von Boxer. Und Zeiten, von denen man heute nur noch träumen kann.

S-Modell im Schatten der RS

Daß BMW die Leistung gegenüber der R 90 S um zwei auf nun 65 PS zurückgenommen hatte, vor allem durch den Einsatz von zwei konventionellen Bing-Gleichdruck- statt der im Motorsport entwik-

Alle 7/-Modelle besaßen ab 1976 den 24-Liter-Sporttank. Die Auswahl an Lackierungen war 1976/77 begrenzt: Silber-Metallic für die R 100 RS, Rot-Metallic für die R 100 S, Schwarz-, Blau- und Orange-Metallic für die übrgien Typen der Serie.

Beide Studiofotos zeigen die R 100 S in der ersten Ausführung vom September 1976. Die schmalen Reifen in 3,25 H 19 vorne und 4,00 H 18 hinten stehen in deutlichem Kontrast zum wuchtigen Zweizylindermotor. Auch japanische Big Bikes waren zu jener Zeit in der Regel nicht breiter bereift. Die Auflagefläche auf der Straße war pro Pneu nicht größer als die die Oberfläche einer Streichholzschachtel. Luftdruck und Profiltiefe mußten aus Sicherheitsgründen regelmäßig kontrolliert werden.

kelten Dell'Orto-Vergaser, spielte im Alltag keine Rolle. Die Münchner hatten dies vor allem getan, um nominell eine gewisse Distanz zum neuen Topmodell R 100 RS zu erzeugen, das mit 70 PS neue Maßstäbe setzte. Politisch war das aber eher unklug gewesen: *„Alles in allem führte die Verbürgerlichung der S dazu, daß sie bei aller Sportlichkeit nie den Glanz und den Nimbus ihrer Vorgängerin erreichte"*, wie BMW heute zugibt. *„Die Anziehungskraft des Spitzenmodells R 100 RS auf die Käuferschaft war durch den höheren Prestigewert größer, und so kam die R 100 S bei den Verkaufszahlen nicht an die R 90 S heran."*

Auch die Leistungssteigerung auf 70 PS zum Modelljahr 1978 änderte nichts mehr am abgeflachten Image der R 100 S. Gleichwohl verkaufte sie sich – trotz des hohen Preises von 10 190 DM bis 1980 weltweit immerhin 11 762mal. *„Nahm man die verkauften Stückzahlen der drei zeitgleich präsentierten 1000-cm³-Boxer BMW R 100/7, R 100 S und R 100 RS zusammen, ergab sich mit insgesamt 57 466 Einheiten ein beachtlicher Verkaufserfolg des großvolumigen Boxerkonzepts"*, hebt BMW hervor. *„Dies galt insbesondere in Anbetracht des starken Wettbewerbsumfeldes, mit dem sich BMW Motorrad Ende der 1970er Jahre konfrontiert sah."*

In Vielem weitgehend mit der R 90 S identisch, versenkter Tankdeckel

Sehen wir uns kurz die Technik der R 100 S an. Im Erscheinungsbild mit dem eleganten Cockpit und der langgestreckten Tank-Sitzbank-Linie inklusive Heckbürzel und zwei abschließbaren Staufächern, Telegabel mit 36 mm starken Standrohren und Manschetten, Zweiarm-Langschwinge und Speichenrädern entsprach die R 100 S bis 1978 dem S-Vorläufermodell. Der Rahmen war allerdings unter dem Steuerkopf mit einem zusätzlichen Querrohr verstärkt worden, auch die Schwinge war kräftiger ausgelegt worden – dies alles als Reaktion auf die Fahrwerksschwächen der alten R 90 S.

Cockpit, Zusatzinstrumente, Kontroll- und Schaltelemente sowie die schwarz eloxierten Rückspiegel waren gleich geblieben. Zu den Neuerungen der /7-Baureihe gehörten flache Sicherheits-Tankverschlüsse mit umklappbarem Betätigungsbügel, die selbst dann kein Benzin austreten ließen, wenn die Maschine umfiel. Die versenkten Einfüllverschlüsse erleichterten auch das Befestigen eines Tankrucksacks.

Ab 1978 wurde das Hinterrad durch eine gelochte Bremsscheibe mit 260 mm Durchmesser verzögert und nicht mehr durch die veraltete Trommelbremse. Gleichzeitig wurden die Drahtspeichenräder durch die aus Italien kommenden Leichtmetall-Druckgußräder im filigranen Speichendesign der R 100 RS ersetzt. Nachdem es aber bei den Guß-Vorderrädern vereinzelt Speichenbrüche gegeben hatte, ersetzte BMW diese Räder nachträglich an allen ausgelieferten Fahrzeugen gegen eine verstärkte Ausführung. Das Leergewicht „fahrfertig" betrug zuletzt 220 kg. Die Diagonalbereifung entsprach dem H-Niveau (bis 210 km/h), war aber – gemessen an heutigen Standards – bemerkenswert schmal: 3,25 H 19 vorne und 4,00 H 18 hinten.

Einliter-Boxer mit zunächst 65, ab 1978 mit 70 PS

Das luftgekühlte, in einigen Details optimierte Zweizylinder-Triebwerk, das aber wieder auf die Typbezeichnung 247 hörte, war durch die Vergrößerung des Hubraums gegenüber der R 90 S um satte 82 auf 980 cm³ noch bulliger und drehmomentstärker geworden. Erreicht hatte man dies – bei abermals gleich gebliebenem Hub von 70,6 mm – durch die Erweiterung der Zylinderbohrungen auf nun 94 mm, womit die Möglichkeiten des Konzepts jetzt ausgereizt waren. Bei 6600/min^{-1} entwickelte der Einliter-Boxer 65 PS, ab 1978 70 PS bei 7250 Umdrehungen wie beim Topmodell R 100 RS. Im gleichen Zeitraum stieg das Verdichtungsverhältnis von 1 : 9,2 auf 1 : 9,5. Das maximale Drehmoment war von 76 auf 77 Nm bei identischen 5500/min^{-1} in beiden Leistungsstufen nur geringfügig angewachsen, gefühlt aber stärker. Beatmet wurde der S-Motor wie bei der RS durch zwei Gleichdruckvergaser vom Typ Bing 94/40/103-104 oder 105-106. Die Vergaser-Hauptdüsen waren von 266er auf 286er geändert worden.

Die Batterie war abermals stärker geworden und lieferte jetzt bei 12 Volt 28 Ah, und dies bei allen Modellen ab 1976. Bis Modelljahr 1980 besaßen alle /7-Versionen die traditionelle, kontaktgesteuerte Hochspannungs-Kondensatorzündung.

Zufrieden registrierten die Tester, daß der 1000er Motor wesentlich kultivierter lief als der verflossene 900er. Ilse Reutter notierte in *„Motorrad"* 18/1976:

Beide Fotos zeigen die R 100 S in der Sonderversion „Exklusiv-Sport", die BMW nach den Werksferien 1978 herausbrachte. Sie war mit 10 990 DM nicht teurer als das Grundmodell. Sie wurde hier vor der Kulisse des Münchner Olympia-Parks abgelichtet.

„Die drei großen Motoren bieten Laufkultur par excellence. Der vergrößerte Hubraum bei nahezu beibehaltener Leistung läßt die Kraft bei zivilen Drehzahlen aus dem Vollen schöpfen. Keine hochgezüchtete Leistung, sondern gesunde, gutgenährte Pferdchen ziehen aus untersten Drehzahlen kräftig los; keine Schüttelei, sondern Samt und Seide. Dieser seidenweiche Lauf ist eine Konstrukteurleistung, die die bei so großen Einzelhubräumen ihr Lob verdient." Eine nach unten in den Fahrtwind vergrößerte Ölwanne trug zur besseren Kühlung bei, ein geändertes Entlüftungssystem sollte den Ölverbrauch senken.

Detailverbesserungen für 1977/78

Ab September 1977 präsentierten sich sämtliche Boxer ordentlich modellgepflegt. Sie besaßen nun generell eine „Schaltkinematik", d.h. einen Schalthebel mit dem Drehpunkt an der Fußraste und einer Umlenkung. Dies reduzierte das berüchtigte „Klack-

Klack" beim Schalten. Die RS- und S-Modelle hatten eine zusätzliche Diebstahlsicherung in Form eines Stahlseilschlosses; geklaut wurde auch damals schon kräftig. Ein Erste-Hilfe-Set unter der Sitzbank war ab Herbst 1977 Standard bei allen neuen BMWs. Nachteil: Dies ging zu Lasten der Polsterung. Auch war die Sitzhöhe für kleiner gewachsene Fahrer zu hoch. Weitere Neuerungen: überarbeitete Instrumentenkombination mit besser ablesbaren Instrumenten, Prallplatte aus Integralschaum für alle Modelle, Einschlüssel-System, weichere Handgriffe und der bereits bei der RS erwähnte Fahrtrichtungsanzeiger mit akustischem Signal, das genauso viel Lärm machte wie eine rückwärtsfahrende Baumaschine.

Die BMW R 100 S ließ sich dank ihres geringen Gewichts, des ergonomischen, 60 mm breiten Lenkers und des gut abgestimmten Fahrwerks leicht in die Kurve zwingen. Hier pilotiert Pressesprecher Kalli Hufstadt ein Exemplar von 1979, bei dem die Schräglagengrenze noch nicht erreicht ist. Um mit den Zylindern aufzusetzen, mußte noch mehr abgewinkelt werden, was aber riskant war. Wer angeschliffene Zylinderkopfdeckel vorweisen konnte, wurde als Hasardeur bewundert – oder als Verrückter bezeichnnet.

Optimierte Motoren ab 1980, Bremssättel von Brembo

Ab Januar 1980 besaß die R 100 S wie alle Modelle der /7-Generation ein überarbeitetes Kurbelgehäuse mit geändertem Ölkreislauf. Zum Modelljahr 1980/81 erhielten die Boxermotoren neue Leichtmetallzylinder, die über eine hartverchromte Lauffläche zur Erhöhung der Verschleißfestigkeit verfügten. Zusätzlich wurden alle /7-Modelle ab Modell 1981 mit einer neuen Airbox mit Plattenluftfilter sowie mit modernen Bremssätteln von Brembo ausgerüstet.

Wie immer hielt BMW wieder interessantes Zubehör bereit, das neben einer Doppel-Fanfare unter anderem Fahrwerkselemente mit verstärkten Federn und Dämpfern umfaßte – sinnvoll bei einer 200-km/h-Maschine. Gegen Aufpreis konnte der Ölkühler der R 100 RS montiert werden, der sich bei 115° Öltemperatur automatisch einschaltete und diesen Wert dann auf gleichem Niveau hielt.

Sonderserie „Exklusiv-Sport" ab Herbst 1978

Nach den Werksferien 1978 brachte BMW als letzte R 100 S-Version eine „Exklusiv-Sport"-Sonderserie heraus. *„Dieses Modell ist vor allem für diejenigen Motorradfahrer geschaffen worden, die nicht nur das schnellste Motorrad des BMW-Programms besitzen, sondern sich gleichzeitig durch ein besonders exklusives und auffälliges Motorrad profilieren wollen"*, hieß es in der Pressemitteilung. Boxer für Angeber? Nicht unbedingt. BMW sprang nur auf den Zug auf, der sich zu jener Zeit Richtung Individualismus in Bewegung gesetzt hatte. Anders sein als andere – auch wenn das nur Etikettenschwindel war und ist. Immerhin verlangten die Münchner für das limitierte S-Modell keinen höheren Preis als für das Normalmodell: 10 990 DM ab September 1978.

Die Speziallackierung in Weiß und Blau hatte der auf derartige Effekte spezialisierte „Lackier-Künstler" Maurer in Dachau entworfen. Charakteristisch waren die breiten „Sportstreifen", die auf drei Ebenen in abgestuften Blautönen die Cockpitverkleidung, den Tank und den Sitzbankrahmen verzierten. Zusätzlich unterschied sich die Sonderserie durch von Hand polierte Gabel-Gleitrohre, Zylinderkopfdeckel und Kardangehäuse vom Basismodell. Hintergrund war auch, daß BMW mit der speziellen R 100 S eine Attraktion für die Ausstellungsräume der Händler anbieten und damit Interesse für die gesamte Boxerpalette wecken wollte. Ansonsten war die Maschine identisch mit der Normal-S – angefangen bei verstärktem Rahmen und 70-PS-Antrieb über Cockpit und Sitzbank bis zu den 1978 eingeführten Leichtmetall-Gußrädern im Speichendesign.

R 100 S beim Vergleichstest den japanischen Big Bikes unterlegen

Im Frühjahr 1980 unterzog *„Motorrad"* die weiß-blaue R 100 S einem Vergleich mit den Vertreterinnen der gnadenlosen japanischen Big Bike-Offensive: Honda CBX, Kawasaki Z 1000 Fuel Injection, Suzuki GSX 1100, Yamaha XS 1100 (Hefte 12 und 13 Juni 1978). Gemäß der zuvor eingeführten freiwilligen Leistungsbegrenzung hatten die Honda- und Suzuki-Importeure die Power ihrer 6- bzw. 4-Zylinder- Sprinter auf 100 PS limitiert. Die Kawasaki „begnügte" sich mit 97, die Yamaha mit 95 PS, was aber immer noch deutlich mehr war als das, was der brave Boxer mit seinen 70 Pferden zu bieten hatte. Die Hubräume der Japan-Maschinen oszillierten zwischen 1016 und 1104 cm³ – die Herausforderung für BMW war entsprechend gewaltig.

Schon beim Start fiel auf, daß die vier- und sechszylindrige Konkurrenz aus Fernost bereitwilliger ansprang als der große Boxer, der sich nach dem Anlassen zunächst einmal schüttelte. Der schlechte Kaltlauf hing mit den US-Abgasvorschriften zusammen, die ein extrem mageres Leerlaufgemisch ver-

langten. Bei betätigtem Choke war es dann zu fett... Und es fehlte natürlich an Leistung. *„Der Boxer gerät gegenüber den Japanern hoffnungslos ins Hintertreffen"*, notierte Tester Hans-Peter Leicht. Während die BMW von 0 bis 100 km/h 5,4 Sekunden brauchte, schafften es die Japan-Bikes in 3,8 (Honda) bis 4,1 Sekunden (Yamaha). Deutliche Unterschiede auch beim Spitzentempo *„solo liegend"*: BMW mit 189 km/h bei einer Drehzahl von 6810/min^{-1}, Honda als Schnellste mit 219 km/h bei damals schwindelerregenden 9820/min^{-1}. Auch wegen schonungsloser Hetzjagden auf dem Nürburgring war bei allen Maschinen der Durchschnittsverbrauch außergewöhnlich hoch, betrug bei der BMW 9,1, bei der sechszylindrigen Honda sogar 12,0 l/100 km! Bei der R 100 S wichen all diese Werte deutlich von den wohl allzu optimistischen Werksangaben ab.

Auch R 100 S im Test nicht ohne Pendelerscheinungen

Trotz der erwähnten Rahmenverstärkung zeigte die Test-R 100 S bei Höchstgeschwindigkeit Pendelerscheinungen auf Längsrillen, dies aber nur dann, wenn das Fahrwerk nicht optimal eingestellt war – ein damals längst bekanntes Problem bei den Sportboxern von BMW. Dafür punktete sie mit ihrem niedrigen Schwerpunkt bei der Handlichkeit und *„machte den Schräglagenwechsel zu einer äußerst einfachen Übung. Die BMW liegt in Kurven neutral, versucht nicht, sich aufzurichten oder den Neigungswinkel zu erhöhen"*, stellte H.-P. Leicht fest. Aber wie die Modelle zuvor, reagierte auch die S empfindlich auf Lastwechsel – Aufrichten, Zusammensacken.

Der Komfort war überdurchschnittlich, doch beim scharfen Bremsen mit zwei Personen konnte die Gabel durchschlagen. Doch alles in allem war die BMW das

Die R 100 S hatte derart sportliche Qualitäten, daß sie erfolgreich auch bei Rennsportveranstaltungen eingesetzt werden konnte. Hier jagt ein gewisser Laszlo Peres eine seriennahe R 100 S beim ADAC-1000-km-Rennen in Hockenheim über den Kurs. Peres war Mitarbeiter der Versuchsabteilung und aktiver Geländefahrer und baute bis 1978 in seiner Abteilung die vom Werk gewünschte und später siegreiche Geländemaschine mit 800-cm³-Boxermotor auf.

besser beherrschbare Motorrad, die Honda CBX dagegen *„entsetzte mit miserabler Fahrstabilität auf schnellen Streckenstücken"*. Gründe dafür waren vor allem der unten offene Rohrrahmen, in den der gewaltige Motor nicht mittragend eingehängt war, und die zu schwach ausgelegte Telegabel. Das beste Fahrwerk im Vergleich hatte die Suzuki. Daß alle japanischen Big Bikes bei vollen Tanks viel zu schwer geraten waren und zwischen 259 (Suzuki) und 286 kg (Yamaha) auf die Waage brachten, verschaffte der BMW mit „nur" 237 kg einen deutlichen Vorteil. Siegerin des Vergleichs wurde gleichwohl die *„überlegene"* Suzuki GSX 1000 mit 275 Punkten, Schlußlicht war die BMW R 100 S mit nur 244 Punkten. Die Tester qualifizierten sie als *„die Altvordere"*, die zwar handlich, komfortabel und billig im Unterhalt sei, aber mit veralteter Technik und mäßigen Fahrleistungen das Bild trübe. *„Individualisten schwören dennoch auf den Boxer"*, tröstete Leicht jene Leser, die auf BMW fixiert waren.

Im Spätsommer 1980 wurde die R 100 S durch die noch besser ausgestattete und technisch etwas modernere R 100 CS abgelöst. (s. Abschnitt R 100 CS im nächsten Kapitel).

1976-1978: 12 065 Einheiten

R 100/7 980 cm³

Klassische Schönheit

Zeitgleich mit der Präsentation der Sportmodelle R 100 RS und R 100 S präsentierte BMW auf der Kölner IFMA 1976 mit der unverkleideten R 100/7 die dritte 1000er (und nebenbei neue 750er und 600er Modelle). Mit der geballten Hubraumkraft folgte BMW konsequent dem Trend zu immer leistungsstärkeren Motorrädern, die nun vor allem aus Japan kamen. Aber auch wenn die R 100/7 anfangs im Schatten der sportlichen Typen stand, erkannten Kenner sofort das Potential der schlanken Basis-Tausender. Sie versprach unverfälschten Fahrspaß mit der Nase im brausenden Wind, war handlich, drehmomentstark und stand laut Werk mit einem Maximaltempo von 188 km/h vergleichbaren Modellen aus Italien oder Fernost nicht nach. Im Test wurden Spitzen von 173,1 (sitzend) bis 191,5 km/h (liegend) erreicht (*„Motorrad“* 3/1977).

Gedrosselte 1000er ohne Verkleidung

„Die R 100/7 zeigte unter einem geübten Fahrer insbesondere auf kurvigen Strecken ausgesprochen sportliche Talente und ließ so manches stärkere Bike hinter sich“, wissen Leute zu berichten, die damals das Glück hatten, dieses Motorrad ausgiebig zu bewegen. Im *„motor magazin“*, der bereits erwähnten Publikation der *„Auto Zeitung“* (Heft vom 13. April 1977) schrieb Wolfgang Sander: *„Die Lenker dieser Tausender lieben weniger die Show, eher das Understatement.“* Man erinnert sich an die harmonische und ausgewogene Leistungsentfaltung des 60-PS-Boxers, die ihren Teil zu einem aktiven und entspannten Fahrerlebnis beitrug. Sander: *„Der sanfte Charakter dieser BMW erzieht den Fahrer zu gemäßigter, defensiver Fahrweise.“*

Steckbrief R 100/7 (alle Daten im Anhang)	
Bauzeit	1976 bis 1978
Motortyp, Ventile	247, 2 ohv
Einheiten	12 065
Hubraum	980 cm³
Leistung	60 PS bei 6500/min^{-1}
Vergaser (Bing)	2 Gleichdruck 64/32/19-64
Getriebe	5-Gang
Rahmen	Stahlrohr, verschweißt
Vorderradführung	Teleskopgabel
Hinterradführung	Schwinge, 2 Federbeine
Bremsen vorn/hinten mm	1 Scheibe 260/Trommel 200
Reifen vorn/hinten	3,25 H 19 / 4,00 H 18
Leergewicht	210 kg
Höchstgeschwindigkeit	188 km/h
Preis	8590,- DM

Oben: Die R 100/7 war eine behutsame Weiterentwicklung des Vorläufermodells R 90/6, vor allem aber mit dem Unterschied, daß der Hubraum jetzt bei knapp einem Liter lag. Der großvolumige Boxermotor war zwar auf 60 PS gedrosselt worden, doch das reichte allemal für zügige Fahrt auf Landstraßen und auch auf Autobahnen – zumindest dann, wenn der Fahrer es liebte, dem brausenden Fahrtwind zu trotzen. Das Foto zeigt das Modell 1976 mit der nun stufenförmig ausgebildeten Sitzbank.

Rechts: Mit dem typischen BMW-Zubehör ließ sich die R 100/7 in ein Tourenmotorrad verwandeln, mit dem man auch Fernreisen unternehmen konnte. Für das Windschild verlangte BMW 150 DM (ohne Montage), für die beiden „Motokoffer“ 519 DM, für die Zylinderschutzbügel 88 DM (Preise 1/1979).

Es gab aber auch Typen, die den 1000er Sticker und die R 100/7-Blenden durch jene der R 60/7 ersetzten, um Fahrer anderer Big Bikes in die Irre zu führen. Die verstanden dann die Welt nicht mehr, wenn ihnen die vermeintliche 600er davonzog. Auf jeden Fall war sie ein bildschönes Motorrad, das unverhüllt die klassische BMW-Antriebstechnik mit dem monumentalen Boxermotor und dem eleganten und wartungsfreien Hinterradantrieb verband. Frische Metallic-Farben werteten das Äußere zusätzlich auf, die verbesserte Doppelsitzbank bot guten Komfort.

Viel Kraft bei niedrigen Drehzahlen

Weil die Unverkleidete leicht und handlich war, fiel kaum auf, daß BMW den luftgekühlten Boxer des Typs 247 auf bürgerliche 60 PS bei 6500/min^{-1} gedrosselt hatte, einschließlich einer Verdichtung von 9,1 : 1. Das maximale Drehmoment von 75 Nm stand schon bei 4000/min^{-1} zur Verfügung (Sport-1000er 75 Nm bei 5500/min^{-1}), weshalb der Zweizylinder schon bei 2500 Umdrehungen schüttelfrei satte Leistung abgab. Diese bärige Charakteristik machte das Fahren im Alltagsverkehr und das Be-

Oben: Die R 100/7, hier ein Studiofoto von 1976, ist längst zum gesuchten Klassiker gereift. Die Zylinderkopfdeckel waren nicht wie bei S und RS schwarz beschichtet, die Scheibenbremsanlage stammte von Ate.

Rechts: Schnittbild des Boxermotors, wie er sich ab Herbst 1980 präsentierte, also mit Plattenluftfilter und Airbox aus schwarzem Kunststoff. Die R 100/7, die bereits im Spätsommer 1978 durch die R 100 T abgelöst wurde, besaß noch den Micronic-Rundfilter, der von einer massiven Aluhaube abgedeckt war (s. Fahrzeugfotos).

schleunigen aus niedrigen Geschwindigkeiten in allen fünf Gängen bequem und ruckfrei. Das gegenüber der R 100 S nochmals um fünf Kilo abgesenkte Gewicht wirkte sich positiv auf das Handling aus. Als robustes Tourenmotorrad mit hoher Elastizität und akzeptablem Verbrauch erwarb sich der Lastesel unter den neuen 1000ern viele Freunde. Statt der 40er Gleichdruckvergaser von S und RS begnügte sich die R 100/7 mit 32er Gemischerzeugern, was hauptsächlich für die Herabsetzung der Leistung verantwortlich war. Polierte Leichtmetall-Zylinderkopfdeckel waren typisch für das Drossel-Triebwerk, das immerhin in der Lage war, die 215 kg wiegende Maschine (bis ca. 300 kg inkl. Fahrer) in 5,1 Sekunden von 0 auf 100 km/h zu beschleunigen (der Testwert entsprach der Werksangabe).

Oben: die Testmaschine der „Auto Zeitung" im Frühjahr 1977 mit Redakteur Wolfgang Sander am Lenker. Rechts: das gleiche Motorrad mit Windschild und Koffern.

Foto: © Auto Zeitung, Archiv H. J. Schneider

Bremsscheibe vorn, hohe Laufkultur

Verzögert wurde die R 100/7 anfangs mit einer gelochten 260-mm-Soloscheibenbremse vorn und der bekannten 200-Trommel hinten. Die am linken Gabelholm befestigte Einscheiben-Bremse konnte jedoch nicht ganz befriedigen. Vor allem bei Nässe erwies sie sich als zu schwach. Gegen Aufpreis war eine zweite Scheibe zu haben, die meist direkt beim Neukauf geordert wurde. Ab 1977 war die R 100/7 vorn serienmäßig mit der Doppel-Scheibenbremse der RS- und S-Modelle ausgerüstet, und ab 1978 war auch hinten eine 260er Scheibe verbaut. Seitdem war die Verzögerung tadellos.

Aber immer noch lag der Hauptbremszylinder unter dem von der R 90 S übernommenen, eleganten Tank mit den Ausbuchtungen für die Knie. Der „HBZ" mußte über einen dehnaffinen Seilzug aktiviert werden, was oft kritisiert wurde. Ansonsten entsprachen der verstärkte Rahmen, das Langschwingen-Fahrwerk und die Basis-Ausstattung inklusive der Drahtspeichenräder dem Standard der übrigen Boxer der /7-Serie. Die kegelrollengelagerte Lenkung war wie bei den übrigen Modellen leichtgängig und mußte nicht nachgestellt werden. Mit Windschild, Zusatzscheinwerfern, Tankrucksack und Gepäckkoffern wurde die Maschine zum idealen Tourenmotorrad für Leute, die Verkleidungen einfach nicht mochten. *„Die Sparversion (8590 DM im Februar 1977) erfüllt die Wünsche derer, die nicht ein Statussymbol suchen, aber ein vollwertiges Motorrad wollen"*, befand *„Motorrad"* Anfang 1977. *„Ihr Motor ist (...) am ruhigsten und anspruchlosesten".* Und: *„Die R 100/7 kann das breiteste nutzbare Drehzahlband aller BMW-Motoren vorweisen."* Der Benzinverbrauch lag mit 6,7 Liter Super auf 100 km im Rahmen, während sich die R 100 S im Mittel 8,2 Liter genehmigte (Testwerte). 0,4 Liter Ölverbrauch auf 1000 km (und mehr) waren damals beim großen Boxer nicht zu vermeiden.

Modellpflege 1977/78, ordentlicher Verkaufserfolg

Wie alle ab September 1977 verkauften Boxer hatte BMW auch die R 100/7 ordentlich modellgepflegt. Die neue Schaltkinematik mit dem Schalthebel-Drehpunkt an der Fußraste und einer Umlenkung erleichterte den Gangwechsel. Ein Erste-Hilfe-Set unter der Sitzbank war ab Herbst 1977 auch bei der R 100/7 Standard. Weitere Neuerungen: überarbeitete Instrumentenkombination mit besser ablesbaren Instrumenten, Prallplatte aus Integralschaum für alle Modelle, Einschlüssel-System, weichere Handgriffe, Fahrtrichtungsanzeiger mit akustischem Signal. Bis 1978 verkaufte sich die R 100/7 bis 1978 12 065mal – und damit viel besser, als anfangs zu erwarten gewesen war. Zu diesem Erfolg trug sicher auch der Umstand bei, daß die R 100/7 bei einem Grundpreis von 8590 DM um 1600 bzw. 2620 DM preiswerter war als die halb- und vollverkleideten Sportboxer.

Foto: © Auto Zeitung, Archiv H. J. Schneider

1976-1977: 6264 Einheiten

R 75/7 745 cm³

Die letzte ihrer Art

Bis Mitte der 1970er Jahre gehörte der 750er Boxer zu den tragenden Säulen des BMW-Programms. So erfuhr auch das Dreiviertellitermodell im Rahmen der Weiterentwicklung markante Verbesserungen. Sie trat im Spätsommer 1976 als R 75/7 in Erscheinung und war äußerlich von der R 100/7 kaum zu unterscheiden. Sie verfügte den bei der R 90 S erstmals eingeführten 24-Liter-Tank mit seinen Einbuchtungen für die Knie und dem versenkten Sicherheits-Tankdeckel sowie den schmalen Vorderradkotflügel ohne Strebe. Ergonomisch besser ausgeführte Fußrasten und die gelochte Scheibenbremse im 19-Zoll-Drahtspeichen-Vorderrad mit S-Bereifung gehörten ebenso zur Ausrüstung wie der übersichtliche Instrumentenblock, der große H4-Scheinwerfer, die starke 28-Ah-Battterie und die neuen eckigen Zylinderkopfdeckel, die aus unbeschichteter Alulegierung bestanden.

Viele Verbesserungen für die letzte 750er

Der Seitenständer klappte beim Aufstellen der Maschine automatisch zurück. Rahmen und Fahrwerk hatten bereits bei den Vorläufermodellen der /6-Generation den Ansprüchen in dieser Klasse genügt und waren daher nicht modifiziert worden. Auch der Zweizylinder-Boxermotor mit seinen 32er Gleichdruckvergasern war im Prinzip von der R 75/6 übernommen worden, wobei man den Ventiltrieb durch Feinarbeit leiser gemacht hatte und zahlreiche kleinere Modifikationen hatte einfließen lassen (s. R 100/7). Die bei allen /7-Modellen verbauten Fünfganggetriebe ließen sich jetzt etwas weicher und geräuschloser schalten. Alle Getriebe waren gleich, die Endabstufungen jedoch verschieden abgestuft.

Steckbrief R 75/7 (alle Daten im Anhang)

Bauzeit	1976 bis 1977
Motortyp, Ventile	247, 2 ohv
Einheiten	6264
Hubraum	745 cm³
Leistung	50 PS bei 6200/min^{-1}
Vergaser (Bing)	2 Gleichdruck 64/32/13-64
Getriebe	5-Gang
Rahmen	Stahlrohr, verschweißt
Vorderradführung	Teleskopgabel
Hinterradführung	Schwinge, 2 Federbeine
Bremsen vorn/hinten mm	1 Scheibe 260/Trommel 200
Reifen vorn/hinten	3,25 S 19 / 4,00 S 18
Leergewicht	215 kg
Höchstgeschwindigkeit	177 km/h
Preis	7985,- DM

Oben: Die R 75/7 wurde als letzte ihrer Art bereits 1977 wieder eingestellt und durch die R 80/7 abgelöst. Der Boxermotor leistete 50 PS.

Rechts: Jedes einzelne fertiggestellte Motorrad wurde im Werk Berlin-Spandau auf dem Rollenprüfstand getestet. Erst dann ging es in die Schlußabnahme und die Auslieferung. Im Bild: eine R 75/7 im Jahr 1976.

Bei einem Hubraum von unverändert 745 cm^3 leistete das Triebwerk 50 PS bei 6200/min^{-1}. Das maximale Drehmoment von 60 Nm lag indes erst bei 5400 statt bei 5000/min^{-1} an. Bohrung und Hub entsprachen mit 82 und 70,6 mm exakt den Vorläuferwerten, auch das Verdichtungsverhältnis von 1 : 9,0 war gleich geblieben. Das Werk gab eine Höchstgeschwindigkeit von 177 km/h und eine Beschleunigung von 0 auf 100 km/h in 6,7 Sekunden an – Werte, die bei einigen Tests bestätigt wurden. Im IFMA-Heft vom September 1976 charakterisierte *„Motorrad"* die R 75/7 treffend: *„Der 50-PS-Motor der R 75/7 läuft ruhig und schafft immerhin 175 bis 180 km/h, was den Ansprüchen vieler BMW-Kunden genügt."* Diese Ansprüche haben sich inzwischen stark abgeschwächt: Auf den stau- und baustellengeplagten deutschen Straßen sind derartige Tempi kaum noch möglich.

Nicht mehr Leistung um jeden Preis

Insgesamt paßte der aufgefrischte 750er Boxer gut in seine Zeit. BMW war mit der R 75/7 auf dem Teppich geblieben – auch vor dem Hintergrund schärferer Umweltbestimmungen und zunehmender Tempolimits. *„Motorrad"* konstatierte: *„Leistungssteigerungen mit allen Mitteln stehen bei Serienmotorrädern nicht mehr so hoch im Kurs wie früher. Viele Hersteller wenden sich mit besonderer Intensität dem zeitweilig in Anbetracht der Leistungsfähigkeit als veraltet angesehenen Zweizylinder zu. Großvolumige Twins haben an Beliebtheit wieder gewonnen."* Und das war erst der Anfang: In den 1990er Jahren nahm der bis heute anhaltende Retro-Trend mit starken Ein- und Zweizylindermodellen mächtig Fahrt auf.

Rechts: Das Foto von 1976 zeigt zwei BMW R 75/7 in Polizeiausführung in München-Freimann als Begleitung im Rahmen einer konzertierten Neumotorrad-Auslieferung an mehrere amerikanische Kunden. Die beiden Maschinen sind mit der Cockpitkleidung der R 100 S und Zusatzscheinwerfern samt Blaulicht ausgerüstet. Typisch für die Polizeimotorräder jener Zeit sind die vorn weit heruntergezogenen Schmutzfänger. Der Auftritt hatte auch einen gewissen Showcharakter.

Links: R 75/7 Modell 1976 von vorn fotografiert. Die Aufnahme unterstreicht den bulligen und dominanten Charakter des Boxermotors. Die blau angelaufenen Auspuffkrümmer weisen darauf hin, daß die gezeigte Maschine zuvor bereits eingefahren worden war. Traditionsbewußte BMW-Freunde bedauerten, daß mit der R 75/7 die erfolgreiche 750er Klasse eingestellt wurde, mit der die Marke ab 1969 zu neuem Ansehen gefunden hatte.

Bereits 1978 Ablösung durch die R 80/7

Ab September 1977 präsentierten sich sämtliche Boxer ordentlich modellgepflegt. Sie besaßen nun generell eine „Schaltkinematik", d.h. einen Schalthebel mit dem Drehpunkt an der Fußraste und einer Umlenkung. Ein Erste-Hilfe-Set unter der (deshalb vorn etwas flacher gepolsterten) Sitzbank war ab Herbst 1977 Standard bei allen neuen BMW-Modellen, so auch bei den preisgünstigeren Typen R 75/7 und R 60/7. Weitere Neuerungen waren eine überarbeitete Instrumentenkombination mit besser ablesbaren Instrumenten, Prallplatte aus Integralschaum für alle Modelle, Einschlüssel-System, weichere Handgriffe und ein Fahrtrichtungsanzeiger mit akustischem Signal.

Eine große Karriere war der R 75/5 allerdings nicht beschieden. Sie brachte es bis zum Produktionsstopp, der bereits im Herbst 1978 erfolgte, nur auf 6264 Einheiten – und dies vor allem gestützt durch Verkäufe an Polizei und andere Behörden. Ebenso erging es dem Einstiegsmodell der /7-Bauhreihe, der R 60/7. Der Grund für das rasche Ende der traditionsreichen Hubraumklasse war politischer Art: 1978 waren die Planungen für eine kleinere Boxer-Baureihe, die unterhalb der großen Boxer-Modelle positioniert werden sollte, schon sehr weit fortgeschritten. Noch im gleichen Jahr präsentierte BMW mit den Zwillingstypen R 45 und R 65 eine komplett neue Baureihe unterhalb der großen Boxer-Modelle, die auf keinen Fall in Konkurrenz zu den klassischen Maschinen treten sollte (s. Kapitel R 45/R 65). Da die Bayern aber nicht komplett auf ein traditionelles, großrahmiges Mittelklassemodell verzichten wollten, ersetzten sie die R 75/7 durch eine 800er – die R 80/7 (s. Ende des Kapitels).

1976-1978: 11 183 Einheiten

R 60/7 599 cm³

Für Einsätze aller Art

Als Arbeitspferd für Leute, denen es vor allem auf Zuverlässigkeit und Wirtschaftlichkeit ankam, setzte die R 60/7 ab 1976 die 1937 mit der R 6 begründete und 1951 mit der R 67 wieder aufgenommene Tradition der 600er Boxer fort. Das aufgefrischte Basismodell war in den Genuß aller Verbesserungen und Änderungen gekommen, die BMW der /7-Serie hatte angedeihen lassen: großer und schöner 24-Liter-Tank im R 90 S-Stil, versenkter Sicherheitstankdeckel mit Roll-Over-Ventil (bei einem Sturz konnte kein Benzin auslaufen), eckige und dickwandigere Zylinderkopfdeckel, Vorderkotflügel ohne Strebe – und als wichtigstes Merkmal die gelochte Scheibenbremse am Vorderrad statt der veralteten Trommelbremse. Gegen Aufpreis konnte auch die R 60/7 mit einer Doppelscheibe geliefert werden.

40 PS für unaufgeregtes Vorwärtskommen

Der Zweizylinder-Boxermotor basierte gemäß dem bei BMW konsequent gepflegten Baukastensystem auf dem für 1976 in vielen Details optimierten Baumuster 247 (s.a. Modellporträts weiter vorn). Bei einem Hubraum von 599 cm³ und dem Standardhub von 70,6 mm begnügte sich das 60/7-Triebwerk mit Bohrungen von 73,5 mm – das waren satte 20,5 mm weniger als bei den neuen 1000ern. Entsprechend robust war der mit 9,2 : 1 verdichtete Motor, der seine 40 PS allerdings erst bei munteren 6400/min^{-1} freigab. Das maximale Drehmoment von überschaubaren 49 Nm stand erst bei 5000/min^{-1} zur Verfügung, was bedeutete, daß für zügiges Vorwärtskommen beherzt am Gasgriff gedreht werden mußte. Auf die modernen Gleichdruck-Vergaser hatte BMW beim Grundmodell verzichtet und stattdessen die altbe-

Oben: Abgesehen von den Logos auf dem Motorgehäuse war die R 60/7 nicht von den größeren Modellen ohne Verkleidung zu unterscheiden. Man beachte die gestufte Sitzbank. Auch das nun kleinste Modell der Boxer-Baureihe besaß vorn eine Ate-Scheibenbremse.

Links: Die Lenkposition und die Armaturen wurden nach ergonometrischen Gesichtspunkten entwickelt, auch wenn die Blinkerbetätigung ungewöhnlich war. Besonderes Qualitätsmerkmal: BMW verwendete bei allen /7-Modellen versilberte Schaltkontakte und mit Spezialhüllen gegen Feuchtigkeit abgedichtete Bowdenzüge.

Rechts: Das Heck des 600er Boxers zeigte sich in bekannter Manier mit Zweiarm-Schwinge, Trommelbremse und Sitzbank-Reling.

Steckbrief R 60/7 (alle Daten im Anhang)

Bauzeit	1976 bis 1978
Motortyp, Ventile	247, 2 ohv
Einheiten	11 183
Hubraum	599 cm^3
Leistung	40 PS bei 6400/min^{-1}
Vergaser (Bing)	2 Schieber 1/26/123-1
Getriebe	5-Gang
Rahmen	Stahlrohr, verschweißt
Vorderradführung	Teleskopgabel
Hinterradführung	Schwinge, 2 Federbeine
Bremsen vorn/hinten mm	1 Scheibe 260/Trommel 200
Reifen vorn/hinten	3,25 S 19 / 4,00 S 18
Leergewicht	215 kg
Höchstgeschwindigkeit	167 km/h
Preis	6850,- DM

kannten 26er Schiebervergaser von Bing montiert, die immerhin mit Beschleunigerpumpen ausgerüstet waren. Mit einem Spitzentempo von 167 km/h (laut Werk) trödelte die 600er nicht hinter vergleichbaren Modellen aus Italien oder Japan hinterher.

Ab September 1977 kam auch die R 60/7 in den Genuß einer detailreichen Modellpflege, zu der die Schaltkinematik mit dem Schalthebel-Drehpunkt an der Fußraste, das Erste-Hilfe-Set unter der Sitzbank, die überarbeitete Instrumentenkombination mit besser ablesbaren Instrumenten, die Prallplatte aus Integralschaum, das Einschlüssel-System, weichere Handgriffe und ein Fahrtrichtungsanzeiger mit akustischem Signal gehörten.

Maschine mit solidem Wiederverkaufswert

In der Werbung appellierte BMW vornehmlich bei der Basis-BMW an die Vernunft der Kunden: *„Daß die scheinbar billigere Alternative manchmal gar nicht so preiswert ist, kann man sich oft schon im Voraus ausrechnen. Man merkt es aber spätestens dann, wenn man die Wiederverkaufswerte vieler solcher Angebote betrachtet. (...) Auch wenn es um Geld geht, wissen BMW-Fahrer offenbar genau, womit man auf lange Sicht besonders gut fährt."* Dem wollen wir auch aus heutiger Sicht nicht widersprechen.

Daß sich die R 60/7 in zwei Jahren bei einem Preis von 6850 DM mit 11 163 Einheiten fast doppelt so gut verkaufte wie die prestigeträchtigere R 75/7, hing nicht nur mit dem um mehr als 1100 DM niedrigeren Preis zusammen, sondern auch damit, daß sie überwiegend von der Polizei und Behörden in aller Welt geordert wurde, wobei die „öffentliche Hand" bei

Foto: © Hans J. Schneider

Oben: Das Behördengeschäft war eine tragende Säule des Motorradvertriebs von BMW. Hier bemühen sich 1977 drei französische Gendarmen auf ihren R 60/7 mit RS-Vollverkleidung um ein freundliches Lächeln. Links: Ebenfalls 1977 entstand dieses Foto der vollverkleideten Gendarmerie-R 60/7 in Le Touquet. Offene Helme und Schutzbrille waren damls noch Standard.

größeren Abnahmen deutlich weniger pro Exemplar bezahlte als der Normalkunde. Von der Presse wurde die R 60/7 weitgehend ignoriert. Als Gebrauchsmotorrad paßte sie nicht in eine Zeit, die sich Sport, Spaß und Spiel auf die Fahnen geschrieben hatte.

Rechen-Maschine.

Rechts: Mit dem Werbemotiv „Rechen-Maschine", das sich auf alle Modelle der /7-Generation bezog, zu der auch die R 100 RS und die R 100 S gehörten, hob BMW vor allem die Wirtschaftlichkeit und Reparaturfreundlichkeit des Boxers hervor. Unten: Stimmungsbild im Jahr 1976 mit der R 60/7 in ländlicher Umgebung.

Polizei-600er mit Spezialzubehör

Die Polizeimaschinen waren meist mit heruntergezogenen Vorderkotflügeln, dick gepolsterten Einzelsitzen oder der Einzelsitzbank der RS ausgerüstet. Viele Boxer der deutschen Polizei besaßen die berühmt-berüchtigte Heinrich-Verkleidung, die das Motorrad mit ihrem hohen Gewicht kopflastig und schwer manövrierbar machte. In anderen Ländern wurde das Motorrad gern mit Windschild, dem S-Cockpit oder der ab Werk lieferbaren Vollverkleidung der RS geordert, wie unsere Fotos zeigen. Zusatzscheinwerfer, Funkanlage und Blaulicht waren jene Zubehörelemente, die auf den Straßen für Respekt sorgen sollten. Bei regelmäßigen Versteigerungen fanden ausrangierte Polizeimotorräder viele Abnehmer, die sie dann mehr oder weniger in einen Originalzustand zurückversetzten.

Fazit: Mit der Boxer-Generation der /7-Reihe hatte BMW voll ins Schwarze getroffen. Die Nachfrage nach den Modellen war so groß, daß die Kapazitäten des Werks in Berlin-Spandau bis an die damalige Grenze von 30 000 Einheiten pro Jahr genutzt werden mußten. Vor allem nach der imposanten RS und der sportlichen S standen die Kunden Schlange. Längere Lieferzeiten waren das Resultat.

In regelmäßigen Abständen werden ausgediente Behördenfahrzeuge versteigert, hier im April 1983 ausgediente /7-Modelle auf dem Hof der Düsseldorfer Oberfinanzdirektion.

Beide Fotos: © Hans J. Schneider

Am Rande des „Enduro des sables" in Le Touquet im Oktober 1977 präsentierten sich diese beiden R 60/7 der französischen Gendarmerie, ausgerüstet mit der Vollverkleidung der R 100 RS.

1977-1984: 18 522 Einheiten

R 80/7 797,5 cm³

Der erste 800er Boxer

Dem verstärkten Trend hin zu Motorrädern mit größerem Hubraum hatte sich BMW auf Dauer nicht entziehen können, was durch die Einführung der 900er Modelle 1973 und der 1000er 1976 offensichtlich geworden war. Gegen Ende der 1970er Jahre ging es dann auch den Basis- und Mittelklasse-Boxern R 60/7 und R 75/7 an den Kragen, als BMW mit der R 80/7 im August 1977 (und damit für das Modelljahr 1978) die Nachfolgerin der R 75/7 präsentierte. Mancher Beobachter wunderte sich, denn die 750er BMW hatte bis dahin als eines der ausgewogensten Motorräder überhaupt gegolten. Doch die neue R 80/7 sollte mit 50 cm³ Hubraum mehr die viel gelobte Harmonie von Leistung, Drehmomentverkauf und Elastizität noch einmal verbessern sowie auch gehobenes Prestige vermitteln. Für Kritiker hatte BMW aber nur ein „Facelifting“ vorgenommen, bzw. *„die Schönheitsoperation eines Oldtimers.“* (*„Motorrad“* Heft 11/1980.)

Steckbrief R 80/7 (alle Daten im Anhang)

Bauzeit	1977 bis 1984
Motortyp, Ventile	247, 2 ohv
Einheiten	18 522
Hubraum	797,5 cm³
Leistung	50 PS bei 7250/min^{-1} 55 PS bei 7000/min^{-1}
Vergaser (Bing)	2 Gleichdruck 64/32/201
Getriebe	5-Gang
Rahmen	Stahlrohr, verschweißt
Vorderradführung	Teleskopgabel
Hinterradführung	Schwinge, 2 Federbeine
Bremsen vorn/hinten mm	2 Scheiben 260/Trom. 200
Reifen vorn/hinten	3,25 H 19 / 4,00 H 18
Leergewicht	215 kg
Höchstgeschwindigkeit	170/180 km/h
Preis	7990,- DM

800er Boxer wahlweise mit 55 oder 50 PS

Außer Eingeweihten wußte damals niemand, daß die 1977/78 privat für den Geländesport aufgebauten Enduros ein Triebwerk besaßen, das der Basismotor für eine ganze Familie von 800er Boxern sein würde, die erstmals 1980 mit der R 80 G/S erweitert wurde und ihre Fortsetzung bis zur R 80 R der 1990er Jahre finden sollte. Die Hubraumerweiterung hatte man durch Aufbohren der 750er Zylinder um 2,8 auf 84,8 mm erzielt, während der Hub mit 70,6 mm wieder einmal gleich geblieben war. Ansonsten entsprach die R 80/7 technisch und optisch weitgehend der R 100/7: verstärkter, geschweißter Doppelschleifenrohrrahmen, kegelrollengelagerte Lenkung und ebenfalls in Kegelrollen gelagerte und nachstellbare Hinterradschwinge mit integriertem Kardanantrieb, verstellbare Federbeine, gelochte Scheibenbremse vorn (anfangs nur auf Wunsch zwei Scheiben). Auch hielt BMW das gleiche Tourenzubehör von der Windschutzscheibe bis zu den beliebten Spezialkoffern bereit. Lenkungsdämpfer und Zusatzinstrumente mußten extra bezahlt werden. Die innovativen „Nivomat“-Federbeine gab’s ab 1980 nur gegen den saftigen Aufpreis von 495 DM pro Satz. Wie bei allen BMW-Maschinen ab 1980 schaltete sich gleichzeitig mit der Zündung das Abblendlicht ein – Tribut an das sich seinerzeit stark entwickelnde Sicherheitsdenken, das verlangte, daß Motorräder besser von entgegenkommenden Autofahrern erkannt werden sollten.

Ein Kuriosum war, daß die R 80/7 (gern vor allem von Testern auch schlicht als „R 80“ bezeichnet) in zwei verschiedenen Leistungsstufen angeboten wurde: eine mit 55 und eine mit 50 PS. Das 55-PS-Modell, die R 80/7 S, war eigentlich die Normalversion, deren Mehrleistung sich quasi natürlich aus der Hubraumerweiterung ergab. Die 55 PS lagen schon bei 7000/min^{-1} an, wobei das maximale

Oben: R 80/7 in der ersten Ausführung von 1977 mit Drahtspeichenrädern und optional erhältlicher zweiter Bremsscheibe am Vorderrad. Erst ein Jahr später war die zweite Scheibe serienmäßig.

Rechts: Die in Rot-Metallic lackierte R 80/7 von 1978 war ab Werk vorn mit zwei Bremsscheiben und LM-Gußrädern ausgerüstet. Immer noch baumelten die Bremsleitungen, die zum Hauptbremszylinder unter dem Tank führten, vor dem Motor.

Die R 80/7 erschien 1977 und wurde bis 1984 produziert – das war ein ungewöhnlich langer Zeitraum. 18 522 Exemplare konnte BMW von der neuen 800er weltweit absetzen. Hier sehen wir eine Maschine von 1978, die bereits serienmäßig mit Doppelscheibenbremse vorn und Leichtmetallrädern aufgewertet war. Im Vergleich mit japanischen Modellen der gleichen Leistungsklasse hatte die BMW keinen leichten Stand.

Drehmoment mit 64 Nm bei 5500/min^{-1} gegenüber der 750er deutlich zugelegt hatte. Die hohe Verdichtung von 9,2 : 1 verlangte den Betrieb mit (damals verbleitem) Superbenzin. Bei Vollgas schaffte die 55-PS-800er (laut Werk) immerhin 177 km/h, 10 km/h mehr als die Drosselvariante. Die stärkere Version ging vor allem in den Export und an Kunden bei Polizei, Militär oder Grenzschutz. In Deutschland wurde nahezu ausschließlich die durch etwas flachere Kolben mit 8,0 : 1 deutlich niedriger verdichtete und auf 50 PS bei 7250/min^{-1} gedrosselte Variante R 80/7 N verkauft, die mit Normalbenzin auskam.

Hintergrund für die Leistungsbegrenzung in Deutschland war die 1976 erfolgte Umstellung der Versicherungsklassen für Motorräder von den bis dahin gültigen Hubraum- auf leistungsbezogene PS-Staffeln. Die Prämien für Motorräder mit mehr als 50 PS waren empfindlich höher als für Maschinen der Klasse bis 50 PS. Nach dem Auslaufen der R 60/7 zum Modelljahr 1978/79 übernahm die R 80/7 wie geplant die Rolle der neuen Mittelklasse im BMW Motorrad Programm zwischen den neuen Zwillingen R 45/65 und den Tausendern.

Im Alltagsbetrieb überzeugte auch die R 80/7 wie das Vorläufermodell durch ihren gutmütigen und problemlosen Charakter. Nach einem Kaltstart konnte der Choke meist schon nach 100 Metern Fahrtstrecke wieder geöffnet werden. Im Test von *„Motorrad“* (Heft 11/1980) bescheinigte Frank-Albert Illg der Maschine die boxertypische Laufkultur: *„Ab 1500/min^{-1} beschleunigt der 800er Zweizylinder ruck- und lochfrei, selbst noch im fünften Gang und mit zwei Personen beladen.“*

Fahrwerksschwächen beim Dauertest, zu hoher Verbrauch

Der gegenüber der R 75/5 aufgebohrte Motor lief ab 3000/min^{-1} recht ruhig, doch war nach Erreichen der Betriebstemperatur der Ventiltrieb deutlich zu hören. Der 24-Liter-Tank ermöglichte bei einem Verbrauch (Testwerte *„Motorrad“*) von 5,8 bis 6,8 l/100 km die respektable Reichweite von 400 km. Doch auf der Autobahn konnten es bei voll beladener Maschine und schneller Fahrt bis zu acht Liter sein. Auffällig waren leichte Fahrwerksunruhen bei Tempi über 150 km/h im Solobetrieb; bei Besetzung mit zwei Personen lag die R 80/7 ruhig. Waren Windschutzscheibe, Koffer und Zusatzscheinwerfer montiert (wie bei der *„Motorrad“*-Testmaschine 1980) erforderte die R 80/7 eine starke Hand. *„Geschwindigkeiten über 130 km/h sollten mit Packtaschen vermieden werden.“* Im Test erreichte die tourenmässig voll aufgerüstete R 80/7 solo eine Spitze von 161 km/h und damit exakt den vom Werk für die Maschine ohne Zubehör angegebenen Wert.

Bemängelt wurde die geringe Zuladung von nur noch 148 kg bei der vollgetankt 250 kg wiegender Maschine. *„Für ein ausgesprochenes Tourenmotorrad wie die R 80 ist dieser Wert zu niedrig. Genaugenommen ist die R 80 mit zwei Erwachse-*

nen auf der Sitzbank fast überladen. Reisen BMW-Fahrer nur mit Zahnbürste und Schecks?" Kurz nach Testende löste sich dieser Kritikpunkt in Luft auf: Für alle 800er und 1000er Boxer erhöhte BMW ab Produktionsdatum 1. April 1981 das zulässige Gesamtgewicht von 398 auf 440 kg. Voraussetzung: Reifen mit erhöhter Tragkraft und bei bestimmten Typen spezielle Bremsbeläge. Auf Wunsch lieferte BMW die Maschine mit HD-Federung hinten aus – für bescheidene 13 DM Aufpreis.

R 80/7 S wirtschaftlicher als die Konkurrenz

Gleich nach der Vorstellung im Spätsommer 1977 konfrontierte *„Motorrad"* die 8290 DM teure R 80/7 S mit vier Konkurrenz-Motorrädern, die allesamt leistungsstärker und mehrzylindrig waren. Das war eigentlich nicht ganz fair, denn weder bei der Motortechnik, noch bei den Preisen gab es Gemeinsamkeiten. Die Wettbewerber: Honda CB 750 F2, vier Zylinder sohc mit 73 PS (6908 DM), Kawasaki Z 650, vier Zylinder dohc mit 66 PS (6636 DM), Suzuki GS 750 EC, vier Zylinder dohc mit 63 PS (7150 DM), Yamaha XS 750, drei Zylinder dohc mit 64 PS (7412 DM). Wie bei allen Vergleichstests ermittelte die Zeitschrift auf einem Schenck-Rollenprüfstand die Leistung, die tatsächlich am Hinterrad ankam. Bei der R 80/7 S waren es 48,9 PS bei 7000/min^{-1}, was einem Kraftverlust von 14,8 % entsprach und damit der günstigste Wert war. Die kettengetriebene Kawasaki büßte von ihren nominellen 66 PS 25,3 % ein, was die effiziente Leistung auf 49,3 PS reduzierte.

Der Zweizylinder-Boxer war also stark, schüttelte aber unter 3000/min^{-1}, *„weil er nach wie vor glaubt, auf ein Mittellager der Kurbelwelle verzichten zu können."* Am elastischsten war das Honda-Triebwerk, der Boxer gab sich nur im oberen Drehzahlbereich elastisch, war ansonsten Schlußlicht dieser Messung. Dafür waren Ersatzteile für die BMW zum Teil um die Hälfte billiger als die der Japan-Bikes. Auch im Testverbrauch von durchschnittlich 6,7 l/100 km und beim Aktionsradius (358 km) war die BMW mit ihrem 24-Liter-Tank besser; die schnelle Honda (18-Liter-Tank) genehmigte sich als Durstigste 9,4 Liter und kam damit nur 191 km weit. Letztlich ging die R 80/7 S als wirtschaftlichste Maschine aus dem Vergleich hervor. Bei den Fahrleistungen hatte sie dagegen das Nachsehen: Beschleunigung von 0 auf 100 km/h in 6,4 Sekunden, Spitzentempo 186,2 km/h (was gleichwohl ein sehr guter Wert war). Die Suzuki beschleunigte als Schnellste in 4,5 Sekunden und schaffte 197,7 km/h.

Oben: R 80/7 in der Erstausführung von 1977 mit nur einer Bremsscheibe vorn und Drahtspeichenrädern.

Unten: Deckblatt des US-Gesamtprospekts von 1977.

Bei den Fahreigenschaften landete die BMW im Mittelfeld, weil sie die typische Unruhe bei Längsrillen auf der Autobahn zeigte. *„Die Schräglagenfreit in schnellen Kurven ließ sich bei der BMW durch Gasgeben erhöhen, wobei sie dann beim Gaswegnehmen zusammensackte und aufsetzte – eine altbekannte Charakte-*

ristik beim Boxer-Kardan-Konzept mit seinen langen Federwegen. (...) Bei der BMW gilt es wie immer, sich an das Auf und Ab der Feder bei Motor-Lastwechsel zu gewöhnen." Bemängelt wurde, daß die Sitzbank im vorderen Bereich zu dünn gepolstert war und dadurch viel Komfort verlorenging.

Kritikpunkt: Zweite Bremsscheibe vorn nur gegen Aufpreis

Beim Bremsen lagen die Testmaschinen um Welten auseinander. Während die BMW in der geprüften Erstausführung nur mit einer Bremsscheibe ausgerüstet war, traten die glorreichen Vier mit Doppelscheiben vorn an – und teilweise mit Scheibe auch hinten. Spitzenkönner war die kardangetriebene Dreizylinder-Yamaha mit nur 88,1 Metern Bremsweg aus 150 km/h. Die BMW brauchte bis zum Stillstand *„wegen unerwarteten Fadings beängstigende"* 145,2 Meter. Mit der Doppelscheibe ab 1978 und den neuen Brembo-Bremssätteln verzögerte dann auch die BMW angemessen. Kritisiert wurden bei der R 80/7 S auch die kleinen Instrumente *„mit ihren nervösen, schlecht gedämpften Zeigern und dem Kondenswasserbeschlag."* Als *„ausgewogenste Maschinen"* beendeten die Kawasaki Z 650 und die Suzuki GS 750, die nach Punkten (229) insgesamt am besten abschnitt, den Test. Die rote Laterne bekam die BMW mit 211 Punkten, vor allem wegen der bauartbedingten Schwächen und der schlechten Bremsen. *„Daß der Kunde sich eine standesgemäße Bremsleistung mit zusätzlichen 480 Mark für die zweite Scheibe erkaufen soll, ist ihm ausgerechnet bei der teuersten der fünf Maschinen nicht zuzumuten"* bemerkte Tester Peter Limmert.

Daß sich Freunde des Boxerprinzips von derartigen, im Hinblick auf die Auswahl der konkurrierenden Maschinen zumindest zweifelhaften Beurteilungen nicht beeinflussen ließen, zeigten die guten Verkaufszahlen der R 80/7 – s. unten.

Foto: © Hans J. Schneider

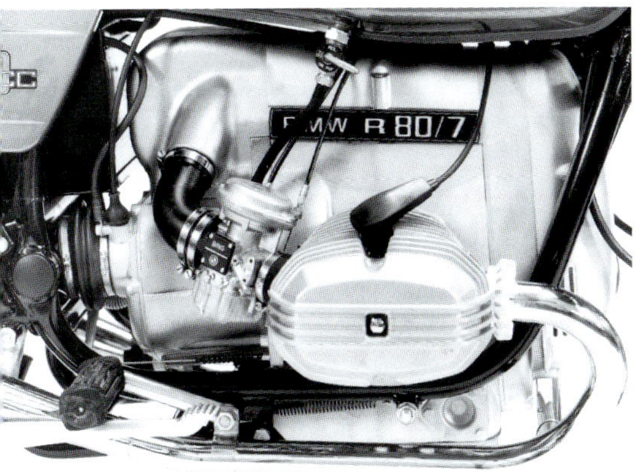

Oben: Unsere 1977er Testmaschine mit Speichenrädern und Einfach-Bremsscheibe, abgelichtet auf dem Sportplatz unseres damaligen Wohnorts Lommersum/Voreifel.

Links: Der Motor der R 80/7 war im Prinzip das Triebwerk der R 75/7, dessen Zylinder man um 2,8 mm aufgebohrt hatte, sodaß sich ein Hubraum von 797,5 cm³ ergab. Ungedrosselt leistete der Boxer 55 PS, für Deutschland hatte BMW die Leistung auf versicherungsgünstige 50 PS zurückgemommen. Zwei Bing-Gleichdruckvergaser mit 32 mm Durchlaß bereiteten das Gemisch auf.

Einen Ansatzpunkt, bei dem der Boxer bessere Chancen hatte, fand das *„motor magazin"*, eine Publikation der *„Auto Zeitung"*. In einem Vergleich, der im Mai 1978 veröffentlicht wurde, hatte das Testteam sechs 50-PS-Motorräder ganz unterschiedlicher Konzeption gegeneinander antreten lassen (zwei Zweizylinder, vier Vierzylinder): die BMW R 80/7 N (8060 DM), die Yamaha XS 650 (5860 DM), die Laverda SF3 750 (7400 DM), die Honda CB 550 K (6108 DM), die Suzuki GS 550 (5890 DM) und die Kawasaki Z 750 (6500 DM). Daß die Preise zwischen der BMW und der Yamaha um bis zu 38 Prozent auseinanderlagen, verdeutlichte die Aggressivität, mit der die Japaner in den Markt drängten. Resultat: Wer nur aufs Geld schaute, würde um die BMW einen großen Bogen machen.

Die Leistung war das entscheidende Kriterium für die Zusammenstellung des Vergleichsprogramms. Die Leistung am Hinterrad wurde wie bei *„Motorrad"* auf dem Prüfstand gemessen, die Werte bewegten sich zwischen 36,2 PS (Yamaha) und 40,6 PS (Laverda). Die BMW lag mit 40,2 PS ebenfalls ganz vorn. Der hohe Preis verhinderte am Ende, daß die BMW den Vergleich gewann: Sie landete mit einem Punkt Rückstand auf dem zweiten Platz hinter der Honda (263/264 Punkte). Schlußlicht war die *„lieblos gefertigte"* Kawasaki mit nur 221 Punkten.

Zahlreiche Modifikationen bis 1984, gute Verkaufszahlen

Bis zum Produktionsende der mit konventioneller Zweiarmschwinge ausgerüsteten R 80/7 im Jahr 1984 kam die Maschine in den Genuß zahlreicher Aufwertungen und Modifikationen. Die wichtigsten davon waren die schon für 1978 eingeführte serienmäßige Doppelscheibenbremse im Vorderrad sowie die nun serienmäßigen Leichtmetall-Gußräder.

Wie alle /7-Modelle lief auch die R 80/7 ab Januar 1980 mit einem überarbeiteten Kurbelgehäuse mit geändertem Ölkreislauf vom Band. Zum Modelljahr 1981 erhielten die Boxermotoren neue Leichtmetallzylinder mit hartverchromten Laufflächen. Ab Modell 1981 wurden alle /7-Typen mit einer neuen Airbox mit Plattenluftfilter sowie mit moderneren Brembo-Bremssätteln ausgerüstet. Dies alles förderte den Absatz der R 80/7 bei Privatkunden und bei Behörden. Die 1977 zunächst mit 7990 DM für BMW-Verhältnisse preisgünstige 800er verkaufte sich in acht Jahren immerhin 18 522mal, beide Versionen zusammengenommen. Wurde sie mit allem verfügbaren Tourenzubehör von BMW ausgerüstet, stieg der Preis auf 10 832 DM (November 1980).

R 100 RT

Dank der hohen und breit ausladenden Vollverkleidung und dem entsprechend geformten Lenker saß der Fahrer aufrecht auf der R 100 RT, hier eine Maschine von 1981 mit Motokoffern als Extra, ins Bild gesetzt von Robert Kröschel.

Kapitel 11
1978-1984: R 100 RT, R 100 T

Luxusdampfer und Spaßboxer

Die R 100 RT war von 1978 bis 1984 das (11 450 DM teure) Flaggschiff von BMW Motorrad und mit 18 015 weltweit (vor allem in den USA) verkauften Einheiten ein großer Erfolg. 1987 bis 1996 legte BMW das Riesenrad noch einmal auf: 60 PS, 18-Zoll-Räder, Monolever-Fahrwerk, zusätzliche 9738 Einheiten. Die anfangs zu geringe Zuladung wurde 1981 ausreichend erhöht. Bei aller Tourentauglichkeit hatte die RT auch nachteilige Eigenschaften wie die Seitenwindempfindlichkeit bei hohem Tempo, imerhin erreichte sie 180 km/h. Ebenfalls 1978 erschien die R 100 T als unverkleidete Nachfolgerin der R 100/7. Mit 65 PS war sie ideal für sportliches Fahren auf der Landstraße.

Der luftgekühlte Zweizylinder-Boxermotor der RT war identisch mit dem Triebwerk der R 100 RS und leistete 70 PS. Das Gemisch wurde von zwei Bing-Gleichdruckvergasern mit je 40 mm Durchlaß aufbereitet.

1978-1984: **18 015 Einheiten**

R 100 RT 980 cm³

Bayerisches Tourenschiff

1978 ist durch eine Reihe schwerster Natur- und Technikkatastrophen in Erinnerung geblieben: Flugzeugabstürze mit teilweise über 200 Toten (Boeing 747 in Indien, Boeing 727 in San Diego nach Zusammenstoß mit einer Cessna z.B.), Ölpest am 17. März vor der bretonischen Küste durch den mit 223 000 Tonnen Rohöl beladenen Tanker Amoco Cadiz, Campingplatz-Inferno am 11. Juli mit 216 Toten an der Costa Dorada in Spanien durch einen explodierenden Tanklastzug, Erdbeben der Stärke 7,8 bei Tabas im Iran mit circa 20 000 Toten am 16. September, obendrein Terroranschläge, Flugzeugentführungen und politische Umwälzungen.

Auf der Erfolgsseite standen Ereignisse wie die (umstrittene) Geburt des ersten *„Retortenbabys"* in London am 25. Juli oder am 26. August der Flug des ersten Deutschen in den Weltraum durch Sigmund Jähn (1937 bis 2019, in der DDR Generalmajor der NVA). Am 10. April eröffnete die Volkswagen AG im US-Bundesstaat Pennsylvania als erster ausländischer Automobilproduzent ein Montagewerk für den Bau des Golf-Modells Rabbit. Am 17. August landeten drei US-Amerikaner nach der ersten Überquerung des Atlantischen Ozeans im Ballon nach 137 Stunden und 5 781 km in der Nähe von Paris.

R 100 RT: für die große Tour konzipiert

BMW-Star auf der IFMA 1978 war der neue, 70 PS starke und in erster Linie für den US-Export entwickelte Supertourer R 100 RT, der technisch und motorisch auf der aktuellen RS basierte, aber eine auf der Grundlage der RS-Verkleidung eine im oberen Bereich neu entwickelte Tourenverkleidung besaß, von BMW als „Touring-Integral-Cockpit" apostrophiert.

Steckbrief R 100 RT (alle Daten s. Anhang)	
Bauzeit	1978 bis 1984
Motortyp, Ventile	247, 2 ohv
Einheiten	18 015
Hubraum	980 cm³
Leistung 1976	70 PS bei 7250/min^{-1}
Vergaser (Bing)	2 Gleichdruck 94/40/105
Getriebe	5-Gang
Rahmen	Stahlrohr, verschweißt
Vorderradführung	Teleskopgabel
Hinterradführung	Schwinge, 2 Federbeine
Bremsen v/h mm	2 Scheib. 260/1 Scheib. 260
Reifen vorn/hinten	3,25 H 19 / 4,00 H 18
Leergewicht	234 kg
Höchstgeschwindigkeit	190 km/h
Preis	11 450,- DM

Das ausladende Verkleidungs-Oberteil und die extra große Scheibe schützten besonders gut vor Wind und Wetter, der hochgezogene Tourenlenker gestattete eine vollkommen aufrechte Sitzhaltung. Prallplatte und Lenkungsdämpfer waren ebenso wie eine Doppelfanfare erwartungsgemäß ab Werk an Bord.

In erster Linie war die Maschine für Polizei und andere Behördenfahrer entwickelt worden, denn auf der R 100 RS bekamen die Staatsdiener wegen der gebückten Sitzhaltung schnell Kreuzschmerzen. Auch mangelte es der RS an Staumöglichkeiten. Die fertige RT (*„Reisen & Tourenfahren"* oder kürzer: *„Reisetourer"*) gefiel dem BMW-Vorstand letztlich so gut, daß er sich entschloß, nicht nur die Behörden, sondern auch den zivilen Markt mit der imposanten Neuheit zu bedienen. Die spontan einsetzende Nachfrage gab den Bayern recht. Die im Handel für anfangs 11 450 DM verkauften Exemplare waren zweifarbig in edlen Metallictönen lackiert. In Grün, Blau oder Weiß tat die RT dann international bei Behörden Dienst; vielen ist sie als typische Polizeimaschine der 1980er Jahre fest in Erinnerung. Der Autor schrieb in der *„Auto Zeitung": „Für Höchstgeschwindigkeits-Fanatiker wurde die Dicke sowieso nicht gemacht, eher für jene, die zur Kontrolle derselben eingesetzt werden: für Streifenpolizisten."*

Fahrwerk und Antriebstechnik stammten aus dem Baukasten der Einliter-Boxer. Der 980 cm³ große Zweizylinder-Boxer entwickelte seine 70 PS wie bei der RS bei 7250/min^{-1} auch das maximale Drehmoment von 77 Nm bei 5500/min^{-1} und die hohe Verdichtung von 9,5 : 1 waren identisch. Laut Werk erreichte die große RT eine Höchstgeschwindigkeit von 190 km//h, was dann wegen der großen Stirnfläche den Benzinverbrauch von minimal 5,0 auf bis zu 8,0 l/100 km hochtrieb, vor allem beim Fahren mit zwei Personen und Gepäck. Auf jeden Fall ermöglichte der großvolumige Boxer auch Zwischenspurts, die man dem großen Motorrad nicht zugetraut hätte: Von 0 auf 100 km/ beschleunigte die RT in nur 4,7 Sekunden. Das abermals überarbeitete Fünfgang-Getriebe ließ sich nun exakter und leiser schalten. Serienmäßig rollte die große RT auf den filigranen LM-Gußrädern mit breiterer Felge hinten. Zwei gelochte Bremsscheiben mit 260 mm Durchmesser und eine Scheibe hinten hielten (wie nun auch bei den anderen Einliter-Modellen) das wuchtige Fahrzeug im Zaum.

Doppelseitige BMW-Werbung 1978 in Zeitschriften: Die neue R 100 RT, hier in Zweifarblackierung und mit heller (schmutzempfindlicher) Sitzbank wird als Motorrad dargestellt, das ideal für große Touren ist, sich aber auch trotz des hohen Gewichts von 234 kg sportlich bewegen läßt. Auch die Reisetauglichkeit des Schwestermodells R 100 RS im Hintergrund wird betont.

Der Windschutz der RT ließ sich in drei Stufen an Fahrergröße und Sitzposition anpassen. Schächte im linken und rechten Seitenteil führten die Luft ins Cockpit, verstellbare Rosetten erlaubten wie im Auto eine individuelle Luftverteilung – praktisch vor allem bei hohen Außentemperaturen. Dazu BMW: *„Ein nicht zu unterschätzendes Komfortmerkmal, da es im Hochsommer durch die aufsteigende Motorabwärme hinter der Verkleidung sehr warm werden konnte."* Unterhalb der Rosetten befanden sich fest eingebaute und verschließbare Ablagefächer mit Handschuhfach-Ausmaßen wie beim Auto. Der neu gestaltete Instrumententräger umfaßte neben Tacho und Tourenzähler Voltmeter und Quarzuhr. Der breite und etwas hochgezogene Lenker ermöglichte eine aufrechte Sitzposition.

Auf Wunsch Zusatzscheinwerfer und Ölkühler

Als Sonderausrüstung wurden ab Frühjahr 1979 ausklappbare Zusatzscheinwerfer angeboten, die in die Luftschächte eingebaut wurden und mit Handhebeln im Cockpit aus- und eingefahren werden konnten. Die zugehörige Elektrik war vorgerüstet. Auch außerhalb der Verkleidung war die RT speziell für Langstreckenfahrten präpariert. Die Doppelsitzbank war in der Polsterung verstärkt, dahinter waren Haltebügel und Gepäckbrücke montiert. Serienmäßig waren auch die Halter für die beiden Motokoffer sowie eine Steckdose hinter der Batterieblende. Auf Wunsch konnte die RT mit dem Ölkühler der RS geordert werden.

Nicht nur die perfekt integrierten Koffer konnten als Option ab Werk bestellt werden, sondern sogar ein passender Tankrucksack. Werkszubehör dieser Art war seinerzeit keine Selbstverständlichkeit. Fahrer anderer Marken mußten derartige Reiseutensilien bei freien Zubehöranbietern kaufen, deren Montage zu Beeinträchtigungen der Fahrstabilität des Motorrads führen konnte. Genau hier lag die

Oben: Pressesprecher Kalli Hufstadt treibt hier eine R 100 RT von 1979 auf dem BMW-Testgelände Aschheim an die Grenze der Reifenhaftfähigkeit. Tester und Käufer waren immer wieder erstaunt darüber, wie präzise sich das Dickschiff durch Kurven jagen ließ und auch ansonsten kontrollierbar blieb.

Rechts: die gleiche Maschine von 1979. Man beachte die großen Belüftungsschächte unter den Blinkern, nützlich an heißen Tagen, denn die Verkleidung schirmte den Fahrtwirnd perfekt ab. Das untere Mittelteil ist stark durchbrochen. Gegen Aufpreis gab es unter anderem die Motokoffer, den Ölkühler und eine Warnblinkanlage.

Stärke einer voll ausgerüsteten R 100 RT, die auch im vollen Tourenornat und mit Sozius/Sozia fahrstabil blieb und sich auch dann noch sehr agil bewegen ließ. Gegen Aufpreis konnte der Kunde sogar den Fußschalthebel als Schaltwippe haben. Dem erlebnisbetonten Touren, dem ab Ende der 1970er Jahre immer mehr Biker frönten, stand damit nichts mehr irn Wege.

Und dies vor allem ab 1980, nachdem die R 100 RT auf Wunsch mit den innovativen, gegen 495 DM Aufpreis lieferbaren (ab 1983 serienmäßigen) „Nivomat"-Federbeinen bestellt werden konnte, die trotz des von 125 auf 85 mm reduzierten Federwegs den Komfort auf *„intelligente"* Weise steigerten. BMW-Pressesprecher Karl-Heinz Hufstadt (auch bekannter Streckenkommentator bei Rennen) und Kollege Dietmar Domröse stellten in einer Mitteilung vom 26. Februar 1980 die *„denkenden Stoßdämpfer von BMW"* vor.

Erstausgabe der R 100 RT von 1978. Während das Unterteil der von Hans A. Muth gestylten Vollverkleidung dem der R 100 RS entsprach, war die obere, voluminöse Partie eine völlig Neukonstruktion mit dreifach verstellbarer Windschutzscheibe.

Nivomat: das „denkende" Federbein von Boge und BMW

Der Fahrwerksspezialist Boge in Eitorf an der Sieg und BMW hatten das System gemeinsam seit Beginn der 1970er Jahre entwickelt. Der Nivomat war ein hydropneumatisches Federbein, das sich der jeweiligen Belastung selbständig anpaßte, und zwar hinsichtlich Federhärte und Dämpfung. Das manuelle Einstellen, das die Vorspannung der Feder aber nicht die Federhärte verändern konnte, entfiel. Eine von den Straßenunebenheiten bewegte Kolbenstange leistete Pumparbeit und hielt das Motorrad auf seinem Soll-Niveau. Ohne Zutun des Fahrers herrschten auf den unterschiedlichsten Fahrbahnoberflächen stets gleiche Federwege und ausreichende Bodenfreiheit – wie man es zuvor nur von der hydropneumatischen Federung der großen Citroën-Automobile kannte. Da fiel es dann nicht mehr ins Auge, wenn die Maschine mit ihren schmalen Reifen (3,25 H 19/4,00 H 18) überladen war. Ein Plus war sicher, daß auf ein Nachjustieren der Scheinwerfereinstellung bei unterschiedlicher Belastung verzichtet werden konnte.

Motor und Bremsanlage 1980 verbessert

Ab Januar 1980 besaß die R 100 RT wie alle Modelle der /7-Generation ein überarbeitetes Kurbelgehäuse mit geändertem Ölkreislauf. Zum Modelljahr 1981 erhielten die Boxermotoren neue Leichtmetallzylinder, die über eine hartverchromte Lauffläche zur Erhöhung der Verschleißfestigkeit verfügten. Zusätzlich wurden alle /7-Modelle ab Modell 1981 mit einer neuen Airbox mit Plattenluftfilter sowie mit höher an geänderten Gabelgleitrohren angebrachten Bremssätteln von Brembo ausgerüstet. Das Testen der großen BMW hatte oft Show-Charakter, denn auf der Straße erregte die schwere RT anfangs enormes Aufsehen. Die *„Auto Zeitung"* schrieb: *„Die Schar der Neugierigen, die sich bei Ampelstopps, in schmalen Dorfstraßen oder in der brodelnden City um Roß und Reiter drängt kann richtig lästig werden."*

Gut geschützt bei schlechtem Wetter, aber seitenwindempfindlich

Doch das Fahrerlebnis entschädigte für derartige Unannehmlichkeiten: *„Gut bedient sind Gemütsmenschen, die ausgedehnte Touren lieben. Und das nicht nur sonntags und bei Sonnenschein, sondern auch im Winter und bei Regen. Denn die kaum neun Kilo leichte Vollverkleidung hält auch an nieselnassen Herbsttagen die Unbill schnöder Witterung vom Fahrer fern. Selbst die Füße bleiben warm und trocken, ein Komfort fast wie im Auto. Ausgefuchste Biker freilich bedauern, daß bei der R 100 RT der so sehr geschätzte unmittelbare Kontakt zur Straße teilweise verlorengeht. Und weil der Winddruck gänzlich fehlt, läßt sich die Geschwindigkeit rein gefühlsmäßig schlechter einschätzen. Nicht ungefährlich für Anfänger, die sich aus Prestigegründen solch ein Motorrad zulegen..."*

Bemängelt wurde auch die hohe Seitenwindempfindlichkeit, vor allem bei plötzlichen Windböen bei Geschwindigkeiten über 120 km/h: *„Wenn herbstliche Wirbelwinde fegen, dann ist es mit dem spurtreuen Geradeauslauf schnell vorbei."* Die dreifach verstellbare Windschutzscheibe erzeugte in steilster Position zudem

Foto: © Hans J. Schneider

Links: Der Arbeitsplatz des RT-Piloten (hier R 80 RT 1982). Neben der gewohnt reichhaltigen Instrumentierung und den modernisierten Schaltern bot die R 100 RT zwei Belüftlungsschächte mit Rosetten sowie Ablagefächer.

Rechts: Die R 100 RT 1981 auf Tour im Süden Europas.

einen unangenehmen Luftzug im Nacken und in der Nierengegend. BMW-Planer Hardy Müller kommentierte dies lakonisch: *„Die aufrechte Sitzposition und die somit größere Entfernung zwischen Fahrer und Verkleidung ist für den Sog verantwortlich."* Aha! *„Für hohes Tempo empfehlen wir die flachste Stellung der Scheibe".* Als problematisch sahen es die Tester an, hinter der stark gekrümmten Scheibe zusätzlich das Helmvisier herabzulassen. Die Scheibe verzerre ohnehin schon das Bild der Fahrbahn, *„so daß jedes weitere optische Filter zum Sicherheitsrisiko wird",* befand Helmut Kokoschinski in *„Motorrad".* Und die hellbeige bezogene Sitzbank sei sehr schmutzempfindlich.

Weniger gut auch: Fahrfertig und ohne Sonderzubehör, brachte die R 100 RT nach Werksangaben 234 kg auf die Waage. Bei einem zulässigen Gesamtgewicht von zunächst 398 kg waren damit nur 164 kg Nutzlast erlaubt – wenig für zwei voll ausgerüstete Personen. Beim zweiten großen Vergleichstest von *„Motorrad"* im Sommer 1980 (Heft 14 vom 9. Juli 1980, s.a. unten) wurde das Gewicht einer mit 24 Litern vollgetankten RT sogar mit 261 kg ermittelt (samt Öl und Werkzeug). Für die Zuladung blieben dabei nur 137 kg übrig. Redakteur Hans Sautter: *„Das sind noch nicht einmal zwei Durchschnitts-Germanen in Fahrkleidung, von Packtaschenfüllung und Tankrucksack ganz zu schweigen. Rund 190 Kilogramm kommen da nämlich zusammen."* Schwacher Trost: Japanische Supertourer waren in diesem wesentlichen Punkt auch nicht viel besser. Erst zum

Foto: © Police Australia

Die R 100 RT war nicht zuletzt auch in Abstimmung mit Behördenkunden in aller Welt konzipiert worden, denn das Behördengeschäft blieb nach wie vor eine tragende Säule des Motorradvertriebs von BMW. Hier sehen wir eine weiß lackierte Maschine von 1981 der australischen Polizei mit Blaulichtern und Funkanlage.

1. April 1981 besserte BMW nach: Für alle 800er und 1000er Boxer erhöhte BMW ab diesem Produktionsdatum das zulässige Gesamtgewicht von 398 auf 440 kg. Voraussetzung: Reifen mit erhöhter Tragkraft und bei be- stimmten Typen spezielle Bremsbeläge.

Die R 100 RT hatte sich schon vorher von *„Motorrad"* mit tourentauglicher Konkurrenz vergleichen lassen müssen: Im Frühjahr 1979 war sie gegen die Harley-Davidson FLH 80 Classic (V-Twin, 1338 cm^3, 64 PS, 15 650 DM), die Honda Gold Wing (Vierzylinder-Boxer, 1000 cm^3, 78 PS, 10 400 DM), die Moto Guzzi 850 T 3 California (V-Twin, 844 cm^3, 59 PS) und die Yamaha XS 1100 (Vierzylinder in Reihe, 1104 cm^3, 95 PS, 12 600 DM) angetreten. Bis auf die nur mit hoher Scheibe daherkommende Guzzi waren alle Maschinen vollverkleidet. Die Auswahl der in allen Belangen sehr unterschiedlichen Motorräder war allerdings irgendwie willkürlich – es gab schlicht nichts anderes in der Supertourer-Katagorie. Maschinen mit Verkleidungen aus dem Zubehörhandel standen damals im Verruf, weil sie meist die Fahrsicherheit beeinträchtigten.

Die R 100 RT punktete mit Bestwerten beim durchschnittlichen Testverbrauch (6,2 l/100 km) und bei der Reichweite (387 km). Mit 179 km/h Höchstgeschwindigkeit *„solo sitzend"* mußte sie sich nur der schnellen Yamaha geschlagen geben (199 km/h). Nicht so gut sah es beim Kriterium *„Abdrift bei Seitenwind von 80 km/h"* mit 100 km/h Fahrgeschwindigkeit aus: Die BMW wich um 2,2 Meter zur Seite aus, die Yamaha nur 1,7 Meter, während die Harley mit 3,1 Metern einfach davonsegelte.

Konzeptbedingt Schwächen

Vom Konzept her war das Testteam von der RT nicht begeistert: *„War die RS schon das Äußerste, was als Auto auf zwei Rädern akzeptiert werden konnte, so übernehmen sich die Bayern mit der RT doch deutlich. In langgezogenen, meist auch leicht überhöhten Autobahnkurven fängt die Maschine an, unangenehm zu pendeln. (...) Fies auch, daß die Verkleidung aufgrund des hinter ihr vorhandenen Unterdrucks aus Richtung einer feuchten Straßenoberfläche Wasser ansaugt. So was macht nicht nur naß, sondern auch dreckig."*

Beim zweiten *„Motorrad"*-Vergleich im Sommer 1980 (Heft 14, s.a. Seite 147) mußte sich die dicke BMW mit der auf 1085 cm^3 und 83 PS erstarkten Honda Gold Wing Interstate, der neuen Kawasaki Z 1100 ST (1016 cm^3, 97 PS) und der technisch unveränderten Yamaha XS 1100 Martini messen. Dabei fiel u.a. auf, daß die Maschine mit dem kleinsten Tank, die Kawasaki, mit 8,3 l/100 km den größten Durst und folglich die geringste Reichweite (220 km) hatte. Tester Hans Sautter ärgerte sich bei der BMW über die (wie auch bei den anderen Boxern) knifflige Ölstandsprüfung: *„Es bedarf einiger Fingerfertigkeit, um durch diverse Bow- denzüge hindurch die bei Tankstopps teuflisch heiße Ölschraube zu öffnen, den Meßstab herauszuziehen und dabei den Dichtring nicht zu verlieren."* Zum Nachfüllen müsse man einen Trichter parat haben, sonst ginge der Saft daneben. Bei der Konkurrenz war's einfacher: Die Japan-Bikes hatten alle ein Ölschauglas. Daß das Magazin im Sommer 1982 die R 100 RT zum dritten Mal einem Vergleich mit den bekannten Maschinen unterzog, roch nach PR. Denn den alten Erkenntnissen konnte Testleiter Michl Koch nur wenig hinzuführen. Sein Fazit zur BMW: *„Solide verarbeitete, komfortable Reisemaschine mit Mängeln im Detail: untaugliche Ständer, schlechter Sitz, schwergängiger Gasgriff."* Hans Sautter wechselte bald danach die Seite des Schreibtischs und ging als Pressesprecher Motorrad zu BMW nach München.

Einen guten Eindruck hinterließ das bayerische Riesenrad bei einem Dauertest über 25 000 km von *„Motorrad"*, veröffentlicht in Heft 24/1979: *„Die große Touren-BMW fuhr ohne nennenswerte Störungen kreuz und quer durch Europa und machte ihrem Ruf als schnelle und komfortable Langstreckenmaschine alle Ehre."* Die einzige größere Reparatur war bei Kilometerstand 14 385 der Austausch der verschlissenen Bremsscheibe hinten. Ungewöhnlich war ein fehlerhafter Getriebe-Ruckdämpfer, der aber bis Testende durchhielt. Der Vorradreifen hielt fast

15 000 km, hinten mußte etwa alle 5000 km ein neuer Pneu aufgezogen werden. Zu den kleineren Defekten gehörte der undichte Lichtmaschinendekkel und ein Wackelkontakt an der Bremswarnleuchte. Einige Testfahrer beschwerten sich über eingeschränkten Sitzkomfort durch den unter der Bank angebrachten Verbandskasten. Bei der abschließenden Demontage zeigten sich Kolben, Zylinder und Nokkenwelle in tadellosem Zustand, auch die Windschutzscheibe stand noch da wie eine Eins.

Nicht nur im Dauerbetrieb, sondern ganz allgemein überwogen bei der R 100 RT die positiven Seiten. *„Für Tourenfahrer sicher eine der komfortabelsten Arten der Fortbewegung"* („*Motorrad*"). *„Wer sich mit der R 100 RT über kurvenreiche Landstraßen bewegt, fühlt sich wie der König der Lüfte – sicher, elegant, souverän. (...) Der neuen BMW sieht man nicht an, wie handlich sie ist. (...) Trotz des gewaltigen Aufbaus animiert sie gelentlich zu sportlicher Gangart"* („*Auto Zeitung*").

Auf welliger Piste überzeugte der Luxusdampfer mit überragendem Komfort. Neu war, daß das Riesenrad nur noch mit Abblend- oder Fernlicht gefahren werden konnte; den herkömmlichen Lichtschalter hatte BMW (vorübergehend) eingespart. Fazit des Testers: *„Insgesamt ein Motorrad für gesetzte Herrschaften, die gern ein bißchen auffallen und automobile Bequemlichkeit mit der Sportlichkeit des Motorradfahrens verbinden wollen."*

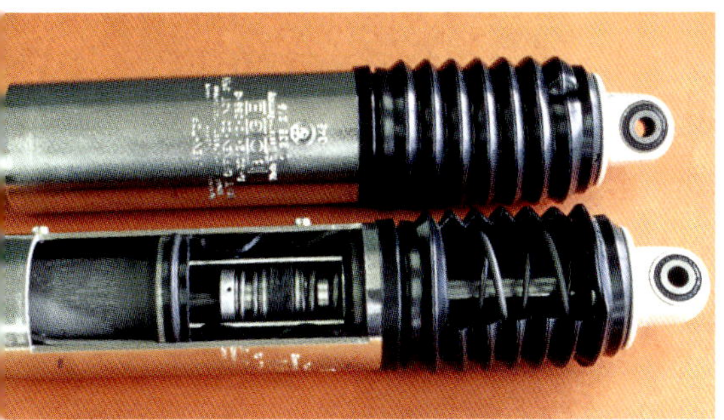

Das nötige Kleingeld dafür durfte aber nicht fehlen: Genau 11 450 DM kostete anfangs die RT, die in der Version mit Zweiarm-Langschwinge von 1978 bis 1984 und damit über einen ungewöhnlich langen Zeitraum gebaut wurde – und dies in respektablen 18 015 Einheiten. Erfolgreich war die R 100 RT – ganz nach Plan – vor allem in den USA: über 80 Prozent der Fahrzeuge wurden exportiert. Ansonsten ging jede vierte BMW Ende der 1970er Jahre in die Staaten.

Turbolader und Wassereinspritzung

Schlagzeilen machte im Herbst eine von der kalifornischen Firma Luftmeister unter ihrem Chef Matt Capri mit Turboaufladung und Wassereinspritzung gehörig auf Trab gebrachte R 100 RT („*Motorrad*" 22/1982). An der Tankstelle hätte es dann heißen

Links außen und unten: Die zusammen mit Boge entwickelten, hydropneumatischen Nivomat-Federbeine kosteten anfangs 495 DM extra, waren ab 1983 bei der R 100 RT serienmäßig. Die Werbung sprach von „Fahrwerks-Revolution": „Jetzt können Sie auf ganz neuem Niveau Motorrad fahren".

Oben: Hufstadt demonstriert 1979 eindrucksvoll, daß auch ein betont sportlicher Fahrstil mit der R 100 RT möglich ist.

können: *„Super voll bitte und einen halben Liter klares Wasser für die Einspritzung."*

Für die Aufladung war ein kleiner Warner-Ishi-Lader zuständig, wie er für die Honda CX 500 Turbo entwickelt worden war. Eine Doppel-Zündanlage verhinderte ein zerstörerisches Hochgeschwindigkeitsklopfen. Bei $4500/min^{-1}$ setzte der Turbolader mit Macht ein, ließ die fünf Zentner schwere BMW vorn leicht werden und ungestüm vorwärtsstürmen. Luftmeister gab 100 PS Höchstleistung an und eine mögliche Höchstgeschwindigkeit von über 200 km/h. Die damals in der Formel 1 übliche, zusätzliche Wassereinspritzung in die Ansaugluft ließ die Temperatur der durch den Turbo stark aufgeheizten Ladeluft sinken und machte sie dadurch dichter, was die Effizienz bei der Verbrennung steigerte.

Aber die Sache war nur eine (gefährliche) Spielerei. *„In der Nacht, wenn die schwarzverchromten Auspuffrohre kirschrot glühen, wird klar, was sich dicht unter dem Benzintank abspielt. Es gehört schon eine gehörige Portion Feuerwerkermentalität dazu, bei diesem Anblick kühl zu bleiben",* schauderte es Tester Wolfgang Schnepf im Nachhinein. Einer Zulassung in Deutschland gab er keine Chance: *„Oder kennen Sie einen TÜV-Sachverständigen, der beim Anblick des glühenden Laders unter dem Tank noch vor dem Wegrennen schnell seinen Stempel in den Kfz-Schein drückt?"*

Die R 100 RT von 1978, ausgerüstet mit Kofferhaltern und Nivomat-Federbeinen. Das zulässige Gesamtgewicht wurde 1981 von 398 auf 440 kg erhöht. Über 80 Prozent der Fahrzeuge gingen in die USA, wo ruhiges Tourenfahren wegen der herrschenden Tempolimits die einzige legale Art der Fortbewegung war. Der hohe Lenker war weltweit bei allen Exemplaren serienmäßig.

1987-1996: 9738 Einheiten

R 100 RT/2 980 cm^3

Monolever-RT mit 60 PS

Im September 1987 kam dann, was nach der Neuauflage der R 100 RS (s. weiter vorn im Buch) nun kommen mußte: BMW bescherte auch dem Langstreckentourer R 100 RT, der mit Zweiarmschwinge 1984 eingestellt worden war, wieder ein Comeback, diesmal mit der inzwischen überall eingeführten Monolever-Hinterradschwinge. Einschließlich der neuen Enduros umfaßte die Boxer-Palette plötzlich mehr Modelle als die K-Reihe: acht Typen von 650 bis 1000 cm^3 gegenüber drei K 75- und vier K 100-Versionen.

Motor und Fahrgestell der unerwartet reaktivierten R 100 RT waren mit der Technik der R 100 RS identisch. Der Unterschied zur weiterhin produzierten R 80 RT bestand eigentlich nur in Hubraum und Leistung. Hervorstechendstes Merkmal des 60 PS starken Tourers war die große Handlichkeit. Serienmäßig war die 1000er RT mit Ölkühler, Quarzuhr, Doppelscheibenbremse, Voltmeter und Integralkoffern ausgerüstet. Damit lag das Ausstattungsniveau der 16 150 DM teuren Maschine deutlich über dem der 2400 DM günstigeren R 80 RT. Im Gegensatz zur RS blieb die R 100 RT in der Grundausführung bis Frühjahr 1994 im Programm.

Zum unvermeidlichen Abschied von den Zweiventil-Boxermodellen legte BMW 1994 noch eine Classic-Variante mit einer exklusiven Zweifarbenlackierung in Arktisgrau/Graphit-Metallic inklusive Handlinierung und den in Fahrzeugfarbe lackierten Kofferdeckeln. Darüber hinaus erhielt die R 100 RT Classic eine nochmals aufgewertete Serienausstattung mit Topcase, Komfortsitzbank, Zylinderschutzbügel und Warnblinkanlage. In dieser Konfiguration liefen schließlich Anfang 1996 die letzten RT-Exemplare und damit die letzten Zweiventil-Boxer vom Band.

Von 1987 bis Anfang 1996 konnte BMW fast 10 000 Exemplare der R 100 RT mit Monolever-Fahrwerk und 18-Zoll-LM-Rädern absetzen. Darunter waren die luxuriösen Classic-Modelle, die von 1994 bis 1996 von den Bändern rollten. Das Foto zeigt eine R 100 RT aus dem ersten Jahr der Neuauflage 1987.

1978-1980: 18 015 Einheiten

R 100 T 980 cm^3

Aufgewerteter Sportboxer

BMW präsentierte 1978 gleich zwei Meilensteine: den Tourenboxer R 100 RT und die „kleine", völlig neu entwickelte Baureihe R 45/R 65 (dazu mehr in einem späteren Kapitel). Außerdem zeigten die Bayern auf der IFMA in Köln die R 80/7 als Nachfolgerin der R 75/7 (s. weiter vorn im Buch) und ein interessantes Nachfolgemodell der R 100/7 – die in vielen Details verbesserte und aufgewertete R 100 T, die auf dem bewährten Baukastenprinzip beruhte und serienmäßig mit den bekannten Leichtmetallrädern, Doppelscheibenbremse vorn, Sportsitzbank mit Gepäckbrücke, Kofferhalter, Voltmeter und Quarzuhr, Doppelfanfare und Zylinderschutzbügel ausgerüstet war. Wahlweise gab es einen normalen oder einen hochgezogenen Lenker. Durch passend abgestimmtes Zubehör wie z.B. ein großes Windschild und sauber integrierte Koffer, ließ sich die R 100 T zu einem Reisemotorrad aufrüsten, mit dem sich auch zu zweit große Entfernungen relativ ermüdungsfrei bewältigen ließen. *„Die R 100 T, entstanden aus der R 100/7 mit nunmehr 47 kW (65 PS), ist eindeutig für die kurvige, bergige Landstraße gemacht. Um das Fahren in solcher Gegend noch attraktiver zu gestalten, sollte von den beiden serienmäßig angebotenen Übersetzungen die kürzere gewählt werden"*, kommentierte *„Motorrad"* das Erscheinen der R 100 T auf der IFMA 1978.

Die 1978 präsentierte R 100 T war eine aufgewertete Ausführung der R 100/7, man könnte auch sagen: ein Sondermodell. LM-Räder, Doppelscheibenbremse vorn, Zylinderschutzbügel und andere Zutaten machten die R 100 T zu einem exklusiven Motorrad im Classic-Look, das zudem mit einer auffälligen Speziallackierung glänzte.

Klassische BMW mit 65 PS für kurvige Land- und Bergstraßen

Mit dem 65 PS starken 980-cm^3-Triebwerk der R 100 S schaffte die Basis-R 100 nun Geschwindigkeiten von (laut Werk) bis zu 195 km/h km/h. Seine Höchstleistung erreichte der S-Motor bei 6600/min^{-1}, auch das maximale Drehmoment von 77 Nm bei 5500/min^{-1} entsprach dem S-Boxer, während das Verdichtungsverhältnis von 1 : 9,5 gleich hoch war wie bei der RS.

Wie bei R 100 S und R 100 RS bereiteten zwei Bing-Membranvergaser mit je 40 mm Durchlaß das Benzin-Luft-Gemisch auf. Mit 9290 DM kostete die R 100 T immerhin 900 DM weniger als die R 100 S und war daher eine feine Alternative für alle Cockpitverächter. BMW sagt heute: *„Die R 100 T (T=Touring) sollte die Kunden ansprechen, die ein langstreckentaugliches und komfortables Tourenmotorrad suchten, aber keine Vollverkleidung wollten."* Im letzten Produktionsjahr ab Januar 1980 besaß die R 100 T wie alle Modelle der /7-Generation ein überarbeitetes Kurbelgehäuse mit geändertem Ölkreislauf.

Softchopper-Welle komplett verschlafen

Die R 100 T war nur eine Neuauflage bewährter Konzepte, keinesfalls füllte sie eine Lücke im BMW-Programm. Diese Lücke aber gab es seit Mitte der 1980er Jahre: Die Chopperwelle war von Amerika nach Europa geschwappt und wurde ab 1979 aggressiv von allen Marken vorangetrieben – außer von BMW. Der Autor verfaßte für *„Motorrad“* (Heft 3 vom 6. Februar 1980) einen großen Report zum Thema, in dem 17 „Softchopper“-Modelle aller möglichen Hersteller proträtiert wurden – nur BMW war mangels Masse nicht dabei. BMW-Motorrad-Geschäftsführer Karl Gerlinger zum Beispiel hielt *„so etwas“* für nicht seriös genug und befaßte sich daher von vornherein nicht mit der Chopper-Idee, die aber von jungen Leuten (und Möchtegern-Hippies) sehr begrüßt wurde.

Links: Der Boxer eignete sich hervorragend als Chopper-Antriebsquelle. Der Postbeamte Karl-Heinz Höhn aus Unkel machte in den 1970ern aus einer R 75/5 ein total individuelles Motorrad mit eckigem Chromtank, Ledersattel und extra langer Vorderradgabel. Und er legte damit lange Strecken zurück – jedes Jahr nach Griechenland etwa. Foto: Juli 1979.

Harley-Davidson bot kernige V-Twins von der XLH 1000 Sportster bis zur FXS 1340 Low Rider an, Honda fünf Hochlenker-Modelle von der CM 200 bis zur CB 900 Custom. Kawasaki steuerte in allen Hubraumklassen die LTD-Typen mit dicken Hinterreifen bei, Suzuki nahm sogar mit sieben Stufensitzbank-Modellen von der GN 400 S bis zur GSX 1100 L teil, Triumph schickte die Tiger- und Bonneville-Klassiker ins Rennen, und Yamaha beteiligte sich mit vier „US Custom“-Versionen zwischen 250 und 750 cm³, die neben den Honda-Choppern große Verkaufserfolge auf dem Markt erzielten. Es brach ein regelrechter Hype um die Ableger normaler Straßenmodelle aus, gleichzeitig explodierte der Absatz von Chopper-Zubehör: Chrom-Tanks, Drag-Lenker, „Sissy-bar“, Malteser-Rücklicht, Speziallackierungen. Der TÜV kam mit Eintragungen in die Papiere kaum hinterher. Und BMW schlief weiter.

Repro: © Motorrad, Archiv H. J. Schneider

Beide Fotos: © Archiv H. J. Schneider

Oben rechts: „Motorrad“ brachte im Februar 1980 eine große Trendgeschichte zum Thema „Softchopper“. 17 Maschinen nahmen an dem Vergleich teil – überwiegend aus japanischer Produktion. BMW fehlte, denn die Bayern nahmen die Entwicklung nicht ernst: „Nicht seriös genug“.

Darunter: Die von uns im März 1979 in einen Softchopper-Vergleich integrierte R 100 T mit Tourenzubehör.

Steckbrief R 100 T (alle Daten s. Anhang)

Bauzeit	1978 bis 1980
Motortyp, Ventile	247, 2 ohv
Einheiten	6838
Hubraum	980 cm³
Leistung 1976	65 PS bei 6600/min⁻¹
Vergaser (Bing)	2 Gleichdruck 94/40/103
Getriebe	5-Gang
Rahmen	Stahlrohr, verschweißt
Vorderradführung	Teleskopgabel
Hinterradführung	Schwinge, 2 Federbeine
Bremsen v/h mm	2 Scheib. 260/Trommel 200
Reifen vorn/hinten	3,25 H 19 / 4,00 H 18
Leergewicht	215 kg
Höchstgeschwindigkeit	195 km/h
Preis	9290,- DM

AME: Umbau von Serien-Boxern zu Choppern

Dabei hätten die Bayern gewarnt sein müssen. Denn in Schauenburg bei Kassel baute Walter F. Cuntze schon seit 1973 mit seiner Firma AME – neben angesagten Harleys und V-Twin-Japanerinnen – gebrauchte Boxer aller Epochen individuell nach Kundenwunsch zu trendgerechten Chopper-Maschinen um – und er hatte einen bis heute anhaltenden Erfolg damit. Weitere Einzelheiten zu AME s. Kapitel *„Tuning"*.

In seiner zehnseitigen Titelgeschichte *„Das Jahr der Chopper"* hielt der Autor BMW, aber auch italienischen Herstellern wie Moto Guzzi den Spiegel vor: *„Nichts vom großen Chopper-Kuchen werden etablierte europäische Hersteller wie BMW oder Moto Guzzi abbekommen. Sei es aus Nachlässigkeit, Desinteresse oder falscher Einschätzung der Marktsituation – die Traditionsmarken ignorieren einfach den neuen Trend. Dabei könnten sie mühelos alle zufriedenstellen, die keinen Vierzylinder-Chopper oder keine japanische Massenkonfektion haben wollen. Denn wie nur ganz wenige Triebwerke verfügen ein Boxermotor von BMW oder ein V-Zweizylinder-Aggregat von Moto Guzzi über die Charaktereigenschaften, die von Chopper-Fans so sehr geschätzt werden: hohes Drehmoment bei niedriger Drehzahl, ungestüme, aber leicht kontrollierbare Kraft, unverwechselbares Feeling."* Erst 1997 wurde man in München wach und stieg dann gleich mit der monströsen R 1200 C ins Cruiser-Geschäft ein. Da war die einträgliche Softchopper-Welle längst verebbt.

Jux an der Küste mit aufgepäppelter R 100 T

Aus verwurzelter Sympathie mit der bayerischen Traditionsmarke bezog die *„Auto Zeitung"* bei einem kleineren Chopper-Vergleich mit der Harley-Davidson XLH 1000 Sportster, der Yamaha XS 650 Special und der Triumph Bonneville 750 (Heft 6 vom 7. März 1979) eine mit Windschutzscheibe, Packtaschen und Zusatz-Scheinwerfern aufgepäppelte R 100 T mit ein, *„auch noch im Jahre '79 noch nach den Rezepten unserer Altvorderen gebaut."*

Doch irgendwie paßte der eher tourentaugliche Boxer nicht in die Gruppe. Daher mußte sie mit einem Jux interessant gemacht werden: Das Team ließ sie am Strand der ostfriesischen Nordseeküste zu Wasser, und der Fahrer, ausgerüstet mit Taucheranzug, Schnorchel, Brille, Flossen und langem Messer, tat so, als wolle er von hier aus mit der BMW den Kanal nach England überqueren – es wurden tolle Fotos davon geschossen. Doch vor dem Abtauchen bekam der Pilot kalte Füße und rollte zurück, denn er war gewarnt worden, von Ubbo Scheepker, Krabbenfischer und Bootsbesitzer: *„Sei'n se man nur vorsichtig! Vor acht Tagen ist hier einer beim Baden abgetrieben worden und bis heute nich' wieder aufgetaucht. Dat kann ein Vierteljahr dauern, bis der wieder angespült wird."* So viel Zeit hatten wir nicht.

Nicht nur bei AME, sondern zunehmend auch in privater Hand wurden Boxer-Motoren in teils abenteuerliche Rahmen-/Gabel-Konstruktionen implantiert. Bei einer Chopper-Trendgeschichte über sieben Seiten für das Magazin *„DM"* (Heft 9/1979) mit den Vierzylinder-Modellen Kawasaki Z 650 R und Suzuki GS 750 L sowie den Zweizylindern Harley-Davidson XLS 1000, Triumph Bonneville 750 Special und dem Bestseller Yamaha XS 650 Special mußte – außer Konkurrenz und eher fürs Foto – so ein privat aufgebauter BMW-Chopper die weiß-blaue Fahne hochhalten; die Redaktion hatte auf ein Fahrzeug, dessen Basis in Deutschland hergestellt worden war, nicht verzichten wollen. Die BMW war ein Ungetüm mit extrem langer Gabel, Glattblechtank, Drag-Lenker, tiefer Sitzbank und viel Chrom, angetrieben von einem modifizierten R 75/5-Boxer. Bei den von 1978 bis 1980 produzierten Stückzahlen halten wir uns an unseren Titel *„Faszination BMW Boxer"* (1999/2000) und geben die Stückzahl mit damals von BMW bestätigten 6838 Einheiten an.

Oben: In Dunkelblau-Metallic wirkte die R 100 T besonders edel. Der leicht verbreiterte Lenker war mit für die ausgezeichnete Handlichkeit der 65 PS starken und über 190 km/h schnellen Maschine verantwortlich. Ihr ganzes Potential entfaltete sie indes nicht auf der Autobahn, sondern auf kurvenreichen Landstraßen. Mit 9290 DM war sie nicht billig, doch wertbeständiger als Massenware aus Fernost.

Das Studio-Foto zeigt die serienmäßige R 45 im Präsentationsjahr 1978. Mit kleinem Vorderrad, schlankem Tank und moderner Sitzbank wirkte der kleine Boxer elegant und sympathisch. Er besaß ab Werk Räder aus Leichtemetallguß und eine Bremsscheibe vorn.

Kapitel 12
1978-1985: R 45, R 65, R 65 LS

Erfolgreiche Kompaktklasse

Um die Wucht des japanischen Angriffs in den versicherungsgünstigen Klassen bis 27 und 50 PS etwas Schlagkräftiges entgegenzusetzen, lancierte BMW 1978 die Zwillingsmodelle R 45 und R 65. Vom technischen Konzept her blieb man dabei dem Boxerprinzip mit Kardanwelle treu, im Detail aber handelte es sich um neu konstruierte Motorräder, die kompakter und handlicher waren als die großen 800er und 1000er Typen. Die R 45 gab es wahlweise mit 27 oder 35 PS, die R 65 zunächst mit 45, später mit 50 PS. 1981 folgte als extravante Ergänzung die unkonventionell gestylte Sportversion R 65 LS. Bis 1985 verkaufte BMW 64 000 Exemplare der Kompakt-Klasse – ein Erfolg, der alle Erwartungen übertraf.

Unten: Bereits 1976 wurden fertig entwickelte Prototypen der R 45 getestet. Der von Werksfotografin Liselotte Prohaska abgelichtete Motor ist noch mit Bing-Schiebervergasern und Kickstarter ausgerüstet.

Ende 1978 wählten die Leser der Zeitschrift „PS" die BMW R 45 zum „Motorrad der Vernunft".

Repro: © PS/Motorpresse, Archiv H. J. Schneider

1978-1985: 28 158 Einheiten

R 45 473,4 cm³

Für Einsteiger und Alltagsfahrer

Nach dem Wegfall der traditionsreichen Halblitermodelle klaffte eine Lücke im Boxer-Programm, es fehlte ein attraktives und preisgünstiges Einsteigermodell. In den Klassen bis 27 und 50 PS beherrschten die Japaner den Markt: Kawasaki z.B. mit der Z 400, Honda mit den Typen CB 400 N und CX 500, Yamaha mit der XS 400 oder XZ 550, Moto Guzzi mit der V 50 etc... Und dies zu Preisen, mit denen BMW mit seinen aufwendig in Berlin produzierten und qualitativ hochwertigen Boxern nicht mithalten konnte. Das „billigste" Modell war 1977 die R 80/7 mit 7990 DM. „Made in Germany" war auch deshalb teuer, weil sich Arbeitsbedingungen und Entlohnung auf einem höheren Niveau befanden als in den asiatischen Fabriken. Auch trat in Deutschland immer stärker der Umweltgedanke in den Vordergrund, was die Produktionskosten und damit auch die Marktpreise zusätzlich erhöhte.

Starke Mittelklasse: R 45 und R 65

Zwar ließ sich das auf solider bajuwarischer Technik basierende Boxerkonzept nicht direkt mit den zierlicheren und qualitativ nicht immer adäquaten Motorrädern aus Fernost vergleichen, doch die Gesetze des Marktes verlangten, daß BMW sich endlich wieder stärker auf die Einstiegs- und die untere Mittelklasse zubewegte. Seit Mitte der 1970er Jahre hatte man an einem entsprechenden Konzept gearbeitet, im Frühjahr 1978 war es dann so weit: BMW präsentierte mit den Zwillingsmodellen R 45 und R 65 eine vom Erscheinungsbild und von wichtigen Technikdetails her neue, betont eigenständige Zweizylinder-Boxer-Generation. Mit der gedrosselten R 45-Version bot man eine echte BMW in der versicherungsgünstigen 27-PS-Klasse an, die R 65 blieb mit zunächst 45 PS unter der 50-PS-Grenze.

Schon Mitte der 1970er Jahre hatte die Branche über eine künftige kleine BMW spekuliert. Man glaubte aber damals eher an die Realisierung eines kompakten 250er oder 350er Modells im Stil der kleinen, von 1953 bis 1955 gebauten „Gouverneur" des Ratinger Fabrikanten Hoffmann (Zweizylinder-Viertakt-Boxermotor, 248 cm³, 11 PS bei 4600/min⁻¹, Kettengetriebe, Kardanantrieb). Siegfried Rauch, Chefredakteur von *„Motorrad"*, setzte im Juli 1974 den Wunsch-Hubraum noch ein wenig höher: *„Das, was gebraucht wird, ist ein*

Steckbrief R 45 (alle Daten im Anhang)

Bauzeit	1978 bis 1985
Motortyp, Ventile	248, 2 ohv
Einheiten	28 158
Hubraum	473,4 cm³
Leistung	27 PS bei 6500/min⁻¹ 35 PS bei 7250/min⁻¹
Vergaser (Bing)	2 Gleichdruck 64/26/303 2 Gleichdruck 64/28/303
Getriebe	5-Gang
Rahmen	Stahlrohr, verschweißt
Vorderradführung	Teleskopgabel
Hinterradführung	Schwinge, 2 Federbeine
Bremsen vorn/hinten mm	1 Scheibe 260/Trom. 200
Reifen vorn/hinten	3,25 S 18 / 4,00 S18
Leergewicht	205 kg
Höchstgeschwindigkeit	145/160 km/h
Preis	5880,- DM

Beide Fotos zeigen den R 45-Prototyp von 1976, wie er 1977 als „Erlkönig" auf öffentlichen Straßen fotografiert wurde. Die Maschine ist noch mit einer Zwei-in-eins-Auspuffanlage ausgerüstet, die das Motorrad sportlicher erscheinen läßt als die Serienversion mit der althergebrachten Doppelanlage. Auch rollt der Prototyp noch auf filigranen Drahtspeichenrädern. Installiert sind bereits die Gleichdruckvergaser.

in großen Stückzahlen für den heimischen wie den Export-Markt zu bauendes Mittelklasse-Modell im Hubraumbereich 250-400 ccm." Der damalige Vertriebsvorstand Bob Lutz ließ sogar durchblicken, daß man für eine zusätzliche Modellreihe sogar eine neue Fabrik bauen würde.

Erlkönig-Fotos und Werkserweiterung

Die ersten Erlkönig-Fotos der künftigen Mittelklasse veröffentlichte *„Motorrad"* im Juni 1977 (Heft 11) und schrieb: *„Die Kleinen von BMW sollen Importen in der 27-PS-Klasse das Leben sauer machen."* Tank, Sitzbank, Instrumente, Zwei-in-eins-Auspuffanlage und Speichenräder entsprachen noch nicht der späteren Serie. Auffällig waren die schmale Bauweise des Boxermotors und das relativ kleine 18-Zoll-Vorderrad.

Seit in Berlin-Spandau unter der Regie von Graf Rudolf von der Schulenburg, seit dem 1. Januar 1977 Chef der BMW Motorrad GmbH (s. Kapitel *„Einführung"*), die Erweiterung der Spandauer Fabrikanlagen in Angriff genommen worden war – wie Lutz es prophezeit hatte –, war es ohnehin kein

***Oben:** Auch die kompakten Boxermodelle konnten mit dem bekannten Spezialzubehör von BMW aufgewertet werden. Mit Motokoffern war die R 45, hier bei einem Stopp im Jahr 1981, vollkommen tourentauglich. Lieferbar waren u.a. auch Windschild, Lenkungsdämpfer, hoher Lenker, Kickstarter.*

***Rechts:** Die passive Sicherheit war bei den kleinen Modellen durch eine Instrumenteneinfassung aus elastischem Material und eine integrierte Prallplatte verbessert worden. Das Foto zeigt Details des 1976er Prototyps mit noch nicht serienmäßigen Schaltern und Hebeln sowie ohne zweiten Außenspiegel.*

Geheimnis mehr, daß BMW neue Einsteigermodelle auf den Markt bringen würde. Den ersten Spatenstich zum Neubau führte Bundespräsident Walter Scheel aus – mit einem Bagger: *„Die letzte Maschine, die ich gefahren habe, war im Krieg eine BMW mit Beiwagen."* Logischerweise eine R 12 oder R 75.

Am 3. Mai 1978 zeigte die *„Auto Zeitung"* (Heft 10) einen Ausriß aus einem französischen Magazin, der ein in Italien geschossenes Foto der fertigen R 45 zeigte, und zwar in der Exportversion mit 35 PS. Vierzehn Tage später (Heft 11) und damit vor der offiziellen Präsentation der kleinen BMW, veröffentlichte das Kölner Blatt ein ganzseitiges Farbfoto der R 45, das ein Händler der Zeitung vorab zugespielt hatte. Die Headline des zugehörigen Berichts, der bereits alle Grunddaten und technischen Merkmale aufzählte, konnte nur *„Münchner Kindl"* heißen, was sonst. *„Die Münchner sind fest entschlossen, trotz des Vorsprungs der marktbeherrschenden Japaner in den Klassen-Kampf einzugreifen.(...) Die Designer fanden einen Strich, der die vergleichsweise klobige Figur des Motors geschickt kaschiert. Schwarz abgesetzte Kühlrippen machen das wuchtige Gehäuse erstaunlich schlank."*

Schon Anfang Juni 1978 hatte der Autor Gelegenheit, sowohl die R 45, als auch das stärker motorisierte Zwillingsmodell die R 65 auf dem BMW-Testgelände bei Aschheim nördlich von München zu fahren (Bericht in *„Auto Zeitung"* 13 vom 16. Juni 1978). Und er war angetan vom Fahrverhalten, von der Präzision, mit der sich schnelle Kurven umrunden ließen, von der Fahrstabilität selbst bei Vollgas, von den starken Bremsen. Und davon, daß man das Schalten gar nicht mehr wahrnahm – die befürchteten Klack-Geräusche fehlten! *„Noch nie gab es eine so handliche BMW. Selbst die Werksleute geben zu, daß während der letzten beiden Jahre auf den ausgedehnten Erprobungsfahrten quer durch Europa die großen R 100-Modelle des Hauses von den kleinen Maschinen auf kurvenreichen, handlingfreundlichen Strecken mühelos ‚versägt' werden konnten."*

Trotzdem stapelte Motorrad-Entwicklungschef Günther von der Marwitz bewußt tief: *„Wir machen keine Revolution, sondern ziehen die Evolution vor."* Stylingchef Hans A. Muth sekundierte: *„Wir bauen im Grunde mit der R 45 das gleiche Motorrad wie eh und je..."* Das stimmte aber nicht ganz, denn die kleinen Modelle waren im Detail schon von Grund auf neu entwickelt oder zumindest angepaßt worden. Aber sie waren gleichwohl klassische Ohv-Boxer. Warum? Von der Marwitz: *„Ein Boxermotor zeichnet sich durch die gute Kühlung der im Luftstrom stehenden Zylinder aus."* Da konnte sich der Autor eine spitze Bemerkung nicht verkneifen: *„Arme heiße Japaner".*

In der Zeitschriftenwerbung stellte BMW die R 45 als Motorrad dar, das der Konkurrenz weit überlegen war. Dies traf sicher auf Nimbus und Qualität zu, weniger aber auf die Fahrleistungen. Denn zumindest in der gedrosselten 27-PS-Version tat sich der 473 cm³ große Boxer schwer mit dem hohen Leergewicht von 205 kg.

Links: Obwohl der Motor dank kürzerer Zylinder 6 cm schmaler ist als bei den grossen Modellen, ist die R 45 unverwechselbar eine klassische BMW-Boxermaschine.

Marketing: Faszination BMW Boxer zu erschwinglichen Preisen

Zielgruppe waren Käufer, die sich zu BMW und zum Boxer hingezogen fühlten, sich aber eines der teuren Motorräder bisher nicht hatten leisten können. Die 5580 DM, die BMW bei der Einführung für die R 45 verlangte und die 6980 DM für die R 65 waren aber keineswegs Kampfpreise. Schon die R 45 kostete 1500 DM mehr, als die Massenhersteller seinerzeit für vergleichbar hubraumstarke Modelle verlangten. Aber man wollte (und mußte) endlich auch die Fahreinsteiger ansprechen, die sich aufgrund der gesetzlichen Restriktionen und der preislich stark unterschiedlichen Versicherungsprämien mit 27 oder 50 PS zufrieden geben mußten: *„Wir wollen nicht auf jene Käufer verzichten, die ihrem*

Hobby Motorrad bestimmte finanzielle Grenzen gesetzt haben", hieß es im (etwas holprig betexteten) Prospekt von 1979. *„Wir wollen das Hobby Motorrad preiswerter machen, ohne dabei auf die Faszination einer BMW zu verzichten."*

Die (gezielt überheblich formulierte) Marketing-Idee war auch, mit R 45 und R 65 Motorräder anzubieten, *„die sich schon in ihrer Erscheinung her deutlich von den vielen Maschinen unterscheiden, die eher an Weiterentwicklungen von Leichtmotorrädern erinnern."* Das Ergebnis war tatsächlich ein exklusiver Motorradtyp für die Hubraum-Mittelklasse, der optisch nicht die Merkmale der Mittelklasse besaß, sondern die der großen BMW-Motorräder. Und noch etwas war einkalkuliert: Wer erst einmal mit einer *„kleinen"* BMW Freundschaft geschlossen hatte, war für die Bayern später vielleicht auch als Käufer einer größeren Maschine gewonnen. Markenbindung war und ist ein hohes Ziel im Geschäft.

Indem die BMW-Werbung die R 45 in die Nähe des Supersportwagens M1 aus dem gleichen Haus rückte, suggerierte sie, daß der kleine Boxer ein sportliches und prestigeträchtiges Motorrad war. Prestige vermittelte die R 45 durchaus, die Sportlichkeit aber wurde durch den relativ leistungsschwachen Motor begrenzt, weniger indes durch das gut abgestimmte Fahrwerk, wie das untere Foto zeigt: Wer sich traute, konnte die kleine BMW bis zum Aufsetzen der Zylinder druch die Kurven jagen – wie hier im Jahr 1980.

Motor und Fahrwerk fast komplett neu kontruiert

Technisch völlig neu geartete Motorräder waren R 45 und R 65 natürlich nicht (wie ja auch Hans A. Muth zugab), denn konzeptionell basierten sie auf den 800er und 1000er Typen der /7-Reihe. Der Rahmen wurde jedoch aus einfachen Rundrohren anstelle der konisch gezogenen Ovalrohre zusammengeschweißt. Standard waren das angeschraubte Heckteil und die verkürzte Zweiarmschwinge mit konventionellen Federbeinen und integrierter Kardanwelle. Der Zweizylinder-Boxermotor war optisch zwar ein /7-Triebwerk, tatsächlich aber eine Neukonstruktion mit einer kurzhubigeren, kompakten Kurbelwelle in einem entsprechend leichteren Gehäuse mit geringeren Wandstärken. Darauf saßen kürzere Zylinder, die die Baubreite verringerten. Das klauengeschaltete, mit dem generell eingeführten verstärkten Gehäuse versehene Fünfganggetriebe hatte man mit unveränderten Gang-Übersetzungen übernommen. Lediglich die Hinterradübersetzungen waren angepaßt worden. Der inzwischen bei den großen Boxern bewährte Ruckdämpfer machte Gang- und Lastwechsel harmonischer.

Im Detail gab es weitere Unterschiede zu den großen Boxermodellen, und hier vor allem solche, die sofort ins Auge fielen: R 45 und R 65 waren, wie man schon bei den Prototypen bemerkt hatte, niedriger, kürzer und kompakter.

Rechte Seite oben: Mit angepaßtem Spezialzubehör verkaufte BMW ab November 1979 die R 45 in der 27-PS-Version an Fahrschulen.

Rechte Seite unten: Als „Einstieg in die Welt der BMW-Boxermotorräder" pries BMW die R 45 an, hier mit einem Fahrzeug von 1981.

Links: R 45 mit Kalli Hufstadt am Lenker in voller Schräglage. Fast setzt der Deckel auf.

Rechts: R 45-Cockpit 1978 mit Quarzuhr und Voltmeter aus dem Zubehörprogramm.

Tank, Sitzbank und Heckabschluß hatte Designchef Muth neu gestylt, die Kompaktmodelle besaßen gummigepolsterte Instrumente, eine neue und kürzere Telegabel sowie zierlichere Kotflügel. Die Telegabel war eine völlige Neukonstruktion mit 175 statt 200 mm Federweg, aber wiederum spielfrei einstellbaren Kegelrollenlagern im Lenkkopf. Die Lenkergriffe, Schalter und Armaturen hatte man nahezu unverändert von den großen Modellen übernommen. Der Hauptbremszylinder jedoch saß nun rechts am Lenker, was ein wesentlicher Fortschritt weg vom seilzugbetätigten Bremszylinder unter dem Tank war. Während die erste Serie noch den unpraktischen Chokehebel links unter dem Tank besaß, wanderte er später an den Lenker. Luftfilter und Filtergehäuse wurden für 1981 wie bei den übrigen Boxern ebenfalls modernisiert.

Kürzerer Radstand, kleineres Vorderrad

Die – wie bei BMW schon länger üblich – über Kegelrollenlager angelenkte Hinterradschwinge war 50 mm kürzer als bei den /7-Modellen und daher besonders verwindungssteif – wobei man nun mit 1400 mm fast wieder beim Radstand der /5-Modelle ab 1969 war (1385 mm). In Verbindung mit dem von 19 auf 18 Zoll reduzierten Leichtmetall-Gußrad ergab sich so eine ausgezeichnete Handlichkeit. Aufgezogen waren konventionelle Diagonalreifen mit Schlauch in 3,5 S 18 vorn und der hinteren Standardgröße 4,00 S 18 (bzw. H-Reifen bei der R 65). Der vordere Kotflügel bestand aus glasfaserverstärktem Kunststoff, der hintere aus dem gleichen Thermoplast-Material, aus dem BMW damals auch Autospoiler herstellte. Wie gewohnt waren die hinteren Federbeine in der Vorspannung dreifach verstellbar.

Neu und sicherheitstechnisch ein Fortschritt war, daß die übersichtlichen Rundinstrumente, die Kontrolleuchten und Zusatzschalter in einer energieabsorbierenden Gummi-Prallplatte zusammengefaßt waren. Selbst Warnblinkanlage und Erste-Hilfe-Set waren vorhanden. Der 22 Liter fassende, glattflächige und flache Tank besaß den Sicherheitsverschluß der /7-Modelle und war für Reichweiten von 300 bis 400 Kilometern gut (bei einem Testverbrauch von 5,7 l/100 km, deutlich weniger als bei den großen Boxern). Auf der Sitzbank thronte man zwar recht hoch, doch stellten Polsterung und Komfort durchaus zufrieden. Charakteristisch war der in Fahrzeugfarbe lackierte Heckbürzel oberhalb der großflächigen Rückleuchte.

Von außen waren zwischen R 45 und R 65 nur marginale Unterschiede zu erkennen, etwa die Eingravierungen an den Vergasern „26" und „28" mm für die Durchlässe. Deutlicher verhinderten die Typbezeichnungen auf den Seitendeckeln Verwechslungen. Bei der R 65 hatte man höhere Leistung und größeren Hubraum durch dickere Kolben in weiteren Bohrungen, geänderte Vergaser und eine spezielle Nockenwelle erzielt. Wie die R 60/7 zuvor mußte die R 45 mit einer gelochten Einfach-Scheibenbremse mit Festsattel am Vorderrad auskommen (wie auch die R 65). Hinten war die gewohnte Simplex-Trommelbremse Standard. Zwei Farben standen zur Wahl: Hellrot-Metallic mit Gold-Linierung und Silberbeige-Metallic mit Oliv-Linierung.

R 45-Motor: wahlweise 27 oder 35 PS

Die neuen Kompaktmodelle liefen werksintern unter dem Typcode 248. Versicherungsgünstiges Basismodell war die R 45 mit 27 PS, die aber erst bei 6500/min^{-1} zur Verfügung standen. Das maximale Drehmoment von nur 32,9 Nm bei 5000/min^{-1} erforderte häufiges Schalten und beherztes Drehen am Gasgriff, wenn man zügig vorankommen wollte. Bei gut 140 km/h im – präzise schaltbaren – fünften Gang war mit 27 PS Schluß mit dem Vorwärtsdrang.

Während das Grundmodell mit niedriger Verdichtung 8,2 : 1 für Normalbenzin und 26er Bing-Gleichdruckvergasern auf Wirtschaftlichkeit und Langlebigkeit abgestimmt war, handelte es sich bei der parallel zum gleichen Preis angebotenen 35-PS-Version um das sportlichere Modell, mit dem sich Spitzengeschwindigkeiten von 160 km/h erreichen ließen. Für die größere Leistung waren höhere Kolben, eine schärfere Nockenwelle, eine erheblich höhere Verdichtung von 9,2 : 1 und andere Vergaser mit 28 mm großen Durchlässen verantwortlich. Wegen der tiefgreifenden Modifikationen des Motors war es unmöglich, eine 27-PS-Version ohne weiteres und versteckt auf 35 PS zu bringen und so die Versicherung zu betrügen. Anderswo begnügte man sich damals für eine Drosselung oft z.B. mit dem Einbau von Gummiplättchen in den Ansaugtrakt.

Betankt werden mußte die schärfere R 45 mit verbleitem und teurerem Superbenzin. Die 35 PS lagen bei sehr hohen 7250/min^{-1} an, das maximale

Drehmoment war mit 37,5 Nm bei 5500/min^{-1} etwas kräftiger. Daß die werksentdrosselte R 45 oberhalb der 27-PS-Versicherungsklasse lag, erhöhte die Festkosten und trug dazu bei, daß sie in Deutschland nur wenige Abnehmer fand. Beim Export in andere Länder hingegen, in denen völlig andere Versicherungsklassen galten, auf die keine keine Rücksicht genommen werden mußte, war die 35 PS starke Kompakt-BMW die meistverkaufte Standardversion.

Kurzhubigere Kurbelwelle, 6 cm geringere Baubreite

Konstruktiv wichtigstes Merkmal des optisch gewohnt markanten Boxermotors der R45-/65-Klasse war die eigens entwickelte Kurbelwelle, die den Hub bei allen Versionen von 70,6 auf 61,5 mm reduzierte. Die Zylinder der R 45-Modelle wiesen eine Bohrung von 70 mm auf. Die kürzer bauenden Zylinder verringerten die Motorbreite von 746 auf 688 mm, also um fast 6 cm, und erlaubten damit höhere Schräglagen als bei den /7-Modellen. Die vordere Motorabdeckhaube und der Motorblock zeigten senkrechte, schwarz hinterlegte Zierrippen, die den an sich klotzigen Boxer zierlicher erscheinen ließen. Die eckigen Ventildeckel und die Doppelrohr-Auspuffanlage ähnelten jenen der 1000er Modelle.

Obwohl es wegen des lauten Rasselns von Stößeln, Kipphebeln und Ventilen akustisch weh tun konnte, wenn der Boxer mit hohen Drehzahlen arbeitete, wurden Kolben, Kurbeltrieb und Ventiltrieb des kleinen Boxers weniger stark strapaziert, als es den Anschein hatte: Der reduzierte Hub hatte geringere Kolbengeschwindigkeiten zur Folge. Neu ausgelegt war die Batterie-Zündanlage mit kontaktgesteuerter Zündung, die sich auch bei laufendem Motor einstellen ließ. 1980/81 wurde auf elektronisch gesteuerte Transistor-Zündung umgestellt.

Links: Die Macher der R 45 bei einer Konferenz 1980. Von links: Nabholz, Hans Günther von der Marwitz, Karlheinz Lange, Stork, Karlheinz Radermacher.

R 50 von 1958 schneller als die R 45 von 1978

Einen interessanten Konzeptvergleich führte Altmeister Robert Poensgen im Winter 1979 für *„Motorrad"* durch: Er verglich in allen Belangen die R 45 mit 27 PS mit einer R 50 von 1958 mit 26 PS. Dabei trat Erstaunliches zutage: Die Motorwertung gewann der Oldtimer vor dem Junior u.a. dank der größeren Schwungmasse, der geringeren Geräuschentwicklung und des besseren Startverhaltens. Die 205 kg schwere R 45 (R 50: 195 kg) hingegen glänzte durch größeren Aktionsradius und ihren Elektrostarter. Bei der Geschwindigkeitsmessung *„solo sitzend"* wiederum hatte die R 45 mit maximal 141 km/h bei 7420/min^{-1} die Nase vorn (R 50: 125 km/h bei 5500/min^{-1}). *„Flach liegend"* aber war die R 50 mit 148 km/h sogar 2,0 km/h schneller als die R 45. Auf der anderen Seite erzeugten die Verbesserungen von Lenkeigenschaften, Federung, Dämpfung und Bremsen bei der R 45 *„ein hohes Plus an Sicherheit"* – wobei die R 50 komfortabler war. Irgendwie aber war Poensgen wohl enttäuscht vom angeblichen Fortschritt in 20 Jahren: *„Mitunter vollzieht sich die technische Entwicklung in so kleinen Schritten, daß sie kaum wahrzunehmen sind."*

Daß die neuen Kompakt-Typen mit einem Leergewicht „fahrfertig" von 205 kg nur zehn Kilogramm weniger als die R 80/7 zum Beispiel wogen, war natürlich ein Handicap, das den Verbrauch leicht erhöhte und das Aufbocken schwerer machte. Japanische Mittelklasse-Motorräder brachten rund 20 kg weniger auf die Waage und waren entsprechend leichter zu handhaben. Und es war ein Widerspruch zur Leichtbau-Philosophie von BMW, die damals

Rechts: „Motorrad" stellte in Heft 13/1979 eine von Herbert Schek, dem zehnfachen Deutschen Geländemeister und dem Entwickler von BMW-Geländemaschinen, aufgebaute R 45 Enduro mit stark modifizierter Technik vor.

TECHNIK UND TEST

Fahrbericht
Schek-Enduro-BMW

nern über 200 Kilogramm Gewicht durch die Flora. Eine etwas breitere Cross-Stange würde schnelle Geländefahrten vereinfachen.

Federung und Dämpfung an der Maschine arbeiten auf Straßen und Gelände gut, kurze Sprünge verdaut die

Herbert Schek

Herbert Schek, 46, Kfz-Meister aus Wangen (Allgäu), ist der Senior der Gelände-Aktiven. Der zehnfache deutsche Meister auf Puch, Maico, Jawa, Hercules-Wankel und BMW fuhr zweiundzwanzigmal die Six Days mit, öfter als jeder andere Motorsportler der Welt. In seinem Geschäft verkauft er außer BMW- und Maico-Motorrädern auch Autos. In seiner Werkstatt entstehen nach seinen Entwürfen einzeln und in Kleinserie Enduro- und Geländesportmotorräder auf der Basis von BMW-Serienmodellen. Dabei arbeitet Schek eng mit BMW zusammen und führt auch Werksaufträge aus. Die „Schek-BMW" in unterschiedlichen Enduro-Tuningstufen und als Geländesportmaschinen genießen weiten Ruf.

Die BMW R 45 ermöglicht dank ausreichender Bodenfreiheit und Geländebereifung auch leichten Querfeldein-Einsatz. Die Auspuffanlage wurde hochgezogen, der Schalldämpfer geschickt untergebracht. Über dem Motorblock liegt das Verbindungsstück der beiden Auspuffkrümmer (Bild rechts)

42 MOTORRAD 13/1979

Repro: © Motorrad/Motorpresse Stuttgart, Archiv H. J. Schneider

ständig die relativ leichte Bauweise der großen Boxer in den Vordergrund stellte. Zusätzlich führte die Werbung den Leichtbaugedanken ad absurdum: *„Wir wollen mit den neuen kleinen Modellen jenen Fahrern ein Angebot machen, die ein richtig schweres Motorrad bewegen möchten..."* Einerseits verwies BMW bei jeder Gelegenheit stolz auf das niedrige Gewicht der großen Einliter-Boxer, andererseits erweckte man den Eindruck, die kleine 450er könne gar nicht schwer genug sein. Das Lavieren machte manchen potentiellen Kunden etwas ratlos.

Verantwortlich für das hohe Gewicht der kleinen Boxer war die BMW-spezifische Bauweise mit Doppelschleifenrahmen, Zweiarmschwinge, konventionellem Fahrwerk, massivem Boxermotor und aufwendigem Kardanantrieb. Die hochwertige Ausstattung trieb das Gewicht zusätzlich nach oben. Alles in allem aber wurden die kleinen Boxer-Modelle positiv aufgenommen. Die Kölner *„Auto Zeitung"* schrieb: *„Wer die neuen BMW-Motorräder sieht und erlebt, fühlt sich eine Klasse besser als der, der sich für ein japanisches Produkt der gleichen Leistungsstufe entscheidet."* Die Leser der Zeitschrift *„PS"* wählten die R 45 auf Anhieb zum *„Motorrad der Vernunft"* – mit großem Abstand vor der Yamaha SR 500 und der Honda CX 500.

Was die kleinen BMW-Modelle so gut bei Presse und Publikum ankommen ließ, war neben der guten Verarbeitung vor allem das unproblematische Fahrverhalten. Trotz des hohen Gewichts waren R 45 und R 65 außerordentlich handlich, gutmütig in der Kurve, komfortabel auf schlechten Straßen, solide im Geradeauslauf. Auch die von Ate zugelieferten Bremsen mit gelochten Edelstahlscheiben vorne waren besser als das, was die Wettbewerber in dieser Klasse boten.

Fahrschulversion, Verbesserungen für 1981

Im November 1979 stellte BMW eine für den Fahrschulbetrieb modifizierte R 45 mit folgenden Merkmalen vor: niedrige Sitzbank, Zylinderschutzbügel, Signallackierung (Alpinweiß mit rot/schwarzer Linierung), Warnblinkanlage, hoher Lenker, Spezialtank mit Kasten für Sprechfunkgerät, Kickstarter, Gepäckträger, Fahrschul-Schild. Die Fahrschulkontingente machten das R 45-Geschäft erst richtig rentabel.

Alle motortechnischen Verbesserungen, die man für die Saison 1981 den großen Boxern hatte angedeihen lassen, kamen auch den kleinen Typen zugute: buchsenlose Alu-Zylinder mit nikasilbeschichteten Laufbahnen, geänderter Ölkreislauf und größere Ölwanne, neuer Plattenluftfilter mit Kunststoffgehäuse, kontaktlose elektronische Zündung, überarbeitete Gleichdruckvergaser. Der Choke war an den Lenker gewandert, der Auspuff hatte ein zweites Interferenzrohr bekommen, die Kupplung war nun leichter gebaut und daher besser bedienbar. Außerdem bekamen die kleinen Boxer niedrigere und damit deutlich bequemere Sitzbänke.

Die überschaubar motorisierte R 45 war auch als Einstiegsmotorrad für Frauen gedacht, von denen sich ab Beginn der 1980er Jahre immer mehr fürs Motorradfahren begeisterten und teilweise sogar an Rennsportveranstaltungen teilnahmen. Das Foto entstand 1980. Auch wurde damals verstärkt Wert auf Sicherheit gelegt, die auch (wie auf dem Bild) durch eine Spezialbekleidung in Signalfarben verbessert werden konnte. Optimal waren dagegen Lederkombis mit Protektoren, verstärkte Handschuhe und kräftige Stiefel. Ohne Helm fuhr niemand mehr, zumal es in Westdeutschland ab 1976, in der DDR ab 1980 eine Helmpflicht gab.

Professioneller Umbau: R 45 Enduro von Herbert Schek

Herbert Schek aus Wangen im Allgäu, im Geländesport äußerst erfolgreich u.a. auf BMW Boxer (s. Sportkapitel) knöpfte sich gleich nach ihrem Erscheinen eine R 45 mit 27 PS vor und baute sie zu einer Enduro um, die er mit TÜV-Segen vermarkten wollte. Die Ölwanne wurde durch eine vier Millimeter dicke Aluplatte ersetzt, um mehr Bodenfreiheit zu gewinnen; dabei blieb die Ölmenge von 2,25 Litern gleich. Die beiden Auspuffkrümmer führte er über dem Motorgehäuse nach hinten, verband sie mit einem Ausgleichsrohr und ließ sie in einen links unter der Sitzbank befestigten Schalldämpfer münden. In die Telegabel setzte er 20 mm längere Federn für eine härtere Vorspannung ein, die hinteren Federbeine wurden mit Dämpferelementen der 1000er Boxer dem Zweck angepaßt. Die Gußräder wurden beibehalten, aber mit vom Werk genehmigten Trialreifen der Standardgrößen in 18 Zoll bestückt. Das Getriebe kombinierte Schek mit einem Kickstarter, auf Wunsch baute er auch einen Elektrostarter ein. Interessenten konnten auch eine R 65 anliefern. Der Umbau kostete 1700 DM. Schek war Kfz-Meister, zehnfacher Deutscher Meister auf Puch, Maico, Jawa, Hercules-Wankel und BMW, fuhr 22mal bei den Six Days mit (Stand Sommer 1979; Quelle: *„Motorrad"* 13/1979).

Das Aus für die gesamte kleine Baureihe kam mit Einführung der K 75 im September 1985, wobei die Gründe dafür vielfältig waren – siehe Abschnitt R 65 LS. Sicher spielte auch mit, daß die Kompaktmodelle nie an Image und Prestige der großen Modelle heranreichen konnten. Gleichwohl waren sie ein beachtlicher Erfolg: Von 1978 bis 1985 konnte BMW von beiden R 45-Versionen zusammen 28 158 Exemplare, von der R 65 29 454 Einheiten und von der exklusiven und teuren R 65 LS noch einmal 6389 Stück in alle Welt verkaufen, zusammen also 64 001 Fahrzeuge.

1978-1985: **29 454 Einheiten**

R 65 649,6 cm³

Wolf im Schafspelz

Im Abschnitt über die R 45 wurde bereits alles Wesentliche zur Konzeption und zu den technischen Charakteristika der 1978 auf den Markt gebrachten Mittelklasse-Boxer gesagt. Das anfangs 45 PS starke Modell R 65 basierte auf dem gleichen Baukastenprinzip wie die R 45 und glich dieser äußerlich wie ein Ei dem anderen.

Auch hinsichtlich Rahmen, Fahrwerk, Bremsen, Antrieb und Motorgehäuse unterschied sich die R 65 nicht vom hubraumschwächeren Modell. Nur die Typbezeichnung auf den Seitendeckeln und die Markierungen für den Durchlaß auf den 32er Bing-Gleichdruck-Vergasern – „32“ statt „26“ oder „28“ – wiesen darauf hin, daß es sich hier um die stärkere Maschine handelte. Mit ihrem glattflächigen 22-Liter-Tank, der kürzeren Telegabel mit 175 mm Federweg, der um 50 mm verkürzten Zweiarmschwinge, dem schaumstoffummantelten Cockpit und der neu gestylten Tank-Heck-Kombination wirkte sie ebenso kompakt und zierlich wie das Schwestermodell.

Doch das brave Äußere täuschte: Im Gegensatz zur bürgerlichen 450er war die R 65 ein Wolf im Schafspelz. Mit ihrer höheren Motorleistung und respektablen Fahrleistungen war sie ein ernst zu nehmender Ersatz für den Mittelklasse-Boxer R 60/7, der mit dem Erscheinen der Kompaktklasse aus dem Programm genommen wurde.

Der auf den Zweizylinder-Motoren der /7-Reihe basierende R 65-Boxer des Typs 248 besaß wie die R 45 die neu konstruierte Kurbelwelle, die einen Hub von 61,5 mm erzeugte. Auch hier reduzierten die kürzer bauenden Zylinder die Motorbreite von 746 auf 688 mm und erlaubten damit höhere Schräglagen als bei den /7 Modellen, was bei diesem Motorrad, das sportlicher bewegt werden konnte als die R 45, sicher bedeutsam war. Die Hubraumerweiterung auf 649,6 cm³ war durch Aufbohren der Zylinder von 70 auf 80 mm erreicht worden. Zunächst hatte BMW die Höchstleistung auf 45 PS bei 7250/min⁻¹ begrenzt – vermutlich aus

Rechts: Detailaufnahme eines R 65-Prototyps von 1977, der versuchsweise mit einer Marzocchi-Telegabel ausgerüstet ist. Das 18-Zoll-Vorderrad ist eine Drahtspeichenkonstruktion.

Links: Das Pressefoto von 1980 setzt die R 65 perfekt in Szene und kaschiert den Umstand, daß das Vorderrad mit 18 Zoll kleiner ist als bei den großen Modellen. Charakteristisch für die kleinen Typen war der elastisch ummantelte Instrumentenblock, der womögliche Aufprallfolgen abmildern sollte. Der Tank faßte 22 Liter und hatte ein elegantes Design.

Rechts: Direkt von vorn betrachtet, ist die R 65 nur schwer von den großen Boxermodellen zu unterscheiden. Auffällig ist lediglich der wuchtige Instrumentenblock.

Marketinggründen, damit ein gewisser Abstand zur größeren und teureren R 80/7 gewahrt werden konnte, die von 1977 bis 1984 in etwa parallel zur R 65 produziert wurde. Auf die Frage, *„warum nur 45 PS"*, antwortete der damalige Chef-Entwickler Hans-Günther von der Marwitz lakonisch: *„Es reicht".* Manch einer hielt diese Antwort für arrogant.

Nachteilig war unstrittig, daß die R 65 mit dem leicht gedrosselten die in Deutschland damals neu geschaffene 50 PS-Versicherungsklasse nicht vollständig ausschöpfte, was ihr gegenüber den meist japanischen Mitbewerbern gewisse Nachteile im Verkauf einhandelte, dies aber nur unter psychologischen Gesichtspunkten. Denn mit einer Beschleunigung von 0 auf 100 km/h in 5,8 Sekunden und einer Höchstgeschwindigkeit von 175 km/h bildete die neue BMW-Mittelklasse keineswegs das Schlußlicht in ihrer Kategorie – auch wenn das hohe Leergewicht von 205 kg besonders beherztes Drehen am Gasgriff verlangte. Das maximale Drehmoment von 50 Nm wurde (wie bei der R 45 mit 35 PS) bereits bei 5500/min^{-1} erreicht. Die hervorragenden Fahreigenschaften und die sichere Kurvenlage auch bei schneller Fahrt verschafften der R 65 auf jeden Fall einen Vorteil gegenüber bestimmten, weniger stabil gebauten Konkurrenzmodellen.

Licht und Schatten 1979 beim Vergleich mit Moto Guzzi und Honda

Natürlich mußte sich die R 65 im Rahmen von Vergleichstests mit der starken Konkurrenz messen. *„Motorrad"* (Bericht in Heft 10/1979) schickte ein paar Monate nach Erscheinen der kleinen BMW-Modelle die ebenfalls mit längsliegenden Kurbel- und Kardanwellen ausgestatteten Modelle Honda CX 500 (V2-Zylinder flüssiggekühlt, 50 PS, 5923 DM) und die Moto Guzzi V 50 (V2-Zylinder luftgekühlt, 39 PS, 6590 DM) gegen die R 65 mit 45 PS (6980 DM) ins Rennen. Bei den Fahrleistungen lagen die Moto Guzzi V 50 mit ihren 39 PS und die BMW dicht beieinander: Mit normal sitzendem Fahrer schaffte die R 65 154, die Moto Guzzi 155 km/h. Die Honda war mit 164 km/h deutlich schneller, wobei ihr stößelstangengesteuerter V2 mit 8690/min^{-1} bis an die Ventilflattergrenze ge-

Oben: Serienversion der R 65 von 1978. Wegen des genialen Designs von Hans A. Muth fiel es nicht auf, daß der Motor zu klobig war. In der Serie trat die Maschine mit der von BMW komplett neu konstruierten Telegabel an, die 175 mm Federweg und Kegelrollenlager besaß. Die in der Federhärte verstellbaren hinteren Federbeine boten 110 mm Federweg. Die filigranen LM-Räder waren Standard.

Steckbrief R 65 (alle Daten im Anhang)

Bauzeit	1978 bis 1985
Motortyp, Ventile	248, 2 ohv
Einheiten	29 454
Hubraum	649,6 cm^3
Leistung	45 PS bei 7250/min^{-1}
ab 1981, and. Abstimm.:	50 PS bei 7250/min^{-1}
Vergaser (Bing)	2 Gleichdruck 64/32/307
Getriebe	5-Gang
Rahmen	Stahlrohr, verschweißt
Vorderradführung	Teleskopgabel
Hinterradführung	Schwinge, 2 Federbeine
Bremsen vorn/hinten mm	1 Scheibe 260/Trom. 200
Reifen vorn/hinten	3,25 H 18 / 4,00 H 18
Leergewicht	205 kg
Höchstgeschwindigkeit	175 km/h
Preis	6980,- DM

dreht werden mußte. Der BMW reichten fürs Spitzentempo 6430/min^{-1}. Gleiches Bild bei den Beschleunigungsmessungen: Honda vor BMW und Moto Guzzi.

Die Drehfreudigkeit des Honda-V2 mit seinen quer stehenden Zylindern hatte ihren Preis: Sie schluckte im Testmittel 6,1 l/100 km, die BMW begnügte sich mit 5,5 Litern und war damit das wirtschaftlichste Fahrzeug. Während alle drei Motorräder serienmäßig einen Elektrostarter besaßen, konnte nur die BMW (gegen einen Aufpreis von 73 DM) auch mit zusätzlichem Kickstarter geliefert werden. Die Honda bestach nicht nur durch ihre Leistung, sondern auch ihre Geräuscharmut, das sauber schaltbare Fünfganggetriebe und die ruckfreie Kraftübertragung. *„Nicht ganz so perfekt, aber immer noch gut läßt sich das BMW-Getriebe schalten."* Beim Komfort war die BMW unschlagbar, aber mit nur einer Scheibenbremse vorn, deren Betätigung zudem viel Handkraft erforderte, war sie den Konkurrentinnen, die zwei Scheiben besaßen, unterlegen.

Unten: Der rund 650 cm³ große Zweizylinder-Boxermotor der R 65 leistete bis Sommer 1981 45 PS, danach war er mit 50 PS perfekt an die Versicherungsobergrenze seiner Klasse angepaßt. Die Maschine war außerordentlich handlich, was eine gute Beherrschbarkeit in schnellen Kurven garantierte. Die Fahraufnahme entstand 1978.

50 PS und Modellpflege für den Jahrgang 1980/81

Im Spätsommer 1980 und damit zum Modelljahr 1981 wurde die R 65 – wie alle Boxer – in vielen Details modernisiert. Der Chokehebel wanderte an den

Lenker, und das Alu-Luftfiltergehäuse wurde durch eine Kunststoff-Box mit Plattenluftfilter ersetzt. Verstärktes Motorgehäuse mit verbesserter Kurbelwellenschmierung, buchsenlose Alu-Zylinder mit nikasilbeschichteten Laufbahnen, größere Ölwanne, leichtgängigere Kupplung und eine niedrigere und den Schwerpunkt senkende Sitzbank gehörten zu den Verbesserungsmaßnahmen. Der wichtigste Punkt aber war die Anhebung der Motorleistung auf standesgemäße 50 PS, erzielt u.a. durch kontaktlose elektronische Zündung, überarbeitete Gleichdruckvergaser,, zweites Interferenz-

BMW R 65

Beschleunigung von 0 auf 100 km in 7,7 sec.
33,1 kW (45 PS) bei 7250/U/min.
Höchstgeschwindigkeit 180,9 km/h
Hubraum 649,6 cm³

rohr zwischen den Abgasrohren. Damit nahm man Spöttern am Biker-Stammtisch den Wind aus den Segeln. Die neue Höchstleistung stand bei der gleichen Drehzahl zur Verfügung, der Drehmomentverlauf änderte sich nur marginal, und auch das hohe Verdichtungsverhältnis von 9,2 : 1 war gleich geblieben.

1982 harte Konkurrenz für die R 65 in der 50-PS-Klasse

Im Sommer 1982 wurde die auf 50 PS erstarkte BMW (jetzt 8290 DM) von *„Motorrad“* (Hefte 16 und 17/1982) dann mit vier weiteren 50-PS-Modellen verglichen, die allesamt V2-Motoren besaßen: Ducati 500 SL Pantah (luftgekühlt, 9131 DM), Honda CX 500 E (flüssiggekühlt, 7363 DM), Moto Guzzi V 65 (luftgekühlt, 7350 DM) und Yamaha XZ 550 (flüssiggekühlt, 7315 DM). Hinsichtlich der Preise, die bei BMW von Jahr zu Jahr überdurchschnittlich anstiegen, lagen zwischen

Oben: Bis ins kleinste Detail hat der Künstler Norbert Schäfer von Technical Art im Auftrag von BMW das Innenleben der R 65 von 1978 gezeichnet. Die 45 PS starke Maschine besitzt noch den Rundluftfilter unter der massigen Aluabdeckung.

Rechts: Motor des Prototyps von 1977, der schon die Gleichdruckvergaser besitzt.

den Konkurrentinnen Welten. Der mußte sich japanischen und italienischen Motorrädern stellen, die ganz unterschiedlich konzipierte V2-Motoren besaßen und (bis auf die Ducati) alle wesentlich preisgünstiger waren. Der Vergleich antwortete *„im Zeitalter der Vierzylindermotoren"* auf eine wiederbelebte Tendenz: *„Zweizylindermotoren feiern auch in Japan fröhliche Urständ"*, konstatierte Redakteur Horst Vieselmann.

Trotz gleicher Nennleistung von 50 PS zeigten sich bei den Fahrleistungen teilweise deutliche Unterschiede. So zog die avantgardistisch gestylte Yamaha XZ 550 mit 5,9 Sekunden von 0 auf 100 km/h allen anderen Modellen davon; die BMW brauchte 6,5 Sekunden für den Sprint. Auch beim Durchzugsvermögen setzte die XZ mit ihrem aufwendig gebauten V2 den Punkt. Beim Höchsttempo waren im Modus *„solo sitzend"* die Abweichungen nicht besonders groß, abgesehen bei der Ducati: BMW 161, Yamaha 164, Ducati 168 km/h. Der Testverbrauch lag bei den fünf Kandidatinnen zwischen 5,4 (Guzzi V 65) und 6,0 l/100 km (Honda CX 500 E). Die BMW war mit 5,9 l/100 km ebenfalls nicht besonders genügsam.

Foto: © Hans J. Schneider

Mäßige Bremswirkung, Pendeln bei hohem Tempo

Der hohe Komfort, den die BMW bot, ging etwas zu Lasten der Fahreigenschaften: *„Der Fahrer darf sich nicht darüber beklagen, daß die R 65 kein Geradeausläufer ist. Ihre Qualitäten hängen – mehr als bei anderen Motorrädern – von der Tagesform, sprich Fahrwerkseinstellung, und vom Reifenzustand ab. Leichtgewichtige Piloten tun sich mit der BMW erheblich schwere als stramme Bayern"*, merkte Horst Vieselmann an. Auch traten bei hohem Tempo wieder Pendelerscheinungen auf, sicher auch wegen des kurzen Radstands von 1400 mm, der die R 65 wenigstens sehr handlich machte. Auf der anderen Seite mißfiel bei der großen Kleinen besonders die Einscheiben-Bremsanlage: *„In Anbetracht der mäßigen Bremsleistungen ist diese Bremsanlage speziell bei hoher Zuladung ein hohes Sicherheitsrisiko."* Ein Urteil wie die Faust aufs Auge.

In der Summe aller Eigenschaften gewann die unkonventionelle Yamaha die Wertung *„Motor und Fahrleistung"*, mit 139 Punkten. Schlußlicht war hier zum Bedauern vieler Fans die BMW mit ihrer doch etwas antiquierten Konzeption. Nicht mehr zeitgemäß erschienen dem Test-Team die *„unüberhörbaren mechanischen Geräusche"* des Boxers bei hohen Drehzahlen. Bei der Yamaha und der Honda dagegen schluckte der Kühlmittelmantel die meisten Geräusche. Auch der bekannte Aufstelleffekt des Kardanantriebs fiel bei der BMW wieder unangenehm auf. Bei der Endwertung inklusive der Kategorien Fahrwerk und Ausstattung siegte bei diesem Vergleich die Yamaha XZ 550 mit 303 Punkten vor dem nur leicht abgeschlagenen Rest; die BMW bekam mit 297 Punkten den Vierten Platz.

Langstreckentest 25 000 km mit R 45 und R 65: einige Defekte

Ab Anfang Oktober 1978 bis zum Mai 1979 mußten eine R 45 und eine R 65 bei *„Motorrad"* parallel einen Langstreckentest über je 25 000 km absolvieren. Zu den Defekten gehörten schadhafte Kerzenstecker, eine unrunde Bremsscheibe, undichte Ölfilter bei der R 65, ein abgebrochener Benzinhahn, ein gebrochener Zündunterbrecher und, am schlimmsten, größere Schäden an Getriebe und Antrieb; in Spanien hatte das R 65-Getriebe den Geist aufgegeben, fast gleichzeitig hatte sich auch der Hinterradantrieb wegen eines defekten Kegelrads verabschiedet. Ersatz war – auf Garantie – per Luftfracht nach Sevilla geschickt worden. Korrosionsgefährdete Zündspulen, blau anlaufende Auspuffkrümmer, durchvibrierte Rücklichtlampen, und Schmutz, der durch Belüftungsschlitze in die Luftmaschine geriet, gehörten zu den altbekannten BMW-Leiden. Auf der Habenseite standen die Zylinder, die nach der langen Laufzeit weder Mängel noch Verschleiß zeigten. Gabeln und Federbeine, Lenkkopf- und Schwingenlager hatten die Tortur ohne Fehl und Tadel überstanden.

Die Kolbenringe der R 65 und die Ventilfedern der R 45 waren indes erneuerungsbedürftig. Die Durchschnittsverbräuche hielten sich im Rahmen: 6,25 l/100 km Normalbenzin bei der R 45 mit 27 PS, 6,48 l/100 km Superbenzin bei der R 65 mit 45 PS. Im schnee- und salzreichen Winter trugen beide Maschinen trotz häufigen Dampfstrahlens bestimmte Korrosionsschäden davon. Nicht mängelfrei war allerdings der über zehn Seiten laufende Testbericht in *„Motorrad"*: Zwar wurden penibel alle Meßdaten, Inspektions- und Pflegearbeiten inklusive Reifen-, Öl- und Bremsbelagwechsel einschließlich der dabei entstandenen Kosten sowie die Kontrollwerte nach der Zerlegung der Motoren aufgelistet, hinsichtlich der schweren Schäden an Getriebe und Radantrieb aber suchte der Leser vergeblich nach Kilometerangaben und erfuhr auch nicht, was der Austausch dieser Bauteile nach Ablauf der Garantie gekostet hätte. Viel Geld, das ist sicher.

Trotz altbackener Komponenten gute Verkäufe bis 1985

Die anfangs 6980, 1982 aber bereits 8290 DM teure R 65 war zu Beginn 1000 DM teurer als die R 45. Von 1978 bis 1985 liefen im Werk Berlin-Spandau 29 454 Boxer dieses Typs von den Bändern – 1300 Exemplare mehr als von beiden R 45-Versionen zusammen. Die R 65 war, obwohl sie stets im Schatten der großen /7-Modelle stand, ein Motorrad, das sich auf dem heiß umkämpften Markt jener Zeit erfolgreich behauptet hatte – in Deutschland und auch in zahlreichen Exportländern. Sie wurde wie die R 45 hauptsächlich vom Markt genommen, weil die sich ständig verschärfenden Abgasnormen mit den sehr hoch verdichteten Motoren einfach nicht mehr zu erfüllen waren. Zudem hatte BMW zu diesem Zeitpunkt bereits auf ein ganz anderes Pferd gesetzt: auf die K-Reihe mit längsliegenden, flüssiggekühlten Drei- und Vierzylindermotoren, elektronisch geregelter Benzineinspritzung und zeitgemäßer Abgasentgiftung. Um aber die Boxer-Fans bei der Stange zu halten, ließ BMW an die Stelle der kompakten R 65 der Ära 1978 bis 1985 die bis Ende 1993 produzierte R 65 auf Basis der R 80 mit Monolever-Fahrwerk treten.

Von 1969 bis 1980 hatte BMW an der Spree eine Viertelmillion Boxer hergestellt und in über 130 Länder exportiert. Im Juli 1980 rollte die 250 000ste Maschine vom Band, eine R 65 in Silberbeige mit goldenen Linien für die Palastgarde des Königs von Jordanien, Hussein bin Talal (1935 bis 1999).

Linke Seite oben: R 65 von 1978 mit zweiter Bremsscheibe und Zusatzinstrumenten. Darunter: Wir haben die R 65 auch im Winter 1980/81 getestet, wie hier in der verschneiten Eifel.

Unten: Die R 65 des Jahrgangs von 1980/81 ist bereits mit dem Plattenluftfilter ausgerüstet, der sich in einer Plastikbox befindet. Kofferträger und Windschutzscheibe stammen aus dem reichhaltigen Zubehörprogramm, das wie bei den großen Boxermodellen viele Anbauteile umfaßt: z.B. Kickstarter, Warnblinkanlage, Zylinderschutzbügel, zweite Bremsscheibe, Voltmeter, Quarzuhr, hoher Lenker, Lenkungsdämpfer.

1981-1985: 6389 Einheiten

R 65 LS 649,6 cm³

Muthige Entscheidung

Nach den Sommerferien 1981 nahm BMW zusätzlich zur normalen R 65 die im Karosseriebereich unkonventionell gestylte und sportlich ausgerichtete Spezialversion R 65 LS „LuxusSport" ins Programm auf. Bereits einige Jahre zuvor hatte man unter dem Typcode R 65 SBB eine Sportversion der R 65 entworfen. Das Konzept wurde aber vom 1978 angetretenen Leiter der Motorradentwicklung, Richard Heydenreich, verworfen. Gerrit Heyl kritisierte in *„Motorrad"* 24/1980: *„BMW hinkt, wie so oft, Tendenzen und Käufergeschmack hinterher. (...) Das Mögliche – eine jugend- und damit zukunftsorientierte Mittelklassemaschine – scheitere am fehlenden Wagemut der verantwortlichen Planer."*

Und dann gaben sich die Bayern mit der R 65 LS doch noch einen Ruck – spät, aber nicht zu spät. Charakteristisch war vor allem die vom damaligen Design-Chef Hans-Albrecht Muth entwickelte und an die Suzuki Katana erinnernde Cockpitverkleidung.

Hans-Albrecht Muth war als Designchef in den 1970er Jahren eine prägende Figur der BMW-Motorradgeschichte. Er entwarf die markante Cockpitverkleidung der R 90 S und z.B. die aerodynamisch perfektionierte Vollverkleidung von R 100 RS und R 100 RT. Einen besonderen Akzent setzte er mit dem „Katana"-Design der R 65 LS.

Links: Auch von vorne betrachtet ist die R 65 LS unverwechselbar, auch wenn die Cockpitverkleidung an die Linie der Katana-Modelle von Suzuki erinnert, an deren Entwicklung Muth maßgeblich beteiligt war.

Rechts: Die R 65 LS war ein Motorrad für Nonkonformisten. Die Exklusivität ließ sich BMW mit einem Preis von 8955 DM (im letzten Baujahr) teuer bezahlen. Zwei Lackierungen standen zur Wahl: Hennarot-Uni und Polarissilber-Metallic; die Tankunterseite war jeweils schwarz abgesetzt, was den Behälter schlanker wirken ließ.

Muth war ja auch verantwortlich für das Design der R 90 S gewesen, die 1973 erschienen war und mit lenkerfester Cockpitverkleidung und neu gezeichneter Tank-/Sitzbank-Kombination stilbildend für alle großen Boxermodelle bis 1984 gewesen war. Auch die Linie der R 100 RS von 1976 war von Muth entwickelt worden. Nach seinem Ausscheiden bei BMW machte sich Muth mit dem Designstudio Target-Design einen Namen. Wahrscheinlich arbeitete er Anfang der 1980er bereits (parallel zu seinem Job bei BMW) für die Japaner und zeichnete in dieser Zeit unter anderem die ab 1981 gebauten, avantgardistischen Katana-Modelle von Suzuki, deren Stilelemente sich sicher nicht zufällig bei der R 65 LS zeigten. Typisch war die „Flyline" der japanischen Bikes, deren Name sich am historischen Langschwert der Asiaten orientierte.

Sportliche Optik durch exklusives Design und neuartige LM-Räder

Bei der R 65 LS sollte der spoilerähnlich geformte Vorbau in erster Linie den Auftrieb am Vorderrad mindern und damit die Sicherheit bei hohen Geschwindigkeiten verbessern. So lag denn die von BMW als *„sportliche 650er"* vermarktete LS

ruhiger als das Grundmodell, wenn es auf den damals meist noch nicht überlasteten und kaum tempolimitierten Autobahnen maximal schnell vorwärts gehen sollte. Ansonsten aber brachte der aerodynamisch leicht verfeinerte Vorbau nicht viel: Die R 65 LS erreichte mit dem 50-PS-Boxer der Motorbaureihe 248 laut Messung von *„Motorrad"* mit liegendem Fahrer 174 km/h (160 km/h solo sitzend, nur 149 km/h mit zwei Personen) und war damit nicht schneller als das Basismodell. Immerhin zeigte sie sich beim Verbrauch mit 5,6 l/100 km sparsamer als die normale R 65. Das auffällige Styling sollte natürlich auch eine starke Abgrenzung von normaler Motorradware bewirken. Der Käufer einer R 65 LS wollte wohl, anders als mit einer unverkleideten BMW, gesehen und als Nonkonformist erkannt werden. Die Individualisierung des Motorrads nahm mit der LS ihren Anfang bei den Weißblauen und trieb bis heute die tollsten Blüten.

Auch der 600 mm schmale Sportlenker, die Sportsitzbank mit Bürzel und Haltegriffen, die einzig lieferbaren Farbkombinationen in Hennarot-Uni und Polarissilber-Metallic mit jeweils schwarz abgesetzter Tankunterseite, schwarzen Seiten-

Topmodell der kleinen Boxer-Klasse war ab 1981 die R 65 LS. Die von Hans A. Muth stilistisch optimierte 650er kam optisch sportlich daher, war der normalen R 65 aber in den Fahrleistungen nicht überlegen. Das Kröschel-Foto entstand 1983.

Steckbrief R 65 LS (alle Daten im Anhang)

Bauzeit	1981 bis 1985
Motortyp, Ventile	248, 2 ohv
Einheiten	6389
Hubraum	649,6 cm^3
Leistung	50 PS bei 7250/min^{-1}
Vergaser (Bing)	2 Gleichdruck 64/32/307
Getriebe	5-Gang
Rahmen	Stahlrohr, verschweißt
Vorderradführung	Teleskopgabel
Hinterradführung	Schwinge, 2 Federbeine
Bremsen vorn/hinten mm	1 Scheibe 260/Trom. 220
Reifen vorn/hinten	3,25 H 18 / 4,00 H 18
Leergewicht	207 kg
Höchstgeschwindigkeit	175 km/h
Preis (1981)	8590,- DM

deckeln und schwarz eloxierter Auspuffanlage sowie die hell lackierten Leichtmetall-Compound-Räder unterstrichen die individuelle Note der R 65 LS.

Das Besondere an den patentierten, gegenüber den sonst verbauten Rädern um 20 Prozent leichteren 18-Zoll-Rädern: Der aus gehärtetem Aluminium hergestellte Felgenkranz war in den sternförmigen Radkörper aus Alu-Druckguß eingegossen. Die Vorteile waren eine hohe Druck- und Quersteifigkeit des Gußrads. Die bogenförmige Anordnung der Speichen garantierte eine gewisse Elastizität des Gesamtverbunds. Folge: Die neuen Räder konnten bei einem Unfall mehr Energie absorbieren. Und weil die Speichen-Anordnung schmaler war als beim Standard-Gußrad, konnten zwei breite Bremssättel eingebaut werden. So war denn die R 65 LS serienmäßig mit zwei gelochten Bremsscheiben aus dem Baukasten und Ate-Sätteln neuester Bauart ausgerüstet. Das hintere Compound-Rad war mit einem neu konstruierten Achsantrieb verbunden, in dessen neu konzipiertes Gehäuse man eine größere, 220 mm messende Simplex-Bremstrommel integriert hatte. Ansonsten war die R 65 LS fahrwerks- und motortechnisch mit

Links: Detailaufnahme des LS-Cockpits, das teilweise aerodynamisch augebildet ist.

Rechts: eine R 65 LS von 1981 in Polarissilber-Metal lic. Die innovativen Gußräder waren 20 Prozent leichter als die sonst bei BMW serienmäßigen Leichtmetallräder.

Unten: Auf kurvenreicher Strecke war die kompakte R 65 LS in ihrem Element. Die Doppelscheibenbremse vorne war serienmäßig.

den übrigen zwei Modellen der „kleinen" Baureihe identisch.

Mit einigen technischen Tricks hatte BMW erreichen wollen, daß die Telegabel mit ihrem 175-mm-Federweg und die beiden Federbeine mit je 110 mm Federweg aufgrund der geringeren ungefederten Massen durch die Gußräder leichter ansprachen. Tester aber stellten *„mehr sportliche Härte als bei der Touren-R 65"* fest und bemängelten die unbequemer gewordene Sitzbank. Der Seitenständer setzte in schnellen Kurven auf.

Den 50-PS-Japan-Modellen unterlegen

Beim Fahrverhalten gab es praktisch keine Unterschiede zum Grundmodell: hoher Fahrspaß auf kurvenreichen Straßen, aber leichtes Pendeln über 150 km/h. Der 50-PS-Boxer *„gibt gleichmäßig Leistung über das ganze Drehzahlband hinweg ab, aber nur über 4500 Umdrehungen ist kräftiger Schub vorhanden"*, stellte Hennes Fischer in *„Motorrad"* 18/1982 fest. Angesichts der zu geringen Motorleistung falle es schwer, die LS als Sportmotorrad zu akzeptieren.

Bereits im Winter 1981/82 hatte sich die bei der Einführung 8955 DM teure R 65 LS einem Vergleich mit den ebenfalls kardangetriebenen und 50 PS starken Japan-Bestsellern Honda CX 500 (V2-Zylinder, flüssiggekühlt, 6534 DM) und Yamaha XJ 650 (Vierzylinder-Reihenmotor, luftgekühlt, 7515 DM) unterziehen müssen (*„Motorrad"* 26/1981 und 1/1982). Konzeptionell unterschieden sich die drei Kandidatinnen gravierend voneinander, doch die Preise konnten die Kaufentscheidung stark beeinflussen. Im Test stellte sich heraus, daß ein falsch konstruierter Luftfilterdeckel bei der BMW LS die Leistungsentfaltung behinderte, wenn das Gas schlagartig geöffnet wurde. Im Laufe des Jahres 1982 rüstete BMW alle R 65-Exemplare kostenlos um. Bemängelt wurden bei der BMW ferner das knatternde und mit 105 dB(A) sehr laute Auspuffgeräusch sowie die Gefahr des Ventilschnatterns bei Höchstdrehzahl (7250/min^{-1}). Dafür startete der LS-Boxer auch bei Frost problemlos.

Beim Beschleunigen, bei der Höchstgeschwindigkeit und beim mittleren Verbrauch lagen alle drei Modelle dicht beieinander (BMW R 65 LS: 0-100 km/h 6,6 Sekunden, 175 km/h *„solo liegend"*, 6,6 l/100 km). Bei der Honda mußten ähnliche Werte mit deutlich höheren Drehzahlen erkauft werden. Trotz Doppel-Scheibenbremse verzögerte die BMW etwas schlechter als die Konkurrenz-Maschinen, die vergrößerte Trommelbremse hinten jedoch ließ sich *„wunderbar dosieren. Das Hinterrad ist kaum zum Stempeln zu bewegen."* Und wieder wurden Sitzposition – und -komfort bemängelt: zu hoch und zu hart. Beim Fahrverhalten zeugte sich bei der BMW die bekannte Charakteristik: sehr gutes Handling, aber nachlassende Stabilität bei hohem Tempo und die bekannten Lastwechselreaktionen. Honda und Yamaha waren hier eindeutig besser. Und so kam es, wie es kommen mußte: Die modern konzipierte Yamaha XJ 650 gewann den Vergleich haushoch mit 278 Punkten vor der eigenwilligen, aber gut gemachten Honda CX 500 (273 Punkte) und der technisch in die Jahre gekommenen BMW R 65 LS (258 Punkte).

Links: Auch bei der LS waren Instrumententräger und Prallplatte schaumstoffummantelt, doch die Gestaltung unterschied sich vom Standard.

Unten: die Schokaladenseite der R 65 LS, hier ein Fahrzeug von 1981. Ins Auge fallen besonders die weiß lackierten 18-Zoll-Spezialräder mit Felgenkränzen aus gehärtetem Aluminium und sternförmigen Radkörpern. Serie: der Plattenluftfilter

Hoher Preis, geringe Verkaufszahlen

Bei einem Einstandspreis von 8590 DM (Stand 17.8.1981) war sie 600 DM teurer als die normale R 65 zum gleichen Zeitpunkt, und dies, ohne daß die Fahrleistungen gegenüber dieser höher gelegen hätten. Der Preis bescherte der LS zweifellos die gewünschte Exklusivität, verhinderte aber auch eine Produktion in

Oben: R 65 LS von 1981 vor einem Flugzeug von Dornier. Trotz aller Vorzüge war die Muth-BMW wohl nicht jedermanns Geschmack. BMW konnte in vier Jahren nur 6394 Exemplare absetzen. Das Konzept wurde nicht weiterentwickelt, auch weil alle Kapazitäten für die Vorbereitung der Produktion der vier- und dreizylindrigen K-Modelle mit Reihenmotoren gebraucht wurden. 1983 gingen die von Grund auf neu konzipierten Modelle in Serie.

großem Stil: Von 1981 bis 1985 konnte BMW nur 6389 Exemplare der Muth-BMW verkaufen. In Erinnerung bleibt die verschwurbelte BMW-Werbung: *„Die R 65 LS bietet ein Erschei- nungsbild, das die BMW Exklusivität durch Formgebung akzentuiert, aber trotz eigenständigem Design nicht von der BMW Linie abweicht...“* Das versteht ja jeder.

Ungewöhnlich lange Bauperiode

Das Aus für die gesamte Baureihe kam mit Einführung der dreizylindrigen, elektronisch gesteuerten K 75 im September 1985. Nachlassendes Publikums-Interesse am Ende der ungewöhnlich langen Bauperiode der R 45-/R 65-Generation, die verschärften Abgasbestimmungen und die inzwischen zu stark gewordene japanische Konkurrenz in der Mittelklasse hatten zum Baustopp geführt. An die Stelle der kompakten R 65 der Ära 1978 bis 1985 trat die bis Ende 1993 produzierte R 65 auf Basis der R 80 mit Monolever-Fahrwerk.

R 65 Monolever: Ersatz für die Kompaktmodelle

Ab Herbst 1985 und bis 1993 ersetzte BMW die Kompaktmodelle durch einen einzigen Typ, die R 65 auf Basis der großen R 80/7 mit deren Tank und langem Radstand. Die 800er wurde 1984 neu aufgelegt, als R 80. Die neue R 65 besaß 18-Zoll-LM-Räder und Monoleverschwinge mit seitlichem Federbein. Der Boxermotor stammte von der kleinen R 65, leistete 27 oder 48 PS.

1981: LS mit Vollverkleidung

R 65 LS Prototyp

„Kleine R 100 RS“

Tief im BMW-Archiv verborgen waren diese Fotos einer R 65 LS mit der Vollverkleidung der R 100 RS. In Verbindung mit den Verbundrädern und der eleganten Tank-Sitzbanklinie machte der Prototyp durchaus Appetit auf eine käufliche Version. BMW sagt dazu: *„Vermutlich handelt es sich um einen werksseitigen Umbau, mit dem geprüft werden sollte, ob eine ‚kleine' RS ins Motorradprogramm aufgenommen werden kann."* Doch daraus wurde nichts.

Womöglich hätte sich diese Ausführung besser verkaufen lassen als die etwas verkrampft sportliche LS in Normalausführung. Da die R 65 LS ohnehin sehr teuer war, hätte man die vollverkleidete Version zu einem Preis anbieten können, der kaum höher gewesen wäre.

Die drei Fotos der roten Maschine zeigen einen Prototyp auf Basis der R 65 LS, die mit der Vollverkleidung der R 100 RS ausgerüstet worden war. Auch die Cockpitgestaltung überzeugt. Eine derartige LS-Version wäre sicher auch für Behörden interessant gewesen.

1981: Boxer vom 2 CV

MF 650

Franzosen-Boxer

Als Konkurrentin der BMW-Kompaktmodelle war die von dem Franzosen Louis Boccardo entwikkelte MF 650 („Moto Française") gedacht. Mit ihrer Lenkerverkleidung ähnelte sie ein wenig der R 65 LS. Auch die MF 650 wurde von einem Ohv-Boxermotor angetrieben, der aus den Citroën-Modellen 2 CV bzw. Visa stammte und nur 32 bzw. 36 PS leistete. Bis 1983 wurden lediglich 90 MF 650 produziert.

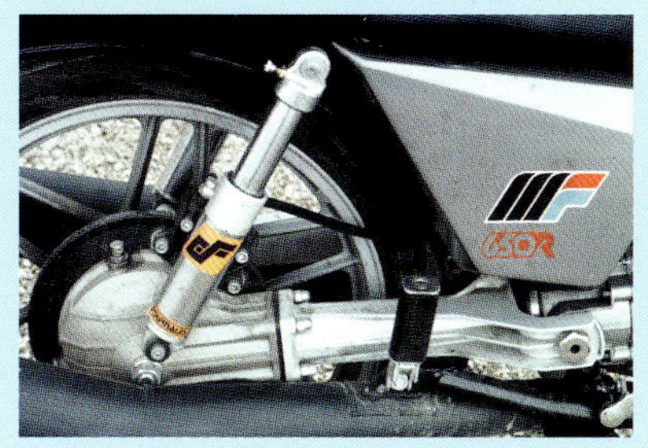

Alle 3 Fotos: © Hans J. Schneider

Die MF 650 besaß den Ohv-Zweizylinder-Boxermotor der Automodelle 2 CV oder Visa von Citroën sowie Kardanantrieb und Doppelbremsscheibe vorn.

Die 1980 vorgestellte und im Windkanal ausgiebig getestete Studie „Futuro" sollte mit innovativen Konstruktionsdetails das Interesse am Boxerkonzept mit Kardanantrieb wachhalten. Für gesteigerte Leistung sorgte ein Turbolader.

Kapitel 13
1973-1984

Futuro und neue Boxerkonzepte

Bei BMW ahnte man schon in den 1970er Jahren, daß man mit dem tradtionellen, für 1969 noch einmal umkonstruierten Stoßstangen-Boxer auf lange Sicht nicht weit kommen würde. Daher wurden viele Millionen in die Entwicklung fortschrittlicher Zwei- und Vierzylinder-Ohc-Boxer mit Luft-, aber auch mit Flüssigkühlung gesteckt. Letztlich aber ging keiner der Entwürfe in Serie. Die 1980 gezeigte, vom Design-Büro b&b entworfene Studie Futuro sollte noch einmal das Potential des klassichen Ohv-Boxers zeigen, der dafür allerdings mit einem Turbolader aufgepeppt werden mußte. Andere Futuro-Details wiesen tatsächlich in die Zukunft.

Unten: BMW-Konstrukteur Ferdianand Jardin entwickelte in den frühen 1970ern einen Vierzylinder-Boxer mit Flüssigkühlung („Wasserboxer"), obenliegenden Nockenwellen und Gleichdruck-Vergasern.

BMW futuro

1973-1977: Boxer-Prototypen mit 500 bis 1500 cm³

M 77, M 79, K 1

Zwei- und Vierzylinder mit Ohc-Ventiltrieb

Auf der IFMA 1980 war ein ganz besonderes Motorrad mit Boxermotor dicht umlagert: die Studie Futuro mit spektakulärer Vollverkleidung, teilweise innovativer Technik und einem Boxermotor mit Turboaufladung – womit BMW Motorrad ein Tabu brach. Vier Jahre nach Einführung der ebenfalls als Zukunftsmotorrad apostrophierten und vom Markt gierig aufgesogenen R 100 RS schien man mit der Futuro sagen zu wollen: Eigentlich hätten wir es noch besser machen können. Resultat: große Verwirrung. Über die wahren Gründe der Futuro-Präsentation berichten wir im Anschluß an diesen Abschnitt.

Unten links: Zeichnung des „Wasserboxers" von 1973 mit vier Zylindern, ketten- bzw. zahnriemengetriebenen Nockenwellen und Gleichdruck-Vergasern. Der Zylinderwinkel betrug 168°.

Unten rechts: Honda kam BMW 1974 mit der Gold Wing GL 1000 zuvor, die ebenfalls einen flüssiggekühlten Vierzylinder-Boxer mit obenliegenden Nockenwellen, zudem Kardanantrieb und Scheibenbremsen aufwies. Als die Honda in Serie ging, warf BMW bezüglich des Vierzylinder-Prokjekts das Handtuch.

Vierzylinder-Projekt von Apfelbeck 1963

Das Vorpreschen in unsicheres Terrain hatte eine gewisse Tradition bei BMW. In den Jahren, als die R 100 RS entwickelt wurde, machte man sich nicht nur um die Verbesserung von Aerodynamik und Komfort Gedanken, sondern lotete auch aus, wie der im Kern veraltete und daher viel gescholtene Ohv-Zweizylinder-Boxermotor mit seiner zentralen Nockenwelle und den klapprigen Stößelstangen verbessert oder sogar abgelöst werden konnte. Ein Mann, der dabei zunächst an vorderster Front stand, was der österreichische Ingenieur Ludwig Apfelbeck, der bereits 1963 beim BMW-Importeur Denzel in Wien ein zukunftsweisendes Boxerkonzept mit vier Zylindern, vier Ventilen pro Zylinder je einer obenliegenden, zahnriemengetriebenen Nockenwelle pro Zylinderbank und Wasserkühlung entwickelt hatte (s. Kapitel Prototypen vorn).

Eigene BMW-Ohc-Vierzylinder-Entwicklung bei BMW 1973 Honda Gold Wing 1984 Schock für BMW

Doch BMW hatte das Apfelbeck-Konzept vorzeitig gestoppt, weil der hauseigene Konstrukteur Ferdinand Jardin dabei war, eine eigene, wassergekühlte Boxerfamilie mit 500, 600, 750 cm³(je zwei Zylinder) bis 1000 cm³ (vier Zylinder) zu entwickeln *(„Wasserboxer", Code M77)*, alle mit zahnriemengetriebenen Nockenwellen und Gleichdruck-Vergasern. *Honi soit qui mal y pense.* Königswellen wie bei den Vorkriegs-Rennmotoren waren nicht in Frage gekommen – zu laut, zu sperrig, zu schwer und zu teuer. Beide Zylinderbänke waren um je sechs Grad angehoben, es war also ein Boxer mit 168 Grad Zylinderwinkel.

Der BMW-Zukunftsmotor sollte 1200, für die USA sogar 1500 cm³ Hubvolumen haben. Und er war bereits 1972 fertig. Doch er ging nie in Serie. Denn Honda war schneller. Verblüfft entdeckte Entwicklungschef Karl-Heinz Radermacher im Rahmen einer Japanreise 1974 die serienreife Honda Gold Wing GL 1000 mit ähnlicher Motor- und Antriebstechnik: flüssiggekühlter Vierzylinder-Boxer, Zweiventiltechnik, je eine obenliegende Nockenwelle pro Bank, obendrein Kardanantrieb, Scheibenbremsen. Für die BMW-Motorenentwickler war die Entdeckung ein Schock. Zwar war das Fahrwerk der Gold Wing dem Gewicht von 296 kg und der Leistung von 82 PS nicht gewachsen, doch die Bayern waren ausgebremst. Desillusioniert riet Radermacher zum Stopp des angelaufenen BMW-Vierzylinderprojekts. 1977 begruben die Bayern (auch aus weiteren Gründen) den Traum vom Big Boxer endgültig.

Erfolgreiche Vierzylinder-Boxer von Alfa Romeo und Citroën

Schade, daß BMW wie ein hypnotisiertes Kaninchen auf die Gold Wing starrte und sich nicht anderweitig nach Lösungen umsah. Alfa Romeo z.B. hatte für den von 1972 bis 1983 produzierten Alfasud einen kompakten, flüssiggekühlten Vierzylinder-Boxer entwickelt, der auf jeder Seite eine obenliegende,

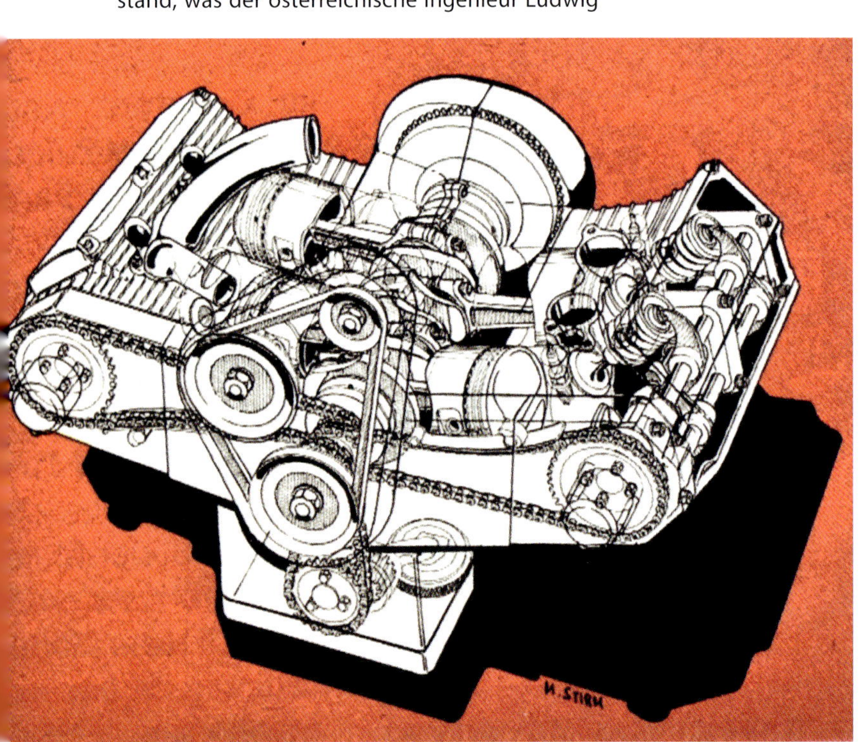

Zeichnung: © Stirm „Motorrad" / Archiv H. J. Schneider

Zeichnung: © Honda / Archiv H. J. Schneider

zahnriemengetriebene Nockenwelle besaß. Vom 1,2-Liter- mit 63 bis zum 1,7-Liter-Modell mit 118 PS wurde der Alfasud rund eine Million mal gebaut und hatte ein zweites Leben im Millionenseller Alfa 33 von 1983 bis 1994, dessen Spitzenmodell bei 1,8 Litern Hubraum 132 PS entwickelte. Die Boxermotoren von Alfa Romeo waren drehfreudig, dabei aber äußerst robust.

Oben: die BMW-Studie Futuro auf der Kölner IFMA 1980.

Unten links: Alfa Romeo produzierte ab 1972 in Großserie einen Vierzylinder-Ohc-Boxer. Daneben: Der ähnlich konzipierte, aber luftgekühlte Vierzylinder von Citroën.

Ein zweites Beispiel gekonnter Boxer-Technologie, an das sich BMW hätte anlehnen können, kam von Citroën: der bereits Mitte der 1960er Jahre entwickelte, luftgekühlte Vierzylinder-Boxer für das Modell GS („Grande Série"), das 1970 auf dem Pariser Salon vorgestellt wurde und, inklusive des Folgetyps GSA („Grande Série Athlète"), bis Mitte 1986 rund 2,5 Millionen Käufer fand! Der drehzahlfeste und nahezu „unkaputtbare" Vierzylinder, der (wie der von BMW angedachte Motor) pro Bank eine zahnriemengetriebene Nockenwelle besaß, trieb Modelle von 1,0 bis 1,3 Liter Hubraum mit 54 bis 65 PS an.

BMW futuro

Foto: © Hans J. Schneider

Zeichnung: © Alfa Romeo / Archiv H. J. Schneider

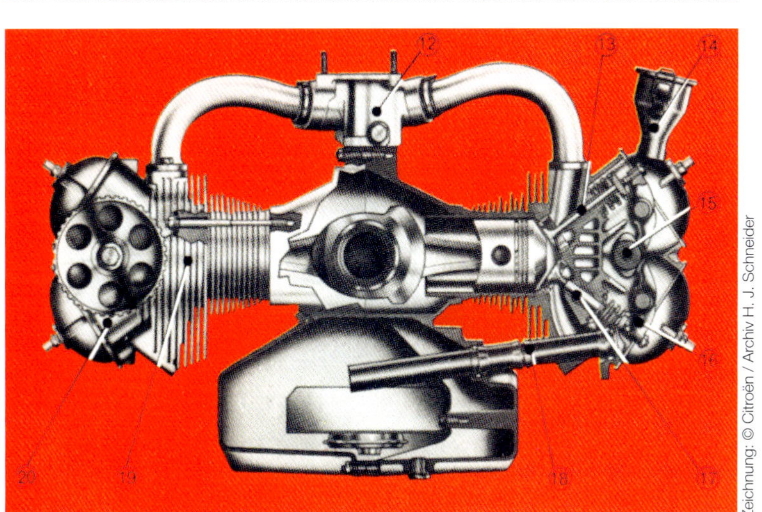

Zeichnung: © Citroën / Archiv H. J. Schneider

Foto: © Hans J. Schneider

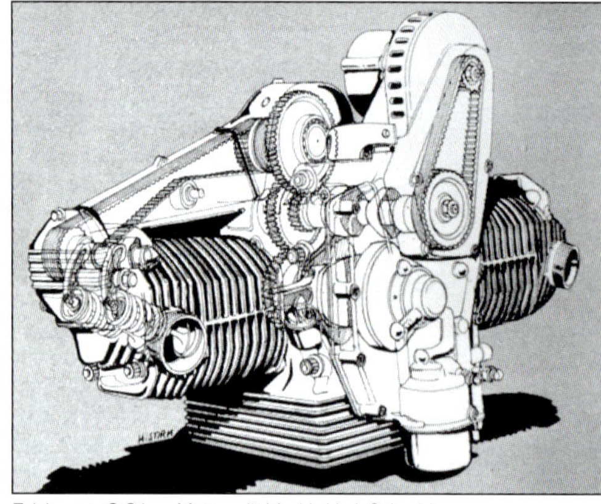

Zeichnung: © Stirm „Motorrad" / Archiv H. J. Schneider

Zeichnung: © Stirm „Motorrad" / Archiv H. J. Schneider

Oben: Interessant, aber nicht erfolgreich war die ab 1982 gebaute französische Luxusmaschine BFG 1300 mit dem luftgekühlten, 70 PS starken Vierzylinder-Boxer aus dem GSA 1300 von Citroën.

Unten links und Mitte: Ein Vorläufertriebwerk der 1993 vorgestellten R 1100 RS war der Zweizylinder-Prototyp M 79 mit moderner Steuertechnik durch Zahnriemen und je einer obenliegenden Nockenwelle pro Zylinder, auf dem Foto eingebaut in die Versuchsmaschine K 1.

Unten rechts: Auch der nachfolgende Zweizylinder-Prototyp M null verschwand schließlich in der Schublade.

BFG 1300 mit Vierzylinder-Boxer des Citroën GS

Der GSA-Boxer wurde von dem französischen Motorradhersteller BFG (Louis Boccardo, Dominique Favario und Thierry Grange) zwischen 1982 und 1988 sogar als Antrieb des Oberklassemotorrads BFG 1300 verwendet. Hier leistete der modifizierte Vierzylinder-Boxer aus dem GSA 70 PS bei moderaten 5500/min^{-1}. Fünfganggetriebe, Kardanantrieb und Dreifach-Scheibenbremsanlage gehörten wie bei BMW zur Basistechnik. Inklusive der MBK-Produktion ab 1984 wurden 550 BFG-Exemplare fertiggestellt. Von Nachteil war das hohe Gewicht der Maschine mit 267 kg trocken und 292 kg vollgetankt. Louis Boccardo machte sich selbständig und entwickelte die MF 650 (*„Moto Française"*), die vom Zweizylinder-Boxer des Citroën Visa angetrieben wurde und der BMW R 65 Konkurrenz machen sollte (mehr dazu im Kapitel R 45/65). Blaupausen für moderne Boxermotoren hätten auch Porsche, VW oder Subaru liefern können.

Zweizylinder-Prototyp „M 79" / K 1 mit hochgelegten Nockenwellen

Als Alternative zum abgebrochenen Vierzylinder-Projekt entwickelte BMW unter dem Code M 79 einen 1000er Zweizylinder-Boxer mit Mittellager, moderner Steuertechnik durch Zahnriemen und je einer obenliegenden Nockenwelle pro Zylinder, rund zehn Jahre, bevor man (1993) mit der R 1100 RS einen Vierventil-Boxer mit hochgelegten Wellen und komplizierter Stößelsteuerung auf den Markt brachte. Doch diese Entwicklung der Mittsiebziger war nicht das Gelbe vom Ei. *„Motorrad"* erklärte in Heft 25/1978, warum: *„Die Zahnriemenabdeckung raubt den Zylindern die nötige Kühlluft. Selbst wenn man sie auf die Einlaßseite verlegt, wirkt der Motor klobig und ohne jede Eleganz."* Stefan Knittel schreibt über das weitere Schicksal dieses Boxer-Prototyps: *„Das Konzept wurde bis zu fahrfertigen Prototypen vorangetrieben. 1980 sollte eine Maschine mit ebenfalls 1000 ccm Hubraum die R 100-Baureihe ablösen. Es liefen bereits die Windkanalversuche (...), als das Projekt im Herbst 1978 wieder gestoppt wurde."*

Fotos zeigen den Boxer M 79 in einem später „K 1" genannten Prototyp, der nebenbei einen völlig neuen Glattrohr-Rahmen und eine weiterentwickelte Vollverkleidung besaß. Die geschmiedete, dreifach gelagerte Kurbelwelle und ein kostengünstig herstellbares, zweigeteiltes Motorgehäuse aber konnten das Projekt nicht retten. Gründe dafür waren die geringen Ausbaumöglichkeiten für Hubraum und Leistung sowie das hohe Gewicht. Kolportiert wurde, daß BMW mit dem K 1-Projet 17 Millionen DM verbrannt hat. *„Die K 1 (...) war eine Entwicklung, die nicht genau genug überlegt war,"* bekannte Motorrad-Chef Eberhardt C. Sarfert später.

„M null"-Prototyp, Studie „Module"

Nachdem BMW schon mit dem M 79 und der K 1 viel Geld in den Sand gesetzt hatte, soll die Entwicklung des Folgeprojekts „M null" weitere Millionen verschlungen haben. Dieser Boxer-Entwurf besaß fast das gleiche Motorgehäuse wie der Typ 247 in der /7-Serie, baute aber kürzer. Er war als Zwei- und Vierventiler geplant, das Spitzenmodell sollte Benzineinspritzung bekommen. Die Lichtmaschine war nach oben, der Anlasser unter das Getriebe gewandert. Doch angesichts für die Serienproduktion nötiger, sehr hoher Investitionen wurde 1980 auch der „M null" eingemottet. Man legte jetzt alle Kraft auf die Entwicklung der 1983 serienreifen K-Modelle mit längsliegenden Vier- und Dreizylindermotoren.

Erwähnt werden soll auch die variable Studie „Module" mit längs eingebautem, stehendem Parallel-Zweizylinder und Kardantrieb. Die Idee ging auf ein Denkmodell von *„Motorrad"* zurück (1977)

und wurde von BMW auf der IFMA 1978 als maßstabgetreues Modell vorgestellt. Im Lager des BMW-Museums, das der Öffentlichkeit nicht zugänglich ist, liegen weitere interessante Prototypen, vor allem von Boxermotoren, im Dornröschenschlaf.

Porsche entwickelt besonders leisen Boxermotor

1983 bis 1984 führte der Sportwagenhersteller Porsche im Auftrag des Bundesumweltamtes mit einer R 80/7 ein interessantes Experiment zur Senkung des Geräuschniveaus durch. Zu den Maßnahmen zählten: Antrieb der Nockenwelle durch Zahnriemen statt durch Kette, Verlegung der Lichtmaschine in den Anlasser-Raum (dort Antrieb durch Keilriemen, unten Wegfall des Stützlagers), Graugußringe im Motorgehäuse als Korsett für die Lagerschalen, Zylinder mit Graugußkragen, neue Kolben, geänderte Kipphebellagerung, Kühlrippendämpfung mit Gummistopfen, elastisch gegeneinander abgekoppelte Gehäuseteile, Änderungen an Auspuffanlage und Luftfilter. Hydrostößel hingegen verstärkten den Lärm. Die Prüfungsfahrten zeigten je nach Drehzahl eine Geräuschreduzierung um fünf bis acht Dezibel (von 78 auf 74 und von 85 auf 77,5 dB(A)), was einer Lärmhalbierung entsprach. *„Das Ohr empfindet das Ergebnis als Wohltat"*, lobte Wolfgang Schnepf in *„Motorrad"* 25/1984.

Oben: Der Prototyp K 1 aus der Zeit 1976 bis 1978 mit dem Einliter-Zweizylinder-Boxer M 79 und völlig neu entwickeltem Gitterrahmenkonzept mit kräftigen Unterzügen und Heckausleger.

Links: Gemäß einem Denkmodell von „Motorrad" (1977) stellte BMW auf der IFMA 1978 den Entwurf „Module" als maßstabgetreues Modell vor. Angedacht waren ein längs eingebauter, stehender Parallel-Zweizylinder-Motor und ein Kardanantrieb.

Rechts: Einen weiteren enkanstoß lieferte das Stuttgarter Magazin 1984 mit dem Entwurf einer konsequent sportlichen R 75 RSR.

Links: 1979 stellte der österreichische Bultaco-Importeur Horst Leitner eine R 100 S vor, die mit einer neuartigen Momentenabstützung ausgerüstet war. Sie unterdrückte nachweislich die Aufstell- und Absackneigung des Kardanantriebs (Details s.a. Folgeabschnitt).

Zeichnung: © Stirm „Motorrad" / Archiv H. J. Schneider

Repro: © „Motorrad", Archiv H. J. Schneider

Zukunftsvision: BMW Boxer R 75 RSR

Während die Japaner sich zu Beginn im *„Netz des Überangebots verstrickt und verausgabt"* hätten und nun versuchten, *„ihre angegriffenen Renditen mit einer Ausdehnung der Gewinnmargen nach oben zu verschönern"* (*„Motorrad"* Nr. 7 vom 26. März 1984), würden die europäischen Edelschmieden nun vor Selbstbewußtsein strotzen – wie natürlich auch BMW. Das Stuttgarter Magazin half den Bayern zusätzlich mit einem interessanten Konzept auf die Sprünge – mit dem Entwurf einer BMW R 75 RSR, die mit einem modernen Boxermotor, sportlich-schlanker Silhouette und konsequentem Leichtbau das Herz der treuen Klientel noch einmal höher schlagen lassen sollte. *„Kein Triebwerk der Motorrad-Neuzeit schaffte eine stärkere Bindung an eine Marke als der luftgekühlte Boxer aus dem Hause BMW"*, unterstrich *„Motorrad"*.

Der Zukunfts-Boxer sollte einen Ventiltrieb haben, der höhere Drehzahlen und mehr Leistung erlauben würde: zwei halbhoch gelegte, kettengetriebene Nockenwellen, Tassenstößel, acht Zentimeter kurze Stoßstangen, Gabel-Kipphebel für Zylinderköpfe mit drei oder vier Ventilen. 60 PS wären bei so einem 750er Boxer problemlos zu erreichen. 1984 lag eine entsprechende Realisierung noch in weiter Ferne, doch 1993 würde die Vierventil-Boxer R 1100 RS zeigen, daß mit ähnlicher Technik sogar 90 PS möglich waren.

1980: Einzelstück

Futuro 800 cm³

Technologieträger mit R 80/7-Boxer

Nachdem all die oben geschilderten Konzepte in der Schublade verschwunden waren, stand die Motorrad-Entwicklungsabteilung gewissermassen nackt da. Es mußte etwas passieren, um die Klientel, die ungeduldig auf etwas wirklich Neues wartete, bei der Stange zu halten.

Rollendes Versuchslabor 1980: Futuro

Nach der Umbesetzung der BMW Motorrad GmbH im Herbst 1978 (s.a. Kap. Einführung) machte ihr neuer Chef Sarfert mächtig Druck. So entstand in nur zwei Jahren (allerdings vor allem aufgrund verdeckter Initiativen von BMW-Mitarbeitern) die künftig äußerst erfolgreiche Enduro R 80 G/S. Die Fertigstellung der K-Reihe, die anfangs als Ablösung des Boxers gedacht war, hatte absolute Dringlichkeit. Aber das dauerte noch. Daher gab Sarfert – im Einvernehmen mit Geschäftsführer Karl Gerlinger – Ende 1978 erst einmal grünes Licht für die Entwicklung der Zukunftsstudie „Futuro".

Entwickelt und gebaut wurde die Maschine im BMW-Auftrag vom Frankfurter Design-Team b&b mit seinem Chef Rainer Buchmann und dem Konstrukteur Eberhard Schulz. 750 000 DM sollen in das Projekt geflossen sein. Auf der IFMA 1980 erregte die Futuro, wie beabsichtigt, einiges Aufsehen. Unbestritten aber war die Buchmann-Kreation mit fortschrittlichen Elementen wie schmaler Vollverkleidung, Monocoque-Zentralrahmen, Cantilever-Gitterrohrschwinge, Vollscheibenrädern, erstmaligem Einsatz von Mikroprozessoren und elektronisch gesteuerter Benzineinspritzung ein Blick in die Zukunft. Doch beim Triebwerk hatte man auf den Zweiventil-Boxer der R 80/7 zurückgreifen müssen, den man nur durch einen Turbolader zu der gewünschten Leistungsabgabe bewegen konnte.

Beim Design hatte Schulz, bekannt geworden u.a. 1978 durch seinen Sportwagen-Prototyp CW 311 mit 6,3-Liter-V8-Motor von Mercedes, freie Hand gehabt, doch hatte BMW vorgegeben, daß der „gute alte", luftgekühlte Zweizylinder-Boxermotor mit Kardanantrieb (auch weil es bei den Weiß-Blauen noch nichts anderes gab) beibehalten werden mußte. Wissenschaftler und Experten aus den Bereichen Sicherheit, Verkehrswesen, Homologation sowie Motor und Fahrwerk begleiteten das unkonventionelle Projekt, darunter der ehemalige BMW-Direktor Helmut W. Bönsch und der Remscheider Motorenspezialist Dr. Peter Schrick. Vor dem Hintergrund des übermächtig gewordenen Drucks der japanischen Hersteller wollte man wohl auch noch einmal zeigen, was in dem in die Jahre gekommenen Konzept Boxer + Kardan alles drinstekken könnte, wenn man die Möglichkeiten der 1980er Jahre ausreizen würde.

Gleitbahnen für den Fahrer bei Aufprall

Die äußere Erscheinung wurde von der Vollverkleidung mit zusätzlichen seitlichen und im Heck untergebrachten Staumöglichkeiten und sehr kleiner Stirnfläche für verbesserte Aerodynamik geprägt. Da Kosten bei der Entwicklung offenbar keine Rolle spielten, konnte die Verkleidung aus kohlefaserverstärktem Kunststoff hergestellt werden. Den Treibstoff nahm ein ausgeschäumter 25-Liter-Sicherheitstank auf. Bei einem Aufprall wäre der Fahrer über eine *„defi-*

Steckbrief Futuro

Bauzeit	1980
Motortyp, Ventile	247, 2 ohv, Turbolader
Einheiten	1
Hubraum	800 cm³
Leistung	75 PS bei 7250/min^{-1}
Drehmoment max.	98 Nm bei 3500/min^{-1}
Elektron. Einspritzanlage	Bosch L-Jetronic
Getriebe	5-Gang Serie
Rahmen	Alu-Monocoque
Vorderradführung	Teleskopgabel R 65
Hinterradführung	LM-Gitterrohrschwinge mit Abstützung, Cantilever-Zentralfederbein
Bremsen v/h mm	3 Scheiben 260, integral
Reifen vorn/hinten	3,50 x 18/140/70 x 18
Länge/Breite/Radstand	2288/670/1500 mm
Trockengewicht	180 kg
Höchstgeschwindigkeit	210 km/h

Repro: © „Motorrad", Archiv H. J. Schneider

Oben: Schon am 30. April 1980, ein halbes Jahr vor der Futuro-Vorstellung im September, war „Motorrad" gut über Details informiert, konnte aber vorerst nur Zeichnungen präsentieren.

Rechts: Ein Ausblick auf die Zukunft der 2000er Jahre waren das digitalisierte Cockpit und der Bordcomputer. Bei einam Aufprall sollte der Pilot über „definierte Gleitbahnen" nach vorne fliegen.

nierte Gleitbahn" über den Lenker und vielleicht auch über den Kontrahenten *„hinweggeleitet"*, also katapultiert worden. *„Motorrad"* schrieb 1981 von *„Abschußrampen"*. Die Sitzfläche ließ sich dreifach verstellen.

Damals futuristisch war der Einsatz der damals zur Verfügung stehenden Elektronik mit digitalem, mikroprozessorgesteuertem Cockpit inklusive Bordcomputer und Anzeigen etwa für den momentanen Benzinverbrauch. Eine Empfangs- und Gegensprechanlage durfte da nicht fehlen. Tragendes Zentralelement war ein Monocoque-Rahmenprofil aus Vollaluminium-Legierung, das Motor und Getriebe als mittragende Bestandteile integrierte und an den hinten eine sehr lange Schwinge aus Leichtmetall-Gitterrohr angelenkt war. Gegen den Rahmen stützte sich die Schwinge nach Cantilever-Manier über ein zentrales, waagerecht unter der dünn gepolsterten Sitzbank liegendes Federbein mit Alu-Gasdruckstoßdämpfer und Titanfeder ab. Die Futuro wog trocken nur 180 kg, weil Rahmen, Räder, Schwinge und sogar Bremsscheiben aus Leichtmetall bestanden.

Turbolader und Reaktionslenker am Hinterradantrieb

Als Vorläufer des 1987 eingeführten Paralever sollte ein *„Reaktionslenker"* die Kardanmomente, d.h. die Aufstell- und Absenkeffekte des klassischen Boxer-Konzepts beim Beschleunigen und Bremsen unterdrücken – größter Nachteil der Serien-BMW. Bereits 1959 hatte sich BMW-Chefkonstrukteur Alex von Falkenhausen eine Kardan-Momentenabstützung patentieren lassen. Der Vorstand jedoch lehnte eine Übernahme in den Serienbau ab. 1979 gelang es Horst Leitner, dem österreichischen Bultaco-Importeur, einer R 100 S mit einer

Oben: Die Futuro war wesentlich niedriger und auch aerodynamischer als die zwei Jahre zuvor präsentierte R 100 RT und die 1980 nachgeschobene R 80 RT. Man konnte von einer im Windkanal optimierten Karosserie sprechen. Hinten waren große Staufächer integriert. Der Aufbau bestand aus kohlefaserverstärktem Kunststoff.

Rechts: Die Teleskogabel entsprach von der Bauart her der Serie, die Standrohre aber waren deutlich kürzer. Die neuartige Integral-Bremsanlage mit drei geschlitzten Scheiben kam von Brembo. Die 18-Zoll-Vollscheibenräder waren aus Leichtmetall und formschön, verstärkten aber die Seitenwindempfindlichkeit.

Oben: Die Kohlefaser-Karosserie der Futuro zeigte sich im Windkanal aerodynamischer als die Vollverkleidungen der RS- und RT-Serienmodelle. Vor allem war die Stirnfläche geringer. Erkauft wurde dies unter anderem mit kürzeren Federwegen.

ausgeklügelten Abstützungs-Konstruktion erfolgreich, die Bockigkeit abzugewöhnen (Bild s. voriger Abschnitt). Bei BMW wurde aus der Idee erst mit dem Paralever ab 1987 Serien-Wirklichkeit.

Bei der Futuro sorgten zudem zwei homokinetische Elemente für ruckfreien Lauf der frei laufenden Kardanwelle. Zukunftsweisend war die hydraulisch betätigte Dreischeiben-Integralbremse, bei der zwei Scheiben gemeinsam über ein Tandem-Fußpedal, die dritte Scheibe vorn über einen Handhebel angesteuert wurden. Die Bremsscheiben bestanden aus einer Alulegierung mit aufgesinterten Reibflächen. Selbst die Räder waren ungewöhnlich: Vollscheiben aus Leichtmetall mit Magnesium-Naben und Reifen in 3,50 x 18 vorn und 140/70 x 18 hinten. Das H4-Licht war schon 1976 bei den /7-Modellen in Serie gegangen.

Turbolader trotz Bedenken

Der traditionelle Boxermotor sollte in der Futuro ein besseres Durchzugsvermögen bieten und höhere Endgeschwindigkeiten ermöglichen. Der Zweizylinder-Boxer kam von der normalen R 80/7, der in der Serie 55 PS leistete, es in der Futuro aber dank eines (ursprünglich für den VW Golf vorgesehenen) Turboladers von KKK und Ladeluftkühlung auf 75 PS bei 7250/min^{-1} brachte; BMW-Kenner erinnerten sich an die Vorkriegs-Halbliter-Rennmaschinen mit Kompressor. Motorenentwickler Martin Probst hatte es anfangs strikt abgelehnt, den Boxer mit einem Turbolader zu versehen. Für die Serie sollte es auf jeden Fall beim „Nein" zum Turbolader bleiben.

Mit der Ladertechnik gelang es nun im Futuro-Sonderfall, ein für den Boxer unerhörtes Drehmoment zu erzielen: 98 Nm bei ungewöhnlich niedrigen 3500/min^{-1}. Der Prototyp besaß glattflächige Zylinderkopfdeckel, die mit je vier Schrauben am Zylinder befestigt waren. Später erhielt die Futuro die gewohnten Seriendeckel mit Rippen und Kanten. Der Turbolader saß tief vorn unter dem Motorblock, die Abgase wurden über eine Zwei-in-eins-Anlage nach links in ein völlig ungedämpftes Rohr geleitet. Für das Kraftstoffgemisch sorgte eine elektronisch gesteuerte L-Jetronic-Einspritzanlage von Bosch. Die Drehstrom-Lichtmaschine war mit 360 Watt entsprechend leistungsstark. Das Fünfganggetriebe entsprach weitgehend der Serie.

Irritierende Testerfahrungen bei Kurvenfahrt

Im Sommer 1981 hatte die Zeitschrift *„Motorrad"* die Gelegenheit, die Futuro auf der Straße zu testen (Bericht in Heft 14 vom 8. Juli 1981). Der Prototyp besaß bei diesem Versuch eine eigens entwickelte, kombinierte Zünd- und Einspritzelektronik. Beim Fahren zeigte sich, daß die Maschine vor allem in Kurven schwer zu handhaben war. Tester Hans-Joachim Nowitzki schrieb: *„Bequeme Auflagen sollten (...) auch die Unterarme des Fahrers finden. (...) Bei Kurvenfahrt verblüffen die Armstützen dagegen durch einen überraschenden Effekt. Bleibt dem Motorradfahrer üblicherweise verborgen, daß er Linkskurven mit nach rechts eingeschlagenem Vorderrad meistert, so bringen die aufgestützten Arme diese Lenkmanöver deutlich ins Bewußtsein und verunsichern den Steuermann."* Kritisiert wurde auch, daß die Unterarme vollständig unter dem voluminösen Informationsbord verschwänden, was dem Fahrer eine stark gebeugte Sitzhaltung aufzwänge. Als erheblichen Nachteil bezeichnete Nowitzki

Rechts: Schnappschuß von der der IFMA 1980. Von hinten wirkte die Futuro eher klobig, ähnelte in gewisser Weise einem Polizeimotorrad, zumal sie in strahlendem Weiß daherkam.

Foto: © Hans J. Schneider

die sehr stark erhöhte Seitenwindempfindlichkeit, auch wegen der großflächigen Vollscheibenräder. Nachdem der Hype um die Futuro abgeklungen war, erteilte BMW der Turboaufladung gleich wieder eine Absage. Slogan: *„Wir blasen ab, was andere aufblasen".*

MOTORRAD
Weltexklusiv
Turbo BMW
bb Futuro
12 Seiten
Fahrbericht
Entwicklungsgeschichte
Posterservice
1100er-Vergleichstest
Schlußwertung
Kawasaki Yamaha Honda Suzuki
Yamaha
25000 km mit der RD 350
Test 750 Seca

Repro: © „Motorrad", Archiv H. J. Schneider

Links: „Motorrad" hatte im Juli 1981 die Gelegenheit, die Futuro einem Fahrtest zu unterziehen. Inzwischen war die Studie in einigen Details modifiziert worden (Zylinderkopfdeckel zum Beispiel). Allzu angetan waren die Tester nicht. Sie bemängelten u.a. „die stark erhöhte Seitenwindempfindlichkeit" und das erzwungene Aufstützen der Unterarme. Unten: Der Fahrer hockte in seltsamer Haltung auf der Maschine, mit hochgezogenen Beinen und ohne Knieschluß am Tank.

Parallelwelten: Futuro mit veraltetem Stoßstangenboxer, Entwicklung moderner Dohc-Vierzylinder

Kurios mutet heute an, daß BMW mit der Futuro künftige Möglichkeiten des in die Jahre gekommenen Stößelstangen-Boxers aufzeigen wollte, während gleichzeitig mit Hochdruck an der Entwicklung der modernen K-Modelle mit flüssiggekühlten Vier- und Dreizylinder-Reihenmotoren mit jeweils zwei obenliegenden, kettengetriebenen Nockenwellen, später auch mit Vierventiltechnik, gearbeitet wurde. Doch bei gewissen Details trug das Projekt zahlreiche Früchte: Momentenabstützung durch Paralever ab 1987 mit der Enduro R 100 GS zum Beispiel, Antriebsblock mittragend unter einem Zentralrahmen positioniert ab dem Erscheinen des Vierventilboxers R 1100 RS im Jahr 1993 sowie der immer stärker angewandte Einsatz von Elektronik. Variable Sitzbänke und verbesserte Bremsen (ABS) erschienen bald bei den Serienmodellen. Die Vierventil-RS stellte mit innovativen Elementen wie der völlig neuartigen Telelever-Gabel sogar die Futuro in den Schatten.

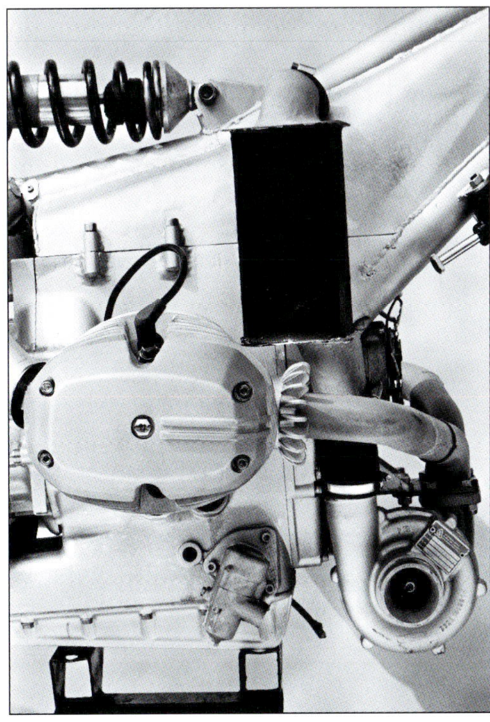

Unten links: Vor dem von der R 80/7 stammenden Boxer saß der Turbolader, der die Leistung von 55 auf 75 PS hob.

Rechts: Innovativ war das Monocoque-Chassis mit der Cantilever-Hinterradschwinge samt Momentenabstützung.

R 80 RT

Das Foto der damals brandneuen R 80 RT entstand im November 1982 im Rahmen eines Vergleichstests mit der R 80 ST in der Eifel. Bis auf den hubraumschwächeren Motor war die 800er RT weitgehend mit der R 100 RT identisch.

Foto: © Hans J. Schneider

Kapitel 14
1980-1984: R 80 RT, R 100 CS, R 100

Nutzfahrzeuge und Kurvenstars

Es war eine politische Entscheidung, 1982 der großen RT eine hubraumschwächere Version zur Seite zu stellen. Die neue K-Reihe mit Vierzylinder-Reihenmotor sollte die Einliter-Boxer ablösen, nur Boxer mit maximal 800 cm³ Hubraum sollten im Programm bleiben. Doch die R 80 RT war letztlich nicht völlig ausgegoren, denn das nur 50 PS starke Triebwerk tat sich schwer mit dem 235 kg wiegenden Tourendampfer, der 1984 durch die R 80 RT/2 mit Monolever-Fahrwerk abgelöst wurde. Und anders als geplant liefen noch bis 1996 Zweiventilboxer mit 1000 cm³ vom Band. Ungetrübten Fahrspaß hingegen ermöglichten die von 1980 bis 1984 produzierten 1000er Modelle R 100 CS und R 100, die den Höhepunkt der Entwicklung des Ohv-Boxers mit Zweiventiltechnik darstellten.

Der Einliter-Zweizylinder-Boxermotor war weitgehend mit dem Triebwerk der R 100 CS und deren Vorläufertypen identisch, aber um drei auf 67 PS gedrosselt worden. Das reichte immerhin für ein Tempo bis 190 km/h.

Foto: © Hans J. Schneider

1982-1984: 7315 Einheiten

R 80 RT 797,5 cm³

Auf die gemächliche Tour

Während die Motorradbranche weltweit unter einer größtenteils selbstverschuldeten Absatzkrise litt, konnte sich BMW nicht nur behaupten, sondern wieder nach vorn blicken (s. Kapitel *„Einführung“*). Da paßte es gut, daß die Münchner 1982 gleich zwei weitere Neuheiten vorstellten: die R 80 RT und die R 80 ST. Die R 80 RT sollte eine versicherungsgünstige Alternative zum großen Einliter-Tourer sein. Sie wurde ab November 1982 ausgeliefert und bis 1984 gebaut. Sie besaß den 800er Boxermotor der R 80/7 (1977 bis 1984) sowie – in verbesserter Form – den der Modelle mit Monolever-Schwinge R 80 G/S (ab 1980) und R 80 ST (ab September 1982, Details s. unten), der mit seinen 50 PS für überschaubare Fahrleistungen sorgte.

Das Fahrwerk der ersten Generation der R 80 RT, entsprach noch dem Langschwingen-Chassis mit konventionellen Federbeinen, wie es auch die R 100 RT der ersten Serie besaß. 1984 wurde auch die „kleine“ RT mit dem Monolever-Fahrwerk ausgerüstet. *„Die R 80 RT ist ein komfortabler Langstreckendampfer für Zeitgenossen, die sich gelegentlich auch mal mit Schlips und Kragen aufs Motorrad setzen“,* meinte der Autor damals im Rahmen eines Vergleichstests mit der R 80 ST.

Steckbrief R 80 RT (alle Daten s. Anhang)

Bauzeit	1982 bis 1984
Motortyp, Ventile	247, 2 ohv
Einheiten	7315
Hubraum	797,5cm³
Leistung 1976	50 PS bei 6500/min⁻¹
Vergaser (Bing)	2 Gleichdruck 64/32/305
Getriebe	5-Gang
Rahmen	Stahlrohr, verschweißt
Vorderradführung	Teleskopgabel
Hinterradführung	Schwinge, 2 Federbeine
Bremsen v/h mm	2 Scheib. 260/Trommel 200
Reifen vorn/hinten	3,25 H 19 / 4,00 H 18
Leergewicht	235 kg
Höchstgeschwindigkeit	161 km/h
Preis	10 990,- DM

Politische Gründe für Lancierung der R 80 RT

Warum schob BMW der R 100 RT einen hubraumschwächeren, ansonsten aber identisch aufgebauten Reisetourer nach? BMW Classic argumentiert: *„Anfang der 1980er Jahre war bei BMW Motorrad die Entwicklung einer neuen Motorradgeneration mit Vier- und Dreizylinder-Reihenmotoren schon kurz vor der Serienreife. Als erstes Modell der neuen K-Baureihe sollte der Vierzylinder mit 1000-cm³-Motor auf den Markt kommen, der über den Boxermodellen positioniert wurde. Um dies zu verdeutlichen, sollten die großen Boxer mit 1000 cm³ Hubraum nach einer Übergangszeit Platz machen und so neben den neuen Vierzylindern nur die kleineren Boxermodelle im Programm bleiben. So kam es, dass BMW Motorrad der Öffentlichkeit quasi im Vorgriff auf die geplante Neuausrichtung 1982 eine BMW R 80 RT vorstellte, die sich nur durch den 800-cm³-Boxermotor von der seit 1978 angebotenen BMW R 100 RT unterschied.“* Einfacher aus- gedrückt: Man wollte mit den 800er Typen dem beliebten Zweiventilboxer trotz der Hinwendung zu modernen Konzepten eine Zukunft garantieren.

Kurioserweise hatte diese Zukunft zunächst der 1980 vorgestellte Mehrzweck-Boxer R 80 G/S (G/S für „Gelände/Straße“) sichergestellt. Die wuchtige Enduro mit der innovativen Monolever-Hinterradschwinge erwies sich auf Asphalt als so souverän und leicht beherrschbar, daß *„Motorrad“* bemerkte: *„Das beste Straßenmotorrad, das BMW jemals baute.“* Dies entbehrte nicht einer gewissen Ironie, denn mit der Geländetauglichkeit war es weniger weit her. Gleichwohl ging die G/S weg wie warme Semmeln. Die Entscheidung, der Enduro noch eine reinrassige Straßenmaschine auf Monolever-Basis folgen zu lassen, fiel BMW jedenfalls leicht: 1982 stellten die Bayern der G/S die filigrane, sportliche und deutlich niedrigere R 80 ST zur Seite. Sie rollte vorn statt auf einem 21-Zoll- auf einem 19-Zoll-Speichenrad und besaß den breiten und leicht hochgezogenen Lenker der R 65 in US-Version. Die Fahr- und Kurveneigenschaften waren bestechend, jetzt war die G/S *„nur noch die zweitbeste Straßenmaschine, die BMW jemals baute.“*

R 80 RT: zu wenig Power für das hohe Gewicht

Anders als bei der ST mit ihrem glanzverchromten Zwei-in-eins-Auspuff, entwichen bei der R 80 RT die Abgase über eine traditionelle Zweirohranlage ins Freie – gedämpft, aber ungefiltert, wie es damals üblich war. Die Zweirohran-

Unsere Testmaschine war mit „Motokoffern“ und Nivomat-Federbeinen ausgerüstet. Die bis 1984 produzierte Version mit Zweiarm-Langschwinge rollte auf den bereits 1976 mit der R 100 RS eingeführten Leichtmetall-Gußrädern, vorne in 19, hinten in 18 Zoll. Das Bild veranschaulicht gut, daß die mächtige Vollverkleidung dem Fahrtwind einen erhöhten Widerstand entgegensetzte. Nur bei ruhigem Wetter erreichte man mit der Tourenmaschine ein Spitzentempo von 160 km/h.

Foto: © Hans J. Schneider

lage unterdrückte die Schüttelneigung des Boxers besser als bei der ST. Das Gewicht der fahrfertig 235 kg schweren R 80 RT (ST: 198 kg) war für den 50-PS-Boxer mit seinem überschaubaren maximalen Drehmoment von 59 Nm bei (immerhin recht niedrigen) 3500/min^{-1} eine starke Herausforderung.

Um den vollgetankt bereits 235 kg schweren Reisetourer in vergleichsweise lahmen 7,1 Sekunden von 0 auf 100 km/h zu beschleunigen, mußte viel Gas gegeben und schnell geschaltet werden. Auf der Autobahn war bei dem wuchtigen Riesenrad bei 161 km/h Schluß (ST: 174 km/h), solo und ohne Gepäck. Duckte sich der Fahrer, was unnatürlich wirkte, konnten es schon mal 170 km/h sein. Voll beladen tat sich die „kleine" RT jedenfalls in allen Bereichen schwer und genehmigte sich noch deutlich mehr verbleites Normalbenzin. Die Zähigkeit der Kraftentwicklung trieb natürlich auch den Verbrauch nach oben, auf 6,6 l/100 km im Test des Autors (November 1982). Bei langsamer Fahrt störten die Resonanzschwingungen, die der Boxer in der Verkleidung erzeugte. Immerhin war der Boxer bis zum Maximum von 6500/min^{-1} hinreichend drehzahlfest – wenn er regelmäßig gewartet und eingestellt wurde.

Mit ihrem am Lenker angebrachten Chokehebel, der beim 800er Boxer leichtgängigen Kupplungsbetätigung (*„geht mit zwei Fingern"*) und dem

Oben: gut ausgeleuchtete R 80 RT mit Zweiarmschwinge von 1984 in der exklusiven Lackierung Rot-Metallic mit Gold-Linierung. Unten: das gleiche Modell in Pazifikblau-Metallic mit Silber-Linierung. Beide Motorräder sind mit konventionellen Federbeinen ausgerüstet. Oben ist gut zu erkennen, daß der Hauptbremszylinder an den Lenker gewandert war. Das zulässige Gesamtgewicht betrug 440 kg.

Alle drei Fotos zeigen die R 80 RT, wie sie 1982 und 1983 dem ADAC von BMW für die „Stauberatung" auf Autobahnen zur Verfügung gestellt wurden. Sie waren mit Funk ausgerüstet und entsprachen dem Behördentyp R 80 TIC (Touren-Integralcockpit). Die Stauberater sollten helfen, einen Stau zu vermeiden, „ihn im Ernstfall aber zumindest erträglich machen", wie BMW meinte. Die Maschine links besitzt Plastikklappen, mit den die beiden Lüftungsschächte verschlossen werden konnten.

Foto: © Hans J. Schneider

fast lautlos schaltbaren Fünfgang-Getriebe („*butterweich, nimmt man nach wenigen Kilometern nicht mehr wahr“*) hob sich die R 80 RT wohltuend von den Boxern der 1970er Jahre ab. Auch die früher gefürchteten Lastwechsel traten dank des Torsionsdämpfers nur noch schwach in Erscheinung. Wer der immerhin 28 Ah starken Batterie nicht traute, konnte sich bei Bestellung ab Werk den guten alten Kickstarter montieren lassen. Ohne Fehl und Tadel zeigte sich das Rohrrahmen-Fahrwerk mit der Zweiarm-Langschwinge. Für *„Motorrad“* stellte der Autor fest: *„Den Schimpfnamen ‚Gummikuh‘, mit der noch Mitte der 70er Jahre BMW-Motorräder bedacht wurden, kann man der neuen ‚Achtziger‘ nicht mehr an den Steuerkopf werfen: Da wackelt nichts, da pendelt nichts, da bleibt die Maschine selbst dann ungerührt auf Kurs, wenn man sich versehentlich einmal in der Kurve verschaltet.“*

Die serienmäßige Doppelscheibenbremse vorn verhinderte – anders als bei der mit nur einer Scheibe bedachten ST – ein Verdrehen der Gabel bei scharfen Bremsmanövern. Wie bei den anderen Boxern des Jahrgangs 1981/82 hatte sich BMW von dem veralteten Hauptbremszylinder unter dem Tank mit der Seilzugbetätigung und den frei baumelnden Bremsschläuchen zwischen Rahmen und Gabel verabschiedet. Stattdessen war der „HBZ“ dahin gewandert, wo er hingehörte: ans rechte Lenkerende, wo man mit einem Blick den Stand des Bremsfluids verifizieren konnte. Kürzere Schläuche führten nun zu den neuen Bremssätteln von Brembo. Viel Kraft erforderte es, eine voll betankte und mit Zubehör ausgerüstete RT auf den Mittelständer zu hieven. Auch wurden wieder die zu dünne Sitzpolsterung und der vom TÜV verordnete, die Sicht störende schwarze Gummirahmen an der Scheibe kritisiert.

Oben: Die R 80 RT, hier in der Version mit Nivomat-Federbeinen, ließ sich durchaus sportlich bewegen, wie Tester Heinz Simons hier auf einer kurvenreichen Eifelstraße bei voller Schräglage beeindruckend demonstriert. Die serienmäßige Doppelscheibenbremsanlage vorn wurde mit dem hohen Gewicht der Maschine gut fertig. Das früher bei hohem Tempo auftretende Pendeln hatte man dem Boxer erfolgreich abgewöhnt.

Rechts: Der Boxermotor ist perfekt in die skulpturale Gestalt der RT-Verkleidung integriert und wird dank Mittelgitter und Seitenschächten weiterhin gut gekühlt.

Foto: © Hans J. Schneider

Auf den Fotos sehen wir R 80 RT-Exemplare, die 1983 an das Bayerische Rote Kreuz geliefert wurden. Anstelle der Gepäckkoffer waren eigens konstruierte Notfallkoffer mit zahlreichen Fächern montiert worden. Eine Funkanlage gehörte ebenfalls zur Ausrüstung der auffällig beklebten Motorräder.

Unter diesen Voraussetzungen ging die Rechnung nicht auf, wie BMW unverblümt zugibt: *„Zunächst mit Vorschusslorbeeren begrüßt, zeigte sich bald, daß der 50-PS-Boxer im Fahrgestell der BMW R 100 RT mit der großen Tourenverkleidung seine Mühe hatte und einen eher phlegmatischen Charakter an den Tag legte. Insbesondere im Soziusbetrieb mit Urlaubsgepäck war ein ruhiger Fahrstil obligatorisch. Für die leistungsverwöhnte deutsche Privat-Kundschaft war die BMW R 80 RT insofern nicht wirklich ein verlockendes Angebot, was sich auch entsprechend in den Verkaufszahlen niederschlug."*

Von der ersten Version mit konventioneller Zweiarm-Langschwinge konnten von 1982 bis 1984 weltweit nur 7315 Einheiten abgesetzt werden, Behördenversionen und Maschinen des ADAC oder des BRT (Bayerisches Rotes Kreuz) inklusive. Auch weil der Preis von 10 990 DM nur 460 DM niedriger war als bei der 1000er RT, griffen viele Leute nicht zu, sondern entschieden sich, gleich Nägel mit Köpfen zu machen und das hubraum- und leistungsstarke sowie prestigeträchtigere Modell zu ordern.

Teure Aufwertung: Nivomat-Federbeine

Anders als bei der R 100 RT waren bei der R 80 RT bestimmte Zubehörteile nur gegen Aufpreis zu haben: Zeituhr, Voltmeter, Stahlseilschloß, Steckdose, Scheibenbremse hinten, Kofferhalter. Die Nivomat-Federbeine, die besten Komfort boten und ein Absinken des Hecks bei voller Beladung verhinderten, kosteten 495 DM extra. Vom 1000er Reisemodell unterschied sich die schwächere RT durch eigenständige Lackierungen: Pazifikblau-metallic mit Silber-Linierung, Rot-Metallic mit Gold-Linierung. Wichtige Verbesserung: Für alle 800er und 1000er Boxer erhöhte BMW ab Produktionsdatum 1. April 1981 das zulässige Gesamtgewicht von 398 auf 440 kg. Voraussetzung: Reifen mit erhöhter Tragkraft und bei bestimmten Typen spezielle Bremsbeläge.

Unverzichtbarer Kunde: die Polizei

Für die Behörden-Kundschaft war die BMW R 80 RT schon eher attraktiv, weil sie bei Bestellungen von Kontingenten zu einem besonders niedrigen Preis abgegeben werden konnte. Sie wurde zahlreich in vielen Bundesländern, ebenso wie im Ausland, als Polizeimotorrad eingesetzt. Mit Funk ausgerüstet waren die Exemplare, die ab Juni 1982 dem ADAC für die „Stauberatung" auf Autobahnen von BMW zur Verfügung gestellt wurden. Sie entsprachen dem Behördentyp R 80 TIC (Touren-Integralcockpit). *„Die Stauberater sollen einen Stau vermeiden helfen, ihn im Ernstfall aber zumindest erträglich machen"*, erklärten Pressesprecher Dirk Henning Strassl und Uwe Mahla in einer Mitteilung vom 26. März 1982.

Foto: © Hans J. Schneider

Foto: © Hans J. Schneider

Oben rechts: Die von Stylingchef Hans A. Muth einst entworfene, mehrteilige Vollverkleidung war bei der 800er RT unverändert von der R 100 RT übernommen worden. Hinter der weit hochgezogenenen Scheibe (an der nur der schwarze Gummirahmen störte) und dank des hochgezogenen Lenkers saß der wind- und wettergeschützte Fahrer vollkommen aufrecht.

Unten: Bei der Instrumentierung war an nichts gespart worden. An heißen Tagen führten Rosetten kühle Luft hinter die Scheibe.

R 80 RT ab Ende 1984 mit Monolever-Hinterradschwinge

Zusammen mit der Monolever- R 80 wurde Ende 1984 die Neuauflage des Mittelklasse-Tourers BMW R 80 RT mit Einarmschwinge, 18-Zoll-LM-Rädern und modernisiertem Design präsentiert. Das Leergewicht war mit 227 kg geringer, eine bessere Motorabstimmung und eine neue Auspuffanlage machten die bis 1995 gebaute R 80 RT/2 drehfreudiger und spritziger. Trotz des hohen Preises von 12 690 DM war sie mit 22 069 Stück die meistverkaufte RT.

1980-1984: **4038 Einheiten**

R 100 CS 980 cm³

Die Letzte ihrer Art

Als letzte Vertreterin der 1973 mit der R 90 S gestarteten, dann 1976 mit der R 100 S weitergeführten S-Linie mit lenkerfester Cockpitverkleidung und integrierten Rundinstrumenten trat 1980 die R 100 CS „ClassicSport" auf den Plan. Zwei Lackierungenwaren besonders markant: nobles Schwarz-Metallic und kräftiges Rot-Metallic. Auf die Idee, die R 100 CS auch in Gold-Metallic anzubieten und damit auch optisch an die glorreiche R 90 S anzuknüpfen, waren die Marketing-Leute nicht gekommen. Dies hätte den Verkauf sicher angekurbelt.

Motor und Kupplung modernisiert

Hinsichtlich Rahmen, Fahrwerk und Grundausrüstung entsprach die CS vollkommen dem unverkleideten und parallel bis 1984 produzierten Modell R 100 (s. Folgeseiten). Auch der 980-cm³-Boxer mit seinen 40er Gleichdruckvergasern entsprach im Prinzip den anderen Einliter-Triebwerken, allerdings im Unterschied zur R 100 jetzt mit der gleichen Höchstleistung wie bei RS und RT: 70 PS bei 7000/min^{-1}. Das maximale Drehmoment von 76 Nm wurde bei 6000/min^{-1} erreicht. Plattenluftfilter und das vorn liegende Interferenzrohr zwischen den Abgaskrümmern gehörten zur Peripherie. Eine um 3,5 kg abgespeckte Kupplung reduzierte die Handkraft bei der Betätigung um 30 Prozent. Galnikalbeschichtete Zylinderwände, zusätzliche Bohrungen im Ölkreislauf, eine tiefere Ölwanne und eine wartungsfreie Transistoranlage für die Zündung gehörten ebenfalls zu den Verbesserungen, die man ab Modelljahr 1980/81 natürlich auch allen anderen Boxern hatte zugutekommen lassen.

Steckbrief R 100 CS (alle Daten s. Anhang)

Bauzeit	1980 bis 1984
Motortyp, Ventile	247, 2 ohv
Einheiten	4038
Hubraum	980 cm³
Leistung 1976	70 PS bei 7000/min^{-1}
Vergaser (Bing)	2 Gleichdruck V 94/40/111
Getriebe	5-Gang
Rahmen	Stahlrohr, verschweißt
Vorderradführung	Teleskopgabel
Hinterradführung	Schwinge, 2 Federbeine
Bremsen v/h mm	2 Scheib. 260/Trommel 200
Reifen vorn/hinten	3,25 H 19 / 4,00 H 18
Leergewicht	220 kg
Höchstgeschwindigkeit	200 km/h
Preis	11 260,- DM

Ergebnis von Feinarbeit und Leistungssteigerung waren Fahrleistungen, die bei einem luftgekühlten Zweizylinder-Stoßstangenmotor als exorbitant galten: Beschleunigung von 0 auf 100 km/h in 4,4 Sekunden, Höchstgeschwindigkeit über 200 km/h; damit war die R 100 CS das schnellste Motorrad im damaligen BMW-Programm. Zur Agilität trug auch bei, daß die CS mit einem Gewicht von 220 kg („fahrfertig") deutlich leichter als die vollverkleideten Modelle war. Und weil sie einen Lenker mit der normalen Breite von 630 mm besaß, ließ sie sich auch leichter kontrollieren als die RS (Lenkerbreite 580 mm, Kopflastigkeit wegen der Verkleidung).

Agiler Einliter-Boxer, verbesserte Bremsanlage

„Motorrad"-Tester Friedemann Kirn war im April 1981 begeistert vom Druck, den der überarbeitete Boxer machte: *„Beim Gasgeben überrascht das großvolumige Triebwerk durch – für BMW-Verhältnisse – quirlige Lebendigkeit. (...) Kraft hat der Boxer in allen Drehzahlbereichen, die fehlenden Schwungmassen lassen die frühere Zähigkeit beim Beschleunigen vergessen. Selbst bei schaltfauler Fahrweise und mittleren Drehzahlen sind Überholvorgänge ein Kinderspiel."* Die BMW ziehe bei beschaulichen Drehzahlen ruhig und leise voran.

„Weniger ist manchmal mehr, und Masse nicht immer Klasse" – in der Werbung betonte BMW vor allem das niedrige Gewicht der R 100 CS, die trocken nur 203 kg auf die Waage brachte. Auch betreibe man nicht ständig Modellwechsel, sondern eher Modellpflege – nun ja.

Die nun von Brembo gelieferte Bremsanlage mit zwei Scheiben aus Edelstahl und hochgesetzten Bremssätteln am Vorderrad lieferte – auch dank neuartiger Semimetall-Bremsbeläge von Textar (Mischung aus Kunstharz und Metall) – beruhigend gute Verzögerungswerte und war dank der Lochung immun gegen Fading. Hinten war ab Werk die bekannte 200-mm-Trommelbremse installiert, die jedoch bei der Produktion in Spandau gegen Aufpreis durch eine Scheibenbremsanlage ersetzt werden konnte. Ein Plus war, daß der Hauptbremszylinder (wie bei allen Modellen des 1980er Jahrgangs) nun endlich von der Position unter dem Tank ans rechte Lenkerende gewandert war.

Erst Speichen-, dann Leichtmetallräder

Die Vorserien-Fahrzeuge rollten noch auf Drahtspeichenrädern, doch für die Serie ersetzte BMW diese durch die inzwischen bewährten Leichtmetall-Druckgußräder. Nicht nur qualitative Probleme mit den Radnaben hatten den Rückgriff auf die klassisch-nostalgischen Räder auf den letzten Drükker verzögert: Die voluminösen Bremssättel hätten einen zu engen Winkel der Drahtspeichen erfordert; ein knapper Winkel war ohne Festigkeitseinbußen nur mit den LM-Rädern zu erreichen.

Die Telegabel war auf leichteres Ansprechen ausgelegt worden, neu entwickelte Reifen von Metzeler (ME 11 in 3,25 H 19 vorn, ME 77 in 4,00 x 18) hinten machten die CS hochgeschwindigkeitsfest. Das Fünfgang-Getriebe ließ sich endlich geräuschlos schalten.

Rechts: Die Vorserien- und ersten Vorführmodelle von 1980 waren noch mit klassischen Drahtspeichenrädern ausgerüstet. Die neuen Bremssättel von Brembo aber brauchten engere Speichenwinkel, was nur mit Druckgußrädern zu erreichen war.

Unten: R 100 CS von 1982 in einem gedeckten Rotton mit goldener Handlinierung.

Oben: In gewohnt sportlicher Manier ging Pressssprecher Kalli Hufstadt mit einer R 100 CS des ersten Kontingents von 1980 in ländlicher Umgebung in die Kurve.

Links: In Schwarz-Metallic zeigte die R 100 CS, hier 1982 bei einer Fotofahrt, ein gewisses Understatement. Die Motokoffer neuester Bauart machten den Classic-Sportler tourentauglich, wobei die R 100 CS unter den meisten Bedingungen ein angenehm und sicher zu fahrendes Motorrad war. Die schwarz beschichteten Zylinderkopfdeckel waren stets den Topmodellen vorbehalten.

Verarbeitung und Komfort waren genauso gut wie bei der R 100. Im Normalbetrieb bereitete auch die CS ungetrübte Freude am Fahren. Im Test stellte *„Motorrad"* aber fest, daß die sportliche BMW ab 170 km/h unruhig wurde; dies sei auf die Cockpitverkleidung zurückzuführen, deren Aerodynamik seit R 90 S-Zeiten nicht verbessert worden sei.

Angenehmes Fahrverhalten – außer bei Hochgeschwindigkeit

Daß die CS bei sehr hohen Geschwindigkeiten ins Pendeln geraten konnte, war oft auch auf Versäumnisse bei der Wartung zurückzuführen. Kegelrollenlager an Lenkung und Schwinge mußten nämlich (wie bei allen Boxern jener Zeit) regelmässig nachgestellt werden, wie der technisch hoch versierte Motorrad-Journalist und langjährige Chefredakteur des Magazins *„MO"*, Franz Josef Schermer, betonte. Er empfahl: *„Durch genaues Justieren aller Lagerstellen und peinlich genaue Einhaltung des empfohlenen Reifenluftdrucks kann man der Problemlösung sehr nahe kommen."* Positive Einschätzung: *„Bestechend ist der Fahrkomfort, die langhubige Federung vorn und hinten steckt auch grobe Unebenheiten weg."* Obwohl die R 100 CS als Sportmodell im BMW-Programm rangierte, war sie durchaus alltags- und tourentauglich, vor allem dann, wenn sie mit den im Design verbesserten „Motokoffern" ausgerüstet war.

Gelobt wurden allenthalben die Instrumentierung, die jetzt von Magura kommenden Hebel, die überwiegend praktischen Armaturen und Schalter, die Sitzposition, der gute Knieschluß am Tank und der günstig geformte Lenker. Friedemann Kirn kritisierte indes: *„Im Falle eines Falles muß gefährlich lange nach dem Hupknopf gesucht werden."*

Obwohl die CS nach Ansicht von Testern und Kennern das beste Motorrad im BMW-Programm war, *„erreichte sie nicht andeutungsweise die Beliebtheit einer RS"*, wie BMW heute zugibt. Die RS machte optisch halt mehr her, bot ein größeres Prestige und schützte auf der Autobahn sehr gut vor dem Fahrtwind (weniger vor seitlichen Böen). Von 1980 bis 1984 fand die R 100 CS (vielleicht auch wegen des relativ hohen Preises von 11 260 DM) nur 4038 Liebhaber – kein besonders einträgliches Geschäft für BMW. Aber heute ist dieser Sportboxer gerade wegen der geringen Stückzahl ein begehrtes und teures Liebhaberobjekt, perfekten Originalzustand vorausgesetzt.

1980-1984: 10 111 Einheiten

R 100 980 cm³

Unverkleidete und ausgereifte Schönheit

Zum Modelljahr 1980/81, das nach den Werksferien im August 1980 begann, unterzog BMW die gesamte Palette wieder einer Revision. Schon seit Januar 1980 besaßen alle Modelle der 800er und 1000er Klasse ein überarbeitetes Kurbelgehäuse mit geändertem Ölkreislauf. Auch die R 100, die ab August die R 100 T ablöste (wobei im Wesentlichen nur der Buchstabe „T" weggelassen worden war), hatte den verstärkten, nun mit elektronisch gesteuerter Zündung ausgerüsteten 980-cm³-Motor der Baureihe 247. Die klassisch-unverkleidete Maschine wartete mit zwei PS mehr auf, der Zweizylinder kam mit jetzt 67 PS bei 7000/min^{-1} dichter an die 70 PS starken Topmodelle RS und RT heran. Es war eine rein politische Entscheidung gewesen, die R 100 etwas unterhalb der Spitzenklasse zu positionieren. Wie die übrigen Boxermotoren des Jahrgangs 1980/81 besaß die R 100 neue Leichtmetallzylinder, die über eine hartverchromte, verschleißfestere Lauffläche verfügten. Neu war auch die Airbox mit Plattenluftfilter.

Rechts: Die R 100 hätte auch so aussehen können – Studie des Designers Jan Olof Fellström vom 2.11.1978 im Auftrag von BMW. Höckersitz mit „Bürzel", Rennauspuff und abgespecktes Motorgehäuse ließen den Entwurf betont sportlich erscheinen.

Unten: Unsere R 100-Testmaschine im November 1982. Die puristischen Linien und die unverhüllte Technik beeindrucken noch heute.

Foto: © Hans J. Schneider

Die Ate-Schwenksattelbremse am Vorderrad war auch hier einer moderneren und leistungsfähigeren Doppelscheibenbremse von Brembo gewichen. Hinten blieb es allerdings bei der althergebrachten 200-mm-Simplex-Trommelbremse. Die inzwischen bei BMW durchweg üblichen Leichtmetall-Gußräder rundeten das Technikpaket ab. Vom 1. April 1981 an erhöhte BMW bei den großen Typen das zulässige Gesamtgewicht von 398 auf 440 kg, indem Reifen mit erhöhter Tragkraft und spezielle Bremsbeläge montiert wurden (s.a. Anmerkungen zu Modifikationen in den vorangegangenen Modellbeschreibungen).

Wer unverfälschtes, sportliches Motorradfahren ohne schützende Verkleidungen schätzte, griff begeistert zu der R 100, die bei einem Preis von 9590 DM irgendwie noch erschwinglich war und dank des relativ geringen Leergewichts von 218 kg eine Spitze von 195 km/h schaffte – wenn der Fahrer dem Winddruck standhielt. Angemerkt werden soll an dieser Stelle, daß BMW bei den Angaben zu den technischen Daten unter „Leergewicht" den „fahrfertig" gewogenen Zustand des Motorrads verstand, also Triebwerk mit Öl und Tank mit ein bis zwei Litern Benzin befüllt, was ja reichte, um von der Endkontrolle zur Packstation zu rollen.

Puristischer Boxer klassischer Bauart

Der Autor testete im November 1982 eine R 100, die ihm die BMW-Presseabteilung zur Verfügung gestellt hatte. Zu Zeiten, als sich die anderen Hersteller mit Technik-Spielereien wie Turbolader, Unitrak, Antidive und Cantilever, Power-Valve und Elektronik nach Kräften gegenseitig Konkurrenz machten, stand ihm der Sinn nach einer Maschine ohne modischen Schnickschnack, ohne Verkleidung, Zentralcomputer, Leuchtdioden – damit logischerweise nach einer R 100, nach einem „Motorrad pur". Im für das Magazin *„MO"* absolvierten Test bezeichnete der Autor die R 100 als *„eines dieser Motorräder, von denen jeder weiß, daß es sie gibt, doch die man so gut wie nie auf freier Wildbahn sieht. Ober übersieht man sie einfach? Weil sie so schlicht sind, und so selbstverständlich wie ein VW-Käfer oder die S-Bahn? Hätte sie eine Verkleidung wie ihre extravaganten Schwestern, würde jeder mit dem Finger auf sie zeigen. Aber so? Niemand dreht sich nach einer R 100 um. (...) Im Sattel einer R 100 fährt man inkognito, man ist Verkehrsteilnehmer wie alle anderen auch."*

Wer eine BMW dieser Art besaß, wollte nicht auffallen, nicht protzen, nicht provozieren. Es ging schlicht ums Motorradfahren auf sportliche, elegante und Freude machende Art. Man fuhr nicht für die anderen, sondern nur zum eigenen Vergnügen. Die R 100 war, ohne daß man es damals ahnte, eine Vorreiterin der Neo-Retro-Welle, die in den frühen 1990ern mit Maschinen wie der Kawasaki Zephyr einsetzte, die sich an der Tradition legendärer deutscher, italienischer und englischer Motorräder orientierte, die unverhüllt ihre Technik zeigten. BMW bekannte sich auch mit den 1978 vorgestellten Kompaktmodellen R 45/65 zur Philosophie des Unverfälschten, erinnerte 1991 mit der R 100 R an die große Boxer-Tradition und reduzierte zum 90jährigen Boxerjubiläum 2013 mit der R-nineT-Serie die auch bei den Weiß-Blauen inzwischen wahrnehmbaren Leistungs-, Verkleidungs- und Elektronik-Exzesse wieder (zumindest optisch) auf

Oben: schlichte Schönheit mit 67 PS – die R 100 im Jahr 1980. Doppelscheibenbremse und Gepäckträger waren serienmäßig vorhanden.

Foto: © Hans J. Schneider

Unten: 1981 schockierte Yamaha die Bayern mit dem 69 PS starken V2-Tourer TR 1. Im Bild das Update von 1982.

das Ursprüngliche und wirklich Sympathische. Die getestete 1982er R 100 erfreute auch dadurch, daß es BMW gelungen war, altbekannte, vor allem bis Mitte der 1970er Jahre typische Unarten mit der Zeit erfolgreich auszumerzen – schwergängige Kupplungen, hakelige Schaltungen, unpraktische Choke-Bedienung, sich verhärtende Sitzbänke, mäßig gute Bremsen, zu weich gefederte Telegabeln. *„Nichts mehr davon bei einer Tausender vom Jahrgang 1982: Die Kupplung läßt sich mit dem kleinen Finger bedienen, das Getriebe schaltet sich butterweich, der Choke sitzt jetzt griffgünstig am Lenker, Sitzposition und Komfort sind ausgezeichnet, die Dreifach-Bremse ist exzellent, das Fahrwerk wankt und wackelt nicht – weder in langgezogenen Autobahnkurven, noch auf holprigen Eifelsträßchen."*

Der R 100 fehlte indes der früher serienmäßige, bis in die 1970er gegen Aufpreis lieferbare Kickstarter. Man war vom Anlasser abhängig und vom Ladezustand der 28-Ah-Batterie. Auf der anderen Seite war die R 100 wartungs- und reparaturfreundlich wie jede BMW seit 1923, und der Ersatzteil-Nachschub funktionierte wie immer perfekt. Auch begnügte sich der 67-PS-Boxer mit Normalbenzin, was Anfang der 1980er, als die Spritpreise wieder stark anstiegen, sehr von Vorteil war.

Steckbrief R 100 (alle Daten s. Anhang)

Bauzeit	1980 bis 1984
Motortyp, Ventile	247, 2 ohv
Einheiten	10 111
Hubraum	980 cm^3
Leistung 1976	67 PS bei 7000/min^{-1}
Vergaser (Bing)	2 Gleichdruck V 94/40/111
Getriebe	5-Gang
Rahmen	Stahlrohr, verschweißt
Vorderradführung	Teleskopgabel
Hinterradführung	Schwinge, 2 Federbeine
Bremsen v/h mm	2 Scheib. 260/Trommel 200
Reifen vorn/hinten	3,25 H 19 / 4,00 H 18
Leergewicht	218 kg
Höchstgeschwindigkeit	195 km/h
Preis	9590,- DM

Foto: © Hans J. Schneider

Oben: R 100 von 1983, ausgerüstet mit Windschild, Gepäckkoffern Zusatzscheinwerfern und Zylinderschutzbügeln. Mit diesem Zubehör wurde der Einliter-Boxer zum Tourer, der handlicher war als die verkleideten Typen.

Links: Das Foto vom November 1982 veranschaulicht gut den monumentalen Charakter des Boxermotors, der 2023 auf 103 Jahre Tradition zurückblicken konnte. 1920 lernte der erste Boxer vom Typ M 2 B 15 mit 494 cm³ und 6,5 PS das Laufen. Auf dem Bild sehen wir die zentralen Elemente der R 100 mit 980 cm³ und 67 PS.

Eine gewichtige Gegnerin schickte Yamaha 1981 mit der TR 1 ins Rennen. Wie die deutlich teurere BMW schöpfte die japanische Maschine ihre Kraft aus zwei luftgekühlten Zylindern, die allerdings in V-Bauweise hintereinander angeordnet waren und bei 981 cm^3 Hubraum 69 PS entwickelten – nur wenig mehr als die BMW. Bei einem Vergleich stellte *„Motorrad"* (Heft 23/1981) fest, daß die Fahrleistungen der beiden Motorräder in allen Bereichen nahezu gleich waren; nur solo liegend mußte sich die TR 1 mit 185 der 190 km/h schnellen R 100 leicht geschlagen geben. Dafür war die Yamaha beim durchschnittlichen Benzinverbrauch mit 8,0 gegenüber 7,8 l/100 km etwas durstiger.

Technisch hätten Motoren, Chassis und Radführung nicht unterschiedlicher sein können: Während der Boxer seine Ventile wie eh und je über eine zentrale Nockenwelle und lange Stößelstangen in Bewegung setzte, besaß die Yamaha je Zylinder eine obenliegende, zahnkettengetriebene Nockenwelle. Hier wurde die Kraft über die Kardanwelle, dort über eine schachtgeschützte Kette übertragen. Dem Doppelschleifen-Rohrrahmen der BMW mit seiner Zweiarmschwinge standen ein Monocoque-Chassis aus Preßblechteilen und eine Cantilever-Schwinge gegenüber. *„Die TR 1 ist in vielen Punkten das perfektere Motorrad. (...) Doch leider hapert es noch am Fahrwerk, und das ist keine Kleinigkeit."* In diesem Punkt hatte die solide gebaute und vollgetankt mit 226 kg trotz des Kardans 22 kg leichtere BMW eindeutig die Nase vorn. Zwar war die R 100 1982 mit 10 450 DM (860 DM mehr als 1980) nicht billig, doch über 10 000 Käufer irrten sich nicht, als sie sich für diese wertbeständige Maschine entschieden.

Rolf Witthöft gehörte 1979 und 1980 zum BMW-Werksteam für die Six Days. 1980 gewann er im Team die Silbervase und wurde Europameister. Hier sehen wir ihn 1979 auf der Werks-GS 80 bei einer Sonderprüfung.

Kapitel 15
1963-1980: Prototypen R 75/5 bis GS 80

Der Boxer im Geländestress

Nach dem Krieg engagierte sich BMW immer wieder im Geländesport. Von 1963 bis 1966 waren Prototypen mit dem Motor der R 69 S, aber schon mit dem Fahrwerk der künftigen /5-Reihe erfolgreich. 1970 schickte das Werk Maschinen auf Basis der neuen R 75/5 auf die nationalen und internationalen Geländepisten, aufgebaut von Herbert Schek. 1973 nahm BMW sogar an den Six Days in den USA teil. Als dann für 1978 eine Klasse über 750 cm³ ins Sportprogramm aufgenommen war, schlug die Stunde für die Entwicklung der spektakulären Prototypen GS 800 und GS 80 mit 800-cm³-Boxer, aufgebaut von Schek und Laszlo Peres im Versuch. Damit gewann BMW 1979 und 1980 die Deutsche und 1980 die Europa-Meisterschaft. Die GS-Boxer ebneten den Weg für die Serien-R 80 G/S.

Der rund 70 PS starke Motor gehört zum 800 GS-Prototyp, den Herbert Schek 1978 auf die Räder stellte. Wie in den frühen 1970ern enthielt der Schek-Boxer Teile wie Magnesiumpleuel und hohle Antriebswellen aus Titan.

1963-1980

Auf Herz und Nieren

Geländesport mit Vorläufern der /5-Serie

Bis Anfang der 1960er Jahre waren BMW-Fahrer auf modifizierten Maschinen der Baureihen mit dem schwergewichtigen Vollschwingen-Fahrwerk im Geländesport international erfolgreich unterwegs. Siege bei den Six Days und zahlreichen nationalen Offroad-Wettbewerben festigten den Ruf des Boxers als nahezu unschlagbares Sportgerät, was er ja vor dem Krieg bis hin zum Sieg von Schorsch Meier bei der Tourist Trophy 1939 und den zahlreichen Gespann-Meisterschaften ab 1947 hinlänglich bewiesen hatte (ausführliche Details in den Bänden 1 und 2 unserer Boxer-Saga).

1963: Boxer mit Telegabel im Geländesport

Schon früh erkannte BMW, daß der Boxer weiterhin auch künftig nur vorne mitmischen könnte, wenn es Fortschritte beim Fahrwerk geben und es gelingen würde, die Maschine leichter und handlicher zu machen. Bereits 1955 wurde versuchsweise ein Geländemotorrad getestet, das den präparierten Motor der R 50 besaß, bei dem aber das Vorderrad von einer langhubigen und filigranen Teleskop-Federgabel geführt wurde (s. a. Boxer-Geschichte Band 2, S. 139). Die Entwicklung blieb danach nicht stehen: Am 7. April 1963 wartete Sebastian Nachtmann, Deutscher Geländesport-Meister 1960 und 1961 in den Klassen über 350 cm³, bei der Geländefahrt in Biberach erstmals offiziell mit einer auf der R 69 S basierenden Offroad-Maschine auf, die vorn von der Telegabel der einzylindrigen R 25/3 geführt wurde. Leichtere Schutzbleche und ein kleiner Spezialtank gehörten zum Erscheinungsbild der Wettbewerbsmaschine.

Fahrwerk der /5-Reihe im Geländestress

Doch das war erst der Anfang der bevorstehenden Zeitenwende bei BMW: Im Herbst 1963 trat Nachtmanns Boxer zwar weiter mit dem Motor der R 69 S, aber mit einem komplett neu entwickelten Fahrwerk an – es war der erste Ausblick auf die künftige, ab 1969 von Grund auf neu konstruierte Boxer-Generation der /5-Serie. Heute wissen wir, daß die Vorbereitung der Geländesport-Boxer und die Entwicklung der /5-Reihe parallel lief – und dies streng geheim.

Das Geländesport-Kapitel auf diesen Seiten beschäftigt sich größtenteils mit Offroad-Maschinen, die mit Zweiarmschwinge ausgerüstet sind; auf die Boxermodelle mit diesem Fahrwerkselement ist der Inhalt ja insgesamt begrenzt. Die Monolever-Modelle ab der erfolgreichen R 80 G/S 1980 könnten in einem weiteren Band behandelt werden.

Rechts: Sebastian Nachtmann 1966 auf der neuen Gelände-BMW mit R 69 S-Motor während der DMV 2-Tagesfahrt in Eschwege. Das Fahrgestell wies bereits viele Ähnlichkeiten mit dem Rahmen der späteren /5-Baureihe auf. Nachtmann war vier Mal Deutscher Geländesportmeister: 1960 und 1961, dann 1963 und 1964 auf dem /5-Vorläufertyp.

Unten: Schon 1963 tauchte die neue Geländesport-BMW bei Werkseinsätzen auf. Der R 69 S-Motor saß im Vorläuferrahmen der R 75/5. Auch Telegabel und Hinterradführung waren neu.

Die für die Piste aufgebaute /5-Vorläuferin von 1963 basierte auf einem kompakten, völlig neu konstruierten Doppelrohrrahmen mit leichtem, angeschraubtem Heckausleger für die Befestigung der Federbeine. Das grobstollig bereifte Vorderrad wurde von einer neu entwickelten Telegabel mit langen Federwegen und vorgesetzten Achsklemmfäusten geführt. Weitere Merkmale waren ein betont kurzer Radstand und natürlich eine geländesportlich hohe Bodenfreiheit. Wie an anderer Stelle bereits angemerkt, wurde das Konzept des kurzen Radstands weitgehend unverändert mit der /5-Reihe fortgeführt, was sich aber dann im Straßenbetrieb als nachteilig erwies. Um einen besseren Geradeauslauf zu erreichen, verlängerte BMW 1972/73 den Radstand der R 75/5 und der Schwestermodelle um 50 mm.

Der Geländeboxer von Nachtmann glich – bis auf den unverändert gebliebenen, feinbearbeiteten R 69 S-Motor mit seinen 44 PS – den modernen Geländemaschinen, wie sie in den großen Hubraumklassen damals beispielsweise die englischen Triumph-Werke bei internationalen Wettbewerben wie den Six Days an den Start brachten. Auch war es gelungen, das Gewicht der fahrfertigen Maschine gegenüber dem Vollschwingen-Modell um 21,5 kg zu reduzieren; der Werks-Prototyp wog trocken nun nur noch 193,5 kg. Damit war auch die Richtung für die künftige Serie vorgegeben – relativer Leichtbau von vorne bis hinten.

Nachtmann Geländemeister 1964, 1965

Sebastian Nachtmann erfüllte die mit dem /5-Vorläufer verbundenen Erwartungen: Er siegte 1964 und 1965 in der Deutschen Geländemeisterschaft (Klasse über 500 cm³ Hubraum). Für die Saison 1966 verstärkten Herbert Schek und Kurt Tweesmann das BMW-Werksteam, wobei Tweesmann die Meisterschaft auf Anhieb gewann.

Der Motorradszene war nicht entgangen, daß die Gelände-BMW die Vorreiterrolle einer künftigen, sehnlichst erwarteten Generation neuer Straßenmodelle spielte. Logischerweise wurde bereits Mitte der 1960er Jahre auch der Einsatz eines neu konzipierten Motors erhofft. Doch die Hoffnung blieb zunächst unerfüllt, denn BMW beendete die Gelände-Aktivitäten mit Ablauf der Saison 1966 – aber nicht, ohne hinter den verschlossenen Türen der Entwicklungsabteilung mit Hochdruck am komplett neu zu konstruierenden Ohv-Boxer des Typs 246 zu arbeiten.

1969, also drei Jahre später, stellte BMW dann die neue Palette der Serienmodelle vor. Die Boxer-Triebwerke folgten zwar der alten Philosophie mit zentraler Nockenwelle und langen Stößelstangen, doch im Detail waren die weiterhin luftgekühlten Zweizylinder-Triebwerke der Typen R 50/5, R 60/5 und R 75/5 vollständige Neukonstruktionen mit Gleitlagern für Kurbelwelle und Pleuel, durchgehenden Zugankerschrauben für die Befestigung der Leichtmetallzylinder und Zylinderköpfe sowie unter die Kurbelwelle verlegter Nockenwelle. Jeder konnte erkennen, daß der aus konisch gezogenen Stahlrohren gefertigte Doppelschleifen-Hauptrahmen und die Telegabel eindeutig von der Werks-Geländemaschine abstammten. Die Heckpartie, gegen die sich die Federbeine abstützten, war indes noch geändert worden.

Oben: Für die Saison 1966 verstärkten Herbert Schek und Kurt Tweesmann das BMW-Werksteam, wobei Tweesmann (Porträt) die Meisterschaft auf Anhieb gewann. Foto: Sechstagefahrt 1966 in Schweden mit dem Geländesport-Prototyp mit R 69 S-Boxermotor.

Rechts: Herbert Schek 1966 auf der 600er Werks-GS bei dem gleichen Wettbewerb.

Links: Herbert Schek bei der technischen Abnahme während der Six Days 1966 im schwedischen Villingsberg. Das Motorrad ist eine 600er Werks-GS mit dem Fahrwerk der künftigen /5-Reihe. Schek war Kfz-Meister, zehnfacher deutscher Meister auf Puch, Maico, Jawa, Hercules-Wankel und BMW, fuhr (bis 1979) 22mal bei den Six Days mit. BMW stellte Ende 1966 den Werkssport aufgrund der Absatzkrise ein, dies aber nicht für alle Zeit…

Marken Puch, Maico, Jawa und BMW, außerdem auf einer von ihm selbst aufgebauten Spezia-BMW sowie auf einer Hercules Wankel.

Ein entscheidender Moment für Schek war, daß BMW ihm 1969 einen Prototyp der BMW R 75/5 zur Verfügung stellte, mit dem er auf Anhieb bei den Six Days in Garmisch-Partenkirchen eine Goldmedaille gewann, was BMW mit einem weiteren Werksvertrag für 1970 belohnte. Das Problem war nur, daß die neue Serien-BMW in ihrem Originalzustand zu schwer fürs Gelände war. Das war auch den Verantwortlichen in der weiß-blauen Motorradsparte klar. Da im Werk aber keine entsprechenden Entwicklungskapazitäten frei waren, vertrauten sie Schek den Aufbau eines wettbewerbsfähigen Boxers auf Basis der R 75/5 an.

Präparierte Geländesport-Boxer auf Basis R 75/5

Im Frühjahr 1970 lief dann erneut ein Werkseinsatz bei der Deutschen Geländemeisterschaft, und zwar mit vier Maschinen für Herbert Schek, Kurt Tweesmann, Sebastian Nachtmann und Kurt Distler (er hatte im Vorjahr den 1963er Prototyp privat eingesetzt). Die Motorräder sahen zwar auf den ersten Blick wie die früheren Werksmotorräder aus, basierten jedoch nun auf der serienmäßigen R 75/5.

Der 750-cm^3-Motor war nur geringfügig modifiziert worden (Kurbelgehäuseentlüftung, Stirndeckel aus Elektronguß) und hatte sowohl die Bing-Gleichdruckvergaser als auch den elektrischen Anlasser behalten. Die serienmäßige Leistungsausbeute von 50 PS dürfte in Anbetracht der umfangreichen Maßnahmen zur Gewichtseinsparung in etwa genügt haben. Mit leerem Kunststofftank (Aluminiumblech beim Prototyp) brachte die neue Werks-Geländemaschine lediglich 175 kg auf die Waage. Zusätzlich zu den vier in der BMW-Versuchsabteilung aufgebauten Motorrädern sollte BMW-Vertragshändler und Werksfahrer

Oben: Herbert Schek beim Reifenwechsel während der Six Days 1966 in Schweden. Der 600er R 69 S-Boxer ist mit einer Zwei-in-eins-Auspuffanlage kombiniert. Rechts: Kurt Tweesmann auf R 75/5 Geländesport bei den Six Days 1970 in Spanien.

Herbert Schek: Geländemeister in Serie und Motorradkonstrukteur

Entscheidend geprägt wurden Technik und Einsätze der Boxer von BMW im Geländesport von Herbert Schek, 1932 in Wangen/Allgäu geboren und seit 1952 erfolgreich in den verschiedenen Offroad-Disziplinen aktiv. Er wurde insgesamt 14mal Deutscher Meister, und zwar auf Motorrädern der

Sebastian Nachtmann die Montage weiterer Exemplare für Privatfahrer übernehmen. Dieses Vorhaben wurde jedoch nicht realisiert.

Universalgenie Herbert Schek holte mit der 750er BMW 1970 und 1971 den Titel des Deutschen Geländemeisters in der Klasse über 500 cm³. Bei den Six Days 1971 auf der Isle of Man sicherte sich Schek den Klassensieg in der 750er Klasse. Seinen Erfolg bei der DM konnte er auch 1972 wiederholen, allerdings nicht mehr auf der Werksmaschine. BMW hatte (wieder einmal) das Interesse verloren. Folge: Schek präparierte eine eigene Maschine, mit Maico-Telegabel und verringertem Gewicht.

Extrem leicht: Scheks R 75/5 von 1972

Die erfolgreiche Schek-BMW wurde von *„Motorrad"* in Heft 25 vom 16. Dezember 1972 genau unter die Lupe genommen. Im Detail war die R 75/5, die als Basis gedient hatte, kaum wiederzuerkennen. Vorn agierte wieder eine langhubige Maico-Telegabel mit einer kleinen Trommelbremse im Speichenrad, der Scheinwerfer stammte von einem Kleinmotorrad, der Heckausleger bestand aus Leichtmetallrohren, Schwinge und Federbeine waren erleichtert und modifiziert worden. Der etwa 60 PS starke Motor wurde von 36er, weiter vorn plazierten Bing-Schiebervergasern versorgt, die Sitzbank war einem dick gepolsterten Einzelsitz gewichen. Insgesamt hatte Schek es mit radikalen Maßnahmen geschafft, die Orignal-750er um 70 kg abzuspecken. Neu gespeichte Räder und eine geänderte Hinterradnabe gehörten dazu.

Portrait Herbert Schek 1979.

Oben: Die drei Werks-BMW R 75/5 Geländesport von Distler (345), Tweesmann (338) und Schek (341) am 5. Oktober 1970 bei den Six Days rund um El Escorial, eine Gemeinde rund 50 km nordwestlich von Madrid.

Rechts: Kurt Tweesmann auf R 75/5 Geländesport bei einer Prüfung auf Asphalt während der Int. Sechstagefahrt in Spanien 1970.

Alle Motor- und Getriebeelemente inklusive der Schwungscheibe, der Kurbelwelle und der Pleuel waren erleichtert worden, teils durch Abschleifen, teils durch Anbohren. Sogar die Kardanwelle hatte Schek abgedreht, alle Distanzhülsen bestanden aus Aluminium, ebenso der breite Lenker; der schwere Anlasser fehlte. Kickstarter und Schalthebel waren abgefeilt, die Nockenwelle wurde von einer Simplex- statt einer Duplexkette angetrieben. Viele Teile bestanden aus Alu, Titan oder Elektron. Die nach rechts oben verlegte Zwei-in-eins-Auspuffanlage und eine flachere Ölwanne erhöhten die Bodenfreiheit, und mit dem Kürzen der Zylinder und dem Abflexen der Kühlrippen an den Unterseiten der Zylinderköpfe hatte Schek dem Ganzen die Krone aufgesetzt.

Das Magazin fuhr die auf 130 kg abgespeckte Maschine ausgiebig auf Schotterwegen, und Probefahrer Hubert Hohenlohe stellte fest: *„Der Dampf in dieser Maschine ist so enorm, daß man sie nur in kurzen Gasstößen vorwärts treibt. (...) Schek ist jetzt eindeutig der Spezialist für BMW-Geländemaschinen geworden."* Gewöhnungsbedürftig sei indes, daß die Maschine in schnellen Kurven leicht untersteuere: Sie schob etwas über das Vorderrad. Und die geänderte Kurbelwelle schickte deutliche Vibrationen an den Lenker und in die verkleinerten Fußrasten. Schek verkaufte seine Kreation in kleinen Stückzahlen an Geländefahrer, die sich zutrauten, dieses Wildpferd unter Kontrolle zu halten.

Six Days 1973 in den USA: alle Boxer im Ziel

Zwar stoppte BMW die offizielle Teilnahme an Wettbewerben Ende 1972 wieder einmal, doch weil der US-Markt immer wichtiger wurde, und die Six Days 1973 erstmals in den USA (Dalton, Massachusetts) stattfinden sollten, wurde Schek beauftragt, für das Werk vier 750er Maschinen zu bauen. Sie wurden von Kurt Tweesmann, Herbert Schek und Kurt Distler pilotiert. Die Vorbereitungen übernahm mit der erst 1972 gegründeten BMW Motorsport GmbH eine zuvor nur im Automobilsport aktiv gewesene Abteilung. Erneut auf der R 75/5 basierend, fehlte der schwere Anlasser, nur der Kickstarter war vorhanden. Die Gleichdruck-Serienvergaser waren durch Kolbenschieber-Vergaser ersetzt worden.

Alle drei Fahrer brachten die 750er ins Ziel, was BMW für entsprechende Publicity nutzte. Herbert Schek gewann eine Goldmedaille auf dem Gelände-Boxer, der Rest des Teams zwei Silbermedaillen. Jedoch prägte viel Ärger mit schlechtem Startverhalten, gerissenen Tanks und sogar Rahmenbrüchen das Bild des Werkseinsatzes in den USA. Letztlich reichte es 1973 nicht zum vierten Titel, Schek mußte sich denkbar knapp einem Konkurrenten mit einer Zweitakt-Maico 501 geschlagen geben.

Beide Fotos zeigen die Geländesport-Versuchsmaschine mit dem stark modifizierten, 745 cm³ großem Boxer der R 75/5 für die Sechstagefahrt 1973 in den USA. Die Wiederaufnahme der Werksaktivitäten nach kurzer Abwesenheit war unverzichtbar gewesen, weil der US-Markt immer wichtiger geworden war. Kurt Tweesmann, Herbert Schek und Kurt Distler brachten die drei 750er zwar ins Ziel, mußten sich am Ende aber wegen vieler Defekte mit einigen Medaillen zufriedengeben.

Klasse über 750 cm³ ab 1978 auf Betreiben von BMW und Schek

Das tiefe Brummen der Viertaktboxer fehlte in den darauffolgenden Jahren bis 1977 fast vollständig in der deutschen Geländesportszene. Nur hin und wieder tauchte eine Schek-BMW in den Händen eines Privatfahrers auf. Die Vereinnahmung der großen Klasse durch die Maico-Zweitakt-Einzylinder mit 501 cm³ behagte jedoch weder dem Publikum noch den Veranstaltern. Abhilfe sollte die Einrichtung einer zusätzlichen Klasse für Motorräder über 750 cm³ Hubraum bringen, wie sie dann schließlich auch für 1978 ins Programm der Deutschen Meisterschaft aufgenommen wurde, nicht zuletzt auf Betreiben von Herbert Schek und Hans Günther von der Marwitz, Chef der Motorrad-Fahrwerksentwicklung bei BMW und gleichzeitig Mitglied der Obersten Motorsportkommission (OMK). Das Ziel war klar: offizieller Wiedereinstieg von BMW in den Geländesport – auch im Hinblick auf die intern massiv vorangetriebene Entwicklung der Serien-Enduro R 80 G/S.

Da die Zeit für den Bau einer Kleinserie von offiziellen Werksmaschinen drängte und Kapazitäten für spezielle Kleinserienentwicklungen in München und Berlin fehlten, kooperierten die Bayern bereits ab 1977 mit der italienischen Firma Laverda. Im Auftrag von BMW fertigten die Italiener für das künftige Werksteam zwei Geländesport-Prototypen an. Besondere Merkmale: superleichter Spezial-Rahmen, langhubige Marzocchi-Telegabel, verlängerte Stahlrohrschwinge mit Zentralfederung, 800-cm^3-Boxermotor und Fünfganggetriebe. Das zukunftsweisende Fahrgestell der Laverda-Prototypen war die Basis für die Konstruktion der BMW-eigenen Geländesport-800er unter Laszlo Peres in der Versuchsabteilung.

Zeitgleich machte sich Herbert Schek an die Arbeit und baute mit dem Segen von BMW zehn Maschinen auf Boxer-Basis auf – mit Maico-Teleskopgabel und wieder – wie in den frühen 1970ern – selbst fabrizierten Teilen wie Magnesiumpleuel, Kolben und hohle Antriebswellen aus Titan. Die 800er Schek-BMW, genannt 800 GS, soll 70 PS stark gewesen sein und nur 128 kg gewogen haben. Um die Homologation hatte er sich allerdings selbst kümmern müssen. Am Ende wurden es 17 Geländeboxer, die Schek auf die Räder stellte. 1978 kämpften in der „grossen Bullenklasse" ausschließlich Privatfahrer um die Pokale, belegten am Ende die Plätze zwei, vier, fünf, sechs und sieben. Schek fuhr mit einem seiner Eigenbauten um die Europameisterschaft.

Laszlo Peres aus der BMW-Versuchsabteilung und sein Geländeboxer GS 800

Parallel zu Schek baute Laszlo Peres, Mitarbeiter der Versuchsabteilung und aktiver Geländefahrer, in seiner Abteilung im Hinblick auf die Reglements-Erweiterung und in Anlehnung an die Laverda-Prototypen die vom Werk gewünschte Geländemaschine mit 800-cm^3-Boxermotor auf, genannt GS 800. Zum Auftakt der Meisterschaftsläufe 1978 war das Motorrad fertig. Im leichten Rohrrahmen aus Chrom-Molybdänstahl mit Zentralfederbein-Schwinge (aber noch mit linkem Holm), saß ein aus BMW-Teilen montierter 800-cm^3-Motor. Er wies den verkürzten Hub (61,5 gegenüber 70,6 mm) des 248er Motors der R 45/65-Baureihe auf, die Zylinderbohrung betrug 90,8 mm. So sparte der Boxer deutlich Baubreite ein, zweckmäßig für holpriges Gelände mit seitlich in die Piste hineinragenden Ästen oder Felskanten.

Die vom BMW-Versuch entwickelte Geländemaschine GS 800 hatte vorn mit 250, hinten mit 200 mm Rekord-Federwege sowie ein Trockengewicht von 142 kg. In der Endwertung der DM mußte sich Laszlo Peres aber Rolf Witthöft auf dessen Kawasaki 800-Eigenbau geschlagen geben. Dieses Motorrad leitete eine neue Entwicklung bei BMW ein, an deren Ende im September 1980 die Präsentation der ersten weißblauen Großserien-Enduro stand – der R 80 G/S.

Ober: der legendäre 800 GS Prototyp mit Maico-Telegabel, den Herbert Schek im Auftrag von BMW 1978 für den Geländesport in der Klasse über 750 cm³ aufbaute. Der auf dem R 75/5-Boxer basierende Motor leistete etwa 70 PS, die Maschine wog trocken nur 128 kg.

Rechts: Schek mit seinem 800 GS Prototyp im Jahr 1978. Für BMW baute er zehn Exemplare, insgesamt kam er auf 17 Einheiten. Um die Homologation mußte er sich selbst kümmern.

1979 in Rekordzeit Entwicklung der 800er Gelände-BMW

Die Schek-Boxer und die GS 800 von Peres waren in der Saison 1978 sehr erfolgreich. Dadurch motiviert verkündete Dr. Eberhardt Sarfert, der der neue Chef der BMW Motorrad GmbH, Anfang 1979 den offiziellen Wiedereinstieg in den Geländesport und damit generell in den Motorrad-Rennsport. *„Es ist soweit! Nach jahrelanger Abstinenz wird sich BMW wieder werksseitig im Motorradsport engagieren. Gut 800 000 Mark ist den Münchnern ihr Einsatz wert",* jubelte Robert Poensgen in *„Motorrad"* (Heft 6 vom 21. März 1979). Bis zu acht Maschinen sollten bei der Deutschen und Europa-Geländemeisterschaft sowie der Mannschafts-Gelände-Weltmeisterschaft, den Six Days, eingesetzt werden.

Parallel zu Schek baute Laszlo Peres im BMW-Versuch die GS 80 mit 800-cm^3-Boxermotor auf. Oben: Peres mit der GS 80 bei einer Geländeveranstaltung 1978. Rechts: Konstrukteur und Geländefahrer Peres mit seiner Schöpfung 1979.

Der Zeitdruck vor dem Start der Gelände-Europameisterschaft im hessischen Eschwege am 21. April war enorm. Die bekannten Spezialisten mußten es richten. Daher beauftragte BMW Herbert Schek in Wangen und Kurt Tweesmann in Detmold mit dem Bau von acht Geländemaschinen mit 800er Motoren nach dem Muster des Peres-Boxers. Edel-Tuner Willi Michel aus Mommenheim bei Mainz wurde für die Feinabstimmung herangezogen, Pressesprecher Kali Hufstadt verkündete: *„Wir werden Schek und Tweesmann jedmögliche Unterstützung geben. Die Motorräder werden nach dem Vorbild des Vorjahres-Prototyps von Lazlo Peres weiterentwickelt. Den Tunern liefern wir ab Werk die nötigen Teile für Motor und Fahrwerk."*

Gewinn der DM: 1979 und 1980 mit der GS 80

Das Werksmotorrad, nun GS 80 genannt, war weiter verbessert worden; es war ein Konglomerat aus Serienteilen: Das Gehäuse stammte von der R 80/7, die Kurbelwelle von der R 45, die Nockenwelle aus der alten R 75/7, Kolben und Zylinder von der R 90/6. Resultat: zwölf Kilogramm weniger Gewicht.

Bei einem Hubraum von 798 cm³ erreichte der GS-Boxer eine Spitzenleistung von 55 PS. Das maximale Drehmoment betrug 60 Nm, zwei Gleichdruckvergaser mit 32-mm-Durchlaß kümmerten sich diesmal wieder um die Gemischaufbereitung. Die Zwei-in-eins-Auspuffanlage war hinter dem Motor hochgezogen worden. Zukunftsweisend in Richtung der R 80 G/S war das Zentralfederbein an der Hinterhand. Bereifung: 3,00 x 21 vorn, 4,50 x 18 oder 5,00 x 17 hinten. Der schmale Tank faßte zehn Liter. Zwei Trommelbremsen verzögerten die trocken nur 138 kg schwere Maschine. Für die Fahrwerksauslegung war letztlich Entwicklungschef Richard Heydenreich (Nachfolger des Initiators der großen Geländeklasse H.-G. von der Marwitz) verantwortlich; er favorisierte das Zentralfederbein an der Hinterhand. Mit verschiedenen Federbein-Anlenkungen hinten und unterschiedlichen Auspuffanlagen veränderte sich das Erscheinungsbild der Maschinen merklich auch während der laufenden Saison. Die Six-Days-Fahrzeuge boten vorn 270 und hinten 230 mm Federweg.

„Meister aller Bullen": Richard Schalber

Nicht weniger als sechs Werksfahrer präsentierte BMW für die Saison 1979. Sie sollten die Deutsche Geländemeisterschaft, die Europameisterschaft und die Internationale Sechstagefahrt bestreiten: Laszlo Peres, Herbert Schek, Rolf Witthöft, Richard Schalber, Fritz Witzel und Kurt Fischer. Als Teamchef fungierte der BMW-Ingenieur Dietmar Beinhauer. Wie nicht anders zu erwarten, waren die Boxer aus München bei allen Auftritten die Publikumsattraktion Nummer eins. In eindrucksvoller Manier jagten die Fahrer die großen und gegenüber der Konkurrenz deutlich schwergewichtigeren BMW-Motorräder über die Strecken. Insbesondere auf den Cross-Sonderprüfungen flößten die hohen Sprünge mit den grollenden Viertaktern den Zuschauern enormen Respekt ein. Richard Schalber siegte in der DM (*„Meister aller Bullen"*) und wurde Dritter in der Europameisterschaft.

Bei der in Neunkirchen und im Siegerland stattfindenden Sechstagefahrt im September 1979 wollte BMW der Marke Zündapp den Lorbeer bei den Fabrikmannschaften streitig machen, und zwar mit zwei Werksteams, die je drei Fahrer umfaßten. Der Gesamtsieg gelang wegen eines simplen technischen Defekts jedoch nicht, aber zum Ausgleich dominierte BMW in der Einzelwertung der grossen Klasse: Fritz Witzel holte den Klassensieg in der Kategorie über 750 cm³.

Oben: Peres 1977 auf dem Prototyp „GS 800", den er in Kooperation mit Laverda entwickelt und aufgebaut hatte. Später hieß der Boxer „GS 80".

Unten links: GS 80-Prototyp in einem frühen Stadium 1977. Rechts: GS 800 von Peres 1979.

Links: Die von Laszlo Peres aufgebaute GS 800 im Jahr 1978 mit einem leichten Rohrrahmen aus Chrom-Molybdänstahl und mit Zentralfederbein, aber Zweirohrschwinge. Unten die weiter verbesserte, nun „GS 80" geheißene Maschine 1980.

Rolf Witthöft Europameister und Gewinner der Silbervase bei den Six Days 1980

Auch 1980 schickte BMW wieder zwei Werksteams an den Start. Besonders gut vorbereitet fuhr man zu den Six Days vom 22. bis 27. September 1980 im französischen Brioude und im Zentralmassiv. Im BMW-Team eins starteten der frischgebackene Europameister Rolf Witthöft, der neue Deutsche Meister Werner Schütz sowie Vizemeister Fritz Witzel. Auch die Namen des BMW-Teams zwei waren in der Geländesportszene bestens bekannt: Kurt Fischer, Theo Schreck und Herbert Wegele. National wie international brauchte BMW keine Konkurrenz in der Klasse über 800 cm³ zu fürchten. Nach dem Lehrjahr sollten nun Erfolge praktisch unter Garantie zu erzielen sein.

Der Boxermotor war einerseits noch stärker, andererseits kompakter geworden: Die Zündanlage war von ihrem ursprünglichen Platz hinter dem Stirndeckel verschwunden, das Gehäuseoberteil samt dem Luftfilterkasten konnte entfallen. Ein flacher Plattenluftfilter genügte. Ergebnis: Die beiden Auspuffkrümmer konnten direkt über dem Motorgehäuse miteinander verbunden werden. Der Hubraum betrug nun 870 cm³ (Bohrung 95, Hub 61,5 mm), die Leistung wurde mit 57 PS angegeben. Das Drehmoment hatte sich leicht auf 64 Nm erhöht. Bei einem Radstand von 1495 mm wog die Six Days-Maschine trocken nur noch 136 kg. Der neugestaltete Schalldämpfer fand links innerhalb des Rahmenhecks Platz, denn das „Monoshock"-Federbein war nun ganz nach rechts gerückt und stützte sich nur noch auf dem rechten, besonders stabilen Schwingenholm mit seiner integrierten Kardanwelle ab. Bemerkenswert: Bei dieser letzten Vorstufe zur künftigen Monolever-Einarmschwinge blieb auf der linken Seite noch ein dünner Schwingenholm erhalten. Rechtfertigung für uns, diese letzten Boxer mit Zweiarmschwinge in dieses Buch zu integrieren, obwohl sie nur noch eine einziges Federbein besaßen.

GS 80-Pilot Witthöft wurde schließlich zusammen mit Arnulf Teuchert (Zündapp 100), Bert von Zitzewitz (Maico 250) und Reinhard Christel (KTM 350) in die deutsche Mannschaft berufen, die um den Gewinn der Silbervase bei den Six Days in Frankreich antreten sollte. Im Umfeld der leichten Zweitaktmodelle löste Witthöft mit der dicken BMW seine Aufgabe ohne Fehl und Tadel und gewann für Deutschland zusammen mit den anderen Teammitgliedern die Silbervasen-Wertung – allerdings erst im Abschlußrennen vor dem bis dahin in Führung liegenden Team aus Schweden. Es war der vierte Silbervasengewinn für das Team der Bundesrepublik Deutschland. Nicht unterschlagen werden darf der Klassensieg von Manfred Rossel auf einer privaten BMW 750. Ansonsten forderten die Six Days im Zentralmassiv viele Opfer: Von den 431 am ersten Tag gestarteten Fahrern erreichten nur 228 das Ziel.

Oben: Laszlo Peres auf GS 800 bei den Six Days 1979 in Neunkirchen. Die Gelände-Boxer waren den leichten Zweitaktern der Konkurrenz jedoch im Gelände unterlegen.

Unten links und rechts: Die einsatzfertige GS 80 von 1979 mit von Laverda entwickelter Cantileverschwinge.

Zusätzlich gewann Routinier Rolf Witthöft 1980 selbst die Europameisterschaft. Werner Schütz holte den DM-Titel in seiner Klasse. Zur Vorstellung der Serien-Enduro R 80 G/S hätte sich BMW keine bessere Werbung wünschen können. Die Erfolgsserie wurde 1980 bis 1985 durch vier Boxer-Siege bei der Rallye Paris-Dakar fortgesetzt – mehr darüber im folgenden Kapitel.

Oben: das BMW-Geländesport-Werksteam von 1979 mit den speziell aufgebauten Boxer-Prototypen des Typs GS 80. Von links: Rolf Witthöft, Laszlo Peres, Teamchef Dietmar Beinhauer, Kurt Fischer, Konstrukteur Herbert Schek, Richard Schalber.

Links: Laszlo Peres (485, links) und Richard Schalber (486) auf ihren nun GS 80 genannten Prototypen bei einem Start bei den Six Days 1979 in Neunkirchen.

Rechts: Sprung für den Fotografen 1979 mit der GS 80.

Geländesport in Europa und Siege bei der Rallye Paris-Dakar beste PR für die R 80 G/S

Welchen Einfluß hatten die Boxer-Erfolge im Gelände auf den Serienbau und die Entwicklung einer marktfähigen Enduro? An Versuchen, schon zu einem früheren Zeitpunkt einer markttauglichen BMW-Geländemaschine zu realisieren, hat es nicht gefehlt. So hatte man sich bereits 1969 Gedanken zu einer *„Streetscrambler"*-Version der R 75/5 gemacht (s.a. Seite 28). Aber erst Ende der 1980er griff man die Idee wieder auf – mit der Entwicklung der Serien-Enduro R 80 G/S. Parallel dazu erhöhte BMW sein Engagement im Geländesport, der dann letzlich den Weg für die ab 1980 produzierte Großenduro bereitete. Die spannende Entwicklungs- und Modellgeschichte der R 80 G/S würde in diesem Buch den Rahmen sprengen und müßte daher in einem weiteren Band der Boxer-Saga behandelt werden.

Beim Sport mit dem Boxer jedenfalls sammelte BMW die nötigen Erfahrungen für den Serienbau, und die vielen guten Plazierungen und Meisterschaftssiege waren dann die beste Werbung für die R 80 G/S. Zwar fand die Geschichte der BMW-Werkseinsätze im Geländesport innerhalb Europas aufgrund von Reglementsänderungen für 1981 ihr Ende auf dem Höhepunkt des Erfolgs. Doch in Afrika tat sich ein neues Betätigungsfeld auf, bei dem sich in den folgenden Jahren die Serienenduro bestens promoten ließ – bei der Rallye Paris-Dakar. Fast auf Anhieb erntete BMW hier abermals sportlichen Lorbeer abseits asphaltierter Straßen: Die BMW-Boxer, anfangs mit Technikelementen der Serien-Enduro, später mit Spezial-Fahrwerken und getunten Einliter-Motoren, siegten gleich viermal in der ersten Hälfte der 1980er Jahre.

Einzylinder-Siege, erfolglose Vierventiler

Die Siegesserie setzte sich 1999 und 2000 unter ganz neuen Vorzeichen mit modernen Einzylinder-Modellen fort. 2001 setzte München mit vier Fahrern wieder voll auf den Boxer, der diesmal vom (präparierten) Vierventil-Motor der neuen, 1993 lancierten Serie angetrieben wurde. Doch es sollte nicht sein: Nach Stürzen und Technikproblemen, die den Sieg vereitelten, zog sich das Werk offiziell bis auf weiteres aus dem Rallyesport zurück und überließ zum Bedauern der Fans der KTM-Armada für Jahre das Feld. Über die Einsätze der Rallye-Boxer bis Mitte der 1980er berichten wir ausführlich im folgenden Kapitel. Was danach kam, ist eine andere Geschichte...

Rechts: Richard Schalber gewann 1979 auf seiner BMW GS 80 die Deutsche Meisterschaft und wurde Dritter in der Europameisterschaft. Bei diesem Sprung hatte er Glück, denn es ist ungut, mit dem Vorderrad zuerst aufzusetzen.

Links: Das BMW-Team für die Six Days 1981 (von links): Fritz Witzel, Rolf Witthöft, Werner Schütz, Kurt Fischer, Laszlo Peres (kniend), Herbert Wagel, Theo Schreck.

Unten: „Immer wieder spannend: springt sie an?“ So betitelte die BMW-Presseabteilung dieses Foto zum Saisonstart 1979. Der Boxer sprang an, er kam quasi, sah (fuhr) und siegte.

Rechte Seite unten: Wheelie von Werner Schütz mit der BMW GS 80. Er war Mitglied der Six Days-Werksmannschaft und wurde 1980 mit dem Boxer Deutscher Meister.

Laszlo Peres: entwickelte als Mitglied der BMW-Versuchsabteilung Prototyp GS 800 für den Werks-Geländesport.

Richard Schalber wurde auf der GS 80 Deutscher Geländemeister 1979 und trug den Titel „Meister aller Bullen".

Kurt Fischer war ein Ausnahmefahrer und gehörte 1979 und 1980 zum erfolgreichen BMW-Geländeteam.

Rolf Witthöft wurde 1980 auf der GS 80 Europameister und gewann im Team die Silvervase bei den Six Days.

Werner Schütz verstärkte das Six Days-Team und wurde 1980 auf BMW GS 80 Deutscher Geländemeister.

Fritz Witzel war Fahrer in der BMW-Motorrad-Geländemannschaft 1979 und wurde bei den Six Days Klassensieger.

Gaston Rahier fuhr 1984 trotz aller Probleme und Querelen als Erster über die Ziellinie am Strand von Dakar. Der von Herbert Schek getunte Einliter-Boxer ermöglichte mit 75 PS Spitzen bis zu 170 km/h. Ein 45-Liter-Kevlartank und ein Neunliter-Zusatztank garantierten die nötigen Reichweiten. Rahiers BMW besaß als Einzige einen E-Starter.

Kapitel 16
1979-1986: Spezialboxer für Paris-Dakar

Auriol, Rahier: viermal vorn

Nach dem Medienrummel um die erste Auflage der Rallye Paris-Dakar wurde BMW klar, daß Marathon-Veranstaltungen wie geschaffen waren, um die Leistungsfähigkeit und Standfestigkeit des Boxers unter Beweis zu stellen – und Werbung zu machen für die 1980 präsentierte Serienenduro R 80 G/S. Nach Probeläufen 1979 und 1980 unter der Regie von BMW France starteten die Weißblauen 1981 durch und siegten mit Hubert Auriol. 1983 gewann der „Afrikaner" zum zweiten Mal das Langstreckenrennen mit einem Motorrad, das von HPN speziell für die Rallye aufgebaut worden war. 1984 und 1985 holte sich der belgische Crossweltmeister Gaston Rahier auf BMW den Lorbeerkranz – das Boxerkonzept erstrahlte wieder in hellem Glanz.

So einig wie auf diesem Foto vom Januar 1984 waren sich die drei BMW-Werksfahrer während der Rallye nicht: Zwar siegte Gaston Rahier (Mitte), und Hubert Auriol (rechts) bescherte BMW mit dem Zweiten Platz einen Doppelsieg, doch der Franzose verließ am Ende genervt das Team. Links: Polizist Raymond Loizeaux.

PASTIS 51
antar
100
MICHELIN
AXO

1979-1986: Rallye-Boxer

Paris-Dakar

GS 80 und GS 100 in der Sahara

Im internationalen Geländesport wurden die Motorräder Ende der 1970er, Anfang der 1980er Jahre immer leichter. BMW mußte erkennen, daß die für den Offroad-Einsatz präparierten und vergleichsweise schweren Boxer bald trotz aller Tuning-Tricks nicht mehr mithalten konnten. Doch rechtzeitig tat sich für die bulligen Zweizylinder bei den großen Rallyes ein neues Betätigungsfeld auf: Im Wüstensand durften sie ihre Standfestigkeit wieder unter Beweis stellen – vornehmlich bei der Rallye Paris-Dakar, parallel dazu und auch später bei der Pharaonen-Rallye oder der Baja California.

Thierry Sabine und der Wüsten-Bazillus

Vorläuferin des legendären Rennens durch die Sahara war 1977 die Rallye Abidjan-Nizza, an der präparierte Personenwagen, Geländewagen, Lastwagen und Motoräder teilnahmen. Ein gewisser Thierry Sabine (1948 in Touquet geboren, 1975 Begründer des Enduro-Strandrennens „Enduro du Touquet") nahm die Veranstaltung auf dem Motorrad in Angriff, irrte aber, nachdem ihm der Sprit ausgegangen war, drei Tage lang zu Fuß ohne Essen und Wasser durch die libysche Wüste und mußte vom Piloten eines Suchflugzeugs in letzter Minute gerettet werden.

Paris-Dakar-Premiere 1978/79

Trotzdem war Sabine vom Wüsten-Bazillus infiziert und rief für 1978/79 die erste Rallye Paris-Dakar ins Leben, die nach einem Prolog auf einem verschlammten Militärgelände bei Montlhéry am 26. Dezember 1978 an der Place du Trocadéro in Paris startete, ab Marseille per Schiff das Mittelmeer überquerte und von Algier aus am 14. Januar 1979 das Ziel in Dakar erreichte. Neben zahlreichen Halbliter-Yamahas befanden sich viele kleine Honda-Enduros der Typen XL 125 und XL 250 im Feld – und zwei BMW Boxer: die serienmäßige (!) R 65 des Franzosen Philippe Jambert (der es bis Gao und Mopti schaffte) und die 800er BMW von „Fenouil" (s. unten). Der erste Sieger war Cyril Neveu auf Yamaha XT 500, er gewann auch die zweite Ausgabe von 1980 – bevor die Werks-Boxer von BMW einige Jahre lang den Takt vorgaben.

Das Medieninteresse war gewaltig, und die Teilnehmerzahl stieg von Jahr zu Jahr. Starteten 1978/79 noch 216 Fahrzeuge, waren es 1980/81 bereits 291. Die Abenteuerlust der ersten Fahrer, die sich in der Wüste mit begrenzten Mitteln beweisen wollten, ermutigte in der Folgezeit auch zahlreiche Prominente, die Strapazen auf sich zu nehmen, darunter Thierry

Rechts: Das Bild zeigt den Fahrer „Fenouil", mit bürgerlichem Namen Jean-Claude Morellet, auf einer auf der Basis von Serienteilen umgebauten BMW R 80/7 bei der Rallye Paris-Dakar 1979. Tank, Scheinwerfer und Gabel sind Spezialteile.

Unten: Die von BMW France eingesetzte und vom französischen Magazin „Le Point" gesponserte Rallyemaschine für 1981, vorgestellt im Dezember 1980 auf dem MAN-Testgelände. Sie basierte auf der neuen BMW-Enduro BMW R 80 G/S, war im Detail aber deutlich modifiziert worden, u.a. durch ein verstärktes Fahrwerk hinten und eine längere Telegabel.

de Montcorgé mit einem Rolls-Royce oder den Formel 1-Piloten Jacky Ickx und den Schauspieler Claude Brasseur an Bord eines Citroën CX GTi.

BMW France mit „Fenouil" und der R 80/7

Bevor BMW als Werk offiziell in den Wettbewerb einstieg, erkannte BMW France die Werbewirksamkeit der Wüsten-Rallye und schickte eine von Herbert Schek präparierte Maschine auf Basis der Serien-R 80/7 mit Zweiarmschwinge an den Start. Der französische Importeur hatte zunächst beim Werk angefragt, wurde dort aber an den Spezialisten im Allgäu verwiesen, weil man genug mit den Werkseinsätzen bei den Six Days und den diversen Meisterschaften zu tun hatte. Scheks fertige Dakar-GS wog 150 kg, zu viel etwa für eine Six Days-Maschine, aber gerade richtig für ein Rallye-Motorrad, das nicht nur schnell, sondern auch stabil sein mußte. Der 800er Boxer leistete die serienmäßigen 55 PS und besaß neben Standardrahmen und normaler Federbeinschwinge eine Maico-Gabel. Die Maschine wurde von dem Franzosen Jean Claude Morellet pilotiert, als Journalist und Schriftsteller besser unter seinem Pseudonym *„Fenouil"* (dt. Fenchel) oder auch als *„Renard du désert"* (Wüstenfuchs) bekannt. Schon einige Jahre zuvor hatte er mit dem Motorrad Afrika durchquert.

Fenouil konnte sich mit Scheks Wüstenrenner immerhin auf Rang drei kämpfen. Es zeigte sich jedoch, daß die Felgen wegen des kurzen Federwegs an der Hinterhand mehr Schläge verkraften mußten als zuträglich. Häufige Radwechsel kosteten Zeit. Hinter Bamako (Mali) begann obendrein der Zweizylinder-Motor unrund zu laufen, verbrannte eine Zündkerze nach der anderen. Zuletzt lief er nur noch auf einem Zylinder und gab dann, fast schon in Sichtweite zum Atlantik, den Geist auf.

BMW München anfangs noch zurückhaltend

Anfangs unterschätzte BMW noch den Wert spektakulärer Wüstenrallyes für Produkterprobung und werbewirksame Vermarktung. So kam es, daß man in München auch bei der zweiten Anfrage der französischen Geschäftspartner, die 1979 zeitig eintraf, zögerlich reagierte und erst zwei Monate vor dem Start zur Paris-Dakar 1980 grünes Licht gab.

Dietmar Beinhauer, bei BMW damals schon einige Jahre lang für den gesamten Motorradsportbereich verantwortlich, schilderte später jene hektischen Wochen: *„Nach einigem Hin und Her bekamen wir die Zusage für zwei Maschinen; sie sollten von Fenouil und Auriol gefahren werden. Motorräder und*

Oben: Ex-Trial-Weltmeister Hubert Auriol im Januar 1981 auf der Spezial-R 80 G/S in der Wüste. Er gewann das Rennen. „Fenouil" wurde Vierter; Bernard Neimer, der Chef einer Pariser Polizeimotorrad-Staffel, kam auf den Siebten Platz. Rechts: der später disqualifizierte Auriol 1980 auf der Antar-R 80/7.

Oben: Die 1982er Rallyemaschine mit verlängerter Schwinge, Spezial-Federbein und verstärktem Rahmen wurde von HPN aufgebaut. Der Motor stammte nun von der R 100 und leistete 67 PS.

Material stellte das Werk. Bei der Vorbereitung mußten wir uns ganz auf die Erfahrungen verlassen, die wir bei den Europameisterschaften und den Six Days in den 1970er Jahren gewonnen hatten." Anmerkung: BMW nennt bei den Paris-Dakar-Maschinen aus PR-Gründen als Grundmodell fast durchgängig die R 80 G/S – auch wenn die Wüstenboxer mit der Zeit technisch fast nichts mehr mit dieser gemein hatten: Es waren Neukonstruktionen – mit Verwendung von R 80 G/S-Teilen (s.a. Seite 235).

Wüstenrennen als willkommene PR

BMW France maß der Rallye, wie gesagt, von Anfang an große Bedeutung bei und drängte auf eine professionelle Vorbereitung. Neben der PR für den französischen Markt versprach man sich in Paris eine Belebung des nicht unbeträchtlichen Geschäfts mit den Behörden, allen voran mit der Gendarmerie. Auch in der bayerischen BMW-Zentrale fiel nun der Groschen: Im Vorfeld der Einführung der R 80 G/S erhoffte man sich nun eine hervorragende PR für die Serien-Enduro und das in die Jahre gekommene Boxerkonzept schlechthin.

1980: Pech für Auriol in Obervolta

Beinhauer, bis 1986 für das BMW-Rallyeteam verantwortlich, sorgte ab 1980 in Afrika vor Ort für die Koordination und Betreuung der Mannschaft, die allerdings zunächst vom französischen Importeur und der französischen Schmierstoffmarke Antar (später Elf, dann Total) gesponsert wurde. Die Fahrer für 1980 wurden von BMW France nominiert: Fenouil und der Trial-Weltmeister von 1976, 1977, 1978, Hubert Auriol. Die noch auf der R 80/7 basierenden Maschinen wurden wieder von Herbert Schek präpariert, mit Serienrahmen, aber geänderter Zweiarmschwinge und mit stark verlängerten Federwegen. Der 800er Boxer leistete 55 PS und bot ausreichend Drehmoment.

Auriols Start in Frankreich ließ hoffen. Auf der ersten Etappe lag er zunächst auf Rang acht hinter dem Vorjahres- und Premierensieger Cyril Neveu, der eine der 44 (vierundvierzig!) gestarteten Yamaha XT 500

Oben: Der bauchige Stahlblechtank des 1982er Rallye-Boxers faßte 38 Liter, über dem Getriebe befand sich ein 18 Liter-Zusatztank. Das Rückgratrohr diente als Ölreservoir. Wegen der Monoleverschwinge lief das 17-Zoll-Hinterrad asymmetrisch.

Unten links: Der R 100-Motor war mit allen möglichen Tricks erleichtert worden. Oben auf dem Gehäuse saß eine Elektrikplatte, das Luftfiltergehäuse aus Leichtmetall war hoch oben hinter den verlängerten Steuerkopf gelegt worden. Angelassen wurde per Kickstarter.

Unten rechts: Beim wieder von „Le Point" gesponserten Rallye-Boxer für 1983 war HPN bei der Hinterradführung zur stabileren Langschwinge mit zwei separaten Federbeinen zurückgekehrt.

pilotierte. Doch dann handelte er sich ebenso wie Fenouil Strafpunkte ein, verlor auf einer gerade aufklappenden Zugbrücke wertvolle Zeit. Aber bereits in Algerien hatten die beiden Franzosen ihren Rückstand wieder wettgemacht: Auriol lag hinter Neveu auf dem zweiten Platz – weit vor allen Autos. Doch je tiefer es in die Wüste ging, desto mehr gewannen die Vierrad-Fahrzeuge die Oberhand. Doch dann konnte Auriol, von Beruf Textilkaufmann, zwei Etappen gewinnen. Alles sah nun nach einem Gesamtsieg für ihn und BMW aus. Aber es sollte nicht sein.

In Obervolta (seit 1960 unabhängig, seit 1984 Burkina Faso) stoppte ein Getriebedefekt die Fahrt des Franzosen jäh. Nun beging Auriol einen entscheidenden Fehler: Anstatt auf Beinhauers Service-Trupp zu warten, lud Auriol seine Renn-Enduro arglos auf den Lastwagen eines Einheimischen und legte sich, müde von der äußerst anstrengenden Etappe, ein wenig zur Ruhe. Doch Kontrolleure aber entdeckten ihn und nahmen ihn prompt aus der Wertung. Immerhin landete BMW-Pilot Fenouil noch auf dem fünften Platz hinter vier der einzylindrigen, von 27 auf 40 PS hochgetunten und leichten Yamaha XT 500.

1981: erster Sieg für Auriol und die Spezial-R 80 G/S

1981 gelang den beiden befreundeten Sandspezialisten, die mit wachsendem Erfolgsdruck jedoch immer mehr zu Rivalen wurden, dann der große Coup beim über 9000 km führenden Wüstenmarathon. Der am 7. Juni 1952 in Addis Abeba (Äthiopien) geborene, in Afrika aufgewachsene und seit 1973 erfolgreicher Geländesportfahrer Auriol machte seinem Beinamen *„L'Africain"* alle Ehre und siegte auf dem Boxer mit einem Vorsprung von drei Stunden – vor dem Yamaha-Piloten Serge Bacou. Fenouil verbesserte sich bei seiner dritten Paris-Dakar auf Platz vier, und Bernard Neimer, ein französischer Polizist, wurde Siebter. Neben dem Werksteam gingen auch Herbert Schek und der Lkw-Fahrer Karl-Friedrich Capito mit BMW-Boxern an den Start. Doch setzte Schek, Motorradhändler und 25facher Six Days-Teilnehmer, das 100 000-Mark-Budget auf tragische Weise in den Sand: Der damals bereits 49jährige stürzte schwer und zog sich dabei einen Beckenbruch zu. Die 1981er Werks-Motorräder basierten nun stärker auf der neuen R 80 G/S (mit den 55 PS der R 80/7), die in vielen Belangen modifiziert worden war: 42-Liter-Tank mit integriertem Luftfilter, verstärkter Rahmen, überarbeitetes Fahrwerk mit längeren Federwegen, Zusatzschwingenrohr ohne tragende Funktion.

Nach dem ersten erfolgreichen Werkseinsatz 1981 bekam HPN auch für 1982 den Zuschlag für den Aufbau der Gelände-Boxer, zwar wieder auf Basis der R 80 G/S, die nun aber kaum noch wiederzuerkennen war (HPN steht für die drei Fir-

mengründer Alfred Halbfeld, Klaus Pepperl und Michael Neher). Der Rahmen wurde verstärkt, der Steuerkopf verlängert. Lange Telegabel und das Federbein mit großen Federwegen (280/250 mm) kamen aus dem Motocross-Sport. Der Schwingarm mit dem 17-Zoll-Hinterrad wurde verstärkt und um 9 cm verlängert, wodurch der Radstand auf 1560 mm wuchs. Auf ein Parallelrohr hatte man diesmal verzichtet.

Der Stahlblechtank faßte 38 Liter, über dem Getriebe befand sich ein 18-Liter-Zusatztank. Das Rückgratrohr diente als Ölreservoir. Wichtige Änderung bei den Motoren: Sie besaßen nun den Boxer der R 100 mit 980cm³ Hubraum, waren bei Herbert Schek in vielen Details erleichtert worden und leisteten bei einer auf 8,5: 1 reduzierten Verdichtung 67 PS. Der Luftfilter saß jetzt oben hinter dem Steuerkopf.

1982: Abbruch nach Getriebeschäden

HPN baute für 1982 eine Spezial-GS mit Monolever-Schwinge und seitlich angeschlagenem Spezial-Federbein auf. Bis zum sechsten Tag lag Auriol, diesmal unterstützt von Fenouil und dem Polizisten Raymond Loizeaux, in Führung. Doch nach zwei Getriebeschäden traf Auriol lediglich als 40ster am siebten Etappenziel ein. Das Standardgetriebe war wohl der gestiegenen Motorleistung der Rallye-1000er nicht gewachsen. Als der Titelverteidiger zwei Tage später abermals mit Getriebe- und Orientierungsproblemen zurückfiel, lag das vorzeitige Ende des BMW-Einsatzes bereits in der Luft. Auch hatte sich die Monolever-Konstruktion als nicht ideal erwiesen. Nach weiteren Pannen konnte Expeditions-Chef Beinhauer nicht umhin, das Unternehmen, in das BMW 600 000 DM investiert hatte, mitten im Wüstensand abzublasen.

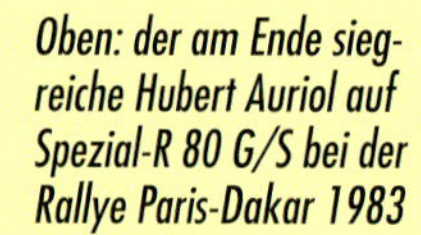
Oben: der am Ende siegreiche Hubert Auriol auf Spezial-R 80 G/S bei der Rallye Paris-Dakar 1983

Links: Auch 1983 sponserte „Le Point", zusammen mit Antar, die Rallye-BMWs.

Rechts: Während Herbert Schek (links) bei der Rallye 1983 schwer stürzte und ausschied, kam Hubert Auriol als Sieger in Dakar an.

1983: Zweiter Dakar-Sieg durch Auriol

Für die Rallye 1983 entstanden (unter der Regie von BMW France) vier Werksmaschinen, und zwar wieder bei HPN (Fahrwerk) und Herbert Schek (Motor 980 cm³, über 70 PS). Fahrer waren Hubert Auriol, „Fenouil" (Jean-Claude Morellet), Raymond Loizeaux und Herbert Schek. Sie mußten gegen 53 Honda- und 35 Yamaha-Spezialendruos antreten. Für die Hinterradführung der Wüsten-BMW war HPN zur stabileren Schwinge mit zwei Federbeinen zurückgekehrt. Und dabei sollte es zumindest bis 1985 bleiben. Der Einsatz des BMW-Rallyeteams wurde

Oben: Hubert Auriol auf der R 80 G/S mit Zweiarmschwinge bei der Rallye Paris-Dakar 1983 in der Wüste auf der Fahrt zum Sieg.

Links: der von den Strapazen gezeichnete Hubert Auriol 1983 bei einem Stopp zusammen mit einem Teamkollegen. Das Motorrad hatte ein Fahrwerk von HPN mit Zweiarmschwinge und zwei Federbeinen, der Einliter-Boxer aus der R 100 war von Schek präpariert worden.

anschließend nicht nur durch einen Hattrick bei der Pharaonenrallye belohnt, die Auriol einmal und Rahier zweimal gewann. Auch auf dem Weg nach Dakar fuhren die GS-Boxer wieder unschlagbar vorneweg, mit Spitzengeschwindigkeiten bis 165 km/h: 1983 konnte *„L'Africain"* zum zweiten Mal einen Sieg für BMW erringen.

Neben dem offiziellen BMW-Team – Auriol, Fenouil, Loizeaux und Schek – ging 1983 auch der Belgier Gaston Rahier als Privatfahrer mit einem GS-Boxer in die Wüste. (Rahier wurde am 1. Februar 1947 in Chaineux bei Herve geboren und starb am 8. Februar 2005 in Paris; er war zwischen 1975 bis 1977 dreifacher 125-cm^3-Motocross-Weltmeister). Während Auriol sich nach anfänglicher Zurückhaltung kontinuierlich an die Spitze vorarbeitete und seine Landsleute mitzog, mußte Rahier, in Führung liegend, mit aufgeschlagener Ölwanne aufgeben. Auch Schek, der die Motoren getunt hatte, blieb nach einem Sturz mit Schulterprellung in der Sahara zurück. Auf dem steinigen Grund jenseits der Ténéré fing sich Auriol gleich zweimal hintereinander einen Reifendefekt ein. Nur weil Teamkollege Loizeaux ihm mit seinem Hinterrad aushalf, kam Auriol am Ende als Sieger in Dakar an. Fenouil wurde Neunter, Loizeaux Vierzehnter. Schöner Erfolg für BMW zum 60. Geburtstag des Boxer-Konzepts!

1984: Wüstenboxer mit Zweiarmschwinge auf Basis der R 100

Inzwischen hatte BMW Rahier offiziell in das Rallyeteam integrieren können. Wiederum präparierte Schek die Motoren der Werksmaschinen, und zwar u.a. mit von 94 auf 97 mm aufgebohrten Zylindern der R 100, 1040 cm^3 Hubraum und Bing-Vergasern. 76 PS genügten, um das trocken immerhin 175 kg schwere Motorrad auf 170 km/h Spitze zu bringen. Der Rahmen ähnelte zwar dem der R 80 G/S, bestand aber aus Chrom-Molybdän-Stahl. Die Maschine besaß einem 45-Liter-Kevlartank, einen Neunliter-Reservetank unter der Sitzbank und Moosgummikerne in den Reifen. Wie schon 1983 baute man wieder eine (verstärkte) Zweiarmschwinge ein, mit extrem schräg gestellten, langhubigen Federbeinen.

Rahiers BMW verfügte als einzige zudem über einen Elektrostarter, denn der Cross-Champion tat sich mit seinen 1,64 m Größe schwer, den Einliter-Motor per

Oben: das BMW Motorrad-Team für die 6. Rallye Paris-Dakar 1984, fotografiert im Dezember 1983; von links: Raymond Loizeaux, Gaston Rahier, Hubert Auriol.

Links: Raymond Loizeaux bei der Rallye Paris-Dakar 1984 auf der R 100-Rallyemaschine.

Unten: Der von der Anstrengung gezeichnete Gaston Rahier bei einem Stop an einem Kontrollpunkt.

Kickstarter anzuwerfen. Auch das Auf- und Absteigen bereitete ihm bei Federwegen von vorne 310 und hinten 280 mm Probleme. So sprang er meist in bester Cowboymanier erst auf, wenn der Boxer bereits angesprungen war und die Maschine losrollte. Trotz dieses Handicaps hatte BMW zweifellos gut daran getan, den kleinen Belgier (Spitzname „Däumling") als zweiten Hoffnungsträger zu verpflichten.

Doppelsieg 1984: Crossweltmeister Gaston Rahier vor Auriol

Daß mangelnde Größe kein Hinderungsgrund ist, die härteste Rallye der Welt mit einem derartigen Monstrum von Motorrad zu gewinnen, bewies Rahier dann auf geradezu verblüffende Weise: Nach 12 000 km lief der Motocross-Champion mit 20 Minuten Vorsprung vor Auriol als Sieger in Dakar ein. Der Polizist und BMW-Pilot Loizeaux wurde Fünfter.

Während der Rallye waren die beiden Stallgefährten immer mehr zu Gegnern geworden. Daß Auriol, der „weiße Afrikaner", dem Belgier den Vortritt lassen mußte, hatte zahlreiche Ursachen, darunter Ölverlust, Spritmangel sowie Begegnungen der unsanften Art mit afrikanischem Weidevieh. Doch dann gewann Auriol sieben Sonderprüfungen und fand

Oben: Rahier im Tiefflug bei der Rallye Paris-Dakar 1984. Diesmal wurde das BMW-Team vom „Herrenmagazin" Penthouse gesponsert.
Unten: die drei Rallye-Motorräder mit Zweifederbein-Langschwinge von Hubert Auriol, Raymond Loizeaux und Gaston Rahier vor einem Etappenstart bei der Rallye 1984.

Oben: Der am Ende siegreiche Rahier, Startnummer 101, macht bei der 6. Rallye PD 1984 für den Fotografen ein gekonntes Wheelie.

Links: Auch Auriol fuhr 1984 fürs Foto mal auf dem Hinterrad. Er wurde Zweiter, BMW konnte einen Paris-Dakar-Doppelsieg feiern.

Rechts: Herbert Schek gewann 1984 auf einer Rallye-R 80 G/S die Marathonwertung für Privatfahrer.

Unten: Dietmar Beinhauer, Teamchef für 1985, aufgenommen im November 1984.

wieder Anschluß an Rahier. Mittlerweile waren zwei Servicewagen ausgefallen. Rahier ignorierte, daß der seine dabei war, monierte mangelhafte Betreuung durch die restlichen BMW-Techniker und soll sogar mit dem Ausstieg aus der Rallye gedroht haben. Doch er beruhigte sich wieder und konnte auf den extremen Etappen in Guinea seine Führung bis ins Ziel verteidigen. Für BMW zählte trotz der Querelen zwischen Rahier und Auriol nur, daß es am Ende ein grandioser Doppelsieg war. Zudem hatte Herbert Schek die Marathonwertung gewonnen.

Ausstieg von Auriol 1984, Flugzeug-Weltrekord und 4x4-Rallyesieger

Der „Afrikaner" war anschließend so genervt, daß er das BMW-Team verließ und zusammen mit dem französischen Rennwagenhersteller Ligier, der mit Cagiva verbunden war, einen eigenen Rennstall gründete. Damit hatte Auriol Zugriff auf einen getunten V2-

Oben: das Team für 1985 mit Raymond Loizeaux, Gaston Rahier und Eddy Hau (von links) mit der R 100 Dakar. Darunter: der abermals modifizierte und jetzt von Marlboro gesponserte 1985er Rallye-Boxer. Kleines Foto: der Motor von Rahiers BMW.

Pantah-Motor von Ducati. 1987 aber stieg er nach einem bösen Unfall aus der Wüstenrallye aus. Im Sommer danach stellte der Dakar-Sieger zusammen mit Patrick Fourticq, Henri Pescarolo und Arthur Powell mit einer zweimotorigen Lockheed L-18 Lodestar aus den 1930ern (!) den Weltrekord der Erdumrundung von 1938 in 88 Stunden und 49 Minuten ein. Bis Anfang der 1990er Jahre nahm Auriol als 4x4-Pilot an Rallyes teil, u.a. auf Citroën ZX Grand-Raid. 1992 wurde er auf Mitsubishi Pajero Gesamtsieger der Rallye Paris-Kapstadt. Am 10. Januar 2019 starb er nach schwerer Krankheit in Garches bei Paris.

BMW nutzte den sensationellen Doppelsieg, der ein Budget von gut 700 000 Mark verschlungen hatte, um noch im Frühjahr die für jedermann käufliche R 80 G/S Paris-Dakar, eine hauptsächlich optisch getunte Version der Basis-G/S, auf den Enduro-Markt zu bringen. Den Bau der Rallyemotorräder überließ man in München jedoch weiterhin den Edelschmieden HPN und Schek.

Links: Paris-Dakar-Sieger 1984 Gaston Rahier mit seinem 75 PS starken Wettbewerbs-Boxer und dem Sondermodell der R 80 G/S mit dem 50 PS starken Serienboxer. Im Detail haben beide Motorräder fast nichts miteinander gemeinsam, doch der beabsichtigte Werbeeffekt funktionierte bestens.

1985: Erfolg trotz großer Schwierigkeiten

BMW hatte sich für 1985 wieder der Firma HPN zugewandt, wo neue Werksmaschinen für die Rallye Paris-Dakar aufgebaut wurden. Die Motoren hatten nun 1043 cm³ Hubraum und leisteten 75 PS. Das Hinterrad der vollgetankt 228 kg schweren 100er GS wurde von einer Zweiarmschwinge mit zwei White Power-Federbeinen geführt, das Vorderrad hing in einer speziellen Marzocchi-Telegabel. Daß HPN ganze Arbeit geleistet hatte, erwies sich schon bei der Generalprobe in Ägypten: Die 3. Pharaonen-Rallye gewann Rahier vor seinem neuen Teamkollegen Eddy Hau, vierfacher Geländesport-Europameister und zehnmaliger Six Days-Teilnehmer.

Die Rallye Paris-Dakar 1985, die im Januar dann über 14 000 km führte, wurde Rahiers schwerstes Rennen. Bereits vor der Überfahrt nach Afrika hatte der Belgier seine Maschine bei einer Kollision mit einem französischen Privatwagen schwer beschädigt. Nach

Seit 1967: Wüstenrennen in Mexiko

Baja California

BMW-Rallye-Boxer öfter am Start

Das Wüstenrennen Baja 1000 wird seit 1967 auf der mexikanischen Halbinsel „Niederkalifornien" (*„Baja California"*) ausgetragen und zählt zu den längsten (1000 bis 1300 Meilen) und härtesten Auto- und Motorradrallyes der Welt. Es ging aus wilden Buggy-Rennen hervor, die im Zuge der Hippie-Kultur in der sandigen Wildnis ausgetragen wurden. Die inzwischen eingesetzten Fahrzeuge sind in der Regel Spezialkonstruktionen, wie sie ähnlich auch an Autocross-Veranstaltungen oder bei der Rallye Paris-Dakar starten. Nach wie vor ist die Beteiligung an den Baja 1000 eher eine Privatangelegenheit, da sich große Konzerne kaum engagieren.

Beide Fotos zeigen die vom BMW-Marlboro-Team eingesetzte und auch vom „Playboy" gesponserten Version der Spezial-R 100 mit dem 75 PS starken Einliter-Boxer für die Baja 1000 im November 1984. Im Jahr darauf waren die Scheinwerfer übereinander angeordnet.

1980 erzielte Herbert Schek auf seiner privaten Wüsten-GS einen beachtlichen 12. Platz. Auch die ehemaligen Six Days-Boxer (1000 cm³, 70 PS, Trockengewicht 144 kg) waren bestens für das mexikanische Spektakel geeignet und gingen hier, leicht modifiziert, an den Start, z.B. am 3./4. November 1983 mit Hubert Auriol. 1985 wurden Eddy Hau und Gaston Rahier im Wechsel auf einer BMW R 100 Klassensieger und Gesamt-Zweite (Sponsoren: der Zigarettenfabrikant Marlboro und das Magazin *„Playboy")*. Die Rallye-Boxer basierten diesmal auf den Paris-Dakar-Maschinen mit Zweiarmschwinge, besaßen aber nur ein seitliches Federbein und zwei stark hochgezogene Schalldämpfer. Sie hatten kleinere 15-Liter-Tanks und als Extra überdimensionale Doppelscheinwerfer vor dem Lenker. Die ersten Baja- Plätze wurden durchgehend von US-amerikanischen Fahrern auf Cross-Motorrädern der Marken Husqvarna, Honda und Kawasaki belegt.

Foto: © Archiv Hans J. Schneider

Das Fahrwerk basierte auch hier auf dem verstärkten Rallye-Rahmen. Die Zweiarmschwinge aber wurde von einem einzigen, seitlich angeschlagenen Federbein abgestützt. Die extrem langhubige Telegabel steckte auch böse Rillen und Löcher weg. Für die Nachtfahrten waren große Halogen-Doppelscheinwerfer montiert. Rahier und Rau wurden 1985 als Team im Wechsel (auf dem modifizierten Nachfolgemodell des abgebildeten Motorrads) Klassensieger und Gesamt-Zweite.

Foto: © Archiv Hans J. Schneider

Oben: Die Rallye-1000er, mit der Gaston Rahier 1985 siegte, 2003 meisterlich für Pressezwecke in Szene gesetzt. Rechts: Rallye-Version 1984 für die Baja 1000 mit zweiflutigem Auspuff.

einer Notreparatur durch Beinhauers Serviceteam, in dem diesmal auch HPN-Ingenieur Alfred Halbfeld mitreiste, startete Rahier in die Wüste, doch auch dort schien er zunächst vom Pech verfolgt: Reifenpannen und ein gebrochenes Vorderrad ließen ihn auf Rang 30 zurückfallen. Loizeaux und der neu hinzugekommene Eddy Hau hatten nach Stürzen frühzeitig das Handtuch werfen müssen. Am Ende der Ténéré-Durchquerung hatte Rahier plötzlich nur noch den Yamaha-Piloten Franco Picco vor sich, folgte dem Italiener drei Tage vor Dakar aber auf einem Irrweg und büßte dabei wertvolle zwei Stunden ein. Dadurch rückte Auriol, mittlerweile auf Cagiva umgestiegen, bedrohlich nahe heran. Doch ein Motorschaden an Auriols Maschine beendete das Duell vorzeitig.

Mit einem schlitzohrigen Trick bekam Rahier dann Picco in den Griff: Nach seinem unfreiwilligen Ausflug mit dem bis dahin Führenden überzeugte er diesen von der Notwendigkeit, nachzutanken. Picco

Foto: © Archiv Hans J. Schneider

Foto: © Sports News & Photo Agency / Archiv Hans J. Schneider

Links: Rahier fährt bei einem Etappenstart 1985 mit seiner Maschine los, die als einzige einen elektrischen Anlasser besitzt. Dann springt der kleingewachsene Pilot in Cowboy-Manier auf den Sattel.

Mitte: 1986 schickte BMW ein letztes Mal ein Werksteam in die Wüste – mit Eddy Hau, Gaston Rahier und Raymond Loizeaux (v. l.). Teamchef war auch diesmal Dietmar Beinhauer. Der Einliter-Boxer entsprach weitgehend dem 1985er Modell. Neu war die gekapselte Scheibenbremse. 1987 ging BMW nicht mehr offziell an den Start der Wüstenrallye, unterstützte aber Privatfahrer.

mußte für zehn Liter Sprit vom BMW-Service eine Viertelstunde warten – Rahier hatte wichtige Zeit gewonnen. Im Bewußtsein des zum Greifen nahen Sieges schaffte er dann die nächste, extrem harte Sonderprüfung mit einer Stunde Vorsprung vor dem völlig ausgelaugten Picco und bescherte BMW gegen die mächtige japanische Konkurrenz den vierten Paris-Dakar-Sieg in fünf Jahren.

1986: Thierry Sabines Tod im Sandsturm; BMW steigt aus

Mit großen Hoffnungen auf einen fünften Sieg und dem Team Rahier, Hau und Loizeaux startete BMW auch bei der Rallye Paris-Dakar 1986. Die Einliter-Boxer besaßen nun verkleidete Bremsscheiben und -sättel. Doch das Rennen stand unter keinem guten Stern. Beim Absturz seines Hubschraubers in einem Sandsturm kam Organisator Thierry Sabine ums Leben. Mit ihm starben der unvergessene Chansonsänger Daniel Balavoine, eine Journalistin, der Pilot und der Mechaniker. Trotzdem ging das Spektakel weiter, doch Rahier geriet durch Stürze und Reifenpannen in ernste Schwierigkeiten und fiel nach Getriebeproblemen weiter zurück. Nachdem er das Rennen nur als Achter hatte beenden können, kündigte er frustriert bei BMW.

Nach den turbulenten Ereignissen der 1986er Rallye, deren Sinn nicht nur durch den Tod ihres Urhebers (vorübergehend) in Frage gestellt wurde, beschloß BMW im März 1986 die Auflösung des Werksteams, hatte aber für 1987 die Wüstenboxer bereits verbessert; sie hatten jetzt eine Upside-Down-Gabel von White Power und andere Neuerungen (Daten s. Anhang). Rahier übernahm 1986 die Werksmotorräder und gründete mit Unterstützung von Marlboro, Michelin und Elf sein eigenes Team. Mit den bei HPN überarbeiteten Maschinen mischte die Rahier-Crew bereits bei der Generalprobe in Ägypten kräftig mit: Die Pharaonenrallye im Oktober 1986 beendete Rahier trotz eines kapitalen Sturzes und einer Fußverletzung als Dritter. 1987 erreichte er mit der Upside-Down-GS Dakar immerhin als Dritter. Dann wurde es ruhig um die ruhmreichen Rallye-BMWs.

Foto: © Sports News & Photo Agency / Archiv Hans J. Schneider

Foto: © Sports News & Photo Agency / Archiv Hans J. Schneider

Oben: Rahier auf Siegesfahrt bei der Rallye 1985, die er trotz schwieriger Passagen durch Dörfer, an streunenden Tieren vorbei und wegen der Unwägbarkeiten des Untergrunds gewann. Auriol mußte sich ihm geschlagen geben.

Links: Eddy Hau auf der weiter verbesserten Rallye-R 100 PD beim Rennen 1986.

Rechts: Nach dem Ausstieg von BMW hatte Rahier die nun u.a. mit Upside-Down-Gabeln ausgerrüsteten Werksmaschinen übernommen (genaue Daten s. Anhang). Hier ist er 1987 unterwegs zum Dritten Platz der Dakar-Rallye.

Foto: © Sports News & Photo Agency / Archiv Hans J. Schneider

Technische Daten 1969 bis 1976

MODELL							
Verkaufsbezeichnung	R 50/5	R 60/5	R 75/5	R 60/6	R 75/6	R 90/6	R 90 S
gebaut von-bis	1969-1973	1969-1973	1969-1973	1973-1976	1973-1976	1973-1976	1973-1976
Produzierte Einheiten	7865	22 721	38 370	13 511	17 587	21 097	17 455
MOTOR							
Baumuster	246	246	246	247	247	247	247
Bauart	Zweizylinder-Viertakt-Boxermotor, quer eingebaut, fahrtwindgekühlt, Kurbelgehäuse in Tunnelbauweise, gleitgelagerte Kurbelwelle						
Zylinder	Leichtmetall mit eingegossenen Perlitlaufbuchsen, Zuganker, runde Zylinderkopfdeckel						
Kurbeltrieb	einteilige Kurbelwelle aus Schmiedestahl, Hauptlagerzapfen 60 mm Ø, Gleitlager, Pleuel mit geteilten Füßen, 48 mm Ø						
Hubraum cm^3	498	599	745	599	745	898	898
Bohrung x Hub mm	67 x 70,6	73,5 x 70,6	82,0 x 70,6	73,5 x 70,6	82,0 x 70,6	90,0 x 70,6	90,0 x 70,6
Leistung PS/min^{-1}	32/6400	40/6400	50/6200	40/6400	50/6200	60/6500	67/7000
max. Drehmoment Nm/min^{-1}	39/5000	49/5000	60/5000	49/5000	60/5000	73/5500	76/5500
Verdichtungsverhältnis	8,6 : 1	9,2 : 1	9,0 : 1	9,2 : 1	9,0 : 1	9,0 : 1	9,5 : 1
Ventilsteuerung, Ventile/Zyl.	ohv/2 hängend Federn, Kipphebel	ohv/2 Federn, Kipphebel	ohv/2 Federn, Kipphebel	ohv/2 Federn, Kipphebel	ohv/2 Federn, Kipphebel	ohv/2 Federn, Kipphebel	ohv/2
Nockenwelle, An- /Abtrieb	untenliegend, Steuerkette (Duplex-Rollenkette) hinten laufend, Stößelstangen						
Vergaser/Durchlaß mm	2 Bing Schieber 1/26/113-114	2 Bing Schieber 1/26/111-112	2 Bing Gleichdruck 64/32/4-3 o. 9-10	2 Bing Schieber 1/26/111-112	2 Bing Gleichdruck 64/32/9-10	2 Bing Gleichdruck 64/32/11-12	2 Schieber Dell'Orto PHM 38 AS-AD
Schmierung	Eaton-Ölpumpe, Naßsumpf, Druckumlauf, Hauptstromölpumpe						
Zündung	Batteriezündung mit Unterbrecher und automatischer Zündverstellung						
Lichtmaschine, Drehstrom	12 V/200 W	12 V/200 W	12 V/200 W	12 V/280 W	12 V/280 W	12 V/280 W	12 V/280 W
Zündkerzen	Bosch W 230 T 30 Beru 230/14/3A Champion N 7 Y	Bosch W 230 Beru 230/14/3A Champion N 7 Y	Bosch W 6 DC Beru 230/14-6 D Champion N 7 Y	Bosch W 230 T 30 Beru 230/14/3A Champion N 7 Y	Bosch W 230 T 30 Beru 230/14/3A Champion N 7 Y	Bosch W 200 T 30 Beru 200/14/3A Champion N 7 Y	Bosch W 200 T 30 Beru 200/14/3A Champion N 7 Y
Starter/Batterie	Kickstarter (ab R 60/6 auf Wunsch) und elektrischer Anlasser 0,5 PS (optional bei R 50/5); Batterie 12 V/15 Ah (ab R 60/6 25 Ah) unter Sitzbank						
KRAFTÜBERTRAGUNG							
Kupplung	Einscheiben-Trockenkupplung mit Membran-Tellerfeder						
Getriebe/Schaltung	4-Gang/Klauen-/Ratschenfußschaltung, Stoßdämpfer auf Antriebswelle; ab R 60/6: 5-Gang-Getriebe						
Getriebeübersetzungen : 1 Gänge 1 bis 4 bzw. 5	3,869/2,578/ 1,875/1,50	3,869/2,578/ 1,875/1,50	3,869/2,578/ 1,875/1,50	4,40/2,86/ 2,07/1,67/1,50	4,40/2,86/ 2,07/1,67/1,50	4,40/2,86/ 2,07/1,67/1,50	4,40/2,86/ 2,07/1,67/1,50
Hinterradantrieb	Kardanwelle mit Kreuzgelenk vorne, im rechten Schwingenholm gekapselt, Antrieb über palloidverzahnte Kegelräder						
Übersetzung	1:3,56	1:3,36	1:3,2	1:3,36	1:3,2 od. 1:3,36	1:3,09 od. 1:3,20	1:3,00 od. 1: 2,91
Zähne Kegel-/Tellerrad	9/32	11/37	10/32	11/37	11/37	10/32	11/33 od.11/32
RAHMEN, FAHRWERK, BREMSEN							
Rahmenbauart	Doppelschleifen-Ovalrohrrahmen, geschweißt, geschlossen, angeschraubtes Heckteil						
Vorderradführung	Teleskopfedergabel mit hydraulischer Dämpfung, Faltenbälge; R 90 S: Manschetten						
Lenkung	kugelgelagert, mit feineinstellbarem, mechanischem Lenkungdämpfer (nur erste Serie bis 1971)						
Hinterradführung/Federung	Stahlrohrschwinge mit zwei hydraulisch gedämpften Federbeinen, für Soziusbetrieb einstellba; ab 1973: Langarmschwinge						
Federweg vorn/hinten	208/125 mm	208/125 mm	208/175 mm	208/175 mm	208/175 mm	200/175 mm	200/175 mm
Räder	Leichtmetallfelgen, Tiefbett, verchromte Stahlspeichen						
Felgen vorn Zoll	1,85 B 19	1,85 B 19	1,85 B 19	1,85 B 19	1,85 B 19	1,85 B 19	1,85 B 19
Felgen hinten Zoll	1,85 B 18/2,15 B 18	1,85 B 18/2,15 B 18	1,85 B 18	2,15 B 18	2,15 B 18	2,15 B 18	2,15 B 18
Reifen vorn Zoll	3,25 S 19	3,25 S 19	3,25 S 19	3,25 S 19	3,25 S 19	3,25 H 19	3,25 H 19
Reifen hinten Zoll	4,00 S 18	4,00 S 18	4,00 S 18	4,00 S 18	4,00 S 18	4,00 H 18	4,00 H 18
Bremse vorn, Bauart	bis R 60/6: Vollnaben Duplex-Trommelbremse, Leichtmetall mit eingeschrumpftem Stahlring, 200 mm Ø, 30 mm Belagbreite ab R 75/6: Einscheibe Ø 260 mm, massiv, später gelocht; optional für R 60/6, R 90/6: zweite Scheibe optional; R 90 S: Doppelscheibe 260 mm						
Bremse hinten, Bauart	Vollnaben Simplex-Nocken-Trommelbremse, Leichtmnetall mit eingeschrumpftem Stahlring, 200 mm Ø, 30 mm Belagbreite						
Bremsen, Betätigung vorn	R 50/5 bis R 60/6: vorn von Hand seilzugbetätigt, einstellbar; ab R 75/6: hydraulisch über Hauptbremszylinder						
Bremsen, Betätigung hinten	mit Pedal über Gestänge betätigt						
AUSSTATTUNG, BORDELEKTRIK							
Tank, Sitzbank, Kotflügel	/5-Modelle: Stahlblechtank mit 17, wahlweise 24 Liter Inhalt; ab R 60/6: 18 oder 22 Liter; 2 Liter Reserve, 2 Kraftstoffhähne; Doppelsitzbank mit Reling, Kunststoff-Kotflügel; R 90 S: lenkerfeste Cockpitverkleidung, fließende Tankform, spezielle Sitzbank mit Heckbürzel						
Ausstattung, Elektrik	Scheinwerfer 160, ab /6-Reihe 180 mm Ø; Zentralinstrument; ab /6-Reihe separater Instrumentenblock mit Tachometer, Drehzahlmesser, Kontrolleuchten Öldruck, Blinker, Fernlicht, Batterieladung, Leerlauf, Bremsflüssigkeitsstand						
MASSE, GEWICHTE, TANK							
Länge mm	2100 *1	2100 *1	2100 *1	2180	2180	2180	2180
Breite an Zylindern mm	740	740	740	740	740	740	740
Höhe/Bodenfreiheit mm	1040/165	1040/165	1040/165	1080/165	1080/165	1080/165	1210/165
Radstand mm	1385 *2	1385 *2	1385 *2	1465	1465	1465	1465
Leergewicht kg fahrfertig	205 *3	210 *3	210 *3	210	210	210	215
Gesamtgewicht max. kg	398	398	398	398	398	398	398
Tankinhalt Liter	17,5 oder 24 *4	17,5 oder 24 *4	17,5 oder 24 *4	18 / 22 (Aufpreis)	18 / 22 (Aufpreis)	18 / 22 (Aufpreis)	24
Benzinverbrauch 100 km *5	4,6 l	4,8 l	4,5 l	4,5 l	4,5 l	5,5 l	5,0
FAHRLEISTUNGEN (Werksangaben), PREIS							
Höchstgeschwindigk. km/h	157	167	175	167	177	188	200
Beschleunigung 0-100 km/h	10,2 Sek.	8,2 Sek.	6,4 Sek.	7,7 Sek.	6,4 Sek.	5,2 Sek.	4,8 Sek.
Preis bei Einführung *6	3696,- DM	3969,- DM	4996,- DM	5745,- DM	6650,- DM	7510,- DM	8510,- DM

MODIFIKATIONEN, BESONDERHEITEN

R 50/5, R 60/5, R 75/5: *1 ab 1973 Langschwinge, 2150 mm; *2 ab 1973 1435 mm; *3 R 50/5 ab 1971 200 kg, R 60/5, R 75/5 ab 1971 205 kg; *4 bis 1971 24-Liter-Tank Standard, danach17,5 Liter und 24-Liter gegen Aufpreis; *5 bei konstant 90 km/h; *6 Quelle: Preislisten 1969, 1973; *7 alle Modelle ab 1. April 1981: Erhöhung des zulässigen Gesdamtgewichts von 398 auf 440 kg; k.A. = keine Angaben.

MODELL								
Verkaufsbezeichnung	R 60/7	R 75/7	R 100/7	R 100 S	R 100 RS	R 100 T	R 100 RT	R 80 RT
gebaut von-bis	1976-1978	1976-1978	1976-1978	1976-1980	1976-1984	1978-1980	1978-1984	1982-1984
Produzierte Einheiten	11 183	6264	12 065	11 762	33 648	6838	18 015	7315
					Zweiarmschwinge		Zweiarmschwinge	Zweiarmschwinge
MOTOR								
Baumuster	247	247	247	247	247	247	247	247
Bauart	Zweizylinder-Viertakt-Boxermotor, quer eingebaut, fahrtwindgekühlt, Kurbelgehäuse in Tunnelbauweise, gleitgelagerte Kurbelwelle							
Zylinder	Leichtmetall mit eingegossenen Perlitlaufbuchsen, ab 1978 neue LM-Zylinder mit Nikasil-, dann Galnikal-Laufflächen, Zuganker, eckige Zylinderkopfdeckel							
Hubraum cm^3	599	745	980	980	980	980	980	797,5
Bohrung x Hub mm	73,5 x 70,6	82,0 x 70,6	94,0 x 70,6	94,0 x 70,6	94,0 x 70,6	94,0 x 70,6	94,0 x 70,6	84,4 x 70,6
Leistung PS/min^{-1}	40/6400	50/6200	60/6500	65/6600 *4	70/7250	65/6600	70/7250	50/6500
max. Drehmoment Nm/min^{-1}	49/5000	60/5400	75/4000	77/5500	77/5500	77/5500	77/5500	59/3500
Verdichtungsverhältnis	9,2 : 1	9,0 : 1	9,1 : 1	9,2 : 1 *4	9,5 : 1	9,5 : 1	9,5 : 1	8,2 : 1
Ventilsteuerung, Ventile/Zyl.	ohv/2 hängend Federn, Kipphebel	ohv/2 Federn, Kipphebel	ohv/2 Federn, Kipphebel	ohv/2 Federn, Kipphebel	ohv/2 Federn, Kipphebel	ohv/2 Federn, Kipphebel	ohv/2	ohv/2
Nockenwelle, An-/Abtrieb	untenliegend, Steuerkette hinten laufend, Stößelstangen							
Vergaser/Durchlaß mm	2 Bing Schieber 1/26/123-1124	2 Bing Gleichdruck 64/32/13-64	2 Bing Gleichdruck 64/32/19-64	2 Bing Gleichdruck 94/40/103-104	2 Bing Gleichdruck 94/40/105-106	2 Bing Gleichdruck 94/40/103-104	2 Bing Gleichdruck 94/40/105-106	2 Bing Gleichdruck V 64/32/305-306
Schmierung	Eaton-Ölpumpe, Naßsumpf, Druckumlauf, Hauptstromölpumpe							
Zündung	Batteriezündung mit automatischer Zündverstellung, kontaktgesteuert; alle Modelle ab 1978/79 mit kontaktloser elektronischer Transistorzündung							
Lichtmaschine, Drehstrom	12 V/250 o. 280 W	12 V/250 o. 280 W	12 V/250 W	12 V/250 W	12 V/250 W	12 V/240 W	12 V/240 W	12 V/280 W
Zündkerzen	Bosch W 225 T 30 Beru 230/14/3A Champion N 6 Y	Bosch W 200 T 30 Beru 200/14/3A Champion N 7 Y	Bosch W 200 T 30 Beru 200/14-6 D Champion N 7 Y	Bosch W 225 T 30 Beru 230/14/3A Champion N 6 Y	Bosch W 225 Beru 230/14/3A Champion N 6 Y	Bosch W 226 T 30 Beru 230/14/3A Champion N 6 Y	Bosch W 225 T 30 Beru 230/14/3A Champion N 6 Y	Bosch W 7 D Beru 14-7 D Champion N 10 Y
Starter/Batterie	elektrischer Anlasser 0,5 PS, Kickstarter gegen Aufpreis; Batterie 12 V/28 Ah unter Sitzbank							
KRAFTÜBERTRAGUNG								
Kupplung	Einscheiben-Trockenkupplung mit Membran-Tellerfeder							
Getriebe/Schaltung	5-Gang/Ratschenfußschaltung, Stoßdämpfer auf Antriebswelle							
Getriebeübersetzungen : 1 Gänge 1 bis 5 *1	4,40/2,86/ 2,07/1,67/1,50	4,40/2,86/ 2,07/1,67/1,50	4,40/2,86/ 2,07/1,67/1,50	4,40/2,86/ 2,07/1,67/1,50	4,40/2,86/ 2,07/1,67/1,50	4,40/2,86/ 2,07/1,67/1,50	4,40/2,86/ 2,07/1,67/1,50	4,40/2,86/ 2,07/1,67/1,50
Hinterradantrieb	Kardanwelle mit Kreuzgelenk vorne, im rechten Schwingenholm gekapselt, Antrieb über palloidverzahnte Kegelräder							
Übersetzung	1:3,36 od. 3,56	1:3,20 od. 3,36	1:3,09 od. 3,2	1:2,91 od. 3,00	1:3,00 od. 1:2,91	1:3,00 od. 1:2,91	1:3,00 od. 1:2,91	1:3,36
Zähne Kegel-/Tellerrad	11/37 o. 9/32	10/32 o. 10/37	11/34 o. 10/32	11/32 o. 11/33	11/33 od. 11/32	11/33 od. 11/32	11/33 od.11/32	11/37
RAHMEN, FAHRWERK, BREMSEN								
Rahmenbauart	Doppelschleifen-Ovalrohrrahmen, geschweißt, geschlossen, angeschraubtes Heckteil							
Vorderradführung	Teleskopfedergabel mit hydraulischer Dämpfung, Faltenbälge; R 100 S, R 100 RS, R 100 T: Manschetten							
Lenkung	kegelrollengelagert, verstellbare Lenkerarmaturen							
Hinterradführung/Federung	Langarm-Stahlrohrschwinge mit zwei hydr. gedämpften Federbeinen; Modelle ab 1980: Nivomat-Federbeine (Aufpreis); R 100 RT: 1982 Serie; 85,5 mm Federweg							
Federweg vorn/hinten	200/125 mm	200/125 mm	200/125 mm	200/125 mm	200/125 mm	200/125	200/125	200/125
Räder	Leichtmetallfelgen, Tiefbett, verchromte Stahlspeichen; R 100 S ab 1978, R 100 RS ab 1976, R 100 T, R 100 RT, R 80 RT: LM-Druckgußräder Speichendesign							
Felgen vorn Zoll	1,85 B 19	1,85 B 19	1,85 B 19	1,85 B 19	1,85 B 19	1,85 B 19	1,85 B 19	2,15 B 19
Felgen hinten Zoll	2,15 B 18	2,15 B 18	2,15 B 18	2,15 B 18 *5	2,15 B 18 *5	2,15 B 18	2,75 C 18	2,50 B 18
Reifen vorn Zoll	3,25 S 19	3,25 S 19	3,25 H 19	3,25 H 19	3,25 H 19	3,25 H 19	3,25 H 19	3,25 H 19
Reifen hinten Zoll	4,00 S 18	4,00 S 18	4,00 H 18	4,00 H 18	4,00 H 18	4,00 H 18	4,00 H 18	4,00 H 18
Bremse vorn, Bauart	Einscheibe Ø 260 mm, gelocht; zweite Scheibe optional; R 100 S, R 100 RS, R 100 RT, R 100 T, R 100 RT, R 80 RT: Doppelscheibe gelocht Ø 260 mm							
Bremse hinten, Bauart	Vollnaben Simplex-Nocken-Trommelbremse, Leichtmetall mit eingeschrumpftem Stahlring, 200 mm Ø, 30 mm Belagbreite; R 100 S ab 1978, R 100 RS ab 1977, R 100 RT: Einscheibe gelocht 260 mm hinten							
Bremsen, Betätigung vorn	hydraulisch von Hand anfangs über Seilzug und Hauptbremszylinder unter dem Tank betätigt; ab 1981 HBZ am Lenker rechts							
Bremsen, Betätigung hinten	mit Pedal über Gestänge betätigt							
AUSSTATTUNG, BORDELEKTRIK								
Tank, Sitzbank, Kotflügel	Stahlblechtank mit 24 Liter Inhalt; 3,0 Liter Reserve, 2 Kraftstoffhähne Doppelsitzbank mit Reling, Kunststoff-Kotflügel; **R 100 S:** Sportsitzbank mit Haltebügel; **R 100 RS:** Sportsitzbank mit Heckbürzel							
Ausstattung, Elektrik	H4-Scheinwerfer 180 mm Ø, Einzelinstrumente mit Tachometer, Drehzahlmesser, Kontrollleuchten Öldruck, Blinker, Fernlicht, Batterieladung, Leerlauf R 100 S: lenkerfestes S-Cockpit mit Zeituhr und Voltmeter; R 100 RS: rahmenfeste Integral-Vollverkleidung; R 100 RT, R 80 RT: rahmenfeste Tourenverkleidung							
MASSE, GEWICHTE, TANK								
Länge mm	2130	2130	2130 *3	2130	2130	2210	2210	2210
Breite Zylinder/Lenker mm	746/630	746/630	746/630	746/630	746/580	746/630	746/630	746/630
Höhe/Bodenfreiheit mm	1080/165	1080/165	1080/165	1210/165	1300/165	1080/165	1465/165	1465/165
Radstand mm	1465	1465	1465	1465	1465	1465	1465	1465
Leergewicht kg vollgetankt	215	215	210	220	230	215	234	235
Gesamtgewicht max. kg *6	398	398	398	398	398/440	398/440	398/440	440
Tankinhalt Liter	24	24	24	24	24	24	24	24
Benzinverbrauch 100 km *2	5,5 l	4,5 l	5,5 l	5,45 l	5,75 l	5,75 l	5,75 l	5,5 l
FAHRLEISTUNGEN (Werksangaben), PREIS								
Höchstgeschwindigk. km/h	167	177	188	200	200	195	190	161
Beschleunigung 0-100 km/h	7,7 Sek.	6,7 Sek.	5,1 Sek.	4,7 Sek. *4	4,6 Sek.	4,7 Sek.	4,7 Sek.	8,0 Sek.
Preis	6850,- DM	7985,- DM	8590,- DM	10.190,- DM	11 210,- DM	9 290,- DM	11 450,- DM	10 990,- DM

MODIFIKATIONEN, BESONDERHEITEN

*1 R 100/7, R 100 S, R 100 RS, R 100 RT: Sportgetriebe auf Wunsch 3,38/2,43/1,93/1,67/1,50 : 1; *2 bei konstant 90 km/h; *3 R 100/7: ab 1978 2210 mm;
*4 R 100 S: ab 1978 70 PS bei 7250/min^{-1}, Verdichtung 9,5 : 1, Beschleunigung 0-100 km/h 4,6 Sek.; *5 R 100 S, R 100 RS/RT: ab 1978 Felge hinten 2,75 C 18;
*6 alle Modelle ab 1. April 1981: Erhöhung des zulässigen Gesdamtgewichts von 398 auf 440 kg; k.A. = keine Angaben

MODELL								
Verkaufsbezeichnung	R 80/7 N 50 PS	R 80/7 S 55 PS	R 100	R 100 CS	R 45 27 PS	R 45 35 PS	R 65	R 65 LS
gebaut von-bis	1977-1984	1977-1984	1980-1984	1980-1984	1978-1985	1978-1985	1978-1985	1981-1985
Produzierte Einheiten	18 522; 50 + 55 PS zusammen		10 111	4038	28 158; 27 + 35 PS zusammen		29 454	6389
MOTOR								
Baumuster	247	247	247	247	248	248	248	248
Bauart	Zweizylinder-Viertakt-Boxermotor, quer eingebaut, fahrtwindgekühlt, Kurbelgehäuse in Tunnelbauweise, gleitgelagerte Kurbelwelle --------							
Zylinder	Leichtmetall mit hartverchromten Nikasil-, dann Galnikal-Laufflächen, Zuganker, geteilte Stahlpleuel, eckige Zylinderkopfdeckel --------							
Hubraum cm^3	797,5	797,5	980	980	473,4	473,4	649,6	649,6
Bohrung x Hub mm	84,4 x 70,6	84,4 x 70,6	94,0 x 70,6	94,0 x 70,6	70,0 x 61,5	70,0 x 61,5	82,0 x 61,5	82,0 x 61,5
Leistung PS/min^{-1}	50/7250	55/7000	67/7000	70/7000	27/6500	35/7250	45(50)/7250 *4	50/7250
max. Drehmoment Nm/min^{-1}	58/5500	64/5500	72/5500	76/6000	32,9/5000	37,5/5500	50/5500	50/5500
Verdichtungsverhältnis	8,0 : 1	9,2 : 1	8,2 : 1	9,5 : 1	8,2 : 1	9,2 : 1	9,2 : 1	9,2 : 1
Ventilsteuerung, Ventile/Zyl.	ohv/2 hängend Federn, Kipphebel	ohv/2 Federn, Kipphebel	ohv/2 Federn, Kipphebel	ohv/2 Federn, Kipphebel	ohv/2 Federn, Kipphebel	ohv/2 Federn, Kipphebel --------	ohv/2	ohv/2
Nockenwelle, An-/Abtrieb	untenliegend, Steuerkette hinten laufend, Stößelstangen --------							
Vergaser/Durchlaß mm	2 Bing Schieber 1/32/201-202	2 Bing Gleichdruck 1/32/201-202	2 Bing Gleichdruck V 94/40/111-112	2 Bing Gleichdruck V 94/40/111-112	2 Bing Gleichdruck 64/26/303-304	2 Bing Gleichdruck 64/28/303-304	2 Bing Gleichdruck 64/32/307-308	2 Bing Gleichdruck 64/32/307-308
Schmierung	Eaton-Ölpumpe, Naßsumpf, Druckumlauf, Hauptstromölpumpe --------							
Zündung	Batteriezündung	Batteriezündung	elektron. Zündung (wie auch für alle Fahrzeuge ab Modelljahr 1978/79) --------					
Lichtmaschine, Drehstrom	12 V/ 280 W	12 V/ 280 W	12 V/280 W	12 V/280 W	12 V/280 W	12 V/280 W	12 V/280 W	12 V/280 W
Zündkerzen	Bosch W 175 T 30 Beru 175/14/3A Champion N 10 Y	Bosch W 175 T 30 Beru 175/14/3A Champion N 10 Y	Bosch 5 W D Beru 14-5 D Champion N 6	Bosch W 5 D Beru 14-5 D Champion N 6 Y	Bosch W 7 D Beru 14-7 D Champion N 10 Y	Bosch W 5 D Beru 14-5 D Champion N 10 Y	Bosch W 5 D Beru 14-5 D Champion N 6 Y	Bosch W 5 D Beru 14-5 D Champion N 6 Y
Starter/Batterie	elektrischer Anlasser, Kickstarter Aufpreis; Batterie 12 V/28 Ah unter Sitzbank --				elektrischer Anlasser 0,7 kW, Batterie 12 V/16 Ah --------			
KRAFTÜBERTRAGUNG								
Kupplung	Einscheiben-Trockenkupplung mit Membran-Tellerfeder --------							
Getriebe/Schaltung	5-Gang/Ratschenfußschaltung, Stoßdämpfer auf Antriebswelle --------							
Getriebeübersetzungen : 1 Gänge 1 bis 5 *1	4,40/2,86/ 2,07/1,67/1,50	4,40/2,86/ 2,07/1,67/1,50	4,40/2,86/ 2,07/1,67/1,50	4,40/2,86/ 2,07/1,67/1,50	4,40/2,86/ 2,07/1,67/1,50	4,40/2,86/ 2,07/1,67/1,50	4,40/2,86/ 2,07/1,67/1,50	4,40/2,86/ 2,07/1,67/1,50
Hinterradantrieb	Kardanwelle mit Kreuzgelenk vorne, im rechten Schwingenholm gekapselt, Antrieb über palloidverzahnte Kegelräder --------							
Übersetzung	1:3,20 od. 3,36	1:3,20 od. 3,36	1:3,0	1:2,91 od. 3,00	1:4,25	1:3,89	1:3,44	1:3,44
Zähne Kegel-/Tellerrad	10/32 o. 11/37	10/32 o. 11/37	11/33	11/32	8/34	9/35	9/31	9/31
RAHMEN, FAHRWERK, BREMSEN								
Rahmenbauart	Doppelschleifen-Ovalrohrrahmen, geschweißt, geschlossen, angeschraubtes Heckteil; R 45/65: Rahmen überarbeitet --------							
Vorderradführung	Teleskopfedergabel mit hydraulischer Dämpfung, Dichtmanschetten --------				R 45/R65: neue Telegabel --------			
Lenkung	kegelrollengelagert, verstellbare Lenkerarmaturen --------							Sportlenker
Hinterradführung/Federung	Langarm-Stahlrohrschwinge, kegelrollengelagert, mit zwei hydraulisch gedämpften Federbeinen, einstellbar --------							
Federweg vorn/hinten	200/125 mm	200/125 mm	200/125 mm	200/125 mm	175/110 mm	175/110 mm	175/110 mm	175/110 mm
Räder	Leichtmetall-Druckgußräder im Speichendesign --------							LM-Compound
Felgen vorn Zoll	1,85 B 19	1,85 B 19	2,15 B 19	1,85 B 19	1,85 B 18	1,85 B 18	1,85 B 18	1,85 B 18
Felgen hinten Zoll	2,50 B 18	2,50 B 18	2,50 B 18	2,15 B 18	2,50 B 18	2,50 B 18	2,50 B 18	2,50 B 18
Reifen vorn Zoll	3,25 H 19	3,25 H 19	3,25 H 19	3,25 H 19	3,25 S 18	3,25 S 18	3,25 S 18 o. H 18	3,25 S 18
Reifen hinten Zoll	4,00 H 18	4,00 H 18	4,00 H 18	4,00 H 18	4,00 S 18	4,00 S 18	4,00 S 18 o. H 18	4,00 S 18
Bremse vorn, Bauart	Doppelscheibe gelocht Ø 260 mm --------				Einscheibenbremse, gelocht --------			Doppelscheibe
Bremse hinten, Bauart	Vollnaben Simplex-Nocken-Trommelbremse, Leichtmetall mit eingeschrumpftem Stahlring, 200 mm Ø, 30 mm Belagbreite --------							Trommel 220 mm
Bremsen, Betätigung vorn	hydraulisch von Hand, HBZ unter Tank -- Hauptbremszylinder am Lenker rechts --------							
Bremsen, Betätigung hinten	mit Pedal über Gestänge betätigt --------							
AUSSTATTUNG, BORDELEKTRIK								
Tank, Sitzbank, Kotflügel	Stahlblechtank mit 24 Liter Inhalt; 3,0 Liter Reserve, 2 Kraftstoffhähne -------- Doppelsitzbank mit Reling, Kunststoff-Kotflügel --------				Stahlblechtank neue Form mit 22 Litern Inhalt, ein Benzinhahn -------- neu gestylte Sitzbank --------			 Sportsitzbank, -griffe
Ausstattung, Elektrik	H4-Scheinwerfer 180 mm Ø, Einzelinstrumente mit Tachometer, Drehzahlmesser, Kontrolleuchten Öldruck, Blinker, Fernlicht, Batterieladung, Leerlauf; R 100 CS mit lenkerfester S-Cockpitverkleidung und integrierten Instrumenten wie oben, dazu Quarzuhr, Voltmeter, Stahlseilschloß; Doppelfanfare							Sportcockpit integr. Instrumente
MASSE, GEWICHTE, TANK								
Länge mm	2180	2180	2210	2210	2110	2110	2110	2110
Breite Zylinder/Lenker mm	746/630	746/630	746/630	746/630	688/650	688/650	688/650	688/600
Höhe/Bodenfreiheit mm	1080/165	1080/165	1080/165	1210/165	1080/130	1080/130	1090/130	1080/130
Radstand mm	1465	1465	1465	1465	1400	1400	1400	1400
Leergewicht kg fahrfertig	215	215	218	220	205	205	205	207
Gesamtgewicht max. kg *3	398/440	398/440	398/440	398/440	398	398	398	398
Tankinhalt Liter	24	24	24	24	22	22	22	22
Benzinverbrauch 100 km *2	5,0 l	4,75 l	5,75 l	5,75 l	5,0 l	5,5 l	4,6 l	4,6 l
FAHRLEISTUNGEN (Werksangaben), PREIS								
Beschleunigung 0-100/km/h	6,4 Sek.	5,9 Sek.	4,6 Sek.	4,4 Sek.	8,5 Sek.	7,4 Sek.	5,8 Sek.	5,8 Sek.
Höchstgeschwindigk. km/h	167	177	195	200	145	160	175	175
Preis	7990,- DM	7990,- DM	9590,- DM	11 260,- DM	5880,- DM	6890,- DM	7990,- DM	8590,- DM

MODIFIKATIONEN, BESONDERHEITEN

*1 R 80/7 beide Versionen: Sportgetriebe auf Wunsch 3,38/2,43/1,93/1,67/1,50 : 1; *2 bei konstant 90 km/h; *3 alle Modelle mit 800 und 1000 cm^3 ab 1. April 1981: Erhöhung des zulässigen Gesamtgewichts von 398 auf 440 kg. *4 R 65: ab 1981 50 PS bei 7250/min^{-1}

BOXER-MODELL RALLYE PARIS-DAKAR 1983
R 100 Spezial 980 cm³

MOTOR

Baumuster R 100, präpariert von Herbert Schek	
Hubraum	980 cm³
Bohrung x Hub	94,0 x 70,6 mm
Leistung	76 PS
Verdichtungsverhältnis	8,2 : 1
Vergaser	2 x Bing Unterdruck V 94, 38 mm
Lichtmaschine, Zündung	Bosch Generator 212, Magnetzündanlage, 12 V/130 W

KRAFTÜBERTRAGUNG

Kupplung	Einscheiben-Trockenkupplung
Getriebe	5-Gang, Wettbewerbsausführung, modifizierte Eingangswelle

RAHMEN, FAHRWERK, BREMSEN

Rahmenbauart	verstärkter Doppelschleifen-Rohrrahmen
Fahrwerk vorn	Maico-Teleskogabel, 310 mm Federweg
Fahrwerk hinten	verlängerte Zweiarm-Hinterradschwinge, 2 Stoßdämpfer, 280 mm Federweg
Räder	vorn 21″, hinten 17″
Reifen	Michelin Wüstenprofil
Bremsen	vorn Scheibe Ø 260 mm, hinten Trommel Serie
Benzintank	Kevlar 46 Liter
Gewicht trocken	175 kg
Höchtgeschwindigkeit	170 km/h
Fahrer, Plazierungen	Hubert Auriol, Sieger 1981 und 1983 Jean Claude Morellet („Fenouil"), 9. Platz 1983 Rymond Loizeaux, 14. Platz 1983 Herbert Schek, ausgefallen

Paris-Dakar-Replika von HPN 1986

Nach der Auflösung des Werksteams wollte sich BMW nicht völlig vom Geländesport zurückziehen. Die bereits fertig präparierten und verbesserten Rennmaschinen für 1987 (s. Daten rechts) wurden von Gaston Rahier übernommen, der mit einem eigenen Team weiterhin an Wüstenrennen in Afrika teilnahm.
Interessierte Privatfahrer konnten bei HPN eine PD-Replika bestellen, die hinsichtlich Rahmen und Motor auf der R 80 G/S basierte und ab 29 000 DM zu haben war. Die Replika besaß die langhubige Marzocchi-Telegabel, die verlängerte Zweiarmschwinge und die White Power-Federbeine der Werksmaschinen, außerdem einen großen Tank, Windabweiser und einen Ölwannenschutz. Für Rallye-Teilnahme lobte BMW ein Startgeld und diverse Erfolgsprämien aus.

BOXER-MODELL RALLYE PARIS-DAKAR 1987 (nicht mehr vom Werk eingesetzt)
R 100 Spezial 1040 cm³

MOTOR

Baumuster R 100, nochmals modifiziert und präpariert von Herbert Schek	
Hubraum	1040 cm³
Bohrung x Hub	97,0 x 70,6 mm
Leistung	75 PS/6500/min⁻¹
max. Drehmoment	87 Nm/3000/min⁻¹
Verdichtungsverhältnis	10,0 : 1
Vergaser	2 x Bing Unterdruck V 94, 40 mm, Serie R 100
Ölkühler	Sonderausführung
Höchstgeschwindigkeit ca.	185 km/h

ELEKTRISCHE ANLAGE

Lichtmaschine	Bosch 212 Magnetzündanlage, 130 W / 12 V Bosch HKZ mit Einzelimpulsaufladung
Elektrischer Anlasser	gewichtsreduzierte Serienausführung mit Zwischenwelle, um eine größere Übersetzung zu erreichen
Batterie	12 V/7,5 Ah in einem Kasten unter dem Getriebe oder wiederaufladbare Elemente mit geliertem Elektrolyt; Klemme für externe Stromquelle als Starthilfe

KRAFTÜBERTRAGUNG

Kupplung	Serien-Einscheiben-Trockenkupplung mit verstärkter Membranfeder
Getriebe	serienmäßiges 5-Gang-Getriebe der R 80 G/S mit verstärkten Torsionsdämpfern und zusätzlicher Ölpumpe; Kickstarter
Sekundärantrieb	Serienausführung, Übersetzung 1 : 3,09 (oder 3,0 oder 3,2) verlängerte Serien-Kardanwelle, aber ohne Torsionsdämpfer

RAHMEN, FAHRWERK, BREMSEN

Rahmenbauart	verstärkter Doppelschleifen-Rohrrahmen, entspricht im wesentlichen in Form und Abmessungen dem der R 80 G/S; Sonderausführung aus 25 CrMo4-Rohren, Heckteil angeschraubt
Fahrwerk vorn	White Power-Upside-Down-Teleskogabel, 300 mm Federweg
Fahrwerk hinten	Zweiarm-Hinterradschwinge, Sonderausführung 510 mm Länge unter Verwendung der serienmäßigen R 80 G/S-Einarmschwinge 2 einstellbare White Power-Federbeine mit Gasdruckdämpfern, 280 mm Federweg
Rad vorn	Nabe: neue BREMBO-Konzeption mit 36 geraden Speichen Felge: 1,85 x 21″, gehärtetes Leichtmetall, Marke AKRONT
Rad hinten	Serien-BMW-Nabe, wärmebehandelt und vergütet, 40 Speichen Felge: 2,75 x 17″, gehärtetes Leichtmetall, Marke AKRONT
Reifen vorn	Michelin mit Schaumkern
Reifen hinten	Michelin mit Schaumkern, ohne Schlauch

AUSRÜSTUNG

Benzintank	Haupttank Polyäthylen 43 Liter, Zusatztanks unter der Sitzbank (9 Liter) und unter dem Rahmenheckteil (8 Liter)
Gewicht trocken/fahrbereit	170/175 kg
Gewicht startbereit	230 kg mit 60 l Benzin, Werkzeug, Ersatzteilen, 3 Wasserflaschen
Radstand/Länge	1600 mm/ca. 2350 mm
Lenkerbreite	840 mm
Bedienung	Handbremse BREMBO, Kupplung MAGURA, Gasgriff MAGURA 312 DUO
Verkleidung	Sonderausführung ACERBIS mit Windabweiser der K 100
Werkzeug	Tasche hinten, Luftpumpe am Rahmenheckteil
Schutzbleche	Kunststoff, vorn und hinten von ACERBIS
Wasserreservoir	3 bis 5 Liter unter dem Haupt-Benzintank
Instrumente	elektronischer Tachometer; Tageskilometeranzeige kann bei einem Umweg auf die Km-Angabe aus dem Road-Book korrigiert werden; Road-Book auf Halter links am Lenker mit Abrollmechanismus Öldruckkontrolleuchte im Cockpit

Register 1: Motorradmodelle Serie, Motorrad-marken, Ausrüster

Register 2: Rennsport Straße Motorrad

Register 3: Rennsport Gelände, Rallye Paris-Dakar

Register 4: Personen, Firmen, Orte, Presse, div.

Register 5: Automobile Autorennsport

Quellen, Literatur: Archiv, Internet, Presse

BMW Group Historisches Archiv, Internetseite https://bmw-grouparchiv.de; Basisinformationen Modelle, Betriebsanleitungen, Pressematerial, Prospekte etc.
Schneider, Hans J.: eigene Texte, eigene Fotos; Pressematerial, Prospekte; Zeitschriften-Archiv, hiervon ausgewertet: Auto Zeitung – 9 Tests und Reportagen 1973 bis 1982
MO, Motor Magazin, Motorradfahrer, Motor Poster, PS – 6 Tests und Reportagen 1976 bis 1991
Motorrad – 64 Fahrberichte, Interviews, Tests und Reportagen 1972 bis 1984
Wikipedia https://www.wikipedia.org/ Zahlreiche deutsche, englische, französische Seiten zu Personen, Modellen, Marken, Unternehmen etc.

Quellen, Literatur: Bücher

Allen, Laurel C. / Gardiner, Mark: BMW Racing Motorcycles; Whitehorse Press, Center Conway 2008
Bacon, Roy: BMW Ein- und Zweizylinder – Die Nachkriegs-Palette der Ein- und Zweizylinder-Modelle; Osprey Publishing, London 1982-1988; Heel AG, Schindellegi 1991
Delannoy, Michel: 1er Rallye Paris-Dakar – Les portes du rêve; Editions du palmier, Nîmes 2005
Grunert, Manfred / Triebel, Florian: Das Unternehmen BMW seit 1916; BMW Group Mobile Tradition, München 2006
Harris, Nick: TT – die Geschichte der Tourist Trophy; Hazleton Publishing, Richmond 1990; Heel-Verlag, Schindelleggi 1992
Heggen Rolf: Faszination Rennstrecke – BMW und der Motorsport; BMW-Edition im Econ-Verlag, Düsseldorf und Wien 1983
Heusler, Helmut: BMW-Zweiventiler von 1969 bis 1996; Boxer Technik, Band 3 – repariert und optimiert; 4. Auflage; Bodensteiner Verlag, Wallmoden 2020
Jakobs, Fred: Motorcycles from Berlin 1969-1998; BMW Mobile Tradition, München 1998
Jakobs, Fred / Kröschel, Robert / Pierer, Christian: BMW Flugtriebwerke – Meilensteine der Luftfahrt von den Anfängen bis zur Moderne; BMW Group Classic (Hrsg.), München 2009
Knittel, Stefan: BMW Motorräder – 60 Jahre Tradition und Innovation von der R 32 zur K 100; Bleicher Verlag, Gerlingen 1984
Knittel, Stefan: BMW Motorrad-Rennsport 1923-2013; Schneider Media, Portsmouth, 2013
Knittel, Stefan: Georg „Schorsch" Meier – Sein Leben in Bildern; Delius Klasing Verlag, Bielefeld, 2011
Koenigsbeck, Axel / Schneider, Hans J.: Honda, alle Modelle 1948 bis heute, Motorräder, Roller, 125er, 50er; Schneider Text Editions Ltd., Dublin 2002
Koenigsbeck, Axel / Schneider, Hans J. / Abelmann, Peter: Yamaha alle Modelle 1955 bis heute, Motorräder, Roller, 125er, 50er; Schneider Text Editions Ltd., Dublin 2004
Lingnau, Gerold: Freiheit auf zwei Rädern; BMW-Edition im Econ-Verlag, Düsseldorf und Wien, 1982
Mai, Hans-Joachim: 1000 Tricks für schnelle BMWs – BMW Zweizylinder-Motorräder ohne Geheimnisse; Motorbuch Verlag, Stuttgart 1971
Mönnich, Horst: Vor der Schallmauer – BMW. Eine Jahrhundertgeschichte. Band 1, 1916-1945; BMW. Edition im Econ-Verlag, Düsseldorf 1983
Mönnich, Horst: Der Turm – BMW. Eine Jahrhundertgeschichte. Band 2, 1945-1972; BMW-Edition im Econ Verlag, Düsseldorf und Wien 1986
Rauch, Siegfried: Mein Auto heißt BMW 700 und LS; Motor-Presse-Verlag, Stuttgart 1963
Schneider, Hans J. / Koenigsbeck, Axel: Faszination BMW Boxer; Editions Schneider Text, Les Autels St. Bazile, 1. und 2. Auflage 1994 und 1999
Schneider, Hans J. / Koenigsbeck, Axel: Faszination BMW GS – 5. Auflage; Alle Zwei- und Vierventil-Boxer seit 1980 bis R 1200 GS, HP2; Schneider Text Éditions spécialisées, Giel-Courteilles 2007
Schneider, Hans J. / Koenigsbeck, Axel: Faszination BMW K-Reihe – 3. Auflage; Alle Drei- und Vierzylinder-Modelle seit 1983; Schneider Text Éditions spécialisées, Giel-Courteilles 2008
Schneider, Hans J. / Mitwirkung Knittel, Stefan: BMW Boxer 100 Jahre Faszination – Die Gründerjahre: von der R 32 1923 zur R 75 1941; Schneider Media, Fareham 2020
Schneider, Hans J. / Mitwirkung Knittel, Stefan: BMW Boxer 100 Jahre Faszination – Die Nachkriegszeit: von der R 51/2 1950 bis zur R 69 S 1919; Schneider Media, Fareham 2022
Schneider, Hans J.: BMW R 45 – R 100 RS ab Baujahr 1975 – Technik, Wartung, Reparatur; BLV Verlagsgesellschaft, München 1984
Schneider, Hans J., Mitwirkung Knittel, Stefan: Historische BMW-Gespanne; Schneider Media, Portsmouth 2012
Schneider, Hans J.: Mini – Technik + Typen; Schneider Text Editions Ltd., Dublin 2004
Schneider, Valentin / Schneider, Hans J. / Simons, Rainer: BMW Sportwagen – Alle Coupés bis 645Ci, alle Cabrios, Roadster; Tourensport- und Rennwagen seit 1929; Schneider Text Editions Ltd., Dublin 2003
Schnitzler, Winfried M.: Sieg in tausend Rennen – Die BMW Story; Copress-Verlag, München 1967
Schrader, Halwart: BMW Automobile – Vom ersten Dixi bis zum BMW Modell von Morgen; Bleicher Verlag, Gerlingen 1978
Schwietzer, Andy: BMW-Zweiventiler von 1969 bis 1985 – Boxer ab /5, Band 1 – alle Modelle mit zwei Federbeinen; 4. Auflage; Bodensteiner Verlag, Wallmoden 2013
Schwietzer, Andy: BMW-Zweiventiler von 1973 bis 1984 – Boxer R 90 S, Band 4 – R 90 S, 100 S und R 100 CS im Detail; 2. Auflage; Bodensteiner Verlag, Wallmoden 2021
Schwietzer, Andy: BMW-Zweiventiler von 1980 bis 1996 – Boxer ab 80 G/S, Band 2 – alle Modelle mit Einarmschwinge; 3. Auflage; Bodensteiner Verlag, Wallmoden 2017
Tragatsch, Erwin: The illustrated Encyclopedia of Motorcycles; Temple Press, Feltham 1982
Zeichner, Walter: BMW Isetta und ihre Konkurrenten 1955-62; Schrader Automobil-Bücher Handelsgesellschaft mbH, München 1986